普通高等教育茶学专业教材

中国轻工业"十三五"规划教材

中国轻工业优秀教材奖

U0259789

茶叶深加工与综合利用

杨晓萍 主编

中国轻工业出版社

图书在版编目（CIP）数据

茶叶深加工与综合利用/杨晓萍主编 . —北京：中国轻工业
出版社，2024.1
中国轻工业"十三五"规划教材
ISBN 978-7-5184-2208-1

Ⅰ.①茶…　Ⅱ.①杨…　Ⅲ.①制茶工艺—高等学校—教材
②茶叶—综合利用—高等学校—教材　Ⅳ.①TS272

中国版本图书馆 CIP 数据核字（2018）第 301037 号

责任编辑：贾　磊　　　责任终审：孟寿萱　　封面设计：锋尚设计
版式设计：砚祥志远　　责任校对：李　靖　　责任监印：张　可

出版发行：中国轻工业出版社（北京鲁谷东街 5 号，邮编：100040）
印　　刷：三河市万龙印装有限公司
经　　销：各地新华书店
版　　次：2024 年 1 月第 1 版第 6 次印刷
开　　本：787×1092　1/16　印张：20.75
字　　数：460 千字
书　　号：ISBN 978-7-5184-2208-1　定价：49.00 元
邮购电话：010 – 85119873
发行电话：010 – 85119832　010 – 85119912
网　　址：http://www.chlip.com.cn
Email：club@chlip.com.cn
如发现图书残缺请与我社邮购联系调换
232114J1C106ZBW

本书编写人员

主　编

    杨晓萍（华中农业大学）

副主编

    王坤波（湖南农业大学）

参　编

    周天山（西北农林科技大学）

    刘政权（安徽农业大学）

    许靖逸（四川农业大学）

    张灵枝（华南农业大学）

    张冬英（云南农业大学）

    刘　洋（江西农业大学）

    黄莹捷（江西农业大学）

    殷佳雅（贺州学院）

前　言

　　"茶叶深加工与综合利用"是茶学学科在不断发展过程中逐渐形成的一门专业特色课程，是以茶资源为原料，运用现代科学理论和高新技术，从深度、广度变革茶产品结构的一门新兴学科。随着全球经济和农业的高速发展，茶叶深加工与综合利用以高新技术为依托，积极开发茶叶深加工新产品，努力开拓茶叶新市场，充分实现茶资源全方位的应用，以促进茶产业的健康良性发展，因此，其在现代茶产业中的作用越来越重要，已成为有效解决中低档茶叶出路、提升茶的附加值、拓展茶的应用领域、延伸茶产业链的重要途径，是现代茶产业发展的必由之路。

　　本教材主要包括茶叶的深度加工与茶资源的综合利用两个方面，重点介绍了茶叶功能成分的制备技术，速溶茶、超微茶粉、液体茶饮料、茶食品、茶酒等产品的加工技术，及茶功能成分与茶资源在日化用品、茶医药、养殖业等行业中的应用，同时简单介绍了各类产品的特点及加工注意事项。

　　本教材除绪论外共包含十二章，其中绪论、第三章、第五章、第八章、第十章由华中农业大学杨晓萍编写，第一章由贺州学院殷佳雅、华中农业大学杨晓萍共同编写，第二章由湖南农业大学王坤波编写，第四章由安徽农业大学刘政权编写，第六章由西北农林科技大学周天山编写，第七章由四川农业大学许靖逸编写，第九章由华南农业大学张灵枝编写，第十一章由云南农业大学张冬英编写，第十二章由江西农业大学刘洋、黄莹捷共同编写。

　　本教材制作了配套的教学课件，录制了代表性的茶加工制作视频等，可扫描书中二维码进行学习。

　　本教材在编写过程中参考和借鉴了国内外大量相关图书、期刊、专利和互联网共享资料等，并引用了部分内容，在此对原作者表示衷心感谢！本教材的出版得到了华中农业大学教务处和园艺林学学院的大力支持，华中农业大学茶学专业硕士研究生李洁、董昕阳帮忙绘制了大量图片，在此一并致谢。

　　由于编写时间仓促、学科发展迅速及编者业务水平有限，书中难免有错漏和不足之处，恳请专家、学者和读者批评指正，以便修订时进一步完善。

杨晓萍

2018 年 10 月

目 录

绪 论

我国是世界上发现和利用茶叶最早的国家，至今已有约 5000 年的历史。我国茶产业发展至今，茶园面积居世界第一，约占世界茶园总面积的 60%；产量也居世界第一，约占世界总产量的 40%。然而，我国茶叶出口量却居世界第二，约占全球茶叶出口总量的 18%；且茶叶出口国多为发展中国家，消费水平有限，因此，茶叶出口产值不高。2017 年我国茶叶出口总产值为 16.1 亿美元，在茶叶全球市场的份额还不敌"立顿"一家公司。当然，造成我国茶产业发展缓慢的原因有很多，但缺乏科学发展的新思维，缺乏现代农业精深加工的理念可能是其最根本的原因。

茶叶深加工与综合利用是现代茶产业发展的必由之路，是有效解决中低档茶出路、提升茶叶附加值、拓展茶叶应用领域、延伸茶叶产业链的重要途径。茶叶是我国农产品中具有文化属性的典型产品，通过深加工与综合利用的形式引入现代科技和生产方式，将传统文化和现代产业相融合，调整传统茶产业结构，超越茶叶传统泡饮消费模式的束缚，使茶叶的消费形式、结构和途径实现根本性的变革，实现茶叶产品多样化，从而促进茶叶的消费，提升茶产业经济效益及茶行业竞争力。

一、茶叶深加工与综合利用的概念

茶叶深加工是指以茶鲜叶、成品茶或半成品茶、再加工茶及副茶或下脚料等为原料，运用现代科学理论和高新技术，从深度、广度变革茶产品结构的过程。茶叶深加工产品既可能是以茶为主体，也可能是以其他物质为主体。

茶的综合利用是指根据茶叶内含成分的特点及其功效，运用现代科学理论和高新技术从茶资源中提取或纯化有效成分，并将其用于即饮饮料、药物、功能食品、日化用品等产品的开发，以实现茶的最大经济、社会和生态效益。简而言之，茶的综合利用是指除了常规饮用以外的所有类型的茶资源利用方式。

茶叶深加工以高新技术为依托，广泛采用生物技术、膜技术、微胶囊技术、超高压技术、自动控制技术等高新技术，同时引入新的运行机制和先进的管理技术，使茶叶深加工产业具有较高的起点，实现全面改造传统茶产业的目标。茶叶深加工是实现茶资源综合利用的必需环节和物质基础。随着茶叶所含活性成分具有抗氧化、清除自由基、抗突变、抗衰老和抗癌、抗心脑血管疾病等功效的逐步揭示及茶叶功能成分提取技术的日臻完善，茶叶不仅在饮料、食品等行业中的地位持续攀升，在保健品、医药、日化、建材等行业的应用也越来越广泛，使得茶产业更具生命力。茶叶深加工与综合利用也已成为茶学学科的重要分支和未来茶产业的主要内容之一。

二、茶叶深加工与综合利用产品

茶叶深加工与综合利用经历近几十年的发展，按照开发产品的类别，可以归纳为以下几个方面。

（一）茶的功能成分制品

20 世纪 80 年代初，中国农科院茶叶研究所开始进行茶皂素、茶多酚的提取与应用研究，随后各高校和研究院先后开展了茶多酚、咖啡碱、茶多糖、茶氨酸、茶黄素等的提制研究。随着逆流提取技术、超临界流体萃取技术、膜技术等现代提取分离技术的日趋成熟，及茶多酚、茶氨酸、茶黄素等在食品、医药、日化等行业的广泛应用，茶功能成分的提取已成为茶深加工产业发展的基础。在此基础上，利用高纯度的茶功能成分，按照特定的配方和加工技术制成不同剂型的产品，满足不同群体的需求。

（二）速溶茶及其系列饮料

速溶茶又名萃取茶，它是在传统茶加工的基础上逐渐发展而成的，是一种具有原茶风味的粉末或粒状的新兴产品。随着现代生活节奏的加快，及速溶茶具有冲水即溶、易调饮、杯内不留残渣等特点，速溶茶不仅成为一种深受人们喜爱的固体茶饮料，且还被广泛用于调制各种茶饮料。目前速溶茶系列固体饮料主要有纯速溶茶、调味速溶茶及茶与功能植物混合加工而成的保健速溶茶；以速溶茶为主要原料的系列液体饮料主要有纯茶饮料、调味茶饮料、保健茶饮料等。

（三）茶饮料

茶饮料是指以茶叶的萃取液或其浓缩液、速溶茶粉、超微茶粉等为原料加工而成的、一种适应快节奏生活的含茶软饮料。茶饮料是在传统冲泡茶叶饮用基础上发展起来的，因其具有茶叶独特的风味、天然的品质、含有茶叶天然功效成分、品种多样、包装方便等特点，已成为深受消费者喜爱的多功能饮料及国际饮料市场上发展潜力最大的软饮料。

（四）茶食品

茶食品是指以茶叶或超微茶粉、茶汁、茶天然活性成分等为原料，再配以其他原料，经过不同加工工艺制作而成的食品。茶食品集茶叶与食品的功能为一体，且食用茶能更加充分利用茶叶的营养成分、有效发挥茶叶的多种保健功能，因此，作为一种健康的饮食新时尚，茶食品已在全世界流行起来。

（五）超微茶粉

茶粉是茶鲜叶经简易加工后研磨而成的粒度均匀、外观颜色均一的粉状茶。茶叶含有多种有益人体的功能成分，通过冲泡饮用方式人体很难完全摄取这些成分，而直接食用茶叶，不但可摄入丰富的维生素、矿物质及食用纤维，同时能获得与饮茶同样的保健功效。因此，茶粉已被直接或间接地用作各种食品的调味料、着色剂或风味改良剂，以开发各式茶食，尤其是超微茶粉及日本抹茶。

超微茶粉是指采用超微粉碎技术将茶叶超微粉碎而成的茶粉末。超微茶粉因粒径小、比表面积大、空隙率大，使其具有强吸附性、高溶解性、良好的分散性等特性，且超微茶粉最大限度地保持了茶叶原有的色香味品质和各种营养、药理成分，因此除直接饮用外，已广泛用于开发各类食品、药品及日化产品等。

（六）袋泡茶

袋泡茶是指将茶叶或茶叶与其他材料组合后的原辅料经粉碎、过筛、称量、装袋等加工工艺制成的产品。袋泡茶最早流行于欧美，最常见的为红碎茶袋泡茶，因其具有饮用方便卫生、经济实惠、便于携带等特点而广受旅游业、餐饮业、办公室等消费者的喜爱。

（七）茶酒

茶酒是指各种以茶为主料酿制或配制的饮用酒，是一种具有营养、保健功效的饮料酒。茶酒为我国首创，自20世纪80年代以来，我国各产茶省研制生产的茶酒已有几十种，大多数茶酒酒精含量在20%以下，属低度酒。茶属温和饮料，酒是刺激性饮料，两者各有不同属性。茶酒兼具茶与酒的风味和功效，是消费者的理想饮品，作为一个新兴的茶叶深加工产品，前景非常广阔。

（八）茶保健品与药品

随着茶叶功效成分药理作用机制的揭示及现代提取分离纯化技术的日趋成熟，从茶叶中分离制备了高纯度的儿茶素、茶黄素、茶氨酸等功效成分并用于茶保健品及药品的开发，如我国研制开发的以茶氨酸为主要功能成分的保健食品"茶安片"，以茶多酚为主要功能成分的系列"茶多酚降脂胶囊"，日本开发的抗感冒药"克菌清"，德国开发的治疗肛门生殖器疣 Veregen® （酚瑞净软膏）等。

（九）茶日化产品

茶叶所含的茶多酚、茶多糖、茶皂素、茶氨酸等功效成分分别具有抗氧化、保湿、杀菌、吸收紫外线、抗过敏等功效，可用于开发高质量的茶日化产品，如护肤霜、防晒霜、洗面奶、沐浴露等。

（十）其他

除上述产品外，茶所含的茶皂素还可用于植物保护、建材等领域，茶提取后的废渣可作为动物饲料或有机肥料的原料，茶功效成分也可用于动物保健品和兽药产品的开发等。通过合理的深加工和综合利用，不仅可使茶资源得到充分利用，还能扩大茶产品市场，提高茶产业的经济效益。

不论茶深加工产品涉及哪个领域、产品如何多样化，它们都离不开共同的物质基础，即茶功能成分、速溶茶粉或浓缩茶汁、超微茶粉。因此，茶功能成分提制技术水平的高低及速溶茶粉、浓缩茶汁与超微茶粉等的加工技术直接影响着茶叶深加工行业的发展。

三、茶叶深加工与综合利用技术

茶叶深加工与综合利用技术大体上可分为机械加工、物理加工、化学和生物化学加工、综合技术加工四个方面。

（一）茶叶的机械加工

茶叶的机械加工是指基本不改变茶叶本质的加工，其特点是只在形式上改变茶叶的外在形态（如颗粒的大小），以便于贮藏、冲泡，符合清洁卫生标准。超微茶粉和袋泡茶是茶机械加工的典型制品，其加工关键技术是保持原茶的固有风味。

（二）茶叶的物理加工

茶叶的物理加工是指采用物理方法改变茶的形态而不改变茶的内质的加工，其特点是便于干茶的贮藏、运输、饮用。速溶茶、罐装茶、茶浸膏、泡沫茶及茶的水浸出物等都是典型的茶物理加工制品，其加工关键技术是提高茶的浸出率。

（三）茶叶的化学和生物化学加工

茶叶的化学和生物化学加工是指采用化学或生物化学方法，以茶鲜叶或成品茶等为原料的加工，其特点是从茶叶中分离、纯化出其功能成分，或改变茶叶本质制成新的产品。茶多酚、茶色素、茶多糖、茶氨酸、咖啡碱、茶皂素等系列功能成分提取物都是典型的茶化学和生物化学加工制品，其加工关键技术是提高产品的纯度和得率，保持功能成分的生物活性。

（四）茶叶的综合技术加工

茶叶的综合技术加工是指综合应用上述各项技术制成含茶的新产品的加工，其特点是茶及茶提取物作为制品的重要组成成分，与其他组分优化配比，以提高制品的口感、质地或药理功能。茶食品、茶饮料、茶酒、茶药品、茶日化产品等都是典型的茶叶综合技术加工制品，其加工关键技术是发挥茶叶的固有风味和保健功能。根据制品种类和加工方法的不同，茶叶综合技术加工可分为茶食品加工、茶药品加工、茶发酵工程、其他等。

茶食品加工是指利用茶叶中多种有机成分、矿质元素及防病治病特效成分作为食品的辅料进行综合性加工，其产品主要有果味茶、保健茶等茶饮料，茶冰淇淋、冰茶等冷饮制品，茶面包、蛋糕、饼干等焙烤食品，以及茶糖、茶膳等。茶食品加工的关键技术是通过精研原食品固有技术，了解原食品主辅料的配比，在保持原食品外观、营养的基础上突出茶的色泽和风味，并以茶叶的营养和保健功能提高原食品的生理效应。

茶药品加工是根据茶叶成分的药理功能和保健功能，以茶或茶功能成分为主成分加工成各种药品、药茶和保健茶，如心脑健胶囊、茶多酚胶囊、茶色素胶囊和系列减肥茶等。茶药品加工的关键技术是优化配方，因此，茶药品加工必须是在对茶的功能成分和配伍药物成分的物理、化学性质及药理功效深刻了解的基础上，通过合理的研制技术加工而成，且相关制品还需要通过动物药理实验和临床观察来认知其疗效和副作用。

茶叶发酵工程是指采用生物化学综合深加工技术，研制茶叶发酵产品的加工，如茶酒、茶醋等。茶叶发酵工程的关键技术是通过在茶汁中添加发酵基质和适当的发酵酵母，促进基质的发酵和茶叶特征物质产生香气和特有风味。因此，茶叶发酵产品加工时，要注意冲泡茶叶的水温、冲泡时间和适当的茶水比，选择适当的糖类物质（如单糖类物质）作为发酵基质，并选择能在茶水这个特殊环境中起作用的优良酵母。

除了以上这些利用综合技术加工的茶叶深加工产品外，利用茶叶还可加工一些其他新产品，如茶多酚牙膏、茶多酚保柔液、茶皂素洗理香波、茶沐浴露、TS-80乳化剂、啤酒生产中的发泡-稳泡剂等产品。

四、茶叶深加工与综合利用原料

根据加工方式的不同，茶叶深加工与综合利用的原料可以直接来自于茶树，如茶鲜叶、茶籽、茶树花等，也可以来自加工后的茶制品，如红茶、绿茶等成品茶或半成品茶、再加工茶等。随着茶叶深加工技术的发展，茶叶功能成分提取物、速溶茶、浓缩茶、超微茶粉、抹茶、碾茶、焙茶等也渐渐成为茶叶深加工原料。

（一）茶鲜叶

早期的茶叶深加工原料多为加工后的成品茶，如绿茶、红茶、乌龙茶等。随着科学技术的发展，直接利用茶鲜叶为深加工原料已成为一种新的加工方式和发展潮流，如直接利用茶树鲜叶加工鲜茶汁饮料、生产速溶茶等。

（二）茶制品

国内的茶制品可以分为基本茶类和再加工茶类。基本茶类包括绿茶、红茶、青茶（乌龙茶）、白茶、黄茶和黑茶六大类；再加工茶类是以基本茶类为原料、经再加工而成的产品，主要包括花茶、紧压茶等。

（三）在制品茶

在制品茶指加工过程中的茶。各类茶叶在加工过程中的在制品茶也可以作为茶叶深加工的原料，如绿茶加工过程中杀青后的茶样常作为制备超微绿茶粉的原料茶。

（四）茶功能成分提取物

通过采取逆流提取技术、超临界萃取技术、膜技术、大孔吸附树脂、逆流色谱等现代提取分离纯化技术，从茶叶及其副产品中获得高纯度的儿茶素、茶黄素、茶氨酸、咖啡碱、茶皂素等成分，用于保健食品、医药、日化、建材等行业新产品的开发，尤其是靶向药物的研发。

（五）速溶茶

速溶茶是一种能迅速溶解于水的固体饮料茶。以成品茶、半成品茶、茶叶副产品或鲜叶为原料，通过提取、过滤、浓缩、干燥等工艺加工而成的一种易溶于水而无茶渣的颗粒状、粉状或小片状的新型饮料，具有冲饮携带方便、易于调配、农药残留低等优点。速溶茶既是一种茶叶深加工产品，也是一种常用的茶叶深加工原料，目前的茶饮料大多是以速溶茶为原料加工而成。

（六）茶浓缩液

茶浓缩液是以成品茶、半成品茶或茶鲜叶为主要原料，经水提取或茶鲜叶榨汁、浓缩而成的液体产品。茶浓缩液干物质含量可达20%以上，与原提取液或榨汁液比，体积大大减小，便于运输。茶浓缩液加水稀释后可直接饮用，也可用于加工茶饮料、茶食品等。

（七）抹茶与超微茶粉

抹茶是一种以覆盖茶鲜叶为原料，采用天然石磨碾磨成微粉状的蒸青绿茶。因其天然的鲜绿色泽、超细微的粉末状态及健康营养的本质，致使国内外逐渐兴起抹茶热，各种利用抹茶为原料的加工食品应运而生，如抹茶冰淇淋、抹茶酸奶、抹茶慕斯等。除在食品行业应用外，抹茶还广泛用于日化、医药等行业，如抹茶面膜、抹茶胶囊等。

超微茶粉是由茶树鲜叶经特殊工艺加工而成的可以直接食用的超细颗粒茶粉。超微茶粉不仅有效保持了茶叶原有的色香味品质，且由于表面积增加而具有较好的固香性、溶解性、分散性等特性。与抹茶相似，超微茶粉除可直接饮用外，也广泛用于加工茶冰淇淋、茶糖果、茶月饼、茶汤圆、茶豆腐、茶面包等茶食品，医药保健品及日化用品等。

（八）碾茶

日本碾茶产品

碾茶是日本的一种初制蒸青绿茶，是抹茶的原料茶。采摘覆盖茶园鲜叶经蒸汽杀青后，不经揉捻直接烘干而成，其工艺流程为：鲜叶处理→蒸青→冷却散茶→初干→叶梗分离→干燥。碾茶要求茎和叶分开，不追求形状、光泽，注重颜色和香气。优质碾茶的特征是色泽翠绿、香气鲜爽、叶皱褶少而不重叠；汤色浅绿清澈明亮，滋味鲜和，叶底翠绿。因此，碾茶以"大棚薮北种"或"奥绿"的鲜叶为原料最佳，因为鲜叶中叶绿素的含量较高，制作的成品碾茶色泽相对较鲜绿。

（九）焙茶

焙茶即用温火烘茶，是一种古代制茶技术，是为了再次清除茶叶中的水分，以便更好地贮藏茶叶。乌龙茶的精制现也多采取焙茶技术。目前，焙茶是指蒸青绿茶经烘焙而成的茶，口感独特，火香浓郁。焙茶是日本茶的代表之一，起源于中国，发展在日本。

日本焙茶产品

日本的焙茶（ほうじ茶）是指一种用较低档的茶叶（多用番茶，也有用煎茶、茎茶等）为原料，经高温（200℃左右）烘焙或低温长焙而成的茶。焙茶最大的特点就是炒香浓郁，具有独特的焦香味；叶色呈赤褐色，汤色黄。

（十）茶籽与茶籽饼粕

茶籽是茶树的种子，除播种繁殖外，主要用于榨油与提取茶皂素，茶籽与茶籽饼粕都可作为茶叶深加工与综合利用的重要资源。茶籽含30%左右的粗脂肪和3%左右的茶皂素，提取茶籽油后的饼粕中有10%～14%的茶皂素。茶皂素是一种表面活性剂，它在工业、农业、日用化工和医药行业都有广阔的应用前景。提取茶皂素后的茶籽饼粕中含有10%～20%的蛋白质和30%～50%的淀粉、糖类，可以用来提取蛋白质或用作动物饲料。

（十一）茶树花

茶树花是茶树的生殖器官。与茶叶类似，茶树花含有茶多酚、茶多糖、氨基酸、蛋白质等多种营养成分和功效成分，具有增强免疫力、抑菌、养颜美容等多种功效；而且由于茶树花承担生命遗传任务，其蛋白质和糖类物质含量较芽叶高。因此，茶树花是一种难得的天然复合型原料，可用于开发系列茶树花深加工产品。

五、发展茶叶深加工与综合利用的意义

（一）充分发挥茶叶对人体的生理功能，强化其营养、保健作用

茶叶含有丰富的蛋白质、氨基酸、维生素、矿质元素等营养成分和茶多酚、咖啡碱、茶氨酸、茶多糖、膳食纤维等功能成分，这些成分在茶树不同品种、不同器官及不同生长季节、不同老嫩度原料中的含量不同，直接利用往往达不到各种成分发挥功效的有效浓度。根据特定的目的，将茶叶采取特定的加工方式使茶叶的营养和功能成分的功效充分发挥，以满足不同人群的需求，扩大消费群体。

（二）充分利用茶叶资源，提高茶产品的附加值

茶树是多年生常绿木本植物，其根、茎、叶、花、果等多器官均含有多种有效成分，具有多种营养和保健功能。如茶叶有抗氧化、抗癌、抑菌等功效；茶树的根有强心利尿、活血调经、清热解毒等功效；茶树花有解毒、抑菌、降脂、抗癌、滋补、养颜等功效；茶果含有大量油脂和蛋白质，可用于制备功能性茶籽油和茶籽蛋白等。

我国是茶叶的故乡，茶叶资源相当丰富。茶树作为一种嗜好性饮料植物，多采用幼嫩的新梢加工茶叶，粗老的鲜叶大多被废弃或加工成低档茶；在茶叶生产过程中每年还有大量修剪枝叶、茶灰、茶末、茶梗等副产品被丢弃，导致资源严重浪费。同时，随着社会经济的发展及人们生活水平的提高，名优茶越来越受到消费者的喜爱，而中低档茶大多处于滞销积压的状况。这些低档茶及茶叶副产品虽然没有直接的市场出路，但与茶叶一样富含功效成分，且价格低廉，对其进行深加工与综合利用，不仅具有很大的成本优势，且充分利用了茶叶资源，使之变废为宝，增加了茶产品的附加值，大大提高了茶叶本身的经济价值，促进茶业经济发展。

（三）丰富市场产品，适应生活现代化要求

千百年来，人类对于茶的利用方式始终以沸水冲泡、细斟慢饮为主。然而，随着社会的发展和人们生活节奏的加快，方便、快捷、健康、时尚的生活方式越来越受到人们的青睐，传统的茶产品和饮用方式已经不能满足人们的需要，人们迫切需要多样化的茶制品来丰富茶产品市场，满足不同消费群体的需求。同时，茶叶的许多功能或功效在传统的冲泡方法中也不能得到完全利用，为了使茶叶功效成分发挥更大的效用，也有必要通过深加工技术来有方向、有目的地利用这些功能。在这些新消费观念和需求的指引下，袋泡茶、速溶茶、浓缩茶、罐装茶饮料、茶含片、茶口香糖等新产品如雨后春笋般涌现，不仅丰富了茶产品种类，也适应了快节奏生活，深受消费者尤其是年轻消费者的喜爱。

（四）调整茶产业结构，促进茶产业的发展

目前世界茶业面临着三大矛盾：茶叶产量持续增长的速度大于消费量，茶叶出口量增加而需求量下降和茶叶生产成本上涨而茶价下跌。如何使当前的茶叶市场走出低迷状态是茶业工作者迫切需要解决的难题。通过发展茶叶深加工和综合利用，调整传统茶产业结构，延伸茶产业链，促进茶叶的消费，提高茶叶附加值，是振兴茶业的主要途径。

目前我国的茶深加工产业还处于初级阶段，存在加工技术相对落后、茶的深加工

产品种类少、茶产品技术含量与附加值过低等问题。随着我国经济和农业技术的快速发展、人们意识的改变及有利的政策导向，我国开始大力发展茶叶深加工产业。以高新技术为依托，采用先进的设备和科学的管理，实现茶的深加工产业规模化和标准化生产，可大幅提高茶产品技术含量和附加值，优化我国茶产品结构，促进我国茶产业发展，提高我国茶产业在国际市场上的竞争力。

第一章　茶叶的化学成分及保健功能

　　在茶鲜叶中，水分约占75%，干物质约占25%。茶叶干物质的主要化学成分是蛋白质、糖类、茶多酚类、生物碱类、脂类、灰分等，见表1-1。它们构成了茶的品质和滋味，影响着茶叶的营养和保健功能。

表1-1　　　　　　　　　　　　　茶叶的化学组成成分

分类	占鲜叶重/%		名称	占干物重/%
水分	75~78			
干物质	22~25	有机化合物	蛋白质	20~30
			氨基酸	1~4
			生物碱	3~5
			茶多酚	18~36
			碳水化合物	20~25
			有机酸	≈3
			脂类	≈8
			色素	≈1
			芳香物质	0.005~0.030
			维生素	0.6~1.0
		无机化合物	水溶性部分	2~4
			水不溶性部分	1.5~3.0

第一节　茶叶的营养成分

一、茶叶中的蛋白质与氨基酸

（一）蛋白质

　　茶叶蛋白质含量丰富，占茶叶干重的20%~30%，主要由谷蛋白、清蛋白、球蛋白、醇溶蛋白四种蛋白质组成，其中谷蛋白为茶叶蛋白质的主要组成成分，约占茶叶蛋白质总量的80%。除清蛋白（又称白蛋白）外，茶叶蛋白质都难溶于水；且在制茶过程中大部分蛋白质会变性凝固。因此，茶叶经冲泡进入茶汤的蛋白质很少，仅占茶叶蛋白质总量的1%~2%。这些可溶性蛋白质不仅有助于保持茶汤清亮和茶汤胶体溶液的稳定，也可增进茶汤滋味和营养价值。

茶叶蛋白质不仅与茶树的新陈代谢、生长发育及茶叶的自然品质形成密切相关，蛋白质的含量还与原料的老嫩度、成品品质的优劣也密切相关，在加工过程中蛋白质水解生成的各种氨基酸对提高茶叶滋味、香气和营养价值有重要影响。茶叶蛋白质中氨基酸种类丰富，不仅含有人体所必需的8种必需氨基酸，且其氨基酸评分较高，仅略低于牛奶和母乳蛋白质的氨基酸评分，高于大豆蛋白质的氨基酸评分；同时，茶叶蛋白质属于植物蛋白，不含胆固醇，因此，茶叶蛋白质非常适合食用，尤其适用于特殊人群食用。

（二）氨基酸

茶叶中的氨基酸含量非常丰富，目前发现并已鉴定的氨基酸有26种，除组成蛋白质的20种氨基酸外，还有茶氨酸、豆叶氨酸、谷氨酰甲胺、γ-氨基丁酸、天冬酰乙胺、β-丙氨酸这6种非蛋白质氨基酸，其中茶氨酸含量最高，约占茶叶游离氨基酸总量的50%以上。

茶叶中游离氨基酸含量一般占干物质总量的1%~4%，有的可高达7%左右，如安吉白茶。氨基酸主要分布于茶树的芽叶、嫩茎及幼根中，一般嫩叶中氨基酸的含量高于老叶，春茶高于夏秋茶，绿茶高于红茶。氨基酸是构成茶叶品质的重要因素，是茶叶主要的鲜爽滋味成分，对茶叶的香气形成以及汤色形成起重要作用。

茶氨酸是茶叶中游离氨基酸的主体部分，主要分布于茶树中的芽叶、嫩茎及幼根中，在茶树的新梢芽叶中约70%的游离氨基酸为茶氨酸。茶氨酸极易溶于水，水溶液具有焦糖的香味和类似味精的鲜爽滋味；茶氨酸还可以抑制茶汤的苦涩味，增强甜味。因此，茶氨酸是评价茶叶品质（尤其是绿茶）的重要滋味因子。

二、茶叶中的碳水化合物

碳水化合物也称糖类，是自然界中广泛分布的一类重要有机化合物。糖类在生命活动过程中起着重要的作用，是一切生命体维持生命活动所需能量的主要来源。

茶鲜叶中的碳水化合物包括单糖、双糖和多糖类，含量占茶叶干重的20%~25%。泡茶时能被沸水冲泡溶出的糖类为2%~4%，因此，茶叶有低热量饮料之称，适合于糖尿病和其他忌糖患者饮用（杨克同，1984）。

（一）茶叶中的单糖和双糖

单糖和双糖易溶于水，是构成茶中可溶性糖类的主要成分。茶叶中单糖和双糖含量为0.8%~4%，是组成茶叶滋味的物质之一。茶叶中单糖和双糖多存于老叶中，嫩叶较少。在茶叶加工中，由于酶、热或氨基化合物的存在，这些糖类会发生水解作用、焦糖化作用及美拉德反应，生成单糖类、多聚色素及香气物质等。

（二）多糖类

茶叶中的多糖类物质主要包括纤维素、半纤维素、淀粉和果胶等，约占茶叶干物质总量的20%以上。纤维素和半纤维素构成茶树的支撑组织，随叶子成熟度增加纤维素含量增大，因而纤维素含量是判断茶叶老嫩的标志成分之一。一般来说茶叶纤维素含量少，鲜叶嫩度好，制茶成条、做形较容易，能制出优质名茶。

淀粉是茶树体内的一种贮藏物质，以茶籽中含量最多，叶片含量较少，且老叶含量高于嫩叶。淀粉难溶于水，冲泡时通常不能被利用，营养价值不大。但在茶叶加工中由于酶或水热作用，可被水解转化成可溶性糖类，对提高茶的滋味、香气和汤色有一定意义。

果胶物质属于杂多糖。根据其甲酯化程度不同可分为原果胶、果胶素及果胶酸。原果胶不溶于水，果胶素与果胶酸可溶于水。果胶物质的含量与茶树品种及新梢成熟度有关，一般新梢中以第三、四叶果胶物质含量较高。茶鲜叶中果胶多以原果胶形式存在，一芽三叶的鲜叶中原果胶含量一般在8%左右，而水溶性果胶的含量则随茶新梢成熟度提高而下降。在茶叶加工过程中，原果胶在原果胶酶的作用下水解形成水溶性果胶。水溶性果胶可增加茶汤的甜味、香味和厚度；且水溶性果胶有黏稠性，有助于揉捻卷曲成条、茶叶外观油润。

三、茶叶中的脂类物质

脂类物质广泛分布于自然界，茶树的各个部分，包括根、茎、叶、花、种子中均含有脂类。脂类是茶树体内重要成分之一，包括脂肪、脂肪酸、脂溶性维生素、脂溶性色素和萜类等。茶树体内含有丰富的脂肪酸，且不饱和脂肪酸含量超过饱和脂肪酸。除茶籽中脂类物质含量较高（约40%）外，茶叶中脂类的含量约占干物质重的8%。

脂类物质在茶叶品质的形成中起着重要作用。很多茶叶香气成分是脂类物质，如具有玫瑰花香的香叶醇、玉兰花香的芳樟醇等；有些香气成分如己烯醇等就是由脂类物质中的亚麻酸等转化而来。茶叶的外形色泽和叶底的颜色与叶绿素和胡萝卜素关系密切。

四、茶叶中的维生素

维生素是维持人体正常生理功能所必须的营养素。这类物质在人体内的含量很少，不能为人体提供能量，也不是构成机体组织和细胞的组成成分，但它们却在人体生长、代谢、发育过程中发挥着重要的作用。

茶叶含有丰富的维生素，其含量占干物质总量的0.6%～1%。根据溶解性不同，可分水溶性维生素和脂溶性维生素两大类。水溶性维生素主要有维生素C和B族维生素（维生素B_1、维生素B_2、烟酸、泛酸、维生素B_6、维生素B_{12}、叶酸等），脂溶性维生素主要有维生素A、维生素D、维生素E和维生素K等。因此，适量饮茶能在一定程度上补充人体对多种维生素的需要。但是，由于饮茶主要是采用冲泡饮汤的形式，脂溶性维生素难以溶出被人体吸收。

茶叶所含维生素以维生素 C 的含量最高。一般来说，绿茶中维生素 C 的含量为 100～250mg/100g，有的可高达 500mg/100g；乌龙茶中维生素 C 的含量为 100mg/100g；红茶因在发酵过程中维生素 C 损失较大，一般在 50mg/100g 以下。

茶叶中 B 族维生素的含量也相对较高，干茶中含量为 10～15mg/100g，其中以烟酸含量最高，为 3.5～7mg/100g，占到 B 族维生素含量的一半；其次为泛酸和维生素 B_2，泛酸含量为 1～2mg/100g，维生素 B_2 的含量为 1.2～1.7mg/100g，茶叶中维生素 B_2 含量比一般植物要高。茶叶中维生素 B_1 的含量较低，为 0.1～0.5mg/100g，但也较蔬菜含量高。

茶叶含有丰富的维生素 A 原——类胡萝卜素。一般绿茶中含有 16～25mg/100g 的胡萝卜素，高山茶树芽叶中含量可高达 50mg/100g；乌龙茶中胡萝卜素含量约为 8mg/100；红茶加工中由于发酵等工艺导致类胡萝卜素损失较多，胡萝卜素含量仅为 0.5～1mg/100g。茶叶中约 80% 的胡萝卜素为 β-胡萝卜素，其余为 α-胡萝卜素等。

五、茶叶中的矿质元素

矿质是维持人体正常生命活动所必需的营养素。茶叶含有人体所需的钙、磷、钾、钠、镁、硫等常量元素和铁、锌、铜、锰、硒、氟和碘等微量元素近 30 种，其中以钾、氟、锰、硒、锌等元素含量较高，饮茶对它们的摄入最有意义。

茶叶中钾的含量较高，占干茶质量的 2%～2.8%，占茶叶灰分总量的 50% 左右，相当于紫菜和海带中的钾含量，较普通蔬菜、水果、谷类中钾含量高 10 倍以上，且其在茶汤中的溶出率几乎达 100%，人体可通过饮茶来补充钾。一般芽、嫩叶中钾的含量较老叶高。

茶树是一种富氟植物，其氟含量比一般植物高十倍至几百倍，且粗老叶中氟含量比嫩叶更高。一般茶叶中氟含量为 10mg/100g 左右，用嫩芽制成的高级绿茶含氟量可低至 2mg/100g，而较成熟枝叶加工而成的黑茶中氟含量可高达 30～60mg/100g。茶叶中的氟较易浸出，热水冲泡时浸出率达 60%～80%。因此，喝茶是摄取氟的有效方法之一；而长期大量饮黑茶的人应注意氟的摄取量过多。

茶树也是一种富锰植物。茶叶锰含量一般不低于 30mg/100g，最高可达 120mg/100g，比水果、蔬菜约高 50 倍；老叶中含量更高，可达 400～600mg/100g。茶汤中锰的浸出率为 35% 左右。

茶叶中锌的含量也较高，高于鸡蛋和猪肉中的含量。茶叶锌含量为 2～6mg/100g，有的可高达 10mg/100g。锌在茶汤中的浸出率较高，为 75% 以上，且易被人体吸收，因而，茶叶可被列为锌的优质营养源。

一般茶叶中硒含量 20～200μg/100g，富硒地区茶叶含硒量可高达 500～600μg/100g。就茶树不同部位而言，老叶老枝的含硒量较高，嫩叶嫩枝的含硒量较低。茶叶中硒主要为有机硒，易被人体吸收；硒在茶汤中的浸出率为 10%～25%，在缺硒地区普及饮用富硒茶是解决硒缺乏问题的最佳方法。

第二节 茶叶的功能成分及其保健功能

自神农氏发现了茶的解毒作用、茶被作为保健饮品饮用以来，茶的保健功能被人们逐渐揭示并加以利用。随着现代科学技术的发展，茶所含的茶多酚、生物碱、茶多糖、芳香物质、维生素、茶氨酸等功能成分被分离、鉴定，茶的保健功能及其作用机理不断被现代科技所证实，茶必将成为 21 世纪最具潜力的健康饮品。

一、茶叶的重要功能成分

（一）茶多酚及其氧化产物

1. 茶多酚类物质

茶多酚（tea polyphenols）是茶叶中所有多酚类物质及其衍生物的总称，又称"茶鞣质""茶单宁"。茶多酚是茶叶中的主要化学成分之一，茶鲜叶中含量一般为 18% ~ 36%（干重）。茶多酚在茶树体内分布广泛，全株各器官均有，但集中分布在茶树新梢生长旺盛部位，含量由芽、嫩叶、老叶、茎、根依次减少。茶多酚与茶树的生长发育、新陈代谢和茶叶品质关系密切，对人体具有抗氧化、清除自由基、抗癌、抗辐射、降血脂、杀菌等生理功效。

茶树新梢中所发现的茶多酚主要由儿茶素类、黄酮及黄酮苷类、花青素及花白素类、酚酸及缩酚酸类组成，其中以儿茶素类含量最高，约占茶多酚总量的 70% 以上。除酚酸及缩酚酸类外，均具有 2 - 苯基苯并吡喃为主体的结构，统称为类黄酮物质。

茶多酚的分子结构中存在多个酚性羟基，易氧化聚合，尤其是儿茶素（C）分子结构中 B 环上的邻位、连位酚羟基，具有较强的供氢活性，极易被氧化而表现出较强的抗氧化活性。茶多酚在酸性环境中较稳定，但在碱性、光照、潮湿条件下易氧化聚合形成有色物质；在红茶加工中，在多酚氧化酶的作用下，茶多酚也易被氧化形成茶黄素、茶红素和茶褐素等有色物质。

（1）儿茶素类　茶叶中的儿茶素类属于黄烷醇类化合物，是茶多酚类物质的主体成分，主要包括表儿茶素（EC）、表没食子儿茶素（EGC）、表儿茶素没食子酸酯（ECG）和表没食子儿茶素没食子酸酯（EGCG）等。在茶叶加工过程中，这些顺式儿茶素会转化形成儿茶素（C）、没食子儿茶素（GC）、儿茶素没食子酸酯（CG）、没食子儿茶素没食子酸酯（GCG）等。

儿茶素在茶叶中含量占鲜叶干重的 12% ~ 24%。儿茶素为白色固体，亲水性强，易溶于热水，是茶汤主要滋味物质之一，具有苦涩味和很强的收敛性。

（2）黄酮及黄酮苷类　茶树体内的黄酮类化合物又称为花黄素，是广泛存在于自然界的一类黄色色素。茶叶中黄酮醇类物质主要有山奈素、槲皮素和杨梅素。茶叶中黄酮醇多与糖在 C_3 位结合形成黄酮苷类物质，茶叶中含量较多的苷类物质主要有芸香苷、槲皮苷和山奈苷。

茶叶中的黄酮醇及其苷类物质在茶鲜叶中的含量占干重的 3% ~ 4%，一般春茶含量高于夏茶。黄酮及黄酮醇一般都难溶于水，而黄酮苷类在水中的溶解度比苷元大，其水溶液为绿黄色，是茶叶水溶性黄色素的主体物质，是绿茶汤色的重要组分。

（3）花青素及花白素类　花青素类又称花色素，是一类重要的水溶性色素。一般茶叶中花青素占干物重的 0.01% 左右，而在紫芽茶中则可达 0.5%~1.0%。花青素滋味苦涩，含量高对茶叶滋味品质有很大影响。

花白素又称"隐色花青素"或"4-羟基黄烷醇"，是一类还原的黄酮类化合物，茶树新梢中含量为干重的 2%~3%。在红茶发酵过程中，花白素可完全氧化成为有色氧化产物。

（4）酚酸及缩酚酸类　酚酸是一类分子中具有羧基和羟基的芳香族化合物，而缩酚酸由酚酸上的羧基与另一分子酚酸上的羟基相互作用缩合而成。茶叶中的酚酸及缩酚酸类化合物主要有没食子酸、咖啡酸、绿原酸、鸡纳酸的缩合衍生物等。酚酸及缩酚酸类物质易溶于水，约占茶鲜叶干重的 5%。

2. 茶色素

茶色素是指从茶叶中提取的一类水溶性酚性色素，主要是由多酚类物质氧化聚合而形成的茶黄素（TF_s）、茶红素（TR_s）和茶褐素（TB_s）等色素。它们既是红茶内质特有风味的重要来源，也是红茶重要的功能成分，具有与茶多酚类物质类似的抗氧化、抗癌、抑菌等生物活性。

（1）茶黄素类　茶黄素类（theaflavins, TFs）是红茶中色泽橙黄、具有收敛性的一类水溶性色素，是多酚类物质氧化形成的、具有苯骈卓酚酮结构的化合物的总称，包括茶黄素（TF）、茶黄素-3-没食子酸酯（TF-3-G）、茶黄素-3′-没食子酸酯（TF-3′-G）、茶黄素-3,3′-双没食子酸酯（TF-3,3′-DG, TFDG）等 9 种。红茶中茶黄素类含量占固形物的 1%~5%，是红茶滋味和汤色的主要品质成分，对红茶的色、味及品质起着重要的作用，是红茶汤色"亮"的主要成分，是红茶滋味强度和鲜度的重要成分，也是形成茶汤"金圈"的主要物质。

茶黄素粉末色泽金黄、滋味辛辣，具强收敛性，易溶于热水、乙酸乙酯、正丁醇、4-甲基戊酮、甲醇、乙醇、丙酮，不溶于氯仿、二氯甲烷、苯，难溶于乙醚。茶黄素水溶液呈弱酸性（pH 约为 5.7），在碱性溶液中有进一步氧化倾向，且随 pH 升高自动氧化速度加快；在茶汤中易与咖啡碱等物质络合产生"冷后浑"。

（2）茶红素类　茶红素类（thearubigins, TRs）是一类复杂的红褐色的不均一性酚性化合物，是茶黄素类等的进一步氧化产物，是红茶氧化产物中最多的一类物质，是红茶茶汤色泽的主体物质，含量占红茶干重的 6%~15%。茶红素粉末呈棕红色，极性较 TFs 强，收敛性较 TFs 弱，易溶于水和正丁醇，部分 TRs 能溶于乙酸乙酯，水溶液呈酸性（1% 质量分数的 TRs 溶液 pH 为 4.0~5.5），深红色，刺激性较弱，是构成红茶汤色的主体物质，对茶汤滋味与汤色浓度起极重要作用。茶红素参与红茶"冷后浑"的形成，还能与碱性蛋白质结合生成沉淀物存于叶底，从而影响红茶的叶底色泽。

（3）茶褐素类　茶褐素（theabrownine, TBs）是一类水溶性非透析性高聚合的褐色物质，其主要组分是多糖、蛋白质、核酸和多酚类物质，由茶黄素和茶红素进一步氧化聚合而成，含量占红茶干物质重的 4%~9%。TBs 粉末呈深褐色，溶于水，不溶于乙醇、乙酸乙酯和正丁醇。TBs 是导致红茶茶汤发暗、无收敛性的重要因素；其含量与红茶品质呈高度负相关（$r = -0.979$）。红茶加工过程中长时间重度萎凋、长时间高温缺氧发酵，是导致茶褐素积累的重要原因；红茶贮藏过程中，茶红素和茶黄素也会进一步氧化聚合形成茶褐素。

（二）咖啡碱

咖啡碱在茶树体内分布广泛，除种子外，其他部位均含有咖啡碱。咖啡碱在茶树各部位的含量差异很大，集中分布在新梢部位，以嫩的芽叶含量最多。

咖啡碱占茶叶干重的 2%～4%，是茶叶重要的滋味物质，味苦，泡茶时 80% 以上的咖啡碱可溶于水中，是茶汤主要的苦味成分之一。咖啡碱苦味阈值低，且温度和 pH 对其苦味敏感性有影响。随着 pH 升高和温度升高，阈值降低，敏感性增加（陈宗道等，1999）。茶汤中氨基酸含量增加，对咖啡碱的苦味有消减作用；而茶多酚含量增加则可增强咖啡碱的苦味。在茶汤中，咖啡碱可以与儿茶素等通过氢键缔合形成络合物而使其呈味特性发生改变。在红茶汤中，咖啡碱与茶黄素以氢键缔合后形成的复合物具有鲜爽味，能提高茶汤的鲜爽度，因此，茶叶咖啡碱含量是影响茶叶品质的重要因素之一。

咖啡碱具有兴奋神经中枢、助消化、利尿、强心解痉、松弛平滑肌等作用。茶叶碱、可可碱具有与咖啡碱类似的药理功效。

（三）茶氨酸和 γ-氨基丁酸

1. 茶氨酸

茶氨酸是茶树体内特有的氨基酸，也是茶叶中最主要的氨基酸，约占茶树体内游离氨基酸总量的 50% 以上。茶氨酸属酰胺类化合物，化学结构与谷氨酸相似，水溶液具有焦糖的香味和类似味精的鲜爽滋味，味觉阈值低，为 0.06%。

茶氨酸极易溶于水，茶汤中浸出率可达 80%，对茶汤滋味尤其是绿茶滋味具有重要作用，能缓解茶的苦涩味，增强甜味。茶氨酸还是形成茶叶香气和鲜爽度的重要成分，对形成绿茶香气极为重要。

茶氨酸有保护神经细胞、调节脑内神经传达物质的变化、降血压、辅助抗肿瘤、镇静安神、改善经期综合征等功效，可用于帕金森病、阿尔茨海默病及传导性神经功能紊乱等疾病的预防和治疗，也可用于改善睡眠、增强记忆力等。

2. γ-氨基丁酸

γ-氨基丁酸（γ-GABA）是由谷氨酸脱羧而生成的一种非蛋白质氨基酸，广泛分布于动植物体内。γ-氨基丁酸在茶树鲜叶中含量极低，用普通方法加工的茶叶中 γ-氨基丁酸含量很小。1987 年日本津志田藤二郎博士将采摘的茶鲜叶经 6h 的充 N_2 厌氧处理后产生了大量的 γ-氨基丁酸，由此而生产出新型保健茶即 γ-氨基丁酸茶（Gabaron 茶）。γ-氨基丁酸茶中 γ-氨基丁酸含量一般在 1.5mg/g 以上，有显著的降血压作用（津志田藤二郎，1987）。γ-氨基丁酸还具有镇静神经、抗焦虑、提高脑活力、抗惊厥等活性。

（四）茶多糖

茶叶中具有生物活性的复合多糖，一般称为茶多糖（TPS），是一类与蛋白质结合在一起的酸性多糖或酸性糖蛋白。茶多糖的组成与含量因茶树品种、茶园管理水平、采摘季节、原料老嫩度及加工工艺的不同而不同，进而影响其生物活性。一般而言，原料越老，茶多糖的含量越高；乌龙茶中茶多糖的含量高于红茶、绿茶。

茶多糖为水溶性多糖，易溶于热水，但不溶于高浓度的乙醇、丙酮、乙酸乙酯等有机溶剂。茶多糖稳定性差，高温、过酸或碱性条件下，会使多糖降解；高温下茶多糖还容易丧失活性。茶多糖具有降血糖、降血脂、抗血凝、抗血栓、增强机体免疫功能、抗氧化等生物活性。

（五）茶膳食纤维

茶膳食纤维主要由纤维素、半纤维素、果胶类物质和木质素等组成（王淑芳等，1995），是茶鲜叶细胞壁的重要组成部分，也是支撑茶树正常生长发育的重要生理物质。茶膳食纤维因产地、茶类、季节等不同而含量差异显著。一般茶膳食纤维含量约占茶叶干重的15%，砖茶中可高达38%。

茶膳食纤维根据溶解性不同可分为水溶性茶膳食纤维和水不溶性茶膳食纤维两大类。水溶性茶膳食纤维主要包括树胶、果胶、原果胶等物质，吸水膨胀后形成凝胶体，具有黏滞性，可增加茶汤的黏稠度，使口感顺滑、回甘，韵味悠长。水不溶性茶膳食纤维主要包括纤维素、半纤维素、木质素等。虽然茶膳食纤维不能被人体吸收，但能刺激胃肠蠕动，增加粪便体积，减少有毒或有害物质的吸收，具有特殊的生理保健功能。

（六）茶皂素

茶皂素，又称茶皂苷，是一类齐墩果烷型五环三萜类皂苷的混合物，其基本结构由皂苷元（即配基）、糖体和有机酸三部分组成，分子式为 $C_{57}H_{90}O_{26}$，相对分子质量为1200~2800。茶皂素广泛分布于茶树的叶、根、种子等各个部位，其中以茶籽中含量较高，为4%~6%。不同部位茶皂素的化学结构有一定差异，其中茶籽皂素的有机酸为当归酸、惕各酸和醋酸，茶叶皂素的有机酸为当归酸、惕各酸和肉桂酸。纯的茶皂素固体为白色微细柱状结晶，茶皂素结晶易溶于含水甲醇、含水乙醇、正丁醇及冰醋酸中，能溶于水、热醇，难溶于冷水、无水乙醇，不溶于乙醚、氯仿、石油醚及苯等非极性溶剂。

茶皂素味苦而辛辣，是一种性能良好的天然表面活性剂；与其他药用植物的皂苷化合物一样，茶皂素具有溶血和鱼毒作用、抗渗消炎、抗菌、抗病毒、杀虫、驱虫等生物活性。

二、茶叶的保健功能

唐代陈藏器在《本草拾遗》中有"诸药为各病之药，茶为万病之药"的论述，表明茶具有防治疾病、延年益寿的功能。随着现代科学技术的发展，茶的功能成分逐一被分离、鉴定，茶的保健功能及其作用机理也日渐明朗，茶的保健功能被越来越多的人认识、利用。

（一）抗氧化、清除自由基作用

茶多酚是茶叶主要抗氧化活性成分，具有很强的抗氧化活性，其抗氧化能力是人工合成抗氧化剂2,6-二叔丁基对甲酚（BHT）、丁基羟基茴香醚（BHA）的4~6倍，是维生素 E 的 6~7 倍、维生素 C 的 5~10 倍。茶叶还含有茶多糖、维生素 C、维生素 E、类胡萝卜素及锌、硒等多种抗氧化活性成分。

茶多酚氧化产物的抗氧化活性与茶多酚类似。茶多酚及其氧化产物的抗氧化作用多指其清除自由基的活性。

1. 抑制自由基的产生

自由基的生成离不开氧化酶的酶促作用，如黄嘌呤氧化酶、脂氧化酶和环氧化酶等均可催化体内自由基的生成。茶多酚及其氧化产物可通过抑制氧化酶系来抑制自由基的产生。茶多酚是蛋白质的天然沉淀剂，可通过络合沉淀使机体内氧化酶变性失活，减少酶促氧化产生自由基，从而起到抗氧化作用。机体内的过渡金属离子大都含有末配对电子，可以催化自由基的形成。茶多酚及氧化产物还可通过与诱导氧化的过渡金属离子（如 Fe^{3+}、Cu^{2+} 等）络合来抑制自由基的产生。

2. 直接清除自由基

茶多酚及其氧化产物是一类含有多个酚羟基的化合物，较易氧化而提供氢，具有酚类抗氧化剂的通性；尤其是 B 环上的邻位酚羟基或连位酚羟基有较高的还原性，易发生氧化生成邻醌类物质，而提供的活泼的氢与自由基结合，可使之还原为惰性化合物或较稳定的自由基，从而直接清除自由基，避免氧化损伤。研究表明，茶叶所含茶多酚均能有效地清除超氧阴离子自由基、羟自由基、单线态氧及过氧化氢等活性氧，具有预防性抗氧化效果（杨贤强等，1993）。

3. 对抗氧化体系的激活作用

正常情况下，机体存在严密的抗氧化防御系统。酶类抗氧化剂主要有超氧化物歧化酶（SOD）、谷胱甘肽过氧化物酶（$GSH - P_x$）和过氧化氢酶（CAT）等，非酶类抗氧化剂主要有维生素 C、维生素 E、β - 胡萝卜素和还原型谷胱甘肽（GSH）等。它们的重要生理功能在于能有效地清除体内的自由基与活性氧，且维生素 E 还是生物膜表面脂质过氧化的阻断剂。不仅如此，生物体的抗氧化系统之间还有协同作用、互补作用及代偿作用等，它们彼此保护、共同维护和增强细胞的抗氧化系统。

生物体内的酶易受各种因素诱导的自由基攻击而失活。茶多酚是高效自由基清除剂，可通过清除自由基而保护抗氧化酶免受自由基损伤，从而保护生物体内生物酶系整体功能的正常发挥。不仅如此，茶多酚对维生素 C、维生素 E 和谷胱甘肽等这几种抗氧化剂也有保护或再生作用，且茶多酚与 β - 胡萝卜素、维生素 C 和维生素 E 配合还具有协同抗氧化作用。由此可见，茶多酚能够保护和修复机体的抗氧化体系，通过激活机体自身的抗氧化防御系统，达到清除自由基的效果。

与茶多酚相似，茶叶所含的茶多糖、维生素 C、维生素 E 和类胡萝卜素也可通过清除自由基而保护抗氧化酶免受自由基损伤。茶叶还含有丰富的锌、锰、硒、铜等微量元素，这些微量元素不仅具有很好的抗氧化作用，且还是机体超氧化物歧化酶、谷胱甘肽过氧化物酶等抗氧化酶的重要组成成分与活性中心。

（二）防癌抗癌作用

现代研究表明茶叶具有防癌抗癌作用。流行病学调查结果也表明，某些肿瘤的发生概率与茶叶的消费呈明显负相关。

1. 茶多酚及其氧化产物的防癌抗癌作用

茶多酚及其氧化产物的抗癌作用是多方面的，在癌症形成的各个时期均有抑制作用。其抗癌作用机理主要体现在以下几个方面。

（1）抗氧化和清除自由基作用 体内的许多代谢反应都可以产生自由基，这些自由基过量积累会导致细胞 DNA 损伤（尤其是 DNA 结构和功能的破坏），最终使细胞发生突变、癌变或病变死亡。因此，及时有效地清除体内过量自由基是抗癌的一个重要机制。

茶多酚及其氧化产物具有极强的抗氧化和清除自由基作用，能抑制致癌物的代谢活化；抑制或阻断自由基造成的细胞 DNA 断裂；改变活性氧所诱发的生长有关的基因表达，直接影响转录因子活性，以消除氧化损伤所带来的信息道路上的障碍，减少肿瘤的异常增生。

（2）抑制肿瘤细胞的增殖和转移 谢冰芬等（1998）研究发现茶多酚及其氧化产物在体外具有细胞毒作用，对体外培养的人鼻咽癌细胞（CNE$_2$）、人肺肿瘤 A549 细胞、GLC－82 细胞及乳腺癌细胞 MCF－7 等细胞的生长显示了较强的抑制作用，能显著抑制癌细胞的增殖。体内抗肿瘤作用研究表明茶多酚及其氧化产物可抑制多种肿瘤的形成，缩小肿瘤体积，抑制肿瘤细胞的浸润和转移。

（3）诱导肿瘤细胞凋亡 正常的细胞凋亡在维持生物肌体细胞增殖与死亡的平衡过程中起重要作用。一般认为恶性肿瘤细胞是肿瘤细胞丧失自发凋亡能力的最终结果，所以最有效的抗癌治疗可能是诱导肿瘤细胞的凋亡。茶多酚及其氧化产物可诱导肺癌细胞、胃癌细胞、结肠癌细胞、上皮癌细胞、白血病细胞和前列腺癌细胞等多种肿瘤细胞的凋亡。不同的儿茶素诱导肿瘤细胞凋亡的强弱程度不一，通常表没食子儿茶素没食子酸酯（EGCG）诱导肿瘤细胞凋亡的种类较多，诱导凋亡程度较强。

（4）影响癌基因的表达 细胞癌基因是正常细胞基因组的固有成员，在正常生理情况下，它们不表达或有限表达，其表达产物对正常细胞的生长、分化和发育等过程有调节作用；当受一定因素刺激后细胞癌基因得以表达或大量表达，产生异常的蛋白质，从而引起细胞的恶性转化。茶多酚（尤其是 EGCG）可抑制致癌物诱导的癌基因表达，诱导抗癌基因的高表达，通过改变这些基因的表达来诱导癌细胞"自杀"。

（5）调节致癌物的代谢 Weisburger 等研究表明茶多酚（尤其是 EGCG）对杂环胺类、芳香胺类、苯并芘、亚硝胺、黄曲霉毒素等化学致癌物质产生癌症的诱发作用具有强烈的抑制效果，且这种抑癌作用主要是通过增强这些致癌物的新陈代谢而实现的。如中国预防医学科学院研究表明，茶叶对人体致癌性亚硝基化合物的形成有不同程度的抑制和阻断作用，不仅能阻断 N－亚硝基化合物在体内、体外合成，而且能阻断 N－亚硝基化合物合成有效成分，其中以绿茶的活性最高，其次为紧压茶、花茶、乌龙茶和红茶。

（6）抑制肿瘤新生血管的形成 茶多酚可通过抑制肿瘤新生血管的形成，将癌细胞周围的血管阻断，使生长快速的癌细胞无法获得营养和氧气，使癌细胞"饿死"而达到抗癌的目的。

（7）增强抗肿瘤药物的作用及减弱抗肿瘤多药耐药性 茶多酚能增强抗肿瘤药物

（如西妥昔单抗）的抗肿瘤作用（商悦等，2015），还能逆转肿瘤细胞的多药耐药性，增加人乳腺癌细胞株（MCF-7）对阿霉素的敏感性（朱爱芝等，2001）。

（8）增强机体免疫功能 机体免疫功能与肿瘤的发生发展关系密切。当宿主免疫功能低下或受抑制时，肿瘤发病率高，且随着肿瘤的发展，肿瘤患者的免疫功能可能受抑制。茶多酚能通过影响免疫系统，增强或调节机体免疫能力，抑制癌细胞的增殖和生长，对抗肌体肿瘤的发生。

2. 其他物质的防癌抗癌作用

茶多糖也有较好的抗癌活性。与茶多酚类似，茶多糖可通过抗氧化、清除自由基，及增强机体免疫功能而发挥其抗肿瘤活性。

硒可预防不同种类致癌物的致癌作用，能作用于致癌过程的不同阶段，预防不同组织部位的癌变过程。茶叶是一种硒含量较高的植物，尤其是富硒茶，具有较好的抗癌作用。

茶氨酸本身无抗肿瘤活性，但能提高多种抗肿瘤药的活性。茶氨酸与抗肿瘤药并用时，能阻止抗肿瘤药从肿瘤细胞中流出，增强了抗肿瘤药的抗癌效果。茶氨酸还能减少抗肿瘤药的副作用，抑制癌细胞对周围组织浸润的作用，使癌细胞的扩散转移受到抑制而发挥抗癌作用。

茶叶所含的类胡萝卜素、维生素 C、维生素 E 等物质均具有较好的抗肿瘤活性。研究表明维生素 A、维生素 C、维生素 E 同时服用能使机体吸收达到最佳水平，且在抗癌领域里，三者的组合服用被科学家认为是最适宜的方案。茶叶不仅含有丰富类胡萝卜素、维生素 C、维生素 E，且恰好具备了这种天然的组合，因此，茶叶被认为是一种纯天然抗癌药物，能有效达到抗癌作用。

（三）抗辐射

茶叶具有抗辐射作用是由于茶叶所含的茶多酚类物质有较强的清除自由基活性，能有效避免辐射产生的过多自由基对生物机体大分子的损伤。郝述霞等（2011）研究表明茶多酚可通过清除自由基来达到抗 γ 射线照射所致的辐射损伤；Katiyar 等（2010）研究表明绿茶多酚能修复紫外线辐射受损的 DNA 片段，且在一定程度上抑制炎症的发生。

茶多酚及其氧化产物还可吸收放射性物质，阻止其在人体内扩散，减少辐射造成的伤害。茶多酚及其氧化产物的抗辐射作用还表现在它们能有效地维持白细胞、血小板、血色素水平的稳定；改善由于放化疗造成的不良反应；有效地缓解射线对骨髓细胞增重的抑制作用；有效地减轻放化疗药物对肌体免疫系统的抑制作用。

（四）对中枢神经系统的兴奋作用

研究表明咖啡碱有兴奋中枢神经的作用。咖啡碱主要作用于大脑皮层，使大脑外皮层易受反射刺激，使思维敏捷、精神振奋，提高工作效率和精确度，睡意消失，疲乏减轻。较大剂量的咖啡碱还能兴奋下级中枢和脊髓。过量饮茶则可引起失眠、心悸、头痛、耳鸣、眼花等不适。茶叶碱和可可碱与咖啡碱类似，也有兴奋功能。

（五）降血脂

饮茶有降低血脂的效果。Imai 等（1995）研究了日本 1371 位居民的饮茶习惯和他们的血脂状况，结果表明饮茶可以降低人体血浆总胆固醇（TG）、甘油三酯（TC）、低密度脂蛋白（LDL）水平，提高高密度脂蛋白（HDL）水平。

饮茶降血脂主要是因为茶所含茶多酚、茶色素和茶多糖等成分有降血脂功效，它们能减少血液中脂肪的水平，促进总脂和胆固醇的代谢，降低体内胆固醇含量；还能阻止食物中不饱和脂肪酸的氧化，减少血清胆固醇在血管壁上的沉积；茶多酚等物质还具有促进脂类化合物从粪便中排出的效果。茶叶中所含的维生素 C 和维生素 P 也具有改善微血管功能和促进胆固醇排除的作用。

（六）降血压

我国传统医学很早就记载茶有降血压功效，现代研究也表明饮茶对高血压患者有降血压作用。茶多酚及其氧化产物对血管紧张素 I 转移酶（ACE）的活力有明显的抑制作用，能有效抑制血管紧张素 I 转变为血管紧张素 II，起到直接降血压作用（陈宗懋等，2014）。茶多酚还可通过降低外周血管阻力、直接扩张血管，促进内皮依赖性松弛因子的形成，松弛血管平滑肌，增强血管壁和调节血管壁透性等而起到间接抗高血压作用。茶叶中的维生素 C、维生素 P 等也能改善血管功能，增强血管的弹性和通透性，达到降血压目的；维生素 P 还能扩张小血管，起到直接降血压作用。

茶所含的其他成分也有降血压的功效。Yokogoshi 等（1995）通过给高血压自发症大鼠腹腔注射不同剂量的茶氨酸，结果表明茶氨酸有降压作用，且这种降血压作用是通过影响末梢神经或血管系统而不是脑中的 5-羟色胺水平来实现的。茶叶中的 γ-氨基丁酸是中枢神经系统的一种重要抑制性神经递质，可作用于脊髓的血管运动中枢，有效促进血管扩张，及抑制血管紧张素 I 转移酶（ACE）活力而达到降低血压的目的。茶叶中的咖啡碱、茶叶碱等可使血管平滑肌松弛，扩张血管，使血液不受阻碍而易流通，具有直接降压作用。除此之外，钠的摄入量与血压密切相关，咖啡碱、茶叶碱等具有的利尿、排钠作用，可起到间接降压作用。

（七）降血糖

在中国及日本民间早就有用粗老茶治疗糖尿病的经验，现代研究证实茶多酚及其氧化产物、茶多糖是饮茶能够降血糖作用的主要活性成分。

1987 年，日本学者清水岑夫研究发现茶多糖是粗老茶治疗糖尿病的主要成分，随后的药理研究证实茶多糖有明显的降血糖功效，能够显著对抗肾上腺素和四氧嘧啶所致的高血糖，减轻肾上腺素和四氧嘧啶对胰岛 β 细胞的损伤。目前研究证明茶多糖降血糖作用机制可能是通过保护胰岛细胞、促进胰岛素分泌、提高胰岛素敏感性及调节糖代谢有关酶的活力来达到降低血糖目的。

茶多酚对人体的糖代谢障碍有调节作用，能降低血糖，从而有效地预防和治疗糖尿病。丁仁凤等（2005）研究了茶多糖对四氧嘧啶致糖尿病大鼠的降血糖作用和机制，结果表明茶多糖有显著抑制糖尿病大鼠血糖升高的作用。茶多酚降血糖作用主要体现在提高胰岛素敏感性、抑制葡萄糖运转载体活性、抑制肠道内相关酶类的活力、降低胰岛 β-细胞的氧化损伤、下调控制葡萄糖异生作用基因的表达以及减弱肝脏糖异生功能，促进肝糖原合成等几个方面。

（八）抗疲劳

茶的抗疲劳功效与茶叶所含茶氨酸、茶多酚、茶多糖、咖啡碱等成分密切相关。

王小雪等（2002）研究表明经口给予小鼠不同剂量的L-茶氨酸30d后，能明显延长小鼠负重游泳时间，减少肝糖原的消耗量，降低运动时血清尿素氮水平；且对小鼠运动后血乳酸升高有明显的抑制作用，能促进运动后血乳酸的消除，说明L-茶氨酸具有抗疲劳作用。杜云（2012）研究表明300mg/kg的茶多酚可增加大鼠跑台力竭时间，提高运动后大鼠血乳酸脱氢酶活力，降低大鼠运动后血乳酸及尿素氮水平，说明茶多酚对运动大鼠有明显的抗疲劳作用。蒋成砚等（2012）研究表明给小鼠饲喂普洱茶多糖能显著降低其血清尿素氮的形成，提高小鼠的运动耐力，延长其游泳时间，表明茶多糖具有一定的抗疲劳作用。茶所含咖啡碱能兴奋神经中枢，当人们在感到疲劳的时候喝上一杯茶，能够刺激机能衰退的大脑中枢神经，使之由迟缓转化为兴奋，集中思考力，达到抗疲劳的功效。

（九）减肥

我国古医书里早就有茶叶具有减肥功效的记载，"去腻减肥、轻身换骨""解浓油""去人脂""久食令人瘦"等。现代研究表明，茶叶的减肥功效是由它所含的多种有效成分的综合作用，尤以茶多酚及其氧化产物、咖啡碱最为重要。

茶多酚和茶黄素能显著抑制前脂肪细胞3T3-L1的增殖、分化，抑制细胞内脂质的积累（Kim等，2010）；儿茶素可调节肥胖受试对象机体的脂类代谢过程，能通过刺激机体热生成、降低机体对食物营养成分的吸收等作用而减少机体的能量摄入和存储。Wang等（2003）研究报道EGCG还是一种天然的脂肪酸合成酶（FAS）抑制剂。

咖啡碱能促进体内脂肪分解，使其转化为能量，通过产生热量以提高体温、促进出汗等，提高体内脂肪的消耗。茶叶中咖啡碱的这种减肥作用可能是通过与儿茶素的协同作用而实现的。Dulloo等（1999）研究发现含咖啡碱和儿茶素的茶叶提取物的热生成作用显著大于等量咖啡碱的作用，表明茶叶刺激机体热生成而产生的减肥作用是咖啡碱和儿茶素的协同作用；杨丽聪等（2011）研究还表明咖啡碱与茶多酚组合可通过抑制小鼠肝脏内脂肪酸合成，提高脂肪氧化水平，减少脂肪在体内沉积，达到减肥效果。

由此可见，茶叶减肥作用机制归纳起来主要有：促进脂类物质的代谢；抑制食物中脂肪物质的分解，减少食物利用率；促进能量消耗，产生热量；抑制脂肪沉积，促进脂肪分解。

（十）抗过敏

茶有抗过敏的作用。早期研究表明茶多酚可以有效抑制肥大细胞释放组胺。组胺是一种活性胺化合物，可以影响许多细胞的反应，对过敏反应有重要调节作用。江涛等（1999）研究表明茶多酚能抑制小鼠被动性皮肤过敏反应，抑制由组胺所引起的回肠平滑肌收缩，从而使组胺收缩曲线右移；茶多酚还能抑制豚鼠Schultz-Dale反应的回肠收缩及致敏豚鼠肺组织中慢反应物质（SRS-A）的释放，表明茶多酚的抗过敏作用可能与抗组胺及抑制慢反应物质生成有关。Yamashita等（2000）研究报道儿茶素中的EC和EGCG能抑制RBL-2H3细胞受抗原刺激诱发的组胺释放，且EGCG的抑制活性更强。茶多酚还能抑制活性因子如抗体、肾上腺素、酶等引起的过敏反应，对哮喘、花粉症等过敏病症有显著疗效。

　　Akagi 等（1997）研究表明茶皂素也有抗过敏活性。茶皂素可以抑制大鼠动物试验过程中诱发的过敏性哮喘，还可以抑制 48h 的同源被动过敏反应，其效果与传统抗过敏药物曲尼斯特相似；茶皂素还可以抑制大鼠腹膜肥胖细胞诱发的组胺释放，说明茶皂素是一种能够有效抑制临床过敏的保护剂。

（十一）抗菌、 抗病毒

1. 抗菌

　　茶多酚及其氧化产物具有广谱抗菌性，对自然界中几乎所有的动、植物病原细菌都有一定的抑制能力，其中包括大肠杆菌、金黄色葡萄球菌、肉毒芽孢杆菌、肠炎弧菌、霍乱弧菌、鼠伤寒沙门菌、嗜水气单孢菌嗜水亚种、肠炎沙门菌、蜡状芽孢杆菌等。茶多酚及其氧化产物对斑状水泡白癣真菌、头状白癣真菌、汗泡状白癣真菌等真菌也有较强的抑菌活性，利用浓茶水洗脚来治疗脚气病就是利用茶多酚等物质对致人皮肤病的病原真菌的抑制作用。

　　茶多酚及其氧化产物的抑菌作用不会使细菌产生耐药性，且这种抑菌作用具有极好的选择性，主要通过干扰病菌的代谢而发挥抑菌活性，同时能维持正常菌群的平衡；茶多酚对某些有益菌的增殖还有促进作用。

　　研究表明茶皂素也具有很好的抗菌活性，对大肠杆菌，白色链球菌，红色毛癣菌、黄色癣菌、紫色癣菌、絮状表皮癣菌等多种皮肤瘙痒病菌，及稻瘟病菌、水稻纹枯病菌等多种植物病原菌均有很好的抗菌活性。茶皂素的抗菌活性已在利用茶籽饼作为防治某些皮肤病的应用中得到体现。

　　不仅如此，茶多酚及其氧化产物、茶皂素与其他杀菌剂联用还具有抑菌增效功能。张慧勤（2011）研究表明茶皂素分别与代森锰锌、多菌灵混用可显著增强它们对茶树轮斑病菌的抑菌活性，具有抑菌增效的作用。茶黄素分别与 5 种唑类药物（氟康唑、酮康唑、咪康唑、伏立康唑、伊曲康唑）及 2 种多烯类药物（制霉菌素、两性霉素 B）联合作用于临床耐药白念珠菌，结果表明均有明显的协同作用，与单独用药相比，可将抗真菌药物的有效浓度降低 10 ~ 35 倍。

2. 抗病毒

　　研究表明茶多酚及其氧化产物对流感病毒（引起急性呼吸道感染）、人类免疫缺陷病毒（HIV）、腺病毒（引起呼吸道、胃肠道、尿道和膀胱、眼、肝脏等感染发病的病毒）、人类疱疹病毒（人 EB 病毒，主要感染人类口咽部的上皮细胞和 B 淋巴细胞）、人轮状病毒（引起人感染病毒性腹泻）等均有抗病毒活性，对非典（SARS）病毒（引起严重急性呼吸系统综合征）也有一定抗病毒活性。如 Weber 等（2003）研究表明儿茶素有抗腺病毒的作用，以 EGCG 的抑制活性最高；彭慧琴等（2003）研究表明茶多酚具有降低流感病毒 A3 的活性、抑制病毒增殖的作用。

（十二）明目

　　茶有明目的功效，这是因为茶含有丰富的维生素及茶多酚类物质。

　　微生物素 A 在视网膜内与蛋白质合成视紫红质，视紫红质可以增强视网膜的感光性。当微生物素 A 缺乏时，视网膜内的视紫红质合成会大大减少，暗适应力大大降低，会出现在暗处或黄昏时视物不清的症状，即夜盲；微生物素 A 还能维持上皮组织的结构完整和功能健全，当微生物素 A 缺乏时，可使泪腺上皮受影响，泪液分泌减少而产生干眼病；微生物素 A 缺乏还可导致角膜和结膜易于感染、化脓，甚至发生角膜软化、穿孔等严重的疾病。维生素 C 是人眼晶状体的重要营养物质，眼内晶状体对维生素 C 的需求量比其他组织要高得多；若维生素 C 摄入不足，易致晶状体浑浊而患白内障。维生素 B_1 是维持神经（包括视神经）生理功能的营养物质，可以防止因患视神经炎而引起的视力模糊和眼睛干涩。维生素 B_2 对人体细胞起着氧化和还原作用，可为眼部上皮组织提供营养，是维持视网膜正常功能所必不可少的活性成分，对抑制角膜炎、角膜浑浊、眼干惧亮、视力衰退等有效；维生素 B_2 缺乏易引起角膜混浊，眼干畏光，视力减退及角膜炎的发生等。

茶多酚是一种高效抗氧化剂，可维持晶状体的正常功能，对眼部疾病有好的预防和治疗之效，如 EGCG 对视紫红质的降解有一定的保护作用，对过氧化氢和紫外线诱导的视网膜神经节细胞氧化应激损伤有明显的保护和修复作用；茶多酚还是一种有效的抑菌剂，对各种病原菌引起的眼部疾患有抑制作用，这些功能都决定了茶多酚对眼睛有保护作用。

（十三）利尿

咖啡碱具有强大的利尿作用。与喝水相比，喝茶时的排尿量要多 1.5 倍左右。咖啡碱的利尿作用主要是通过扩张肾脏的微血管，使肾脏血流量增加，肾小球过滤速度增加，抑制肾小管的再吸收，从而促进尿的排泄。咖啡碱对膀胱的刺激作用也协助利尿。

咖啡碱的利尿作用能增强肾脏的功能，防治泌尿系统感染。通过排尿，能促进许多代谢物和毒素的排泄，因此，咖啡碱有排毒的效果，对肝脏起到保护作用。咖啡碱的利尿作用还有利于结石的排出。

茶叶碱和可可碱与咖啡碱类似，也有利尿功能。

（十四）解毒

茶有解毒的功能，可有效缓解和防治重金属、化学药物等的毒副作用。茶多酚通过对铅、镉、镍等多种重金属离子的络合、还原等作用，减轻重金属离子对人体的毒害（张白嘉等，2007）。吸烟者因尼古丁的吸入可致血压上升、动脉硬化及维生素 C 的消耗而加速人体衰老；烟气还会导致肺细胞膜脂质过氧化损伤。茶中所含的茶多酚和维生素 C 有助于缓解香烟的这些毒害作用。不仅如此，茶具有的兴奋、改善肝功能和利尿等作用，还有助于缓解酒精、烟碱、吗啡等的麻醉和中毒症状。

（十五）解酒

茶有解酒的功效。一方面，茶所含的咖啡碱等物质能提高肝脏对物质的代谢能力，增强血液循环，把血液中的酒精排除，缓和和消除由酒精所引起的刺激，解除酒毒；另一方面，茶所含的咖啡碱、茶叶碱和可可碱有利尿作用，能刺激肾脏使酒精从小便中迅速排出，解除酒精的毒害；同时，酒精经肝脏分解时需要维生素 C、维生素 B 等参加，饮茶补充维生素 C、维生素 B，有利于酒精在肝脏中解毒。

（十六）其他

茶所含的咖啡碱和茶多酚类物质可增强消化道的蠕动，因而有助于食物的消化，预防消化器官疾病的发生；咖啡碱还可刺激交感神经，提高胃液分泌。

茶树是一种富氟植物，含氟量比一般植物高十倍至几十倍；氟元素有固齿防龋的作用。另一方面，茶叶中的茶多酚类化合物有很强的抑菌作用，可有效杀灭口腔中的多种细菌，降低龋齿的可能性，对牙周炎、口臭等口腔疾病也有一定疗效。

思考题

1. 饮茶主要摄入茶叶哪些营养成分和功效成分？
2. 如何充分利用茶叶的营养成分与功效成分？
3. 茶主要有哪些保健功能？

参考文献

[1]AKAGI M, FUKUISHI N, KAN T, et al. Anti – allergic effect of tea – leaf saponin (TLS) from tea leaves (*Camellia sinensis* var. *sinensis*)[J]. Biological & Pharmaceutical BULL, 1997, 20(5): 565 – 567.

[2]DULLOO A G, DURET C, ROHRER D, et al. Efficacy of a green tea extract rich in catechin polyphenols and caffeine in increasing 24 – h energy expenditure and fat oxidation in humans[J]. American Journal of Clinical Nutrition, 1999, 70(6): 1040.

[3]GUO W X, SHU Y, YANG X P. Tea dietary fiber improves serum and hepatic lipid profiles in mice fed a high cholesterol diet[J]. Plant Foods for Human Nutrition, 2016, 71: 145 – 150.

[4]IMAI K, NAKACHI K. Cross sectional study of effects of drinking green tea on cardiovascular and liver diseases[J]. BMJ, 1995, 310: 693 – 696.

[5]JUNEJA L R,大久保勉. 緑茶テァニンの驚くべき効果[J]. Ryokucha, 2002 (1): 29 – 31.

[6]KAKUDA T, NOZAWA A, UNNO T, et al. Inhibiting effects of theanine on caffeine stimulation evaluated by EEG in the rat[J]. Bioscience Biotechnology & Biochemistry, 2000, 64(2): 287 – 293.

[7]KATIYAR, S K, VAID M, VAN STEEG H, et al. Green tea polyphenols prevent UV – induced immunosuppression by rapid repair of DNA damage and enhancement of nucleotide excision repair genes[J]. Cancer Prevention Research, 2010, 3(2): 179 – 189.

[8]KIM H, HIRAISHI A, TSUCHIYA K et al. (–) Epigallocatechin gallate suppresses the differentiation of 3T3 – L1 preadipocytes through transcription factors FoxOl and SREBPlc [J]. Cytotechnology, 2010, 62(3): 245 – 255.

[9]TERASHIMA T, TAKIDO J, YOKOGOSHI H. Time – dependent changes of amino acids in the serum, liver, brain and urine of rats adminnistered with theanine[J]. Bioscience Biotechnology & Biochemistry, 1999, 63(4): 615 – 618.

［10］WANG X, SONG K S, GUO Q X, et al. The galloyl moiety of green tea catechins is the critical structural feature to inhibit fatty – acid synthsae［J］. Biochemical Pharmacology, 2003, 66(10): 2039 – 2047.

［11］YAMASHITA K, SUZUKI Y, MATSUI T, et al. Epigallocatechin gallate inhibits histamine release from rat basophilic leukemia (RBL – 2H3) cells: role of tyrosine phosphorylation pathway［J］. Biochemical and Biophysical Research Communication, 2000, 274: 603 – 608.

［12］YOKOGOSHI H, KATO Y, SAGESAKA YM, et al. Reduction effect of theanine on blood pressure and brain 5 – hydroxyindoles in spontaneously hypertensive rats［J］. Bioscience, Biotechnology, and Biochemistry, 1995, 59(4): 615 – 618.

［13］陈宗道, 周才琼, 童华荣. 茶叶化学工程学［M］. 重庆: 西南师范大学出版社, 1999.

［14］陈宗懋, 甄永苏. 茶叶的保健功能［M］. 北京: 科学出版社, 2014.

［15］丁仁凤, 何普明, 揭国良. 茶多糖和茶多酚的降血糖作用研究［J］. 茶叶科学, 2005, 25(3): 219 – 224.

［16］杜云. 茶多酚对运动大鼠抗疲劳作用的实验研究［J］. 西北大学学报: 自然科学版, 2012, 42(5): 783 – 786.

［17］郝述霞, 佟鹏, 王春燕, 等. 5 种天然植物提取物清除自由基和茶多酚抗辐射作用研究［J］. 中国职业医学, 2011, 38(1): 30 – 33.

［18］江涛, 徐为人. 茶多酚抗过敏作用的研究［J］. 中药药理与临床, 1999, 15(2): 19 – 21.

［19］蒋成砚, 谢昆, 薛春丽, 等. 普洱茶多糖抗疲劳作用研究［J］. 安徽农业科学, 2012, 40(1): 154 – 155.

［20］津志田藤二郎, 村井敏信, 大森正司, 等. γ – アミノ酪酸を蓄積させた茶の製造とその特徴［J］. 日本農芸化学会志, 1987, 61: 817 – 822.

［21］商悦, 刘旭杰, 陈淑珍. 表没食子儿茶素没食子酸酯与西妥昔单抗联用体内外抗食管癌细胞 Eca – 109 的作用研究［J］. 中国医药生物技术, 2015, 10(1): 18 – 24.

［22］宛晓春. 茶叶生物化学［M］. 北京: 中国农业出版社, 2003.

［23］王黎明, 夏水文. 茶多糖降血糖机制的体外研究［J］. 食品与生物技术学报, 2010, 29(3): 354 – 358.

［24］王淑芳, 赖建辉. 茶叶中的膳食纤维及其健身作用［J］. 中国茶叶加工, 1995(2): 37 – 38.

［25］王淑如, 王丁刚. 茶叶多糖的抗凝血及抗血栓作用［J］. 中草药, 1992, 23(5): 254 – 256.

［26］王小雪, 邱隽, 宋宇, 等. 茶氨酸的抗疲劳作用研究［J］. 中国公共卫生, 2002, 18(3): 315 – 317.

［27］谢冰芬, 刘宗潮, 郝东磊, 等. 茶多酚细胞毒作用和抗瘤作用的研究［J］. 癌症, 1998(6): 418 – 420.

［28］杨克同. 茶叶的主要化学成分及其营养价值［J］. 食品科学, 1984, 5(6):
8 - 14.

［29］杨丽聪, 郑国栋, 蒋艳, 等. 咖啡碱与茶多酚组合对小鼠肝脏脂肪代谢酶活性的影响［J］. 中国食品学报, 2011, 11(3): 14 - 19.

［30］杨贤强, 曹明富, 沈生荣. 茶多酚生物学活性的研究［J］. 茶叶科学, 1993, 13
(1): 51 - 59.

［31］张白嘉, 刘亚欧, 刘榴. 茶多酚的解毒作用研究进展［J］. 中国药房, 2007, 18
(25): 1985 - 1986.

［32］张慧勤. 茶皂素对两种杀菌剂抗茶树轮斑病菌的增效作用及其机制研究［D］.
武汉:华中农业大学, 2011.

［33］朱爱芝, 王祥云, 金山, 等. 茶多酚对肿瘤细胞多药耐药性逆转作用的研究
［J］. 北京大学学报:自然科学版, 2001, 37(4): 496 - 501.

［34］朱全芬, 夏春华, 樊兴土, 等. 茶皂素的鱼毒活性及其应用的研究. Ⅴ. 茶皂素的溶血性与鱼毒作用［J］. 茶叶科学, 1993, 13(1): 69 - 78.

第二章 茶功能成分的制备

随着茶功能成分在食品、医药产品、日化品等方面的应用逐渐深入，茶功能成分的制备发展迅速。茶功能成分的制备是指利用物理、化学或生物化学的方法将茶功能成分单一或综合提取，制成相应产品，如茶多酚、茶氨酸、茶黄素等。随着茶功能成分提取与分离技术的迅速发展，目前可以规模化生产的茶功能成分有不同规格的茶多酚、儿茶素、茶黄素、咖啡碱、茶氨酸、茶皂素、茶多糖等。

第一节 茶多酚与儿茶素制备技术

茶多酚类化合物是茶叶最重要的品质化学成分和功能成分，具有抗氧化、清除自由基、抗癌、抗辐射、降脂减肥等多种生理功能。儿茶素类化合物是茶多酚的主体成分，也是最重要的活性成分。茶多酚和儿茶素已被广泛应用于食品、医药、保健品和化妆品等多个领域。

茶叶富含茶多酚，茶鲜叶中茶多酚含量一般占茶叶干物质重的 18% ~36% 。中国是世界第一产茶大国，每年在茶叶生产过程中有大量的修剪枝叶被废弃，大量的中低档茶滞销，以它们为原料制备茶多酚及儿茶素并应用于医药、保健等领域，必将大大推动茶叶深加工产业的发展，提升茶叶附加值，充分发挥茶叶对人体的有益功效。目前，商用茶多酚及儿茶素类产品主要有医药级茶多酚（低咖啡碱的高纯茶多酚）、饲料级茶多酚、茶多酚粗品、速溶茶粉和儿茶素单体等。

一、茶多酚和儿茶素的提取

浸提是茶叶功能成分制备的基础步骤。浸提效率直接影响茶多酚产品的得率和品质，因此，应尽可能地将儿茶素组分提取出来，同时抑制儿茶素类化合物的氧化。

茶多酚类化合物的提取主要是根据茶多酚类物质的溶解性，一般采用水或甲醇、乙醇、丙酮、乙酸乙酯等有机溶剂来提取。常用的浸提溶剂有水、甲醇、乙醇、丙酮、乙酸乙酯等。不同提取溶剂提取能力次序为：含水低级醇或丙酮 > 热水 > 无水有机溶剂（乙醚、丙酮、乙酸乙酯、甲醇、乙醇）。如 Horita 报道用无水有机溶剂乙醚、丙酮和乙酸乙酯提取 24h，儿茶素得率仅为 4% ~5% ，90℃热水浸提 1h 提取率为 58% ，而用含水乙醇、含水丙酮提取 1 ~4h，儿茶素得率可达 100% 。不仅如此，茶多酚的提取得率还与溶剂浓度有关，随溶液中乙醇浓度提高，提取率增加，50%乙醇 – 水（体积比）提取效率最高，但溶剂浓度对产品儿茶素的含量无明显影响。此外，影响茶多酚类化合物浸提效率的因素主要有浸提方法、原料粒径、料液比、浸提温度、浸提时间、浸提次数、溶液 pH 等。

1. 热水浸提法

茶多酚工业化生产中常用的浸提方法是热水浸提法，其具体操作为：以纯净水为溶剂、茶水比 1：（15 ~ 20）、浸提温度 95℃、浸提时间 10 ~ 40min、浸提 1 ~ 2 次。由于儿茶素等热敏性成分在高温环境下容易被氧化，影响产品得率和品质，因此在保证浸提率的前提下，应尽可能地进行低温浸提或缩短浸提时间。较低的溶液 pH 和乙醇环境有利于抑制茶多酚的氧化（陈建新等，2005），此外还可采用其他辅助措施提高浸提效率。

2. 微波辅助浸提法

微波辅助浸提法是将原料浸提过程置于微波反应器中，通过偶极子旋转和离子传导两种方式里外同时加热，使细胞内部温度迅速升高，促使细胞破裂，使细胞中的可溶性物质快速溶解到溶剂中，提高溶质传质速率的一种辅助浸提方法。微波萃取具有萃取效率高、萃取时间短、溶剂用量少、选择性好、能耗低等优点。

汪兴平等（2001）以绿茶为原料、水为介质，在料液比 1：20 条件下进行微波处理，每次 3min、处理 2 次，茶多酚的浸出率达 86.33%，高于传统热水浸提；在此基础上微波联合水浴浸提，即按此条件先微波处理后再以料液比 1：20、50℃条件下浸提 10min，茶多酚的浸提率可达 90.73%，明显高于 80%乙醇水液 50℃浸提 2 次、每次 30min 时茶多酚的浸提率。

3. 超声波辅助浸提法

超声波浸提是利用超声波辐射产生的强烈空化效应和机械振动作用，增大物料分子的运动频率和速度，增加溶剂穿透力，提高溶质分子的浸出速度和浸出数量，从而缩短浸提时间、提高提取率。如陆爱霞等（2005）以 80%乙醇为提取溶剂，在超声频率 25kHz、功率 160W、浸提温度 70℃的条件下，超声处理茶汤 25min，茶多酚和儿茶素的浸提率分别达 24.25%和 46%，比常规方法提高了 49.2%和 40.5%。

超声波辅助浸提在一定程度上避免了因长时间暴露在高温环境下而导致儿茶素类氧化的问题，有利于改善儿茶素类产品的品质。该工艺虽能有效促进多酚类物质的溶出，但并非超声强度越强，得率越高；超声强度过大会破坏酚类化合物，在实际应用过程中需要综合考虑超声波与介质相互作用的程度以及提取物的性质。

虽然超声波和微波助提法在一定程度上能提高儿茶素类化合物的浸出率，缩短浸提时间，减少酚类物质的氧化，降低能耗，但对浸提设备要求较高，投入较大，目前尚未在工业生产中得到广泛应用。

4. 超临界流体萃取法

超临界流体萃取是 20 世纪 70 年代兴起的一种新型萃取分离技术。它利用超临界流体作为萃取剂，从液体或固体中萃取出特定成分，以达到分离目的。超临界流体是指温度及压力处于其临界温度和临界压力以上的流体，这种流体兼有液体和气体的优点，黏度小，扩散系数大，密度大，具有良好的溶解特性。

超临界流体萃取分离技术基本原理是利用超临界流体的溶解能力与其密度密切相关，通过改变压力或温度使超临界流体的密度大幅改变。在超临界状态下，将超临界流体与待分离的物质接触，使其有选择性地依次把极性大小、沸点高低和相对分子质量大小不同的成分萃取出来。

理想的超临界流体须具备以下特征：①较高的化学稳定性，对设备无腐蚀性；②临界温度和临界压力适中；③溶解度较高，对萃取物品质影响小；④无毒副作用，污染小；⑤易获取，成本低廉。由于 CO_2 具有临界温度接近室温，且无色、无毒、无味、不易燃、化学惰性、价廉、易制成高纯度气体等优点，CO_2 流体是目前最常用的超临界流体介质。

超临界 CO_2 流体萃取分离技术已用于从茶叶中提取茶多酚。如王小梅等（2001）研究表明超临界 CO_2 流体萃取茶多酚类化合物的一般工艺参数为：萃取压力 20MPa，萃取温度 50℃，分离压力 5MPa，分离温度 40℃，CO_2 流量 2.5L/h，萃取时间 5h。在此条件下，茶多酚得率一般在 9% 左右。该工艺具有对产品无毒、生产工序简单、无环境污染等优点；但缺点是设备投资较大，一次性提取率较低（<9%），产品纯度较低，生产成本较高。

5. 超高压浸提法

超高压提取技术是指在提取原料有效成分时，利用 100~1000MPa 的流体静压力作用于溶剂和原料的混合液，保压一定时间后迅速卸除压力，进而达到提取目的。该法提取原理是在升压状态下溶剂快速进入细胞内，使细胞内充满溶剂；在保压状态下有效成分充分溶解在溶剂中；卸压时溶解了有效成分的溶液由细胞内释放出来。

超高压技术一般在常温条件下进行，具有快速、高效、耗能小、提取温度低、操作简单以及绿色环保等特点。将超高压技术应用于小分子有效物质的提取，可以大大缩短提取时间、降低能耗，减少杂质成分的溶出，提高有效成分的收率，避免因热效应引起有效成分结构变化、损失以及生理活性的降低。

如张格等（2006）采用超高压技术从茶叶中提取茶多酚，在提取溶剂为 60% 乙醇、料液比 1:30（g/mL）、压力 200MPa、浸泡时间 0.5h、保压时间 3min 的条件下，茶多酚粗品得率 28.92%，粗品中茶多酚含量为 78.4%，高于常规回流提取法（浸提条件为：以 60% 乙醇为提取溶剂，料液比 1:10，浸提时间 60min，加热回流提取 3 次）茶多酚粗品得率 18.6%，粗品中茶多酚含量 74.4%。采用超高压技术提取茶多酚在常温下进行，使茶多酚的活性得以保存，且工艺简单、提取时间短、产量高，但是对仪器设备的要求较高、提取成本大。

二、茶多酚和儿茶素的分离制备

由茶叶中提取出来的茶多酚往往含有咖啡碱、可溶性糖、氨基酸等多种杂质，且茶多酚类化合物的组分繁多，需要根据不同的产品需求对茶多酚溶液进行分离纯化。茶多酚的分离制备技术主要有溶剂萃取法、沉淀分离法、色谱分离法和膜分离法等。

（一）溶剂萃取法

1. 基本原理

溶剂萃取法基本原理是利用化合物在两种互不相溶（或微溶）的溶剂中溶解度或分配系数的不同，使化合物从一种溶剂中转移到另一种溶剂中。经过反复多次萃取，能够将绝大部分的化合物提取出来。溶剂萃取法是茶多酚传统的分离制备方法，也是企业提取茶多酚采用最多的一种分离提纯方法。

茶多酚浸提液中含有多种杂质，而普通溶剂萃取法选择性较差，因此在液 - 液萃取分离茶多酚前可对茶多酚浸提液进行纯化、除杂，如用氯仿脱除咖啡碱、活性炭脱色、石油醚去除色素等方法。

2. 工艺流程

溶剂萃取法分离茶多酚基本工艺流程见图 2 - 1。如李新生等（1997）先将绿茶用85% 乙醇溶液加热回流浸提 3 次，合并滤液；滤液经真空浓缩，将所得浓缩液用等量氯仿萃取二次脱除其中的咖啡碱和色素等杂质；水层用二倍乙酸乙酯进行萃取，得到含茶多酚的乙酸乙酯溶液；经真空浓缩、干燥得到茶多酚粗品，产品得率 17.5%，纯度 75%。将该粗茶多酚经柱层析等精制提纯可得纯度 90% 以上茶多酚精品。

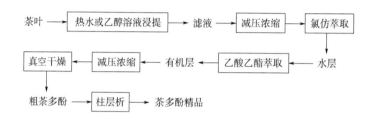

图 2 - 1　溶剂萃取法制备茶多酚工艺流程

3. 优缺点

利用溶剂萃取法制备茶多酚具有工艺技术比较简单、生产周期短、生产能力大、便于连续操作和工业化运作等优点，茶多酚产品得率可达 10% ~ 20%；但是该法工序多，萃取工序一般需经多级错流萃取，有机溶剂用量多，溶剂回收所消耗的能量比较大，且在分离过程中有可能使用二氯甲烷、三氯甲烷、丙酮等毒性较高的溶剂，致使产品存在有机溶剂残留的问题，从而影响产品的食用安全性，制约了产品的应用范围。

溶剂萃取法是天然产物分离纯化的基础方法。由于其选择性较差，所得茶多酚产品纯度较低，通常需与其他分离纯化方法结合应用而得到高纯度茶多酚产品。

（二）沉淀分离法

1. 基本原理

沉淀分离法基本原理是利用茶多酚在一定介质条件下可以与某些无机碱、盐形成沉淀的性质来分离茶多酚。茶多酚制备常用的沉淀分离法主要是指金属离子沉淀法，茶多酚和金属离子生成难溶化合物而沉淀，从而使茶多酚与浸提液中的其他成分相分离，所得沉淀物再通过酸转溶和溶剂萃取等步骤制得茶多酚成品。

2. 工艺流程

沉淀分离法制备茶多酚工艺流程见图 2-2。如赵元鸿等（1999）将茶粉以 20% 乙醇溶液按料液比 1∶7~1∶10（g/mL）于 70~80℃浸提 3 次，合并提取液，加入沉淀剂 $ZnCl_2$，调 pH 至 6.5~8.5，沉淀 1h，过滤，所得滤渣用 40%（质量分数）硫酸溶解，酸水层以乙酸乙酯萃取 3 次，合并有机层，经无水 Na_2SO_4 干燥，减压回收溶剂得浅黄色粉末状茶多酚，产品得率 13%，纯度 99% 以上。

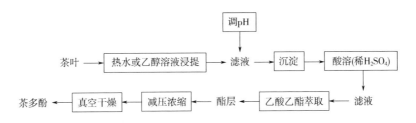

图 2-2　离子沉淀法制备茶多酚工艺流程

3. 影响因素

金属离子沉淀法制备茶多酚的核心在于如何将浸提液中的茶多酚选择性分离出来，因此该技术的关键在于金属离子的选择和沉淀条件。常用的可溶性金属盐离子有 Ca^{2+}、Zn^{2+}、Mg^{2+}、Al^{3+}、Ba^{2+}、Mn^{2+}、Fe^{3+} 等或两种离子的组合。从沉淀的完全性、转溶难易程度、产品得率和纯度等方面看，较理想的离子沉淀剂有 Al^{3+}、Zn^{2+} 和 Ca^{2+}。

沉淀条件中溶液 pH 和沉淀时间对茶多酚的产量和纯度有一定影响（刘焕云等，2004）。当溶液 pH 太低、沉淀时间过短，形成的金属沉淀物量很少，影响产率；当溶液 pH 太高、沉淀时间过长，茶多酚类化合物（尤其是儿茶素）氧化破坏严重，也会导致得率下降。因此，需要综合考虑茶多酚的产率和产品品质来选择适宜的沉淀条件。

如葛宜掌等（1995）研究了 Ca^{2+}、Zn^{2+}、Mg^{2+}、Al^{3+}、Ba^{2+}、Fe^{3+} 对茶多酚的沉淀效果，结果表明随着 pH 升高，茶多酚氧化程度增加；不同沉淀剂沉淀茶多酚的最佳 pH 见表 2-1；在相同 pH 条件下，6 种离子对茶多酚的沉淀率大小顺序为 Al^{3+} > Zn^{2+} > Fe^{3+} > Mg^{2+} > Ba^{2+} > Ca^{2+}。研究还表明调节 pH 的碱性溶液对茶多酚的提取率也有一定影响，不同碱性溶液调节 pH，茶多酚提取率高低顺序为 $NaHCO_3$ > Na_2CO_3 > $NH_3 \cdot H_2O$ > NaOH，因此，$NaHCO_3$ 溶液是较为理想的 pH 调节剂。

表 2-1　　　　　　　　　　不同沉淀剂的提取率和最低 pH*

沉淀剂	Al^{3+}	Zn^{2+}	Fe^{3+}	Mg^{2+}	Ba^{2+}	Ca^{2+}
最低 pH	5.1	5.6	6.6	7.1	7.6	8.5
提取率/%	10.5	10.4	8.8	8.1	7.4	7.0

*结果均为 10 次实验结果的平均值。

茶多酚-金属离子沉淀物形成后经过滤和清洗，获得茶多酚-金属离子复合物，再经过酸转溶后可获得含茶多酚的水溶液，因此，酸转溶率是影响茶多酚得率的另一因素。酸性太弱,转溶不充分,影响得率;酸性过强,酚类物质发生不可逆聚合并生成高聚物,儿茶素类含量减少,产品品质和色泽变差。通常情况下,应选择适宜浓度的硫酸或盐酸进行转溶。

4. 优缺点

金属离子沉淀法通过金属离子与茶多酚络合形成沉淀,避免了浸提液的浓缩环节,减少了有机溶剂的使用量,有助于降低能耗,所得产品中茶多酚纯度较高;但是该工艺沉淀反应条件苛刻,废渣、废液处理量大,茶多酚损失较多,产品得率较低;并且某些金属离子具有一定毒性(如 Al^{3+}),不适宜茶多酚应用于食品、保健、医药领域。此外,溶液中的咖啡碱等干扰物质能与茶多酚 – 金属络合物共同沉淀,影响茶多酚的纯度。金属离子沉淀法提取茶多酚在产品纯度、得率、成本及安全性上仍有欠缺,生产过程中产生的废液易造成环境污染,目前已逐步被淘汰(梁月荣等,2013)。

(三)色谱分离法

色谱分离技术又称层析分离技术或色层分离技术,是一种分离复杂混合物中各个组分的有效方法。它是利用不同物质在固定相和流动相构成的体系中具有不同的分配系数,当两相作相对运动时,这些物质随流动相一起运动,并在两相间进行反复多次的分配,从而使各物质达到分离的目的。

色谱分离技术按固定相的固定方式可分为柱色谱法和平板色谱法;按流动相可分为液相色谱法和气相色谱法;按组分在固定相上的物理化学原理可分为吸附色谱法、分配色谱法、离子交换色谱法、凝胶色谱法和亲和色谱法。茶多酚与儿茶素的制备常用吸附柱层析法。

1. 吸附柱层析

(1)基本原理 吸附柱层析基本原理是利用吸附剂能对茶多酚发生"吸附–解吸"作用的特性及吸附剂对混合试样在各组分的吸附力不同而使茶多酚分离。常用的吸附剂有氧化铝、硅胶、聚酰胺、活性炭等。

(2)工艺流程 利用吸附柱层析制备茶多酚基本操作为:将茶叶用极性溶剂(水或醇水混合物)浸提,浸提液经过浓缩(或除杂后浓缩)后通过树脂进行吸附,先用水洗涤,再用乙醇洗脱,收集洗脱液,经减压浓缩、真空干燥得茶多酚。其工艺流程见图 2 – 3。

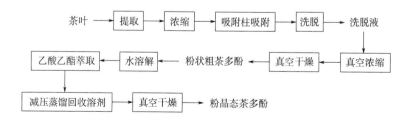

图 2 – 3 吸附柱层析制备茶多酚工艺流程

根据所用吸附剂种类不同,制备茶多酚常用的吸附柱层析有硅胶柱层析、聚酰胺柱层析、大孔吸附树脂层析等。如袁华等(2007)采用硅胶柱层析分离精制茶多酚,以粗茶多酚为原料，乙酸乙酯为洗脱剂，所得茶多酚产品中儿茶素总量可达90%以上，其中酯型儿茶素含量超过75%，表没食子儿茶素没食子酸酯（EGCG）含量最高接近60%，咖啡碱含量可降低至不能检出。尹卫平等（1996）用聚酰胺吸附层析柱从绿茶水提取物中分离制备茶多酚，茶多酚纯度可达96%，产量约15%。高晓明等（2007）以XAD-4大孔吸附树脂作为柱填充剂，采用二级阶段洗脱层析法，用盐酸、氯化钠混合液去除咖啡碱，85%乙醇溶液洗脱儿茶素类化合物，所获茶多酚产品纯度为95.56%，咖啡碱含量为4.31%。

（3）影响因素　影响吸附柱层析分离效果的因素主要为吸附剂、洗脱溶剂和被分离化合物的性质这三个因素。在茶多酚的分离制备中主要是吸附剂的选择。

陈劲春等（2000）对硅藻土、活性炭、聚酰胺树脂、D-301树脂四种吸附剂对茶多酚吸附效果作了比较研究，结果表明以硅藻土、活性炭为吸附剂，工艺简单、价格便宜，但吸附量小；以聚酰胺树脂为吸附剂，吸附量最大，但其工艺较烦琐、价格最贵；以D-301树脂为吸附剂，其工艺较烦琐、价格较贵，对茶多酚的吸附量略小于聚酰胺树脂，但对咖啡碱吸附较少。因此，可根据产品质量要求选择适合的吸附剂，如将茶多酚用作一般食品添加剂，可采用硅藻土、活性炭为吸附剂；如果要求产品中咖啡碱含量少、茶多酚含量高，可选用D-301树脂作为吸附剂。

目前茶多酚工业化生产中多选用树脂吸附法制备茶多酚。如徐向群等（1995）研究了16种吸附树脂对茶多酚的吸附及解吸性能，结果表明92-2和92-3吸附树脂对茶多酚有较强的吸附和解吸性能，动态吸附率在93%以上，动态解吸率在92%以上。在树脂吸附法制备茶多酚工艺中，要求树脂对茶多酚的吸附能力大（单位质量树脂吸附茶多酚量大）、吸附选择性高（吸附咖啡碱能力小）、容易解吸且解吸率高，大规模生产过程还需要树脂性能稳定、使用寿命长，且价格便宜。树脂的这些性能要求在实际生产中很难完全满足，也不是一种树脂就可以达到，因此，常用几种树脂组合完成。如朱斌等（2009）以纯度为70%的商用茶多酚为原料，先用聚酰胺层析柱预分离EGCG，将EGCG含量提高到85%以上，再用硅胶柱进一步纯化，获得纯度为98%的EGCG单体。

树脂吸附法制备茶多酚具有以下优点：工艺简单、操作方便，能耗低，无毒、无污染，操作条件温和、避免了有效成分失活，产品收率和纯度相对较好，树脂再生容易、可反复利用，可大规模工业化生产。但是树脂吸附法还存在以下缺点：树脂用量大；由于茶多酚被氧化及茶叶中蛋白质、多糖等堵塞树脂空隙造成树脂失活，导致树脂活化和再生较麻烦等。

2. 凝胶柱色谱

凝胶柱色谱又称分子排阻色谱，主要是利用凝胶的分子筛作用，将分子大小不同的物质分离的一种方法。凝胶色谱根据分离的对象是水溶性化合物还是有机溶剂可溶物，可分为凝胶过滤色谱（GFC）和凝胶渗透色谱（GPC）。凝胶过滤色谱一般用于分离水溶性的大分子，凝胶代表是葡萄糖系列，洗脱溶剂主要是水。

葡聚糖凝胶具有多孔隙三维网状结构，当被分离物质分子大小不同时，它们进入凝胶内部的能力也不同；样品中比凝胶孔隙小的分子自由扩散进入凝胶颗粒内部，因而行程大，移动速度慢；样品中比凝胶孔隙大的分子难以进入凝胶颗粒内部而被排阻于颗粒之外，因而它通过层析柱时行程短，移动速度快；一段时间以后，各组分便按相对分子质量大小分离开，如图2-4所示。

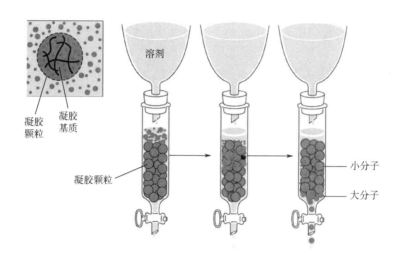

图2-4　凝胶色谱原理

因为茶多酚是混合物，所含化合物的分子大小具有较大的变化区间，而茶叶浸提液中其他成分的分子大小也可能落于此区间内，这给茶多酚的分离纯化带来了困难。如咖啡碱的分子大小就介于简单儿茶素和酯型儿茶素之间，在利用葡聚糖凝胶脱除咖啡碱的时候，会造成简单儿茶素的损耗，从而影响产品得率。因此，葡聚糖凝胶层析法常常会与其他分离纯化方法联合使用，多用于儿茶素单体的少量分离。

葡聚糖凝胶的种类很多，常用的有葡聚糖凝胶（Sephadex G）和羟丙基葡聚糖凝胶（Sephadex LH-20）。Sephadex LH-20不仅可分离水溶性物质，也可分离脂溶性的物质。除具备一般的分子筛作用外，Sephadex LH-20在极性与非极性溶剂组成的混合溶剂中常常还起到反相分配色谱的作用。在儿茶素单体的实验室制备中，Sephadex LH-20柱层析法为一种较为常见的分离制备手段。如黄静（2004）以茶多酚粗品为原料，通过正交试验系统研究EGCG和表儿茶素没食子酸酯（ECG）在Sephadex LH-20柱上的分离纯化条件，制得纯度高于99.9%的EGCG单体和ECG单体。Sephadex LH-20柱层析不仅可以较好地将酯型儿茶素和非酯型儿茶素分开，且有很好的脱咖啡碱和除杂质的作用；但是将Sephadex LH-20柱层析法用于儿茶素单体的大量制备并不经济，周期较长，生产效率较低。

一般经该法所制儿茶素单体除EGCG纯度可达80%以上外，其余各主要儿茶素单体纯度较低，仍需经结晶或半制备高效液相色谱（HPLC）法或二次柱层析进行进一步分离纯化。如Chen等（1995）将茶叶的乙酸乙酯提取物用Sephadex LH-20柱分离，分别得到ECG、表没食子儿茶素（EGC）和EGCG粗品，再经结晶后得到纯度在97%以上的纯品。

葡聚糖凝胶在使用前需在蒸馏水中充分溶胀，然后装柱。数次使用后，凝胶需进行再生处理，先后用 0.1mol/L NaOH 和 0.5mol/L NaCl 混合溶液对其浸泡，然后用蒸馏水淋洗至中性备用（梁月荣等，2013）。

3. 高效液相色谱法

高效液相色谱法是以液体为流动相，采用高压输液系统，将具有不同极性的单一溶剂或不同比例的混合溶剂、缓冲液等流动相泵入装有固定相的色谱柱，在柱内各成分被分离后，进入检测器进行检测，从而实现对试样的分析。

高效液相色谱法主要用于分离纯化儿茶素的单体组分。由于茶多酚原料成分复杂，直接进色谱柱对填料的污染很大，会降低填料的分离能力，因此有必要对原料进行预处理以除去部分杂质，使目标物富集。柱前富集儿茶素的预处理方法主要有有机溶剂萃取、聚酰胺柱层析、Sephadex LH - 20 柱层析等。如戚向阳等（1994）以绿茶为原料，经乙醇浸提、浓缩、脱色和萃取，得到茶多酚粗品；茶多酚粗品经 Sephadex LH - 20 色谱柱，用 40% 丙酮水溶液洗脱，使茶多酚粗品预分离为非酚类物质、非酯型儿茶素和酯型儿茶素三组分；将其中的酯型儿茶素组分再经高效液相色谱分离纯化，结果该组分得到很好的分离，经鉴定分别为 EGCG 和 ECG。

用高效液相色谱法制备儿茶素单体分离效率高、条件易控制、单体纯度高，在保持儿茶素原有性能的前提下，产品稳定性大大增强，且不易缩聚、不易氧化；但设备投资大，制备量小，生产成本高，难以工业化推广。

制备型高效液相色谱法是在分析型高效液相色谱法基础之上发展起来的一种高效分离纯化技术，可通过分析型高效液相色谱实验优化分析方法，并放大应用到制备型高效液相色谱中，目前主要根据线性放大原理优化从分析到制备过程的操作参数。

在茶多酚生产中，制备型高效液相色谱法通常以经过初步纯化的茶多酚为原料，通过优化色谱柱和流动相及其比例来分离儿茶素单体。如林丹等（2001）以自制茶多酚（多酚含量 92.6%）为原料，使用中压制备液相色谱对儿茶素进行分离纯化，得到纯度分别为 91.8% EGC、97.6% EGCG、97.7% 表儿茶素（EC）和 99.3% ECG 的 4 种儿茶素单体，总回收率为 68.2%。

制备型高效液相色谱相对于普通分析型色谱泵流量大、进样量相对较大，且能自动收集馏分，具有高柱效、高流速、分离时间短的特点，但其设备投资高昂，制备量小，难以满足工业化大规模生产的需求。

4. 高速逆流色谱法

高速逆流色谱（HSCCC）是 20 世纪 80 年代发展起来的一种连续高效的液 - 液分配色谱分离技术，可实现连续有效的分配。高速逆流色谱是利用特殊的流体动力学（单向流体动力学平衡）现象，使两种互不相溶的溶剂相在高速旋转的螺旋管中单向分布，其中一相作为固定相，由恒流泵输送载着样品的流动相穿过固定相，利用样品在两相中分配系数的不同实现分离。由于它的固定相和流动相都是液体，没有不可逆吸附，具有样品无损失、无失活、无变性、无污染、高效、快速和大制备量分离等优点，因而特别适合天然生物活性成分的分离。

如张莹等（2003）选用石油醚 - 乙酸乙酯 - 水（0.2∶1∶2）和正丁醇 - 乙酸乙酯 -

水（0.2:1:2）两组溶剂对制备型逆流色谱分离绿茶提取物中多种儿茶素单体进行研究，结果表明在相同进样量下，前一组溶剂系统能较好地分离 EC、EGCG、没食子儿茶素没食子酸酯（GCG）和 ECG，每种单体的纯度高于 98%；后一组溶剂系统可分离 EGC 和儿茶素（C），纯度达 92%。

高速逆流色谱法具有操作简单、回收率高、重现性好、分离效率高等特点，能实现从微克、微升量级的分析分离到数克甚至数十克量级的制备提纯，适用于未经处理的粗制样品的中间级分离，在儿茶素以及茶黄素单体的分离制备上得到较为广泛的应用；但其生产成本高、一次性设备投入大、制备量小，工业化推广还有一定难度。

（四）膜分离法

膜分离法是以半透膜作为选择障碍层，利用膜的选择性（孔径大小），以膜的两侧存在的能量差为推动力，允许某些组分透过而保留混合物中其他组分，从而实现不同组分间的分离。根据分离粒子或分子大小不同，可分为微滤（MF）、超滤（UF）、纳滤（NF）、反渗透（RO）、渗析和电渗析（ED）等，主要膜的分离原理及应用范围见表 2-2。

表 2-2　　　　　　　　　　　　主要膜的分离原理和应用范围

膜分离法	膜孔径/μm	传质推动力/MPa	分离原理	应用
微滤（MF）	0.1~10	压力差 0.05~0.5	筛分	菌体、细胞、病毒的分离
超滤（UF）	0.01~0.1	压力差 0.2~0.6	筛分	蛋白质、多肽、多糖的回收和浓缩
纳滤（NF）	0.001~0.01	压力差 0.2~0.6	筛分	日用化工废水、生活污水、造纸废水等的处理
反渗透（RO）	<0.001	压力差 1.5~10.5	渗透逆过程	盐、氨基酸、糖的浓缩和淡水制造

微滤可用于悬浮液（粒子粒径为 0.1~10μm）的过滤，对茶浸提液进行预处理，可提高茶浸提液的澄清度（孙艳娟等，2010）；超滤可将茶浸提液中的大分子物质蛋白质、果胶等分离和去除，实现茶浸提液的有效澄清。目前这两项技术已应用于茶浓缩汁和速溶茶的分离制备。纳滤膜是介于超滤与反渗透之间，截留水中粒径为纳米级颗粒物的一种膜分离技术，它集浓缩与透析为一体，可减少溶质的损失。反渗透是利用反渗透膜选择性地透过溶剂（通常是水）而截留离子物质或小分子物质的性质而实现的分离，主要用于茶汁的浓缩。

在茶多酚制造业中，膜分离技术一般用于茶多酚分离的初级阶段，即利用超滤、微滤去除溶液中的蛋白质、可溶性多糖、胶质等大分子物质，再利用反渗透、纳滤对提取液进行浓缩（梁月荣等，2013）。徐龙生（2014）以低档乌龙茶为实验材料，采用多级膜过滤来提纯与浓缩茶多酚，结果表明采用截留相对分子质量为 10 的聚醚砜超滤膜过滤茶浸提液将茶多酚纯度由 18.1% 提高到 33.37%；采用截留相对分子质量为 200 的纳滤膜，对超滤后的透析液进行进一步的分离提纯，渗透液中茶多酚的纯度由 33.37% 提高到 43.2%，但得率较低。

膜分离法制备茶多酚工艺流程见图 2-5。

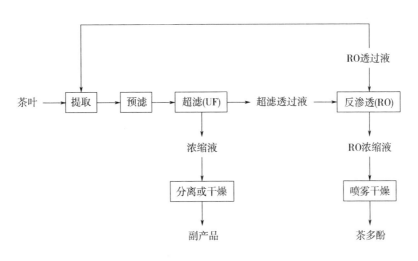

图 2 - 5　膜分离法制备茶多酚工艺流程

　　膜分离法可在常温下依靠膜的选择性透过作用对茶多酚进行分离、浓缩和纯化；但是单独采用膜分离技术分离效果有限，对于相对分子质量差异不大的儿茶素类化合物和咖啡碱难以实现有效分离，因此膜分离法多与其他分离技术联合使用。如潘仲巍等（2008）以福建安溪铁观音茶叶的茶梗为原料，采用超滤法和沉淀法相联合来制备茶多酚，利用超滤膜有效去除了茶汤中的蛋白质、果胶等大分子物质，然后采用 Zn^{2+} 沉淀超滤滤液，获得纯度为 97.1% 的茶多酚产品，茶多酚总提取率为 8%。

　　膜分离技术的优点在于操作条件温和、工艺简单，茶多酚破坏少、无污染，易工业化生产；但也存在着某些不足，如膜面易污染，使膜的性能降低；膜的耐热性、耐药性、耐溶剂能力有限，应用范围受限；膜的分离纯化效果不高。

第二节　茶色素制备技术

　　茶叶色素可以分为广义的茶叶色素和狭义的茶叶色素。广义的茶叶色素是指茶叶中所有色素成分，包括茶多酚及其氧化产物，以及叶绿素等茶叶原料中存在的色素物质；狭义的茶叶色素仅指由茶叶多酚类物质经各种途径氧化、缩聚形成的衍生物，简称茶色素，主要指茶黄素类（TFs）、茶红素类（TR_S）和茶褐素类（TB_S）等。

　　茶色素的制备分为天然茶色素直接提取分离法和体外氧化制备法两种，即从合适的茶叶原料中直接提取分离，或通过提纯的茶多酚类物质经体外氧化直接获得。无论是直接提取还是氧化制备的茶色素一般都具有目标成分低、杂质多的缺点，需要进一步纯化才能应用于功能食品和医药等高端领域。

一、天然茶色素直接提取分离

　　从合适的茶叶原料中直接提取是制备茶色素最基本的方法。可根据各种茶色素自身的理化特点，选择合适的溶剂进行浸提，通过离心或过滤去除物料废渣，再以一定的工艺初步去除杂质，经浓缩和干燥获得茶色素粗品。其一般工艺流程为：含茶色素物料→ 浸提 → 过滤 → 溶剂萃取、去杂 → 浓缩 → 冷冻干燥或喷雾干燥 。该技术的关键主要体现在两个方面，其一为提高提取率，尽可能充分利用物料中的目标物；其二是通过适宜的除杂工序，尽可能提高目标物纯度。

（一）茶黄素的提取

以红茶为原料，以水浸提后直接进行萃取，为茶黄素粗品的常规制备方法。其基本原理是利用茶黄素易溶于乙酸乙酯的特性，将其与红茶中其他组分分离。

茶黄素萃取的经典方法是由 Collier 等（1973）提出的。这种方法的具体操作为：物料以 80℃热水浸提 5min，过滤，滤液经浓缩、冷冻干燥得水浸出物；将所得的水浸出物用甲醇 – 水（3∶1，体积比）溶解，再以氯仿处理脱除咖啡碱等杂质；水相减压浓缩，除去甲醇和氯仿，然后以乙酸乙酯反复萃取 5 次；合并萃取液，以 $MgSO_4$ 脱水，30℃蒸馏去除乙酸乙酯，得到茶黄素类粗提物。该方法所获茶黄素类物质中还含有相当数量的茶红素类。

在此基础上，根据茶黄素类和茶红素类溶解性上的差异，有学者对上述方法进行了改进。其具体做法是：物料用 80℃热水浸提 5min，过滤，滤液经减压浓缩，再以氯仿处理脱除咖啡碱等杂质；然后以含 Na_2HPO_4 的乙酸乙酯混合溶液连续萃取水相 3 次，合并乙酸乙酯相，经减压浓缩干燥，得茶黄素类提取物。该方法可把浸提液中的大部分脂溶性的茶红素类去除，可以在一定程度上提高茶黄素类纯度。

该法利用溶剂萃取提取茶黄素类，工艺相对简单，生产成本较低，为实验室常用的茶黄素制备方法。但由于红茶中茶黄素含量较低，一般在中国红茶中仅为 0.3% ~ 1.5%，在未经除杂的茶黄素类产品中纯度一般低于 10%；即使经过除杂工序，总体纯度仍较低，产品中一般有 45% 以上的非酚性成分（如可溶性糖类、氨基酸、水溶性蛋白质、有机酸和咖啡因等杂质）。同时，由于要使用氯仿等有机溶剂，产品安全性得不到保障。

（二）茶红素的提取

与茶黄素类似，最早的茶红素提取也是利用茶红素的溶解特性，选用合适的溶剂萃取。如 Brown 等（1969）根据茶红素类溶解特性建立了一种分离 5 类茶红素类组分的方法。该技术的要点是：将水浸提后的红茶茶汤先以氯仿处理脱咖啡碱，再以乙酸乙酯、正丁醇、酸性正丁醇等有机溶剂依次进行萃取以及用相应的有机溶剂沉淀，获得了 5 类茶红素类，即 TR – 1 ~ TR – 5，其中 TR – 1 可溶于乙酸乙酯，但不溶于丙酮/乙醚；TR – 2 可溶于正丁醇，但不溶于甲醇/乙醚；TR – 3 可溶于正丁醇，但不溶于丙酮/乙醚；TR – 4 可溶于酸性正丁醇，但不溶于甲醇/乙醚；TR – 5 可溶于酸性正丁醇，但不溶于丙酮/乙醚。利用该技术提取茶红素类产率较低，5 类茶红素类总产率约 5.4%，而原料中茶红素类含量约 11.5%，即产率不足 50%；多步骤分级沉淀过程是其产率低的主要原因（王华，2007）。

Krishnan 等（2006）采用固 – 液提取分离技术开展了茶红素类的制备研究。其具体操作为：将红茶粉末置于索氏连续提取装置中，先按 1∶5 的料液比加入氯仿去除咖啡碱和脂溶性色素，连续蒸馏直至蒸馏液无颜色为止；将脱咖啡碱的物料在空气中风干去除氯仿后，重新置于索氏提取装置中，按 1∶5 的料液比加入乙酸乙酯，连续蒸馏 24h；取乙酸乙酯馏分经真空干燥，获得粉末Ⅰ，乙酸乙酯提取后的物料在空气中风干挥去乙酸乙酯，并重新置于索氏装置中，加入相似料液比的正丁醇连续蒸馏 24h，取正丁醇馏分经真空干燥，获得粉末Ⅱ，正丁醇提取后的物料在空气中风干。将粉末Ⅰ溶于丙酮，以 8 倍体积的乙醚分别沉淀 3 次，过滤，合并沉淀物、干燥，为 TR－1；将粉末Ⅱ溶于正丁醇，以 10 倍体积的乙醚分别沉淀 3 次，过滤，合并沉淀物、干燥，为 TR－2；将乙醚沉淀后的正丁醇滤液干燥，并重新溶于丙酮中，以 10 倍体积的乙醚分别沉淀 3 次，合并沉淀物、干燥，为 TR－3；将正丁醇提取后的风干物料以料液比 1∶3 的蒸馏水沸水提取 20min，过滤，滤液以相当于蒸馏水 1/20 体积的 1.75mol/L 硫酸进行酸化，酸化后的浸提液以等体积的正丁醇萃取 7 次，直至萃取醇相无色为止，合并醇相并真空干燥，将获得的干燥物进行索氏正丁醇相似的步骤：依次进行正丁醇溶解和乙醚沉淀、丙酮溶解和乙醚沉淀，获得 TR－4 和 TR－5。采用该技术获得的茶红素类总产率可以达到茶叶原料的 10.3%，5 类茶红素类组分产率依次为 2.68%（TR－1）、3.79%（TR－2）、1.34%（TR－3）、2.20%（TR－4）和 0.32%（TR－5），高于采用 Brown 法制备的 5 类茶红素类产率。该法提取率高，可获得纯度较高且不同性质的茶红素类组分，但制备工序复杂、耗时，不适合规模化生产。

（三）茶褐素的提取

茶褐素的制备是基于茶褐素类与茶黄素类、茶红素类等的溶解性差异而展开的。提取所用的材料主要有黑茶（包括普洱茶）和红茶，一般先以水提取茶叶，再用氯仿、乙酸乙酯和正丁醇依次处理去除咖啡碱、儿茶素类、茶黄素类和茶红素类，再经干燥获得粗品。

如秦谊等（2009）研究了普洱茶茶褐素的提取工艺。其基本操作为：物料→ 粉碎 → 10 倍无水乙醇浸泡 12h → 过滤 →茶渣→ 以 83℃热蒸馏水浸提 3 次 → 离心抽滤 → 合并滤液 → 减压浓缩至原体积的 1/5 → 二氯甲烷萃取 2 次 → 水相乙酸乙酯萃取 3 次 → 水相正丁醇萃取 4 次 → 水相减压浓缩至原体积的 1/4 → 加无水乙醇至终浓度为 85% 并静置 12h → 沉淀 → 抽滤 → 收集沉淀 → 干燥 →茶褐素。采用该工艺制备茶褐素类的产率可达投入物料的 16.86%，产品中蛋白质、多糖、灰分含量分别为 16.38%、23.17% 和 23.54%。由于该技术中没有专门的脱多糖、蛋白等工艺，因此，茶褐素类纯度不高，产品中含有相当数量的蛋白质、多糖及其他水溶性物质。

张钦等（2012）在上述茶褐素类制备工艺中增加了脱蛋白工序，采用 Sevage 法对制备的茶褐素除蛋白。其操作为：茶褐素→茶褐素水溶液→ 与氯仿、正丁醇混合溶液（氯仿∶正丁醇＝5∶1）混合 → 振荡 → 离心 → 水层（反复处理，直到液面交界处无白色混悬）→ 80% 乙醇沉淀 → 沉淀物 → 冷冻干燥 →脱蛋白茶褐素。经 Sevage 法脱蛋白后，可获得较高纯度的茶褐素类，所得脱蛋白后茶褐素的得率为 59.69%。

综上所述，从茶叶中直接提取分离天然茶色素虽然工艺简单，但整个提取过程操作复杂、有机溶剂使用量大，严重影响产品质量安全，且目标成分在物料中的富集度低，制备效率差。因此，茶色素提取技术的发展，一方面要尽量少使用有机溶剂，尤其应避免使用氯仿、二氯甲烷等有毒溶剂；另一方面要尽量提高茶色素类目标成分在物料中的富集度。

二、体外氧化制备

到目前为止，三种茶色素中茶黄素类分子特性、形成机制以及生理功效最明确，同时该色素在物料中富集度最低，因此，提高物料中茶色素富集度的研究大都是围绕茶黄素类展开的。

茶黄素类是由茶叶中的多酚类物质（主要为儿茶素类）氧化聚合而成的。在合适的条件下，该反应可脱离茶叶在人工基质中完成。根据体外反应机制的不同，可分为化学氧化和酶促氧化两种方式，其中，化学氧化制备可在纯化学条件下经强氧化剂快速氧化完成，而酶促氧化一般是在比较温和的条件下缓慢进行。尽管这两种体外氧化制备法在茶黄素类形成机制上存在差异，但只要条件控制适合，均能得到与茶叶发酵相同的茶黄素类产物。由于体外氧化制备技术可控性强、产物富集度高，成为目前最有发展前途的茶黄素类制备技术之一。

（一）化学氧化制备

19 世纪 50 年代，Roberts 在研究红茶色素时，首次进行了茶黄素类的分离和结构鉴定，并采用铁氰化钾/碳酸氢钠体外模拟儿茶素类氧化，得到了与红茶中结构一致的茶黄素类。之后该法在研究茶黄素类形成机制及其影响因素，以及茶黄素类等茶色素制备中得到了广泛应用。

化学氧化制备茶色素的机制：儿茶素类物质分子中苯并吡喃的 B 环具有邻位羟基，其氧化还原电位较低，容易被多种氧化剂氧化成邻醌，邻醌非常不稳定，进而发生分子间缩聚反应形成具有苯骈卓酚酮结构的聚合物，苯骈卓酚酮结构延长了生色团电子共轭体系，因此，聚合物颜色较儿茶素类单体深，而且随着聚合度增加，颜色由橙黄向红色直至灰褐色发展，形成一系列具有不同颜色的茶色素。

除了铁氰化钾外，常见的用于茶黄素类等茶色素制备的氧化剂还有氯化铁、硫酸铁、硝酸铁、高锰酸钾、过氧化氢等。依氧化时要求的酸度不同，可将化学氧化制备茶色素的方法分成碱性氧化和酸性氧化两种技术。

1. 碱性氧化技术

在铁氰化钾/碳酸氢钠氧化体系中，碳酸氢钠的主要作用是提高体系的 pH，增强儿茶素类物质邻位羟基的活性，使反应更容易进行。如萧伟祥等（1999）以提纯的绿茶多酚为原料，应用铁氰化钾/碳酸氢钠氧化体系开展了茶色素类制备研究。其具体操作为：向 10mg/L 多酚溶液中滴入铁氰化钾/碳酸氢钠，于 30℃ 条件下反应，再加入柠檬酸调 pH 至 2~3 终止反应，反应产物经乙酸乙酯萃取，无水硫酸钠脱水处理，浓缩并低温真空干燥得到茶色素粉末。色素中茶黄素类和茶红素类含量分别占茶色素类总量的 26.2% ~30.4% 和 24.6% ~26.4%。随后，李大祥等（2000）对铁氰化钾/碳酸氢钠氧化体系制备茶黄素类的影响因素进行研究。结果表明，在 pH7.7、温度 20℃、反应时间 15min 条件下可获得最佳茶黄素类制备效果；当采用纯度 68% 以上的儿茶素为原料时，茶色素的制得率为 50.7%，茶黄素类含量达 48.1%。

张建勇等（2011）研究显示在碱性氧化制备茶黄素类过程中，通氧和自然空气条件下茶黄素类产量是接近真空状态下的 4.1 倍和 3.5 倍，茶黄素 -3,3′- 双没食子酸酯（TFDG，双酯型茶黄素）产量是接近真空状态下的 6.7 倍和 4.7 倍。该研究表明虽然从反应原理上说化学氧化无须氧气参与，但是氧气对茶多酚碱性氧化形成茶黄素类仍有重要贡献，尤其可以显著提高反应体系中的双酯型茶黄素产量。该结果也暗示碱性化学氧化远比酶促氧化复杂，除了氧化剂本身对茶多酚的氧化外，可能还存在氧 - 氧化剂 - 茶多酚之间的偶联氧化以及茶多酚在碱性条件下的自动氧化。

2. 酸性氧化技术

除了常见的铁氰化钾/碳酸氢钠碱性氧化外，还可以在酸性条件下以氯化铁、硫酸铁、硝酸铁、高锰酸钾等物质作为氧化剂制备茶黄素类等茶色素。如张建勇等（2008）以氯化铁、硫酸铁、硝酸铁三种化合物为氧化剂对茶多酚酸性氧化制备茶黄素进行研究，结果表明茶多酚在三种酸性氧化剂条件下均可形成茶黄素类，且当酸性氧化剂质量浓度为 40mg/mL 时，茶黄素类生成量最高；以硝酸铁为氧化剂时，产物中双酯型茶黄素含量最高。其具体操作为：分别向茶多酚溶液中滴入 48mg/mL 氯化铁、硫酸铁、硝酸铁溶液，于 25℃ 室温条件下，电磁搅拌反应 15min，加入柠檬酸调 pH 至 2~3 终止反应，反应产物加入等体积的乙酸乙酯萃取 3 次，合并酯层，再用等体积的水洗一次，无水硫酸钠脱水处理，浓缩并低温真空干燥得到茶色素粉末。

进一步研究表明氧气对酸性氧化制备茶黄素类也有明显影响，以硝酸铁为氧化剂，在通氧条件下茶黄素总量比接近真空时提高 4.1 倍，说明氧气对酸性化学氧化形成茶黄素类也有显著作用；尽管如此，与碱性氧化法相比，茶多酚碱性氧化法比酸性氧化法更有利于茶黄素类物质的形成（张建勇等，2011）。

（二）酶促氧化制备

红茶的发酵过程就是多酚类物质在多酚氧化酶（PPO）和过氧化物酶（POD）的催化作用下发生氧化聚合反应，形成茶黄素、茶红素等氧化产物。茶色素的酶促氧化制备就是模拟红茶的发酵，利用以多酚氧化酶为主的氧化酶对茶多酚进行催化，通过对酶促反应体系的优化，最大限度地发挥氧化酶的催化活力，使儿茶素配对氧化形成茶黄素并得到有效积累。

酶促氧化制备茶色素，除了酶和多酚外，必须要有氧气参与。在酶的种类上，主要有多酚氧化酶和过氧化物酶；在酶的来源上，可直接用来源于茶鲜叶提取的多酚氧化酶，甚至直接利用茶鲜叶进行酶促氧化制备，也可利用外源的多酚氧化酶如梨、苹果等植物来源或毛栓菌、黑曲霉等微生物来源的多酚氧化酶，以避免茶鲜叶中多酚氧化酶活性受茶树生长季节或不耐贮存等缺点限制。在多酚氧化酶酶活力的保持和高效利用上，发展有多酚氧化酶的固定化技术；在 O_2 供应上，发展有双液相酶促氧化体系等；在底物配比上，儿茶素之间的适宜配比可定向制备目标茶黄素。

酶促氧化制备茶色素方法主要有茶叶悬浮发酵法、儿茶素类单液相发酵法和双液相发酵法3种。

1. 茶叶悬浮发酵

茶叶液态悬浮发酵是一种最为简单的游离酶氧化制备茶色素技术，其工艺流程见图2-6。其主要特点就是把原来先制备红茶、再行萃取的方式改为直接在液体条件下发酵和萃取，省去了茶叶生产中的干燥等高能耗工序。

图2-6 茶叶液态悬浮发酵制备茶色素工艺流程

如夏涛等（1998）研究了鲜叶破碎程度、萎凋及冷冻处理对茶鲜叶匀浆悬浮发酵产品中茶色素的影响，结果表明，随鲜叶破碎程度的增大，产品中茶黄素类含量明显增加，适度萎凋或冷冻处理可明显提高茶黄素类等含量；降低pH可使多酚氧化酶和过氧化物酶稳定性下降，但可减缓茶黄素类的非酶性氧化消耗，从而使茶黄素类含量显著增加；增氧也有利于提高茶黄素类的含量；当体系温度为28.5~29.2℃，pH4.6~4.8，供氧13.0~15.0mL/min，发酵时间55.5~59.9min可获得最高的茶黄素类产量。

茶色素也可以通过微生物液态发酵途径直接获得，其工艺流程见图2-7。

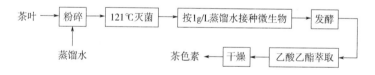

图2-7 微生物液态发酵制备茶色素工艺流程

2. 单液相发酵

外源酶单液相发酵制备茶黄素类的方法与茶鲜叶匀浆悬浮发酵类似，其具体操作为：将制备的外源酶液与溶解在缓冲液中的多酚类物质按照一定比例混合（或者直接将多酚类溶解到缓冲液提制的酶液中），然后在合适的条件（温度、氧气、时间）下发酵，发酵结束后钝化酶，并加入乙酸乙酯萃取，使用柠檬酸或Tris-HCl水洗，硫酸钠脱水，旋转蒸发回收溶剂，最终干燥获得茶色素。该技术中使用的多酚类物质一般已脱去了咖啡碱，反应获得的色素无须再用三氯甲烷等有机溶剂处理，因此，茶黄素类产品安全性比溶剂萃取技术高；但是该色素中除了反应形成的茶黄素类和茶红素类外，还有相当数量未反应的儿茶素类物质，而且由于使用的酶源、发酵条件等差异，会导致获得的终产物中茶黄素类含量和组成相差较大。

如萧伟祥等（1999）将从绿茶中提取的纯度96%的茶多酚（儿茶素总量为78.09%）溶于1/15mol/L柠檬酸-Na₂HPO₄缓冲液（pH5.6）中，配制成10mg/mL溶液，在 1000mL 反应体系中加入 25g 丙酮粉粗酶，通入氧气（流量 20mL/min）并搅拌，于 27~30℃酶促氧化 60min，产物经乙酸乙酯萃取、减压浓缩和干燥，得茶色素粉末，其茶色素组成与红茶类似；但是茶色素制品中儿茶素的残留量经高效液相色谱分析为 26.25%。

王坤波等（2007）以不同酶活力和同工酶谱带数的梨、苹果、蘑菇和茶叶源多酚氧化酶作为酶源开展了酶促制备茶黄素类研究，结果显示在反应体系 100mL、底物浓度 10mg/mL、温度 30℃、通氧反应 40min 条件下，以活力最高的丰水梨多酚氧化酶为酶源，茶色素中茶黄素类浓度最高，为 673.57mg/g。进一步对丰水梨多酚氧化酶酶促反应条件研究表明，在 pH5.5、温度 30℃、底物质量浓度 5mg/mL、酶添加量 75mL/1000mg、反应时间 40min 时为最佳条件，在此反应条件下，茶色素中茶黄素类含量达到 729.57mg/g，这是酶促氧化制备茶黄素类含量最高的报道。

3. 双液相发酵

所谓双液相发酵，即在原来水溶性反应体系的基础上，加入一种与水不相混溶的亲脂性溶剂，由于氧在亲脂性溶剂中溶解度显著高于水溶液，因此通过搅拌可使亲脂性溶剂中溶解氧向水相转移，从而提高酶反应体系中的氧浓度；同时由于茶黄素类等色素在亲脂性溶剂中的溶解度显著高于水相，因此反应产物茶黄素类可以及时从催化的水相转移入亲脂性溶剂，使体系中产物浓度降低，从而解除酶促反应的反馈抑制作用，提高催化效率。

如萧伟祥等（2001）以单液相发酵技术制备茶色素为对照，采用双液相发酵技术研究了茶色素的形成与制取。其具体操作为：将茶多酚加入柠檬酸－磷酸氢二钠缓冲液（pH5.6）中，搅拌溶解后加入与缓冲溶液等量体积的 OV-4 氧载体及 40mL 酶制剂，通入氧气（流量 20mL/min），在 27℃进行酶促反应 1.5h，反应完成后分离出油相，经减压蒸馏浓缩干燥得茶橙色素（TOP-1）。单液相发酵方法与条件同双液相发酵，仅不加入 OV-4 氧载体，产品为茶橙色素（TOP-2）。茶橙色素的化学组分主要有茶黄素类和 TR_SI，通过高效液相色谱分析可知 TOP-1 制品中茶黄素类组分含量均高于 TOP-2，TOP-1 制品中儿茶素残留量明显低于 TOP-2；在 TOP-1 中茶黄素类含量占色素总量的 48%~52%，TR_SI 占 21% 左右；而 TOP-2 中茶黄素类占色素总量的 15%~20%，TR_SI 占色素量的 35%~40%。

体外酶促氧化制取茶黄素类一般是在水相中进行，但水中的溶氧量很少，只有 1.2~5.2mg/L，而氧气是茶多酚酶促氧化的底物之一，也是保持酶活力的关键因子；同时酶促反应一般具有反馈机制，即随体系中底物浓度下降、产物浓度提高，酶促反应的速度也逐渐降低。因此，要提高茶黄素类产量，必需要解决体系溶氧问题。为了增大茶色素形成体系中的溶氧量，除了增加搅拌速度、直接将氧气或空气鼓入反应体系外，采用双液相发酵也可增加反应体系中的溶氧量。

与红茶直接萃取法相比，酶促氧化制备茶黄素不仅产品得率高（最高可达 50% 以上），产品纯度也较高，可制得 20% 以上的茶黄素粗品。由于酶促反应具有特异性强、反应条件温和的特点，因此，所制得的产品与化学氧化制备相比具有安全性高、副反应少等优点，但是酶法制备进程相对较慢，酶难纯化且易失活。酶促反应体系对酶的来源、酶的活力、O_2、温度、体系 pH 等的要求较高，也在一定程度上限制了本法的规模化应用。

三、茶黄素的分离纯化

早在 20 世纪 50 年代红茶色素研究伊始，纸层析、硅胶柱和葡聚糖柱层析等色谱技术即被用于色素的微量制备和定性研究。如 Roberts 等（1957）用双向纸层析法分离获得了多种茶黄素类和茶红素类物质，开创了茶色素研究的先河。随着茶叶深加工的高速发展，茶黄素终端产品的开发和应用，使得大规模工业化制备高纯度的茶黄素或茶黄素单体成为前提。色谱技术和膜分离技术是获得高纯度茶黄素的重要手段。与儿茶素的分离纯化类似，分离纯化茶黄素的色谱技术主要有柱层析、制备型液相色谱或高速逆流色谱等，柱层析主要有大孔吸附树脂柱层析、聚酰胺柱层析、葡聚糖 Sephadex LH - 20 柱层析等。

（一）大孔吸附树脂柱层析

大孔吸附树脂是以苯乙烯和丙酸酯等为合成单体、以二乙烯苯为交联剂、甲苯等为致孔剂，经聚合形成的具有 100 ~ 1000nm 孔径的多孔性物质。该类树脂一般为白色的球状颗粒（粒度为 20 ~ 60 目），理化性质稳定，不溶于酸、碱及有机溶剂，主要通过其巨大的空隙表面以范德华力和氢键与吸附物质相互作用，进而实现目标物与杂质分离。大孔吸附树脂可按其极性强弱分成极性、中极性和非极性三类。

如贾振宝等（2010）比较了 HPD - 300、HPD - 100、AB - 8、NKA - 2 和 NKA 等几种大孔吸附树脂对茶黄素类的吸附和解吸能力差异，并以优选树脂为柱床填料开展了茶黄素类纯化研究，结果显示 HPD - 300 在所研究的几种树脂中对茶黄素类吸附量最高，解吸率在 90% 以上；经过 HPD - 300 吸附，以 60% 乙醇洗脱，茶黄素类纯度可由原来 18.4% 提高到 67.2%，回收率为 73.7%。

（二）聚酰胺柱层析

聚酰胺是由己二酸和乙二胺或者己内酰胺缩聚而成的大分子聚合物，并经酸蚀获得的一种多孔性的、具有多种活性基团的吸附剂。如江和源等（2008）通过聚酰胺树脂柱层析分离制备了茶黄素类单体，采用乙酸乙酯或丙酮：乙醇：乙酸 [（4 ~ 10）：（1 - 3）：（1 - 6）] 混合液作为洗脱剂，实现了茶黄素、茶黄素 - 3 - 没食子酸酯（TF - 3 - G）、茶黄素 - 3′ - 没食子酸酯（TF - 3′ - G）和双酯型茶黄素 4 种单体的有效分离，单体纯度在 96% 以上，回收率 84% 以上。该法制备茶黄素类单体纯度和回收率均高，能适应大规模工业化生产。

（三）Sephadex LH - 20 法

葡聚糖 Sephadex LH - 20 柱层析也可用于茶黄素类物质的分离纯化。茶黄素粗品经 Sephadex LH - 20 柱层析，以 30% ~ 50% 的丙酮溶液梯度洗脱，可以制得茶黄素、TFMG（TF - 3 - MG 和 TF - 3′ - MG 的混合物）和双酯型茶黄素。Sephadex LH - 20 凝胶价格昂贵，柱层析分离时，分离时间较长，多次使用时会造成一些不可逆吸附，分离效果变差，因此对样品的预处理及色谱条件的要求较高。

（四）高效液相色谱

高效液相色谱也可用于茶黄素单体的制备。如王坤波等（2010）采用制备型反相高效液相色谱对茶黄素提取物进行了制备分离，流动相 A 为 2% HAc，流动相 B 为（乙腈：乙酸乙酯 =7：1，体积比），等梯度（22：78，体积比）洗脱，在此条件下分离得到茶黄素、TF－3－MG、TF－3′－MG、和双酯型茶黄素 4 种茶黄素单体。

（五）高速逆流色谱分离技术

高速逆流色谱为近年发展的一种新型液液分离技术，具有分离速度快、分离效果好、进样量大、成本低、操作简单等特点；且克服了使用固体吸附材料造成的样品不可吸附或降解等缺点，已成为茶黄素分离纯化的一种有效手段之一。如江和源等（2000）通过高速逆流色谱，采用乙酸乙酯－正己烷－甲醇－水（其比例为 3：1：1：6）四元溶剂系统，进样量 250mg，6h 内有效地实现了茶黄素单体的分离纯化，得到了茶黄素、TFMG 和双酯型茶黄素。

高速逆流色谱是一种可应用于茶黄素类分离和单体纯化的有效手段，但仅以高速逆流色谱技术分离所有茶黄素类主要单体还存在一定困难，一方面是可供选用的溶剂系统比较有限，有些单体难以分开，另一方面原料组成不同可能对分离效果也有影响。此外，要将该技术应用于生产，还必须解决成本高、制备量小、有机溶剂残留等实际问题。因此，多将高速逆流色谱与其他分离方法结合使用。如 Cao 等（2004）将高速逆流色谱与制备高效液相色谱结合可使 2 种茶黄素单没食子酸酯（TF－3－G、TF－3′－G）分开。

（六）膜分离技术

运用膜分离技术制备茶色素主要用于茶色素的澄清和浓缩工序，对聚合度较高的茶褐素类也具有较好的分离效果。如肖文军等（2005）将云南红碎茶热水浸提物分别经不同孔径膜过滤，研究各膜过滤过程的性能表征及其效应。结果表明微滤对料液具有很好的澄清效果，且茶黄素类损失很少（得率为 91.85%），截留相对分子质量为 3500 膜超滤能有效去除蛋白质（截留率为 91.23%）、碳水化合物（截留率为 92.50%），溶液中茶黄素类纯度可提高至 1.72%，但得率仅 27.35%；截留相对分子质量为 10000 膜超滤对蛋白质、碳水化合物的截留率分别为 50.19% 和 47.93%，茶黄素类的得率和纯度分别为 85.79% 和 1.00%；经过截留相对分子质量为 300 膜纳滤处理可使 10000 膜超滤液浓缩 13.16 倍，茶黄素类截留率达 93.39%，且茶黄素类纯度提高至 1.14%。可见，在红茶色素制备过程中，膜分离无法实现茶黄素类与其他物质的有效分离，但微滤具有良好的澄清作用，反渗透膜则可有效实现料液的浓缩。

张钦等（2012）将脱蛋白后的"紫娟"普洱茶茶褐素类溶液依次经过截留量为相对分子质量 3500、10000、25000、100000 的膜进行茶褐素类分级制备，发现脱蛋白后的茶褐素类以 100000 非透析大分子量物质为主，该部分占茶褐素类总量的 76.87%；其次是 3500 可透析物质，占 17.03%；相对分子质量 3500～10000、10000～25000、25000～100000 所占比重较少，分别为 2.92%、2.08%、1.10%，由此推测"紫娟"普洱茶茶褐素类大部分为相对分子质量大于 100000 和小于 3500 的组分。

第三节 咖啡碱制备技术

咖啡碱，又名咖啡因，化学名为1，3，7-三甲基黄嘌呤，是一种重要的食品添加剂和药用原料，在食品及医学等方面有广泛的应用价值。咖啡碱的制备方法主要有人工合成和天然提取两种方法。由于人工合成的咖啡碱存在原料残留，长期食用易引发残毒作用，为此一些国家已禁止在饮料中使用合成咖啡碱。咖啡碱是茶叶的主要成分之一，含量为 2% ~ 4%，且我国茶资源丰富，因此，茶叶成为提取制备天然咖啡碱的重要来源。目前从茶叶中制备咖啡碱的方法主要采用升华法、溶剂萃取法、吸附柱层析法和超临界 CO_2 萃取法等。

一、人工合成制备咖啡碱

咖啡碱首先是由 Runge 于 1820 年从可可豆中提得，后来又从茶叶中提取。其化学结构由 Stenhouse 研究确定，Fische 于 1899 年首先合成。我国于 1950 年从茶叶中提取得到咖啡碱，1958 年采用人工合成法生产咖啡碱。

目前工业上主要以氰基乙酸为原料，经过缩合、硝化、还原、甲基化等反应合成咖啡碱。其合成流程见图 2 - 8。

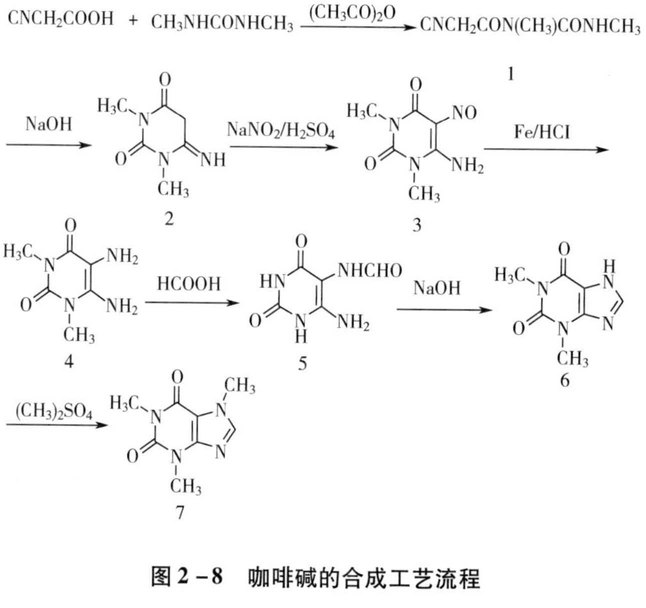

图 2 - 8 咖啡碱的合成工艺流程

该生产工艺路线以氰基乙酸为原料，以乙酸酐作缩合剂得到中间体 1，再在碱性条件下环合得到中间体 2，然后在酸性条件下用亚硝酸钠亚硝化，得到中间体 3；中间体 3 在酸性条件下用铁粉还原得到中间体 4，再与甲酸酰化得到中间体 5，然后在碱性条件下闭环得到中间体 6，最后用硫酸二甲酯甲基化得到最终产品咖啡碱 7。由于该还原工序中用到铁粉，生产中会产生大量的铁泥，环境污染严重，目前工业生产上基本已不用铁粉，而采用最常用的氢化还原工序，即以雷尼镍（Raney Ni）作催化剂，加氢还原（盛建伟，2006）。

二、提取天然咖啡碱

（一）升华法

升华法是利用咖啡碱可在120℃时开始升华，180℃时大量升华的特性，利用相应升华装置制备咖啡碱产品。该方法可获得药用级的咖啡碱，但主要缺点是提取率较溶剂法低，且升华的咖啡碱定向定位富集困难，收集时损耗较大，在生产中已渐渐被淘汰。

升华法制备咖啡碱的基本工艺流程为：茶叶（咖啡碱浸提液）→ 升华 → 收集咖啡碱粗品。通过升华处理制备咖啡碱时，起始物料可以是茶叶或茶副产品，也可以是通过溶剂萃取等其他手段获得的咖啡碱提取液或咖啡碱粗品。升华处理的起始物料不同，升华处理时采用的参数控制也不同。

一般升华法制备咖啡碱多与其他方法联合使用，先经浸提、去杂后升华制备咖啡碱，或先升华去杂、再重结晶获得咖啡碱纯品，或经多次升华制备咖啡碱纯品。

1. 直接从茶叶中升华制取咖啡碱

将茶叶或茶副产品适当粉碎后，置于如图2-9所示升华装置的加热釜中，安装好冷凝器并开启冷凝水，开启加热器对物料进行加热，控制物料温度在180～190℃。升华处理结束后，收集附着在冷凝器上的白色晶体，即为咖啡碱粗品。

该工艺特点是简单易行、操作方便，主要缺点是茶叶直接升华后，咖啡碱粗品中含有大量烟气、焦油等有害杂质，仅只通过漂洗和重结晶，难以有效去除。要提高咖啡碱的品质，必须要增加纯化工序，如通过脱色、重结晶或者二次升华等方式进行纯化。具体操作是：将得到的咖啡碱粗品用70～80℃热水溶解，趁热过滤，滤液中加入适量活性炭脱色并过滤，滤液浓缩去除部分水分后，冷却、结晶，用滤纸过滤得到含结晶水的咖啡碱，并于80℃左右烘箱中脱水，可获得纯度较高的咖啡碱晶体；也可将得到的咖啡碱粗品用70～80℃热水溶解，趁热过滤，滤液浓缩后结晶，冷水洗涤，再进行二次升华，产品纯度可达99.32%以上，缺点是产品收率较低（刘俊武等，1998）。

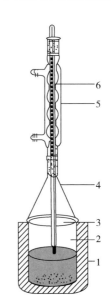

图2-9 咖啡碱升华制备装置

1—温控加热器 2—加热釜
3—防咖啡碱跌落部件 4—漏斗
5—冷凝回流管 6—温度计

咖啡碱常见的精制方法为重结晶，结晶前可结合一定的前处理方法如活性炭脱色等。王敏（2002）研究了咖啡碱的重结晶工艺。其基本操作为：①将咖啡碱粗品用少量冷离子水充分洗涤1～2次，离心；②将洗涤后的咖啡碱粗品按1：3（质量比）比例加入热的去离子水，再升温至90℃左右，在充分搅拌下加入咖啡碱粗品干重5%左右的粉状活性炭，煮沸20min左右进行脱色处理，趁热过滤，滤液要求无色、透明，否则需重新脱色或过滤；③将滤液减压浓缩至1.28～1.30g/mL，再将料液转入结晶容器中使之冷却、结晶，逐渐析出白色针状晶体；④收集咖啡碱晶体，经适当捣碎后，离心弃掉母液，再用少量冷离子水充分洗涤1～2次，离心、弃掉洗液；⑤取出咖啡碱晶体，于60℃以下干燥至含水量≤0.5%，即为精制后咖啡碱成品。

2. 由咖啡碱浸提液或咖啡碱粗品升华制备咖啡碱

茶叶加水浸提，浸提液用三氯甲烷等有机溶剂萃取，将萃取液蒸馏回收三氯甲烷，制得咖啡碱粗品；将咖啡碱粗品置于升华装置中，于120～150℃升华处理，待处理结束后，再将咖啡碱经热水溶解、过滤、浓缩、结晶等方式制备得高纯度咖啡碱晶体（刘俊武等，1998）。

（二）溶剂萃取法

利用咖啡碱易溶于80℃热水、氯仿、乙醇等溶剂的特点，选用这些溶剂从茶叶中萃取制备咖啡碱。利用溶剂萃取法制备咖啡碱多是采取液-液萃取，即先用水将咖啡碱从茶叶中提取出来，然后采用易挥发的有机溶剂将咖啡碱从水相转移到有机相，再经浓缩制备咖啡碱。这种方法常用的有机溶剂为卤代烃（如氯仿、二氯甲烷等），虽然制备效率较高，但由于二氯甲烷或氯仿等有毒，如果工艺控制不当，产品中残留较多，易导致产品存在安全性隐患。

利用咖啡碱在水中的溶解度随温度提高而显著增加，因此常采用80℃热水为溶剂提取茶叶中咖啡碱，再通过等量氯仿反复萃取进行纯化，获得纯度较高的天然咖啡碱。咖啡碱的提取与茶多酚类似，可以采用热水浸提法，也可采用微波、超声波等辅助提取，以提高咖啡碱的浸出率。如王立升等（2015）采用福建乌龙茶为原料，以超声-微波协同萃取法提取咖啡碱，结果表明，在乙醇浓度90%、提取温度90℃、料液比1：20（g/mL）、微波功率500W、超声功率200W、提取时间4min、提取2次，咖啡碱产率2.61%，高于热水回流提取〔乙醇浓度80%、提取温度90℃、料液比1：15（g/mL）、提取时间1h、提取2次〕的产率1.78%、超声提取〔乙醇浓度80%、提取温度90℃、料液比1：30（g/mL）、超声功率500W、提取时间40min、提取2次〕的产率2.19%、微波提取〔乙醇浓度90%、提取温度90℃、料液比1：20（g/mL）、微波功率500W、提取时间4min、提取2次〕的产率2.24%。

溶剂萃取法制备咖啡碱基本过程见图2-10。如张铰铣等（1999）以咖啡碱含量2.4%的绿茶末为原料，茶叶颗粒大小过8～10目筛，用10%～40%的酒精逆流提取茶叶中的咖啡碱；提取液经浓缩后，泵入萃取塔中，用有机溶剂萃取分离出咖啡碱；回收有机溶剂得绿色粉末状的咖啡碱粗品，其得率1.6%，咖啡碱纯度≥85.5%；咖啡碱粗品经过结晶纯化得白色粉末状咖啡碱精品，其得率0.8%，咖啡碱纯度≥99.5%。其主要生产工艺流程见图2-10。

图 2 - 10　溶剂萃取法制备咖啡碱工艺流程

　　溶剂萃取法制备咖啡碱应用较为普遍，产品得率较升华法高，常在茶多酚的工业生产工艺中与茶多酚生产工艺配合使用；但是溶剂萃取法工艺相对复杂，所得咖啡碱产品纯度相对较低，需要经结晶、升华等进一步纯化，才能得到高纯度的咖啡碱。

（三）柱层析法

　　柱层析法可用于咖啡碱的单独分离，也可用于茶多酚与咖啡碱的同时分离，还适用于从多酚萃取后的废水中富集咖啡碱。柱层析制备咖啡碱原理是利用各种柱填料与洗脱剂进行吸附 - 解吸的过程来实现茶叶提取液中咖啡碱与其他成分的分离。其具体操作为：先将茶原料用热水或一定浓度的乙醇溶液浸提一定时间，浸提液经过浓缩后上柱，可以使杂质被柱填料吸附，而咖啡碱未被吸附而实现分离，或是咖啡碱被柱填料吸附，杂质先于咖啡碱从填料中解吸附下来，最后用洗脱剂将咖啡碱洗脱，从而实现咖啡碱与其他杂质的分离（袁新跃等，2009）。

　　如大须博文等将处理后的硅藻土用二氯甲烷拌浆后填入分离柱中，将乌龙茶提取液注入柱中，吸附 10min 后二氯甲烷淋洗对咖啡碱进行解吸附，可得到纯度达 98% 的咖啡碱产品。尹进华等（2011）研究了极性大孔树脂 XDA - 8 对咖啡碱的吸附性能，结果表明当茶叶浸提液以 2.0 ~ 2.5BV/h 的流速通过 XDA - 8 柱，以 60% 乙醇溶液洗脱，洗脱流速 2.0 ~ 2.5BV/h 时，咖啡碱几乎被完全洗脱。

（四）超临界 CO_2 萃取法

　　超临界萃取技术最初用于脱除成品茶中咖啡碱，可使茶叶咖啡碱含量由原来的 3% 降低到 0.07%。由于超临界 CO_2 萃取技术具有低能耗、无毒、无残留、无污染、适合于处理易热分解和易氧化物质的特性，特别适用于一些天然化合物的提取分离。在一定条件下，利用超临界萃取能有效分离茶多酚和咖啡碱，该法操作方便，工艺简单，但设备昂贵，萃取率、得率以及纯度偏低，并且需要加入一定的夹带剂（常见为乙醇）。

　　其基本工艺流程为：茶叶原料（粗粉碎）→ $\boxed{CO_2 流体萃取}$ → $\boxed{精制}$。采用超临界 CO_2 萃取技术制备咖啡碱，需注意萃取压力、温度、时间和夹带剂种类对咖啡碱提取率的影响。如赵旭壮等（2011）以茶叶为原料，采用超临界 CO_2 萃取技术提取咖啡碱，结果表明以 30% 乙醇做夹带剂，萃取温度为 40℃，萃取压力为 25MPa，萃取 4h，在此工艺条件下咖啡碱的提取率为 3.95%。汪小钢等（1998）采用超临界萃取技术分离提取茶叶中咖啡碱，再用 CH_2Cl_2 萃取分离，得到纯度为 95.2% 咖啡碱，萃取率和得率分别为 16.9%、0.55%。

第四节 茶氨酸制备技术

茶氨酸是茶树特有的氨基酸，也是茶叶中最主要的氨基酸，约占茶树体内游离氨基酸总量的50%以上，是茶叶品质的重要决定因素。茶氨酸具有焦糖的香味和类似味精的鲜爽味，能够抑制其他食品的苦味和辣味，因此，茶氨酸可作为食品添加剂改善食品风味。茶氨酸还有保护神经细胞、调节脑内神经传达物质的变化、降血压、辅助抗肿瘤、镇静安神、改善经期综合征、增强记忆等功效，可用于开发医药品、保健品和功能食品。日本已于1964年批准L-茶氨酸为食品添加剂，美国食品药品管理局（FDA）也于1985年将L-茶氨酸确认为一般公认安全物质，在食品中使用没有用量限制。我国也于2014年发布了关于批准茶叶茶氨酸为新食品原料等的公告，但使用范围不包括婴幼儿食品。

随着茶氨酸在食品及医药保健品上应用的普及，茶氨酸的市场需求越来越大，茶氨酸的制备技术受到越来越多的关注。目前，茶氨酸的制备技术包括天然茶氨酸直接提取分离法、化学合成法、生物合成法。

一、天然茶氨酸直接提取分离法

天然茶氨酸提取分离是从茶叶或者茶氨酸富集液（主要是茶多酚工业废液）中直接提取、分离纯化茶氨酸，是最直接、有效、安全的生产途径，更能保证茶氨酸原有的天然化学性质和功能属性。该技术生产出的天然茶氨酸产品更易取得消费者的认可，且可以利用通用的天然产物提取设备生产，是当前生产茶氨酸的主要方法。但是由于茶叶中物质成分的复杂性，导致提取制备过程需要不断地除杂与纯化，提取步骤烦琐、产量小、成本较高，提取获得的茶氨酸无法满足庞大的市场需求。因此直接提取法需要不断提高提取效率，降低生产成本，并避免有机溶剂和重金属离子对产品质量安全的影响。

（一）从茶叶中提取纯化茶氨酸

1. 茶氨酸的提取

茶氨酸属酰胺类化合物，为白色针状结晶，易溶于水而不溶于无水乙醇和一些低极性的有机溶剂（如乙酸乙酯、氯仿、乙醚等），其在水等溶剂中的溶解度随温度升高而增大。茶氨酸化学性质稳定，在高温、酸、碱条件下，能够较长时间保持稳定不变，这为茶氨酸的提取提供了良好条件。

茶氨酸相对分子质量较小，利用热水很容易从茶叶中浸提出来，但茶叶中的茶多酚、咖啡碱、可溶性糖等其他水溶性成分也会同时被提取出来，为后期的分离纯化增加难度。因此，茶氨酸的提取技术不但要考虑如何减少茶氨酸的浸提时间，提高其浸出效率；同时要保证尽可能少地浸提出茶叶中的其他成分，以减少后续的提取纯化步骤，节约资源，降低生产成本。

茶氨酸占茶叶干重的1%~2%。我国有着充足的茶资源，为从茶叶中直接提取茶氨酸奠定了良好的基础。利用茶氨酸易溶于水的特点，通常用热水提取，或热水配合一些辅助措施（如利用超声波、微波等）提取茶叶中的茶氨酸，以提高其浸出效率、缩短浸提时间、节约能耗等。如张海燕等（2009）比较了利用热水提取与超声提取茶氨酸的提取效果，超声提取条件为：超声频率40kHz，功率150W，料液比1∶50，超声时间30min，超声温度60℃；热水提取条件为：料液比1∶60，浸提时间3h，浸提温度60℃。超声提取绿茶、茉莉花茶、观音王茶茶氨酸的提取率分别为1.216%、0.847%、1.045%，热水提取的提取率分别为1.178%、0.829%、1.035%。

2. 茶氨酸的分离纯化

茶氨酸分离纯化方法主要有沉淀分离法、离子交换层析法、膜富集分离法等。

（1）沉淀分离法　沉淀分离法是利用茶氨酸与碱式碳酸铜形成不溶于水的铜盐，从而与茶叶的其他物质分离的原理。利用该法分离茶氨酸需要先除掉茶叶中的蛋白质、多酚类、色素和咖啡碱等杂质（图2-11）。通常采用醋酸铅等除去茶氨酸浸提液中的多酚、蛋白质和部分色素，再利用 H_2S 除去过量的铅；过滤后向上清液中加入氯仿除去咖啡碱，水层加入碱式碳酸铜沉淀茶氨酸；将沉淀的茶氨酸铜盐（即滤渣）经稀硫酸溶解、加入 H_2S 去除铜离子，再加入适量的 $Ba(OH)_2$ 去除硫酸根离子，抽滤去滤渣，滤液经减压浓缩、干燥后得天然茶氨酸粗品。利用茶氨酸不溶于无水乙醇的特性使其在无水乙醇中重结晶，可得到高纯度的茶氨酸产品。

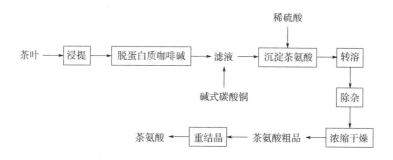

图2-11　沉淀分离法制备茶氨酸工艺流程

袁华等（2007）分别用1%壳聚糖和D101大孔吸附树脂对茶氨酸浸提液去杂后，用碱式碳酸铜沉淀茶氨酸；将茶氨酸铜盐沉淀用1mol/L硫酸解析，再加入 H_2S 和 $Ba(OH)_2$ 去除铜离子和硫酸根离子，滤液经浓缩、干燥、重结晶后得到茶氨酸产品，茶氨酸提取率34%、产品纯度99.28%。该法既能用于工业生产，又适合实验室少量制备；但是此法工序复杂烦琐，转溶时茶氨酸的损失较大，导致收率较低，且制备过程需要使用有毒溶剂氯仿并引入对人体有害的重金属离子 Pb^{2+}、Cu^{2+}，产品存在安全隐患。

（2）色谱分离技术　色谱分离茶氨酸是利用茶氨酸与其他组分的物理化学性质的差异，在由固定相和流动相构成的体系中具有不同的分配系数，当两相做相对运动时，这些物质随流动相一起运动，并在两相间进行反复多次的分配，从而使各物质达到分离。用于茶氨酸分离纯化的色谱技术有离子交换层析、大孔吸附树脂层析等，其中离子交换层析法是茶氨酸分离制备中应用最广泛的一种（图2-12）。

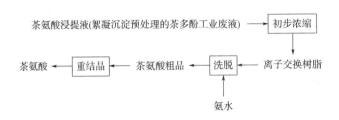

图 2 - 12　离子交换层析基本工艺流程

离子交换分离纯化茶氨酸是以离子交换剂为固定相，利用溶液中各组分与交换剂上的平衡离子进行可逆交换，结合力大小的不同将茶氨酸分离纯化出来。茶氨酸是两性电解质，等电点为5.6。当溶液的 pH 低于茶氨酸的等电点时，茶氨酸带正电，能与阳离子交换树脂上的交换基团发生阳离子交换反应；当溶液的 pH 高于茶氨酸的等电点时，茶氨酸带负电，能与阴离子交换树脂发生离子交换吸附，从而与其他组分分离开来。一般茶氨酸水溶液呈微酸性，带正电荷，常采用阳离子交换树脂吸附分离茶氨酸。除静电作用外，树脂骨架与茶氨酸的范德华力、功能基团间的氢键作用等也起到分离的作用。目前，该法不仅应用于茶叶中茶氨酸的提取，还应用于茶愈伤组织中、茶多酚工业废液以及化学合成法生产的茶氨酸的提取。

离子交换树脂是影响离子交换的关键因素，选择交换容量大、选择性系数高的离子交换树脂对整个工艺有决定性作用。树脂的功能基团、比表面积、孔隙大小、树脂骨架等影响其对目标产物的吸附容量。不同的环境条件如溶液 pH、温度、上液浓度、流速、柱床体积等也是影响离子交换的主要因素（梁月荣等，2013）。选择高效分离茶氨酸的吸附树脂（如 001 ×7 阳离子、732 型阳离子、ZJL 大孔离子交换树脂），合适的溶液 pH、温度、洗脱条件等是高效制备茶氨酸的前提要求。如朱松等（2007）对离子交换层析分离茶氨酸的影响因素进行了研究，结果表明，选用 001 ×7 阳离子交换树脂为分离材料，当吸附工艺条件为 pH3.4、上样液中茶氨酸质量浓度为 3.0mg/mL、上样流速 1.7 柱床体积/h，洗脱工艺条件为用 pH11.3 的氨水溶液洗脱、洗脱速度为 1.0 柱床体积/h，所得茶氨酸产品纯度为58%，离子交换过程中茶氨酸的回收率为82%。

离子交换层析法制备茶氨酸，产品质量好、收率高、操作简便、适合工业化生产，已取代传统的沉淀分离法，但对树脂的选择要求、技术含量均较高。目前，阳离子交换树脂已广泛应用到茶氨酸的工业制备上（林智等，2004）。

3. 膜分离法

膜富集分离具有分离、浓缩、纯化和精制的功能，是一门高效、节能、环保的分离新技术。膜法富集茶氨酸是用膜作为选择障碍层，利用膜的孔径大小或其物理化学性质来实现茶氨酸与其他组分的分离，从而达到茶氨酸的富集和初步纯化的效果。其工艺流程为：茶氨酸浸提液→ 膜分离富集 → 浓缩干燥 →茶氨酸粗品。膜分离法具有绿色、节能、工艺简单、操作方便、易于实现工业化的特点；但该法所制得的茶氨酸往往纯度较低，分离成本较高。

由于茶叶中茶氨酸含量较低，可以从茶多酚等制备后的茶氨酸富集液中分离纯化茶氨酸，以降低生产成本；在膜分离工艺上，可以综合考虑膜的孔径大小、膜与被分离物的亲和性以及膜上的反应性官能团来选择合适的分离膜。如萧力争等（2006）以制备儿茶素后的废料液为材料，调节其 pH 至 2.8～3.5，采用截留相对分子质量为 3500 的超滤膜截留，反渗透膜浓缩可以分离、富集儿茶素渣中的茶氨酸，茶氨酸得率可达 54.05%，产品纯度达 8.53%。

（二）从茶多酚工业废液中提取纯化茶氨酸

茶多酚生产企业的工业废液中约含有 2% 的茶氨酸，如能利用工业废液为原料提取茶氨酸，不仅能降低生产成本，且可以很好地解决茶多酚生产企业厂家工业废液的出路问题，具有很好的应用前景，工艺流程见图 2－13。

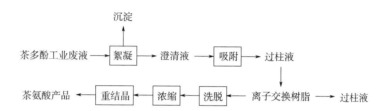

图 2－13 茶多酚工业废液中提取纯化茶氨酸的工艺流程

林智等（2004）采用絮凝、吸附、阳离子树脂交换、重结晶工艺等手段从茶多酚工业废液中提取纯化茶氨酸，结果表明采用壳聚糖絮凝能有效去除茶多酚工业废液中的蛋白质等杂质，杂质的去除率为 50%；采用大孔吸附树脂 AB－8 作为吸附剂吸附能进一步去除色素、多酚类物质及大分子有机物；阳离子交换树脂能较专一吸附氨基酸。茶多酚工业废液经絮凝、吸附、阳离子树脂交换工艺后可得纯度 50% 的茶氨酸，茶氨酸得率为 1.8%；再通过重结晶可得到纯度 90% 的茶氨酸，得率为 0.8%。

二、化学合成法

茶氨酸在茶叶中含量较低，由茶叶直接提取产量少，难以满足消费需求；且制备成本较高、很难获得高纯度茶氨酸。利用化学合成法制备茶氨酸可克服这些困难，也易于大规模生产。目前茶氨酸的化学合成已经有大量的研究报道和专利发表，较成熟的有以下几种。

（一）L－谷氨酸－乙胺合成法

L－谷氨酸－乙胺合成法是最早的化学合成茶氨酸方法。早在 1942 年，以色列人 Lichtenstein 首次在实验室通过高压将 L－谷氨酸加热脱水形成 L－吡咯烷酮酸后，在金属催化剂作用下与乙胺水溶液在密闭容器内室温反应 20d，经过结晶制得茶氨酸。该法制备茶氨酸的产率较低，仅为 9%，且该法需要在高压条件下合成茶氨酸，对设备仪器和安全性要求高，且反应时间长、生产成本高。在此基础上，人们对该工艺不断进行优化，使茶氨酸的合成率大幅提高，反应条件要求下降。如郑国斌（2005）将 L－吡咯烷酮酸与无水乙胺直接在惰性气体的氛围下，在压力 2.0～4.5MPa 与温度 30～55℃

的条件下，72～96h 就能合成茶氨酸，以固体 L-吡咯烷酮酸计算，产品一次收率为 20% 以上。

（二）L-谷氨酸-γ-乙基酯化法

该法以 L-谷氨酸-γ-乙基酯为原料，采用特定的保护基将 α-氨基保护起来，与乙胺水溶液反应，使乙胺氨解置换乙氧基，再去除保护基后得到茶氨酸。该法避免了 L-谷氨酸-乙胺合成法需要的高压条件，缩短了反应时间，但常常需要昂贵的保护基和脱保护基，且产率较低，因此需要不断寻求更为廉价的保护基和脱保护剂。

L-谷氨酸-γ-乙基酯化法的不同工艺主要在于保护基的选择不同。如王三永等（2001）选用三苯基氯甲烷保护氨基，采用乙酸溶液脱去保护基，中间产物无须分离提纯就可进行下一步操作，比较简便，大大降低了生产成本。其具体操作为：将 γ-苄基谷氨酸酯溶解于吡啶后，与氯化三苯甲烷在 40℃ 搅拌反应 48h，减压蒸出吡啶；向反应混合物中加入 70% 乙胺，室温下搅拌继续反应 48h，减压蒸出乙胺和水；再次向反应体系中加入 50% 乙酸，加热至 100℃ 保持 5min，脱去三苯甲基；向反应液中加入蒸馏水并冷却至室温，将该反应产物过滤，经减压干燥和乙醇重结晶等操作得到茶氨酸纯品，产品得率 39%，质量分数大于 98%。

（三）L-谷氨酸酐法

L-谷氨酸酐法是先利用保护基将 L-谷氨酸 α-氨基保护起来，使其分子内脱水生成环状 L-谷氨酸酐后，直接与乙胺作用生成 N-取代 L-茶氨酸，再除去保护基得到 L-茶氨酸。在工艺优化上，该法也需要不断寻求更为合适的保护基以提高茶氨酸产量、降低生产成本。如焦庆才（2005）以 L-谷氨酸为原料，采用廉价的邻苯二甲酰基作为保护基，醋酐回流 10min 使其分子内脱水生成邻苯二甲酰-L-谷氨酸酐，然后在常温、常压条件下，与 2mol/L 乙胺水溶液反应，生成中间产物邻苯二甲酰-L-茶氨酸，最后在室温条件下与 0.5mol/L 水合肼反主 48h 脱除保护基，得到 L-茶氨酸，收率为 61%。

采用化学合成法制备茶氨酸具有操作相对简单、成本低、适合工业化生产等优点；但同时也存在原料不易得、难于提纯、有污染和毒性等缺点，且化学合成法直接得到的茶氨酸都是 DL-型消旋体，需要进行拆分才能得到 L-型产品。人体需要并能吸收利用的是天然 L-型茶氨酸，若摄入过量 D-型氨基酸会引起中毒，甚至危及生命。

三、生物合成法

茶氨酸的生物合成法包括微生物合成法、植物愈伤组织及悬浮细胞培养法（茶愈伤组织培养技术和茶悬浮细胞培养技术）与酶法合成。生物合成法生理周期短、无毒副物质添加，可得到天然的 L-茶氨酸，副产物少，产品安全性评价较高。

（一）微生物合成法

茶氨酸虽然为茶树独有的氨基酸，但是利用微生物发酵来合成茶氨酸一直是人们研究的热点，并已逐渐实现。微生物合成法是目前工业化生产茶氨酸最成功的方法，在工业化生产茶氨酸中有着广泛的应用。

微生物发酵法是利用微生物的谷氨酰胺合成酶或其他酶的谷氨酰基转移活性来合成茶氨酸。1993 年，日本报道利用一种硝基还原假单胞细菌（*Pseudomonas nitroreducens*）中的谷氨酰胺合成酶用于实际生产合成茶氨酸。谷氨酰胺合成酶具有 γ - 谷氨酰基转移活性，能够催化谷氨酰胺和乙胺发生转谷氨酰基反应，从而形成茶氨酸。其具体方法是先将细菌培养物悬浮在 0.9% NaCl 溶液中，然后将 4.5% κ - 角叉菜胶在 80℃溶解，冷却至 45℃时与细菌悬浮液混匀，使细菌固定，再加入乙胺和谷氨酰酸，置于发酵反应器中培养 120d，再用离子交换柱层析就可分离出茶氨酸，得率可达所消耗谷氨酰酸的 95% 左右（陈宗懋，1998）。

（二）植物愈伤组织、悬浮细胞培养法

植物愈伤组织、悬浮细胞培养法合成茶氨酸是通过对茶树愈伤组织及茶树细胞进行培养的方法合成茶氨酸，通过人工调控培养条件，如调节 pH、温度、培养液的成分，或是加入 L - 谷氨酸盐、乙胺和激素及促进茶氨酸合成酶活性的金属离子等，充分利用细胞中的茶氨酸合成酶来合成茶氨酸，再经过离子交换吸附等方法分离制备茶氨酸。

钟俊辉等（1997）对不同培养条件下茶树愈伤组织生长以及茶氨酸累积情况进行了研究，结果表明不同碳源对于愈伤组织生长和茶氨酸积累的影响相近，增加糖浓度有利于茶氨酸的积累，愈伤组织的最适培养温度和茶氨酸的最佳积累温度都是 25℃，暗培养比光照培养更有利于茶氨酸的累积。当蔗糖浓度 6%，吲哚乙酸（IAA）质量浓度 2mg/L，6 - 苄氨基嘌呤（6 - BA）质量浓度 4mg/L。盐酸乙胺浓度 25mmol/L 条件下暗培养 5 周，茶氨酸的累积量达到高峰，为 201.6mg/g。

成浩等研究报道（2004）将茶悬浮细胞接种于添加了 25mmol/L 盐酸乙胺的培养基中振荡暗培养，培养细胞中茶氨酸的累积在培养的第 11 天左右达到高峰；在每 10d 更新一次培养基的条件下，培养细胞合成茶氨酸能力可维持至第 30 天左右，茶氨酸的累积达到细胞干重的近 20%。

该法较从茶叶中直接提取茶氨酸产量更高，可人为控制培养条件，不受外界气候条件的影响，可实现工业化；但是植物组织、细胞培养需要保证无菌条件，培养过程易污染，相对于微生物发酵，细胞生长缓慢，分化程度低，代谢产物含量低，且培养细胞的稳定性难以保持，培养过程中易发生突变退化，导致目标产物产量下降。因此，尽管植物愈伤组织、悬浮细胞培养法能合成天然茶氨酸，但因运行成本高、产品得率低，暂时还无法工业化生产。

（三）酶法合成

茶氨酸的生物合成是茶树体内的茶氨酸合成酶（又称 L - 谷氨酸 - 乙胺连接酶）利用谷氨酸和乙胺、在 ATP 参与条件下催化合成。酶法合成茶氨酸主要是利用某些微生物及茶树苗和根中含有大量的茶氨酸合成酶，将该酶提取分离出来后，在人工控制条件下模拟茶树体内的合成环境条件合成茶氨酸。由于茶氨酸合成酶的提取、纯化难度很大，利用酶法合成茶氨酸比较困难。

第五节 茶多糖制备技术

茶多糖是从茶叶中提取的活性多糖的总称，是一类与蛋白质结合在一起的酸性多糖或酸性糖蛋白。虽然茶多糖并不是影响茶叶品质的特征物质，但药理研究表明茶多糖具有降血糖、降血脂、抗血凝、抗血栓、增强机体免疫功能、抗氧化等多种生物活性，是茶叶重要的活性成分之一，在食品、医药、保健等领域具有良好的应用前景。

茶多糖为水溶性多糖，易溶于热水，在沸水中溶解性更好，但不溶于高浓度的乙醇、丙酮等有机溶剂；茶多糖稳定性差，在高温、过酸或碱性条件下茶多糖会降解，导致其活性降低或丧失；茶多糖还可与多种金属元素络合，茶叶中存在有与稀土结合的茶多糖复合物（夏涛等，2015）。因此，茶多糖的制备技术相对比较困难。茶多糖制备的基本工艺流程包括提取、醇沉、脱蛋白、脱色、纯化和干燥。

一、茶多糖制备工艺流程

茶多糖的制备技术主要包括单独制备法和综合制备法。单独制备法是仅以茶多糖为目标产物开发的提取纯化工艺，综合制备法则是指同时制备茶多酚、茶多糖和咖啡碱等多种产物而开发的技术。茶多糖的综合制备详见本章第七节。

茶多糖单独制备工艺流程见图2-14。

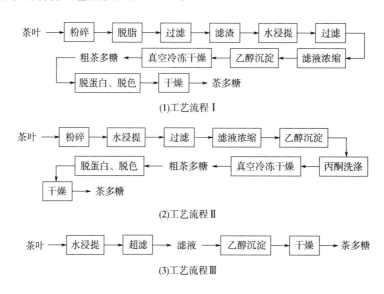

(1)工艺流程 I

(2)工艺流程 II

(3)工艺流程 III

图2-14 茶多糖制备工艺流程

二、茶多糖的提取

茶多糖的提取是指采用合适的介质将茶多糖从物料中萃取出来。虽然酸性乙醇、苯酚等均可用于提取茶多糖，但从生产成本和安全性考虑，水是最合适的提取溶剂。茶多糖的提取方法主要有以下几种。

（一）提取方法

1. **热水浸提法**

有关热水浸提法提取茶多糖的研究较多。如黄杰等（2006）研究报道在料液比1∶25、浸提温度55℃条件下浸提3h，茶多糖的得率较高；王黎明等（2005）研究表明水浸提茶多糖的较佳条件为温度70℃、时间1.5h、料液比1∶10，浸提3次；周小玲等（2007）研究也表明在料液比1∶20、浸提温度80℃条件下浸提1.5h，茶多糖的浸提效果较好。总体上来说，热水浸提茶多糖的较优工艺参数为：浸提温度55~80℃、浸提时间1.5~3h、料液比1∶（10~25），浸提2~3次。

2. **酶法提取法**

常用于茶多糖辅助提取的酶有纤维素酶、果胶酶、蛋白酶等。如傅博强等（2002）研究报道采用热水在50℃、料液比1∶15条件下浸提30min，过滤；滤渣经pH4.6的柠檬酸－柠檬酸钠缓冲液加纤维素酶进行第二次提取，纤维素酶用量为2.2μL/g（以茶叶质量计），在55℃、茶叶与提取液质量比1∶14条件下提取120min，粗茶多糖（干重）的总得率可达7.93%，可使粗茶多糖（干重）提取率比常规浸提法高98.8%。

周小玲等（2007）以不加酶水浸提法为对照，研究了采用果胶酶、胰蛋白酶以及复合酶（果胶酶∶胰蛋白酶为1∶30，质量比）3种酶法辅助提取粗老绿茶中的茶多糖，结果表明复合酶提取法提取茶多糖的提取率最高，可达5.17%，约为不加酶水浸提法提取率的2.18倍；果胶酶法提取茶多糖的提取率最低，约为不加酶水浸提法的0.46倍，这可能与茶多糖在较低pH条件下易被果胶酶水解有关；胰蛋白酶提取法的提取率约为不加酶水浸提法的1.15倍。

虽然大量研究表明添加酶辅助萃取条件相对温和，酶处理后茶多糖得率显著提高，且浸出率还随酶用量增加和处理时间延长而增大，但酶法提取处理成本比较高，且处理过程中一般还需要调节介质酸度，目标物的水解也难以避免。

3. **微波提取法和超声波提取法**

微波具有穿透力强，选择性高，加热效率高等特点，可采用微波来提取以提高茶多糖提取效率。如崔志芳等（2006）研究报道在料液比1∶30、提取温度70℃条件下，采用常规水浸提法提取乌龙茶多糖1h，茶多糖的提取率约6%，而采用微波辅助浸提10min，茶多糖提取率可达8.1%。进一步的研究表明，茶多糖得率随微波功率增加和处理时间延长而提高，且对茶多糖的结构和活性无显著影响（聂少平等，2005）。

超声波具有强烈的空化作用，可加速细胞破碎，促进茶多糖浸出。如黄永春等（2007）研究报道采用传统水浸提法提取粗老绿茶茶多糖，在温度60℃、液料比20∶1、时间120min、pH6.0的最优条件下，茶多糖的得率为4.26%；采用超声波辅助提取，在超声功率150W、温度60℃、料液比1∶30、时间40min、pH7.0条件下，茶多糖的得率为5.15%。

尽管超声波辅助提取可提高茶多糖得率，但也会导致茶多糖产生降解作用。如黄永春等（2007）研究报道通过凝胶色谱（GPC）测定茶多糖样品分子质量，采用传统提取法得到的茶多糖样品平均相对分子质量为66439，而超声波提取得到的样品平均相对分子质量为47447。

4. 超临界 CO_2 萃取法

超临界 CO_2 萃取也可用于制备茶多糖，其一般操作为：原料经粉碎后，用乙醇进行脱脂和除杂，适当干燥后装入萃取釜中，然后按照设定的压力、温度，在夹带剂存在的条件下连续萃取一定时间，收集分离釜中萃取物，以热水溶解后过滤，滤液进行脱蛋白、脱色和沉淀，将获得的沉淀物干燥，即可得到茶多糖。超临界 CO_2 萃取茶多糖技术的优势在于提取条件温和、提取率高、萃取物杂质少、无溶剂污染和残留；但主要不足是设备投入多、运行成本高。

影响超临界 CO_2 萃取茶多糖效率的因素有原料颗粒大小、萃取压力、温度、CO_2 流量、夹带剂种类等。陈明等（2011）研究发现在茶粉颗粒度为 40 目，采用 20% 无水乙醇夹带剂，萃取压力 35MPa，萃取温度 45℃，萃取时间 2.0h 条件下，茶多糖提取率可达 92.5%。

（二）影响因素

影响茶多糖提取的因素主要有原料、原料预处理、提取方式及提取工艺。

1. 原料

茶叶老嫩度和加工工艺是影响茶多糖含量的主要因素。一般而言，茶叶原料越老，茶多糖的含量越高；茶叶级别相同时，乌龙茶茶多糖的含量高于绿茶，绿茶茶多糖含量高于红茶。此外，茶树花（Han 等，2011）和茶籽（Wei 等，2011）均含有茶多糖，也可用作提取茶多糖的原料。

2. 原料预处理

茶多糖提取前，原料一般先要进行粉碎、乙醇脱脂脱小分子化合物等措施，主要目的是提高茶多糖提取得率并去除部分杂质。

3. 提取方式及提取工艺

为了提高茶多糖的得率，提取时常采用一些辅助方法来改善这一提取过程，如采用微波、超声波提取或酶法辅助提取等。

影响茶多糖提取的工艺参数主要有料液比、提取温度、提取时间、提取次数等。

三、茶多糖的分离纯化

（一）分离

提取出来的茶多糖溶液中存在较多的杂质，包括游离蛋白质、色素、低聚糖、脂类及其他一些与多糖分子量相近的水溶性物质。为了得到纯度更高的茶多糖，一般要进行沉淀、脱蛋白、脱色等处理。这些处理对茶多糖的得率和纯度均有显著影响。

1. 沉淀

茶多糖的沉淀是利用茶多糖不溶于低级醇（乙醇或甲醇）、丙酮、季铵盐等物质的特性来沉淀茶多糖，使之从溶液中分离出来。沉淀是茶多糖制备的关键工序，沉淀剂种类及其用量，不仅影响茶多糖得率，而且还影响产品中茶多糖组成。如巩发永（2005）研究了不同浓度乙醇沉淀茶多糖的效果，结果发现随着乙醇浓度提高，茶多糖粗品得率逐步增加，但茶多糖中总糖含量呈先增加后下降趋势。

丙酮、十六烷基三甲基溴化铵（CTAB）等均可用来沉淀茶多糖，获得良好的茶多糖沉淀效果；但由于乙醇比较安全，且方便回收利用，因此，醇沉法是目前应用最广的茶多糖沉淀技术。

醇沉法基本操作为：将茶多糖提取液先减压浓缩至一定体积，再加入 3 倍体积乙醇沉淀、离心，沉淀物用无水乙醇、丙酮洗涤，真空低温干燥，得茶多糖粗制品。沉淀物也可用少量水溶解，重复醇沉淀一次以去掉茶多糖中部分杂质。

2. 脱蛋白

常用的粗多糖脱蛋白方法主要有 Sevage 法、三氟三氯乙烷法和三氯乙酸法等，其中前两种多用于微生物多糖，三氯乙酸法多用于植物多糖。

Sevage 法是经典的脱蛋白方法，是根据 Sevage 试剂（氯仿∶正丁醇 = 5∶1，体积比）能使游离蛋白变性的原理开发的多糖脱蛋白技术。其基本操作为：将粗多糖溶液与 Sevage 试剂混合、振荡过夜，通过离心将被 Sevage 试剂沉淀的蛋白质除去。如袁海波（2003）研究表明采用 Sevage 试剂脱蛋白，连续处理 3 次后，提取液中蛋白的去除比例在 90% 以上。此法优点是操作条件温和，可避免多糖降解或变性；缺点是一次只能脱去部分蛋白，即使重复多次，也难将蛋白除尽；且连续多次脱蛋白，易导致茶多糖得率下降；氯仿还易造成产品溶剂残留。

三氯乙酸法是目前应用较广的茶多糖脱蛋白技术。其基本操作为：将粗多糖溶液与 20% ~30% 的三氯乙酸溶液按照 1∶1（体积比）混合，再通过离心或过滤方式去除被三氯乙酸沉淀的蛋白。此法脱蛋白效果较好，但可能会引起多糖的降解。如崔志芳等（2006）研究报道茶多糖浸提液先经三氯乙酸处理脱蛋白后再用乙醇沉淀多糖，茶多糖得率为 3.4%；而浸提液先以乙醇沉淀后再以三氯乙酸除蛋白，茶多糖得率为 7.5%。这说明三氯乙酸脱蛋白时，可能引起部分茶多糖共沉淀或降解，从而影响了乙醇对多糖的沉淀效果。因此，若选择三氯乙酸法脱蛋白，建议先经乙醇沉淀后在进行脱蛋白处理。

三氟三氯乙烷法脱蛋白是将粗多糖溶液与三氟三氯乙烷按照 1∶1（体积比）混合、振荡，再通过离心去除被三氟三氯乙烷沉淀的蛋白。虽然该法脱蛋白效率较高，但因三氟三氯乙烷易挥发，且该试剂有毒性，因此不宜生产应用。

3. 脱色

茶叶中含有多种色素物质，茶多酚的氧化也会使颜色加深，因此，提取出来的粗茶多糖颜色一般较深。这些色素不仅影响茶多糖产品的色泽和纯度，且影响茶多糖的生理功效，因此，制备茶多糖时需要进行脱色处理。茶多糖常用的脱色技术主要有吸附法、离子交换法和氧化法等。

活性炭、硅胶、大孔吸附树脂等是常用的吸附法脱色吸附剂，尤其是活性炭，无臭、无味、无毒，且具有大量微孔结构，能通过范德华力有效吸附色素；但因活性炭也会吸附多糖，造成得率下降，故制备茶多糖时，一般不用活性炭来脱色。茶多糖脱色常采用大孔吸附树脂作为脱色剂，利用树脂吸附处理不仅能有效去除浸提液中的色素杂质，还能对茶多糖进行初步分级，因此在茶多糖脱色中应用较广。如杨泱等（2010）研究表明 D101 大孔吸附树脂为普洱茶多糖脱色的最佳树脂，脱色率为 72.27%。树脂吸附脱色具有脱色效果好、可重复使用的优点；但不足是操作较烦琐、成本较高。

茶多糖氧化脱色主要是用双氧水（H_2O_2），利用双氧水中过氧化氢根离子（HO_2^-）的氧化和漂白作用去除茶多糖中的色素物质。利用双氧水脱色，操作简单，脱色效果好，但因反应剧烈，可能存在部分茶多糖降解的问题。因此，利用双氧水脱色，脱色温度不宜超过60℃，脱色时间不宜太长。

茶多糖也可利用离子交换法来脱色，一般多采用DEAE-纤维素树脂作离子交换剂。该方法脱色率高，且兼有多糖分级作用；但由于DEAE纤维素柱容易污染、再生困难，而纤维素价格昂贵，实验成本高，一般也只在理论研究中应用。

4. 除小分子杂质

小分子杂质（如低聚寡糖、金属离子等）的残留往往影响多糖的生物活性，需进一步的脱除。传统的除小分子杂质方法是透析法，该法操作简单、技术成熟，但是周期长，常温下长时间操作可能造成寡糖霉变。近年来，膜分离技术应用到多糖的分离除杂中，利用不同孔径的膜使大小不同分子分离，有效缩短了生产周期。

（二）纯化

经脱蛋白、脱色等处理后获得的茶多糖粗品中，还含有部分杂质，同时由于茶多糖是由化学组成、聚合度等差异较大的组分形成的混合物，仍不能在医药领域应用，因此，对茶多糖粗品还需要进一步纯化和分级。常用的茶多糖纯化分级方法有沉淀、超滤和柱层析等。

1. 分步沉淀

沉淀技术不仅可用于茶多糖粗品的分离，也可以用于茶多糖的精制和分级。分步沉淀是利用不同性质以及不同聚合度的茶多糖在不同浓度溶剂中溶解度的不同而分离，包括有机溶剂沉淀法和季铵盐沉淀法。如黄桂宽等（1995）分别用浓度为40%和60%的乙醇溶液分步沉淀茶多糖，经过滤和干燥后，得到浅黄色的中性杂多糖TP-1与灰白色的酸性多糖TP-2，该两部分总糖含量分别为48.24%和57.71%。

长链季铵盐能与酸性多糖成盐形成水不溶性化合物，从而将酸性多糖与中性多糖分离。常用的季铵盐有十六烷基三甲基溴化铵（CTAB）及其碱（CAT-OH）和十六烷基吡啶（CPC）。利用长链季铵盐沉淀多糖时必须要严格控制多糖混合物的pH小于8及无硼砂存在，否则中性多糖也会沉淀出来。一般来说，酸性强或分子质量大的酸性多糖首先沉淀出来。

利用分步沉淀来分级茶多糖具有简单、便宜等优点，缺点是易将茶多酚等杂质带入多糖。

2. 超滤、透析及超速离心

选用不同规格的超滤膜和透析袋进行超滤和透析，以及超速离心操作，可按分子大小差异将茶多糖样品分级和纯化。茶多糖粗品中生理活性最强部分的相对分子质量在$4 \times 10^4 \sim 10 \times 10^4$，因此，可选用截留相对分子质量为10万和4万的超滤膜组合截留茶多糖活性组分。如寇小红等（2008）将经过$0.2\mu m$孔径的膜净化后的茶多糖溶液依次过150000、20000、6000的膜组件，获得了不同相对分子质量的茶多糖组分。

超滤等方法的优点是操作简单、条件温和、目标成分生物活性容易保持、不同孔径的膜组合兼有去除小分子杂质和色素的功能，且处理量较大，适宜工业化分离多糖；但不足是膜容易堵塞、清洗较困难。

3. 柱层析

纯化茶多糖的柱层析主要有离子交换柱层析和凝胶柱层析。

离子交换柱层析分离纯化的原理分为两类，一是利用各种分子表面电荷分布的差异以及离子的净电荷不同而进行选择性分离；二是依据分子筛原理进行分离。这类离子交换树脂主要有不同规格的 DEAE - 纤维素、DEAE 葡聚糖凝胶（DEAE - Sephadex）和 DEAE 琼脂糖凝胶（DEAE - Sepharose）等。茶多糖大多为酸性多糖，且颜色较深，分离时常选用较便宜的 DEAE - 纤维素。DEAE - 纤维素适合于分离各种酸性、中性多糖以及黏多糖，其吸附力一般随多糖分子中酸性基团的增加而增加。如王恒松（2008）选用 DEAE - 纤维素柱对普洱茶粗多糖进行层析，依次用蒸馏水、0.1mol/L 为上限的 NaCl 溶液、0.2mol/L 为上限的 NaOH 溶液洗脱，一共收集到 TPS1、TPS2、TPS3、TPS4、TPS5 五个组分。

凝胶柱层析是根据多糖分子的大小和形状不同进行分离。常用的凝胶有葡聚糖凝胶及琼脂糖凝胶，茶多糖分离时多选用 Sephadex G - 50 ~ 100 型。如王丁刚等（1991）将茶多糖粗品用少量 0.1mol/L NaCl 溶液溶解后，上载到 Sephadex G - 100 柱中，以 0.1mol/L NaCl 溶液洗脱，获得纯度较高的茶多糖。

在多糖分级纯化过程中，一般先采用离子交换层析进行初步脱色分级，再使用凝胶柱层析进一步分级纯化。因凝胶价格昂贵，工艺烦琐且处理量较小，凝胶柱层析一般应用于理论研究中制备高纯度的多糖，不适宜工业化生产中的多糖纯化。

第六节　茶皂素制备技术

茶皂素又称茶皂苷，是一类齐墩果烷型五环三萜类皂苷的混合物，具有乳化、分散、湿润、发泡、稳泡等多种表面活性，是一种性能良好的天然表面活性剂，还有抗渗、消炎、镇痛等药理作用，并能灭菌杀虫和刺激某些植物生长的功效，可用于开发乳化剂、洗涤剂、发泡剂、防腐剂、杀虫剂以及药物等多种产品。茶皂素广泛分布于茶树的叶、根、种子等各个部位，其中以茶籽含量最高，占茶籽干重的 4% ~ 6%，因此，茶籽是茶皂素工业化生产最重要的原料来源。目前我国茶树种植面积将达 300 万公顷，估计年产茶籽 30 万吨以上，由此可见，茶皂素提取原料资源较为丰富。

一、茶皂素的提取

茶皂素不溶于乙醚、氯仿、丙酮、石油醚及苯等溶剂，难溶于冷水、无水乙醇、无水甲醇，可溶于温水、二氧化碳和醋酸乙酯，易溶于含水甲醇、含水乙醇、正丁醇以及冰醋酸、醋酐和吡啶中。茶皂素的提取是根据茶皂素的溶解特性展开的。目前常见茶皂素浸提方法主要包括热水浸提法、有机溶剂浸提法、超声波辅助浸提法、超临界 CO_2 萃取法等。

（一）热水浸提法

热水浸提法是最早采用的茶皂素提取方法，其原理是利用茶皂素在热水中有较高溶解度的性质。其基本工艺流程为：将含茶皂素的原料粉碎后，用热水浸提一定时间（原料为茶籽或茶饼粕时，热水浸提前要先脱脂），使茶皂素浸出溶于热水中，经过滤、滤液浓缩后再干燥，即可得到茶皂素粗品（图 2 - 15）。以茶饼粕为原料，热水浸提法生产茶皂素的得率一般为 12% ~ 13%，产品纯度约为 60%。

图 2 - 15　热水浸提茶皂素工艺流程

该法工艺简单，生产成本低，投资少、见效快，易被小型工厂接受；但不足是物料和浸提液分离较困难，生产能耗较高，且产品中蛋白质、糖类杂质较多，产品颜色较深，故产品得率低、纯度差。这些茶皂素粗品可用于农药、沥青乳化剂等，但不能应用于化妆品、增溶剂、胶黏剂、发泡剂等产品（江合佩等，2003）。

（二）有机溶剂提取法

有机溶剂提取法是根据茶皂素易溶于含水甲醇、含水乙醇、正丁醇及冰醋酸等有机溶剂，采用一定浓度的甲醇、乙醇或正丁醇溶液为浸提剂来提取茶皂素。常用溶剂主要为含水甲醇和含水乙醇，但是因甲醇易燃、易爆、沸点低、毒性大，因此，现在大多用以含水乙醇提取为主。

茶籽饼经过粉碎后，加入一定浓度的乙醇溶液，在一定温度下浸提一段时间，过滤茶渣，滤液经旋转蒸发浓缩，再经干燥即可得到茶皂素产品。此法生产茶皂素的得率一般为 18% ~ 19%，产品纯度可达到 95%。有机溶剂提取法的基本工艺流程见图 2 - 16，与热水浸提相似。

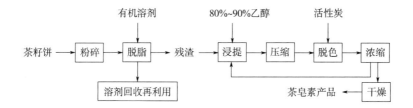

图 2 - 16　有机溶剂提取茶皂素工艺流程

有机溶剂提取法的优点在于使用该法提取制备的茶皂素产品颜色浅、收率高、纯度高、能耗小，且易进一步纯化，可以用作生化试剂和医药原料，可供出口，但是存在溶剂消耗大、成本高、工艺复杂、设备要求高的缺点（袁新跃等，2009）。

（三）微波和超声波辅助提取法

微波和超声波辅助提取法就是在常规热水浸提或有机溶剂浸提的过程中，增加微波和超声波处理，以加速茶皂素的溶解，进而缩短提取时间、提高浸提效率。研究工作者分别将微波和超声波提取方法与常规的水浸提法和乙醇浸提法进行了比较研究。

郭辉力等（2008）研究报道以茶枯饼为原料，二甲基甲酰胺为传热介质，加热功率800W、55%微波+45%光波辐射4min，茶皂素的提取率可达87%，较常规水浸提得率提高了25.5%，较乙醇浸提得率提高了7.2%，且时间缩短了近9h（表2-3）。

表2-3 不同提取方法的工艺参数比较

提取方法	水浸提法	乙醇提取法	微波/光波预处理-乙醇浸提法	微波/光波预处理-乙醇快速浸泡法
消耗总时间	9h	9h	12min+3h	12min
茶皂素提取率/%	6.62±0.22	7.75±0.15	8.68±0.19	8.31±0.17

刘昌盛等（2006）研究报道以茶饼粕为原料，乙醇浓度为80%、料液比为1：4，在超声频率20kHz、超声功率800W、提取温度为50℃、超声提取20min，茶皂素的提取率可达96.1%。与水浸提法和乙醇提取法相比，不仅缩短了提取时间，降低了能耗，且提高了茶皂素的得率（表2-4）。

表2-4 不同茶皂素提取方法的比较

指标	水浸提法	乙醇浸提法	超声波法
溶剂	水	80%乙醇	80%乙醇
提取方法	电加热	电加热	超声波
提取时间	3h	3h	20min
能耗/W	1500	1500	267
茶皂素含量/%	18.56	41.62	58.28
茶皂素得率/%	75.61	84.52	95.89

（四）超临界CO_2萃取法

超临界流体CO_2萃取技术也可用于茶皂素制备。该法一般流程为：将茶枯饼置于萃取釜中，排净釜内空气，在预先设定的萃取条件下，用CO_2超临界流体萃取2h，于分离罐中分离残油；然后泵入夹带剂，继续萃取3h，即可获得茶皂素。应用超临界流体制备的茶皂素纯度较乙醇浸提法高，而且可以同时获得残油。但该方法的主要不足是一次性设备投入较大，而且运行成本也较高。

二、茶皂素的分离制备

从物料中提取的茶皂素粗品纯度一般较低，应用范围比较有限，因此需要进一步纯化。常用的纯化技术有沉淀分离法、溶剂萃取法、树脂层析法和膜分离法。

（一）沉淀分离法

沉淀分离法是利用沉淀剂与茶皂素反应形成沉淀而与其他杂质分离，从而达到纯化茶皂素的目的。其一般工艺流程为：将茶皂素粗品溶于一定溶剂中，加入沉淀剂使之沉淀，并通过过滤去除杂质。常用的沉淀剂主要有氧化钙、醋酸铅等。

茶籽饼破碎脱脂后，加入 4 倍量的热水浸提 60℃、搅拌浸提 3h，过滤；滤液中加入氧化钙（按茶籽饼：氧化钙以 100：4 的比例添加），不断搅拌使茶皂素转化为沉淀，保持沉淀 1h 后，过滤，洗涤；向沉淀中加入一定量的水，搅拌下将沉淀的茶皂素用离子转换剂转溶，过滤，将滤液浓缩，烘干得到茶皂素粉料（谢子汝，1994）。工艺流程见图 2 – 17。

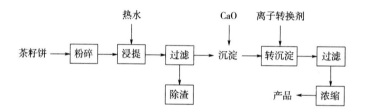

图 2 – 17　沉淀分离法纯化茶皂素工艺流程

该法生产茶皂素的回收率为 13% 左右，产品纯度为 92%。该法工艺简单，所需要的设备要求也比较低；但是产品的纯度还不是很高，需要进一步纯化，而且沉淀过程带入了金属离子杂质，给产品的后续纯化带来了困难。

（二）溶剂萃取法

溶剂萃取法是利用茶皂素易溶于热水和含水乙醇，不溶于冷水的性质，用热水作浸提剂提取茶皂素，在浸提液中加入一定比例的絮凝剂沉淀除杂，冷却后再用 95% 乙醇溶液萃取提纯的一种方法。其工艺流程见图 2 – 18。

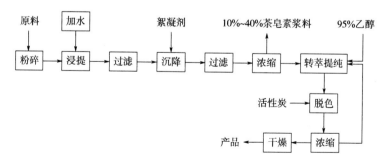

图 2 – 18　溶剂萃取法纯化茶皂素工艺流程

该法生产茶皂素的得率为 15% ~ 16%，产品纯度可达到 95%。该醇萃取法工艺简单、投资少，产品纯度高，且还可以对乙醇进行回收利用，有利于降低生产成本，是较理想的生产工艺。

溶剂萃取法中常用的絮凝剂有明矾和壳聚糖等。李燕等（2004）研究了明矾和壳聚糖絮凝剂对茶皂素的纯化效果，结果显示两种絮凝剂均能絮凝纯化茶皂素，且随着明矾和壳聚糖用量增加，蛋白质等杂质含量下降；用壳聚糖做絮凝剂的纯化效果强于明矾，壳聚糖处理后的茶皂素得率和去蛋白效果均优于明矾，且壳聚糖处理后，茶皂素产品色泽呈现乳白色，而明矾处理后茶皂素色泽为黄色。

（三）树脂层析法

茶皂素是一种非离子型极性物质，茶皂素粗品中的主要杂质为单宁、黄酮及糖类等非离子型物质，因此，常选用中性大孔吸附树脂来分离纯化茶皂素。树脂吸附法具有物化稳定性高、吸附选择性好、不受无机物存在的影响、再生简单、解吸条件温和、使用周期长等优点。

柱层析纯化茶皂素的一般流程为：将浸提过程中制备的茶皂素溶液或者用茶皂素粗品重新溶解制备的溶液上载到有吸附剂的层析柱中，用不同的溶剂进行洗脱，使茶皂素和色素等杂质分离，然后对含茶皂素的洗脱液进行浓缩、干燥或重结晶。其工艺流程见图 2 - 19。

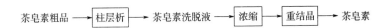

茶皂素粗品 → 柱层析 → 茶皂素洗脱液 → 浓缩 → 重结晶 → 茶皂素

图 2 - 19　树脂层析法纯化茶皂素工艺流程

徐德平等（2006）采用 AB - 8 大孔树脂对茶皂素进行了纯化精制。将茶籽饼用 50% 乙醇 80℃ 加热回流 2h，抽滤；重复提取 3 次，合并乙醇提取液，浓缩至无乙醇，得乙醇提取物；将该乙醇提取物抽滤，去除不溶物，再将不溶物再加适量水超声溶解，再抽滤，反复多次，合并滤液；将滤液上样于 AB - 8 树脂，先以去离子水洗脱，再分别用 15% ~ 75% 的乙醇梯度洗脱，收集茶皂素洗脱液、浓缩；向茶皂素浓缩液中加入一定量的丙酮，轻轻搅拌，静置过夜，离心得茶皂素沉淀物；将此沉淀物加入 70% 的甲醇热溶解，放冰箱中静置结晶，将茶皂素结晶在 60℃ 烘至质量恒定。用该方法制得的茶皂素纯度 95% 以上，得率大于 50%。

（四）膜分离法

茶皂素的纯化也可采用膜分离技术进行。其一般过程为：利用渗透膜对粗品茶皂素去杂，然后用反渗透膜进行浓缩，得到的浓缩液经干燥得到茶皂素产品。顾春雷等（2007）研究显示先以 0.5μm 陶瓷膜对市售粗茶皂素进行去杂赴理，然后以 PW 超滤膜精制浓缩，经干燥得到茶皂素产品，其纯度可达 93%，生产得率为 72%。膜分离纯化茶皂素的主要优点是不使用有机溶剂、操作条件温和、能耗低、工艺流程简单、提高了生产的安全性和易操作性，但缺点是膜易污染，再生困难。

第七节 茶功能成分的综合制备

随着对茶活性成分保健功能研究的不断深入，茶提取物在医药、食品、日化品等中的使用与日俱增，茶功能成分的需求量越来越大，安全、高效、低成本制备茶功能成分成为研究热点，茶功能成分的综合制备技术尤为重要。茶功能成分的综合制备具有一次性投料得到多种产品、充分利用茶资源，成本低、效益高，废物少、污染少等优点。

一、两种功能成分的综合提取

贾海亭（2005）研究了超临界 CO_2 萃取法及铝离子沉淀法分步提取残次绿碎茶中的咖啡碱和茶多酚。其具体操作为：先将绿茶加水预处理使其含水率达到饱和（69.1%），在饱和含水率下放置12h，接着将其置于萃取釜中，于25MPa下静态萃取1h后迅速泄压，在萃取温度338K、萃取压力28MPa、CO_2 流量0.08kg/min下动态萃取4h，以80%乙醇水溶液作为夹带剂，在此条件下可使咖啡碱萃取率达到80%，萃余茶叶中咖啡碱含量≤0.8%。再采用水相分离法对萃取物进行咖啡碱的初步分离纯化，先向黄绿色萃取物中加水搅拌并加热、静置，使咖啡碱与不溶于水的物质分离，取水相浓缩，使其中的咖啡碱结晶，得到咖啡碱粗品，产品纯度为86%。向经过萃取咖啡碱后的萃余茶叶，按15mL/g茶的比例加入蒸馏水，于80℃水浴浸提40min；按2.2g Al/100g茶的用量加入沉淀剂 $AlCl_3 \cdot 6H_2O$，用NaH-CO_3饱和溶液调节沉淀时体系的pH为5.2左右，对茶叶浸提液中的茶多酚进行沉淀；用0.5mol/L稀硫酸转溶沉淀，然后用等体积乙酸乙酯萃取一次，最后对乙酸乙酯相减压浓缩、干燥，所得的茶多酚产品纯度为92.16%，得率为6.51%（图2-20）。

二、三种功能成分的综合提取

（一）茶多酚、茶多糖、咖啡碱的综合提取

周志（2001）以中、低档绿茶为原料，以水为介质，茶粉经微波联合水浴浸提，采用沉淀法和溶剂萃取法分离从同一茶叶原料中获得茶多酚、茶多糖、咖啡碱三种产品。微波与水浴联合浸提的最佳条件为：茶粉按料液比1∶20加水以微波浸提2次，每次3min；再以料液比1∶20于50℃水浴中浸提10min，茶多酚的浸提率可达90%以上。将微波水浴浸提液于80℃水浴减压浓缩、醇析、离心，沉淀物用无水乙醇、丙酮、乙醚交替搅拌洗涤2次后，60℃真空干燥，即得灰色粗茶多糖（Ⅰ），得率为2.52%；将粗茶多糖（Ⅰ）用温水溶解，Sevage法脱蛋白，再加入3倍95%乙醇醇析，水溶后再醇析2次，60℃真空干燥，得灰白色茶多糖（Ⅱ），得率为1.56%。将沉淀多糖后的上清液（Ⅰ）用 Al^{3+} 沉淀茶多酚，沉淀茶多酚的最佳pH为5.3~5.7；茶多酚-铝盐沉淀的最佳转溶条件为用pH1.5的酸溶液，以料酸比1∶2（体积比）于60℃水浴中转溶15min，茶多酚的转溶率达79.09%；转溶后的茶多酚溶液用等体积乙酸乙酯萃取3次，

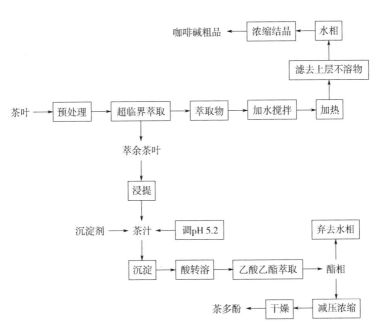

图 2 – 20　综合提取茶多酚和咖啡碱的工艺流程

茶多酚萃取较完全，萃取率达 96.54%；萃取后酯相回收，真空冷冻干燥，得茶多酚粗品（Ⅰ），得率为 15.14%，纯度为 87.00%；茶多酚粗品（Ⅰ）经纯化后，茶多酚（Ⅱ）得率为 11.84%，纯度为 97.04%。沉淀茶多酚后的上清液（Ⅱ）用溶剂萃取法制备咖啡碱，最佳萃取条件为：供试液中 NaCl 浓度 0.2%（适当添加 NaCl 有利于咖啡碱向酯相中分配，因为无机盐的存在可降低咖啡碱在水相中的溶解度），用 2 倍量的乙酸乙酯萃取 3 次，咖啡碱萃取率达 95.14%；将萃取物干燥后再用升华法进行纯化，纯化后咖啡碱得率为 1.2% 左右，纯度 98.2%（图 2 – 21）。

陈海霞等（2000）采用树脂法从茶叶中综合提取茶多糖、茶多酚和咖啡碱三种有效成分进行了研究，通过对 15 种树脂静态吸附、动态吸附和解吸性能的比较，得到了从同一茶叶原料中连续提取三种有效成分的新工艺，即茶浸提液先后经聚酰胺柱层析、吸附树脂 2 号柱层析和 D_{396} 树脂柱层析，收集不同组分的解吸液，得到茶多糖、茶多酚和咖啡碱 3 种产品，其收率分别为 1.0%、4.9%、1.7%。

茶叶中有效成分综合提取工艺流程见图 2 – 22。

（二）茶多酚、咖啡碱、叶绿素的综合提取

曹栋等（1994）研究了以碎茶为原料获得在一次工艺中制取茶多酚、咖啡碱、叶绿素的最佳工艺条件，在温度 70℃、浸出时间 2h、料液比 1∶14、乙醇浓度 70% 条件下，茶多酚的回收率为 26.4%，咖啡碱的回收率为 1.5%，叶绿素的回收率为 0.15%。选用乙酸乙酯萃取法多次萃取纯化茶多酚，茶多酚程度可达 80%；乙醇重结晶法精制咖啡碱，纯度可达 98%。其工艺流程见图 2 – 23。

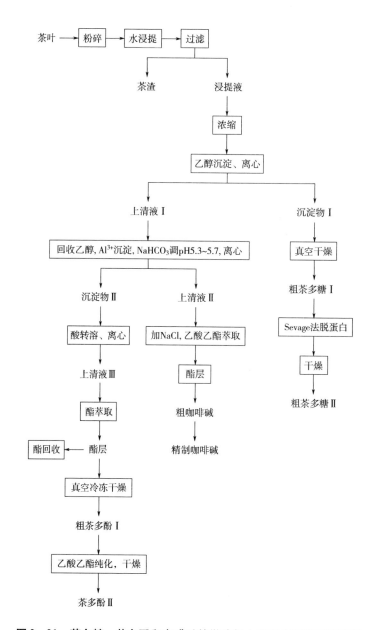

图2-21 茶多糖、茶多酚和咖啡碱的微波与水浴联合浸提工艺流程

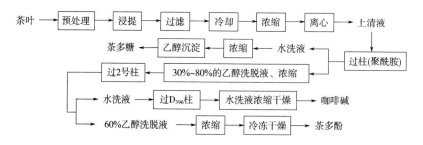

图2-22 茶多糖、茶多酚和咖啡碱的树脂法综合提取工艺流程

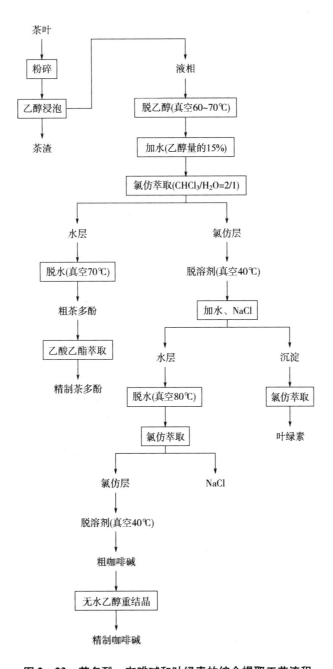

图 2-23　茶多酚、咖啡碱和叶绿素的综合提取工艺流程

三、四种功能成分的综合提取

（一）茶多酚、茶氨酸、茶多糖、咖啡碱的综合提取

张银仓（2011）利用废茶叶为原料研究了茶多酚、茶多糖、茶氨酸及咖啡碱的工业化综合制备工艺。

其具体操作为：称取茶叶粗粉（经粉碎机粉碎，过 20 目筛），加入 10 倍量的清水 80℃ 热回流提取 1.5h，共 3 次，粗滤，次日板框过滤除去不溶物，清液上 LX - X1 大孔吸附树脂，先用水洗脱去杂，再用 75% 乙醇溶液洗脱，收集洗脱液，减压浓缩，喷雾干燥，获得低咖啡碱含量的茶多酚产品。

LX - X1 树脂的流出液和水洗液减压浓缩至比重为 1.05 ~ 1.10 后，向浓缩液中加入 3 倍体积的 95% 乙醇进行醇沉（使乙醇含量达 70% 以上），过滤，滤液浓缩至无醇味用于分离咖啡碱、茶氨酸，滤饼用于分离茶多糖；将滤饼放入处理罐中用 75% 酒精洗涤 3 遍，洗涤时尽量将滤饼打散，以进一步脱色，板框过滤，滤饼再依次用 95% 酒精洗 3 遍，丙酮洗 2 遍，再用乙醚洗 2 遍，室温放置挥去乙醚，得近白色粉状茶多糖产品。

将醇沉后浓缩至无醇味的滤液，用水稀释至浓度为 7.50mg/g，液体呈红棕色，用 2mol/L HCl 调 pH 为 3.5 左右，上 SLI010 树脂（H⁺ 型）柱，用 4BV 无离子水冲洗去除水溶性杂质，水洗流速 2BV/h，收集水洗液；再用 6BV、0.15mol/L 氨水洗脱洗脱，流速 2BV/h，收集洗脱液；将 0.15mol/L 氨水洗脱液于 60℃ 下减压浓缩挥去氨气，浓缩至相对密度为 1.05 ~ 1.10，浓缩液经喷雾干燥得茶氨酸产品。

SLI 010 树脂的流出液和水洗液可用于制备咖啡碱。

按此工艺可同时制备茶多酚、茶氨酸、茶多糖、咖啡碱四种组分，其中，茶多酚产率为 16.85%，茶多糖产率为 3.95%，茶氨酸产率为 1.56%；茶多酚、茶多糖、茶氨酸等如要获得高纯度的产品可通过进一步分离、纯化而获得，综合提取工艺流程见图 2 - 24。

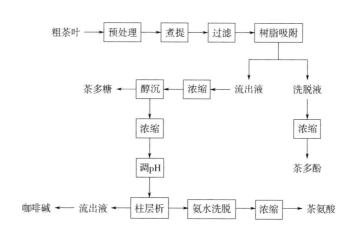

图 2 - 24　茶多酚、茶氨酸、茶多糖、咖啡碱的综合提取工艺流程

（二）其他成分的综合提取

以茶叶为原料，还可同时制备茶多酚、咖啡碱、茶氨酸、茶叶膳食纤维等多种组分工艺流程见图 2 - 25。

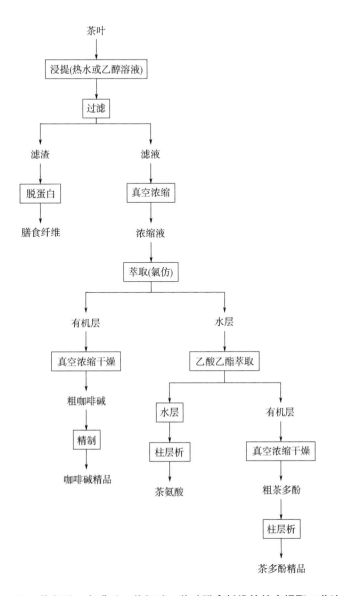

图 2 – 25 茶多酚、咖啡碱、茶氨酸、茶叶膳食纤维的综合提取工艺流程

思考题

1. 如何制备儿茶素单体?
2. 简述几种茶氨酸制备方法的优缺点。
3. 简述超临界提取技术在茶叶功能成分制备上的优缺点。
4. 比较几种茶多酚制备方法的优缺点。
5. 简单描述茶叶几种功能成分综合制备工艺流程。
6. 如何制备高活性茶多糖?
7. 如何制备茶色素?

参考文献

[1]BROWN A G, EYTON W B, HOLMES A, et al. Identification of the thearubigins as polymeric proanthocyanidins[J]. Nature, 1969, 221: 742 – 744.

[2]CAO X L, LEWIS J R, ITO Y. Application of high – speed countercurrent chromatography to the separation of black tea theaflavins[J]. Journal of Liquid Chromatography and Related Technologies, 2004, 27: 1893 – 1902.

[3]CHEN C W, HO C T. Antioxidant properties of polyphenols extracted from green and black teas[J]. Journal of Food Lipids, 1995(2): 35 – 46.

[4]COLLIER P D, MALLOWS R, KORVER O, et al. The theaflavins of black tea[J]. Tetrahedon, 1973, 29: 125 – 142.

[5]HAN Q, YU Q Y, SHI J A, et al. Structural characterization and antioxidant activities of 2 water – soluble polysaccharide fractions purified from tea (*CameLlia sinensis*) flower [J]. Journal of Food Science, 2011, 76(3): C462 – C471.

[6]KRISHNAN R, MARU G B. Isolation and analyses of polymeric polyphenol fractions from black tea[J]. Food Chemistry, 2006, 94: 331 – 340.

[7]ROBERTS E A H. The phenolic substances of manufactured tea(1)[J]. Journal of the Science of Food and Agriculture, 1957(8): 72 – 80.

[8]WEI X L, MAO F F, CAI X, et al. Composition and bioactivity of polysaccharides from tea seeds obtained by water extraction[J]. International Journal of Biological Macromolecules, 2011, 49(4): 587 – 590.

[9]曹栋, 裘爱泳, 江志伟. 茶叶抗氧化剂及副产品综合制取[J]. 无锡轻工业学院学报, 1994, 13(3): 218 – 225.

[10]陈海霞, 谢笔钧. 树脂法从茶叶中综合提取有效成分的研究[J]. 精细化工, 2000, 17(8): 493 – 495.

[11]陈建新, 兰先秋, 范新年, 等. 茶多酚工业提纯方法的比较研究[J]. 四川化工, 2005, 8(2): 41 – 44.

[12]陈劲春, 李一, 刘青秀. 四种吸附材料分离茶多酚的初步结果比较[J]. 北京化工大学报, 2000, 27(2): 95 – 96.

[13]陈明, 熊琳媛, 袁城. 超临界 CO_2 萃取茶多糖的试验研究[J]. 安徽农业科学, 2011, 39(1): 261 – 263, 269.

[14]陈宗懋. 茶氨酸的人工合成和药用开发[J]. 中国茶叶, 1998(4): 26.

[15]成浩, 高秀清. 茶树悬浮细胞茶氨酸生物合成动态研究[J]. 茶叶科学, 2004, 24(2): 115 – 118.

[16]崔志芳, 李春露, 韩秋霞. 茶多糖提取分离工艺的研究[J]. 食品研究与开发, 2006, 27(4): 79 – 81.

[17]大须博文, 竹尾忠一. 用柱分离法使乌龙茶浸出液脱咖啡碱[J]. 日本农业化学会志, 1990, 64(1): 35 – 37.

[18]傅博强，谢明勇，周鹏，等. 纤维素酶法提取茶多糖[J]. 无锡轻工大学学报：食品与生物技术，2002（4）：362－366.

[19]高晓明，张效林，李振武. 分步洗脱层析法制备茶多酚的工艺研究[J]. 食品与机械，2007，23(4)：88－91.

[20]葛宜掌，金红. 茶多酚的离子沉淀提取法[J]. 应用化学，1995，12(2)：107－109.

[21]巩发永. 四川边茶多糖的提取纯化研究[D]. 雅安：四川农业大学，2005.

[22]顾春雷，于奕峰. 膜法提纯浓缩茶皂素[J]. 日用化学工业，2007，37(1)：58－60.

[23]郭辉力，邓泽元，彭游，等. 微波/光波辅助提取茶皂素的研究[J]. 食品工业科技，2008(11)：168－170.

[24]黄杰，孙桂菊，李恒，等. 茶多糖提取工艺研究[J]. 食品研究与开发，2006，27(6)：77－79.

[25]黄静. 高纯度儿茶素单体 EGCG 和 ECG 分离及纯化工艺研究[D]. 合肥：合肥工业大学，2004.

[26]黄永春，马月飞，谢清若. 超声波辅助提取茶多糖及其分子量变化的研究[J]. 食品科学，2007，28(7)：170－173.

[27]贾海亭. 残次绿茶中有效成分的综合提取[D]. 长沙：中南大学，2005.

[28]贾振宝，陈文伟，关荣发，等. 大孔吸附树脂纯化红茶中茶黄素的研究[J]. 中草药，2010，41(7)：1106－1109.

[29]江合佩，孙凌峰. 茶皂素的提取及其应用研究进展[J]. 江西化工，2003(4)：52－57.

[30]江和源，王川丕，高晴晴. 一种制备四种茶黄素单体的方法：200610154852.1[P]. 2008.

[31]江和源，程启坤，杜琪珍. 高速逆流色谱在茶黄素分离上的应用[J]. 茶叶科学，2000，20 (1)：40－44.

[32]焦庆才，钱绍松，陈然，等. 茶氨酸的合成方法：200410014081.7[P]. 2005.

[33]寇小红，江和源，张建勇，等. 系列膜超滤处理在茶多糖分离纯化中的应用研究[J]. 食品科技，2008(10)：152－155.

[34]李大祥，宛晓春. 儿茶素化学氧化条件的研究简报[J]. 茶业通报，2000(2)：17－18.

[35]李新生，喻龙，李竑. 从莲花绿茶中提取茶多酚[J]. 化学世界，1997(5)：255－258.

[36]李燕，党培育. 茶皂素提取工艺的研究[J]. 食品研究与开发，2004，25(1)：69－71.

[37]梁月荣，郑新强，陆建良，等. 茶资源综合利用[M]. 杭州：浙江大学出版社，2013.

[38]林丹. 中压制备液相色谱在儿茶素和茶黄素单体快速分离制备中的应用研究

[D]．合肥：安徽农业大学，2012．

[39]林智，杨勇，谭俊峰，等．茶氨酸提取纯化工艺研究[J]．天然产物研究与开发，2004，16(5)：442 - 447．

[40]刘昌盛，黄凤洪，夏伏建，等．超声波法提取茶皂素的工艺研究[J]．中国油料作物学报，2006，28(2)：203 - 206．

[41]刘焕云，李慧荔，邵伟雄，等．Ca^{2+}沉淀法提取茶多酚的方法研究[J]．现代食品科技，2004，20(3)：26 - 28．

[42]刘俊武，谢培铭，蒋抗美．从茶叶中提取天然咖啡因技术综述[J]．云南化工，1998(4)：10 - 13．

[43]陆爱霞，姚开，贾冬英，等．超声辅助法提取茶多酚和儿茶素的研究[J]．中国油脂，2005，30(5)：48 - 50．

[44]聂少平，谢明勇，罗珍．微波技术提取茶多糖的研究[J]．食品科学，2005，26(11)：103 - 107．

[45]潘仲巍，朱锦富，李惠芬，等．超滤膜分离技术提取茶多酚的研究[J]．泉州师范学院学报，2008，26(4)：52 - 58．

[46]彭春秀．一种微生物液态发酵生产茶色素的方法：200610010788[P]．2006．

[47]秦谊，龚加顺，张惠芬，等．普洱茶茶褐素提取工艺及理化性质的初步研究[J]．林产化学与工业，2009，29(5)：95 - 98．

[48]盛建伟．咖啡因的合成工艺研究[D]．沈阳：沈阳药科大学，2006．

[49]汪小钢，萧伟祥．超临界CO_2提取茶叶中咖啡碱[J]．茶叶科学，1998(1)：65 - 69．

[50]汪兴平，周志，张家年．微波对茶多酚浸出特性的影响研究[J]．食品科学，2001，22(11)：19 - 21．

[51]王丁刚，王淑如．茶叶多糖的分离、纯化、分析及降血脂作用[J]．中国药科大学学报，1991，22(4)：225 - 228．

[52]王恒松．普洱茶多糖的分离纯化及山麦冬多糖的初步生物学活性实验研究[D]．武汉：湖北大学，2008．

[53]王华．茶红素分离制备及清除自由基活性的初步研究[D]．合肥：安徽农业大学，2007．

[54]王坤波，刘仲华，黄建安，等．反相制备高效液相色谱分离四种茶黄素[C]．北京：中国科协年会论文集，2010．

[55]王坤波．茶黄素的酶促合成、分离鉴定及功能研究[D]．长沙：湖南农业大学，2007．

[56]王黎明，夏文水．水法提取茶多糖工艺条件优化[J]．食品科学，2005，26(5)：171 - 174．

[57]王立升，刘小洁，曹家兴，等．超声 - 微波协同萃取福建乌龙茶中咖啡碱的条件优化[J]．应用化工，2015，44(5)：841 - 844．

[58]王敏．制茶废料提取咖啡碱新工艺[J]．茶叶，2002，28(4)：208 - 209．

[59]王三永,李晓光,李春荣,等. L-茶氨酸的合成研究[J]. 精细化工,2001,18(4):223-224.

[60]王小梅,黄少烈,李俊华. 茶多酚的提取工艺研究[J]. 广州化工,2001,29(4):27-29.

[61]夏涛,方世辉,陆宁,等. 茶叶深加工技术[M]. 北京:中国轻工业出版社,2015.

[62]夏涛. 茶鲜叶匀浆悬浮发酵工艺学及品质形成机理的研究[D]. 杭州:浙江农业大学,浙江大学,1998.

[63]肖文军,刘仲华,邓欣. 膜过程集成提纯茶黄素的研究[J]. 膜科学与技术,2005(4):79-84.

[64]萧力争,肖文军,龚志华,等. 膜技术富集儿茶素渣中茶氨酸效应研究[J]. 茶叶科学,2006,26(1):37-41.

[65]萧伟祥,宛晓春,胡耀武,等. 茶儿茶素体外氧化产物分析[J]. 茶叶科学,1999(2):145-149.

[66]萧伟祥,钟瑾,胡耀武,等. 双液相系统酶化学技术制取茶色素[J]. 天然产物研究与开发,2001,13(5):49-52.

[67]谢子汝. 新法提取茶皂素的工艺研究[J]. 日用化学工业,1994,47(1):45-47.

[68]徐德平,裘爱泳. 高纯度茶皂素的分离[J]. 中国油脂,2006,31(3):43-45.

[69]徐龙生. 基于多级膜过滤的茶多酚提纯与浓缩工艺研究[D]. 厦门:集美大学,2014.

[70]徐向群,陈瑞锋,王华夫. 吸附茶多酚树脂的筛选[J]. 茶叶科学,1995,15(2):137-140.

[71]杨泱,刘仲华,黄建安,等. 普洱茶多糖分离及纯化[J]. 食品研究与开发,2010(11):1-4.

[72]尹卫平,王天欣,孙曙霞. 聚酰胺层析提取精制茶多酚新工艺[J]. 新乡医学院学报,1996,13(1):25-30.

[73]袁海波. 茶多糖分离纯化及理化性质的研究[D]. 重庆:西南大学,2003.

[74]袁华,高小红,闫志国,等. 离子沉淀法提取茶氨酸工艺研究[J]. 精细石油化工进展,2007,8(3):25-27.

[75]袁华,吴莉,吴元欣,等. 硅胶柱层析法提纯茶多酚的研究[J]. 华中师范大学学报:自然科学版,2007,41(4):553-556.

[76]袁新跃,江和源,张建勇. 茶叶咖啡碱提取制备技术[J]. 中国茶叶,2009(10):8-10.

[77]袁新跃,江和源,张建勇. 茶皂素的提取制备技术[J]. 中国茶叶,2009(4):8-10.

[78]张格,张玲玲,吴华,等. 采用超高压技术从茶叶中提取茶多酚[J]. 茶叶科学,2006,26(4):291-294.

［79］张海燕,范彩玲,高岐.茶叶中茶氨酸超声波提取方法的研究［J］.河南农业大学学报,2009,43(4):472-474.

［80］张建勇,江和源,崔宏春,等.氧气对茶多酚化学氧化合成茶黄素的影响［J］.食品与发酵工业,2011,37(4):58-63.

［81］张建勇,江和源,江用文.茶黄素的酸性氧化形成研究［J］.食品科学,2008,29(1):50-54.

［82］张铰铣,丁志,舒爱民,等.天然茶咖啡碱工业化生产技术研制成功［J］.茶叶科学,1999,19(1):79-80.

［83］张钦,董立星,李改青,等."紫娟"普洱茶茶褐素的膜分离及其理化性质的初步研究［J］.茶叶科学,2012,32(3):189-196.

［84］张银仓.废茶叶综合利用工业化生产工艺研究——茶多酚、茶多糖、茶氨酸及咖啡碱工业化生产［D］.西安:西北大学,2011.

［85］张莹,施兆鹏,聂洪勇,等.制备型逆流色谱分离绿茶提取物中儿茶素单体［J］.湖南农业大学学报:自然科学版,2003(5):408-411.

［86］赵旭壮,郭维强,唐远谋,等.超临界 CO_2 萃取茶叶中咖啡碱工艺研究［J］.食品与发酵科技,2011,47(5):34-37.

［87］赵元鸿,杨富佑,谢冰,等.茶多酚的制备及沉淀机制探讨［J］.云南大学学报:自然科学版,1999,21(4):317-318.

［88］郑国斌.茶氨酸的制备方法:200410041298.7［P］.2005-12-14.

［89］钟俊辉,陶文沂.茶愈伤组织培养及其茶氨酸的累积［J］.无锡轻工大学学报,1997,16(3):1-7.

［90］周小玲,汪东风,李素臻,等.不同酶法提取工艺对茶多糖组成的影响［J］.茶叶科学,2007,27(1):27-32.

［91］周志.茶叶有效成分复合提取工艺研究［D］.武汉:华中农业大学,2001.

［92］朱斌,陈晓光,宋航,等.茶多酚制备高纯度 EGCG 的工艺研究［J］.食品研究与开发,2009,30(4):7-10.

［93］朱松,王洪新,陈尚卫,等.离子交换吸附分离茶氨酸的研究［J］.食品科学,2007,28(9):148-153.

第三章　超微茶粉与抹茶

茶叶不仅含有茶多酚、咖啡碱、氨基酸等水溶性成分，还含有脂溶性维生素、蛋白质、多糖及膳食纤维等难溶或不溶于水的功能成分。随着人们对茶叶保健功能的认识越来越充分，"吃茶"的观念逐渐获得人们的认可。采用超微粉碎技术将茶叶粉碎成超微茶粉直接饮用或添加于食品中食用的方式可充分摄取茶叶中的功效成分，已俨然成为饮食上的一种新时尚。超微茶粉作为天然着色剂、维生素补充剂、膳食纤维添加剂等已广泛用于各类食品、药品和保健食品中，相关产品深受消费者喜爱。

第 一 节　超微茶粉

一、超微粉碎技术

（一）超微粉碎技术简介

超微粉碎技术是指利用机械或流体动力的途径将物料颗粒粉碎至粒径为 $10 \sim 25 \mu m$ 的操作技术，是 20 世纪 60 年代末、70 年代初为适应现代高新技术的发展而产生的一种物料加工高新技术。根据物料被粉碎成品粒度的大小，超微粉碎技术通常可分为微米级粉碎（$1 \sim 100 \mu m$）、亚微米级粉碎（$0.1 \sim 1 \mu m$）和纳米级粉碎（$0.001 \sim 0.1 \mu m$，即 $1 \sim 100 nm$）。物料处于超微状态时，其粒径尺度介于原子、分子、块粒之间，有时被称为物质的第四态。在天然植物资源开发中应用的超微粉碎技术一般达到微米级粉碎即可使组织细胞壁结构破坏，获得所需的物料特性。

物料经超微粉碎后，超微粉体的比表面积、孔隙率和表面能显著增加，从而使其具有良好的溶解性、分散性、吸附性、流动性、化学反应活性等理化特性（Park 等，2001）。目前，超微粉碎技术已广泛用于化工、医药、食品、化妆品、染料、涂料、电子、航空等许多领域，尤其是其在天然植物资源开发中的应用是食品加工业的一种新尝试，对于传统工艺、配方的改进，新产品的开发带来巨大的推动力。植物原料经超微粉碎后，不仅提高了其有效成分的溶出，增加了生物利用率，且改善了原料的加工性能，赋予了制品细腻的口感，因此，超微粉碎技术作为一种新型的食品加工方法，引起了人们的普遍关注，日本、美国市售的果味凉茶、冻干水果粉、超低温速冻龟鳖粉等都是应用超微粉碎技术加工而成的。目前，超微粉碎技术在食品工业中主要用于软饮料加工、粮油加工、果蔬加工、冷饮制品加工、调味品加工、水产食品加工、功能食品加工等方面。

（二）超微粉碎常用设备

采用机械粉碎法制备超微粉体是目前大规模工业生产超微粉体的常用方法。机械粉碎法可分为干法粉碎和湿法粉碎设备两种。根据粉碎过程中产生粉碎力的原理不同，干法粉碎主要有机械冲击式、气流式、磨介式等几种；湿法粉碎设备主要是胶体磨和高压均质机等。

1. 机械冲击式粉碎机

机械冲击式粉碎机（图3-1）是利用围绕水平或垂直轴高速旋转的转子对物料进行强烈冲击、碰撞和剪切，使其与固定体碰撞或颗粒之间冲击碰撞，从而使物料粉碎的一种超细粉碎设备。机械冲击式粉碎机不仅具有冲击和摩擦两种粉碎作用，还具有气流粉碎的作用，产品细度可达 $10\mu m$，配以高性能的精细分级机后可以生产 $5\sim10\mu m$ 的超细粉体产品。

机械冲击式粉碎机具有结构简单，粉碎能力大，运转稳定性好，动力消耗低等特点，适合中、软硬度物料的粉碎。由于冲击式粉碎机是高速运转，会产生磨损问题，且还会发热，对热敏性物质的粉碎要注意采取适宜措施。

2. 气流粉碎机

气流粉碎机（图3-2）是以压缩空气或过热蒸汽通过喷嘴产生的超音速高湍气流作为颗粒的载体，使颗粒获得巨大的动能，两股相向运动的颗粒与颗粒之间或颗粒与固定板之间发生冲击性挤压、摩擦和剪切等作用，从而达到粉碎的目的（图3-3）。

图3-1　机械冲击式粉碎机

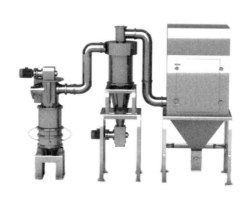

图3-2　气流粉碎机

与普通机械冲击式超微粉碎机相比，气流粉碎机可将产品粉碎得更细，粒度更均匀；且由于气体在喷嘴处膨胀可降温，粉碎过程没有伴生热量，所以粉碎温升很低。这一特性对于低熔点和热敏性物料的超微粉碎特别重要。但是，气流粉碎机设备制造成本高，一次性投资大；能耗高，能量利用率只有2%左右，因而粉体加工成本大，使得它在这一领域的使用受到了一定的限制；同时，气流粉碎机难以实现亚微米级产品粉碎。

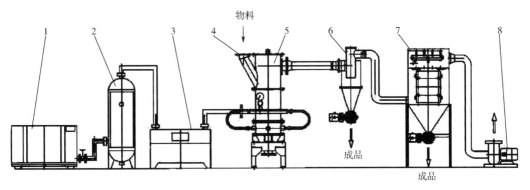

图3-3　气流粉碎机流程示意图

1—空气压缩机　2—储气罐　3—冷冻式干燥机　4—物料进口　5—流化床气流粉碎机
6—旋风分离器　7—脉冲式除尘器　8—离心通风机

3. 磨介式粉碎设备

磨介式粉碎是借助与运动的研磨介质（磨介）所产生的冲击以及非冲击式的弯折、挤压和剪切等作用力，达到物料颗粒粉碎的过程。磨介式粉碎过程主要为研磨和摩擦，即挤压和剪切。其效果取决于磨介的大小、形状、配比、运动方式、物料的填充率、物料的粉碎力学特性等。磨介式粉碎的典型设备有球磨机、搅拌磨、振动磨和行星磨等（图3-4、图3-5）。

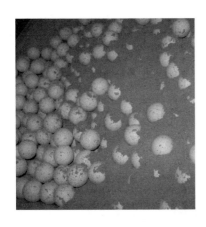

图3-4　球磨机粉碎茶粉图

图3-5　球磨机

球磨机是用于超微粉碎的传统设备，主要靠冲击进行破碎，产品粒度可达20～40μm。球磨机具有粉碎比大，结构简单，机械可靠性强，磨损零件容易检查、更换，工艺成熟，适应性强，产品粒度小等特点；但当物料粒度小于20μm时，反映出其效率低、耗能大、加工时间长等缺点。

搅拌磨是由球磨机发展而来的，是由搅拌器、筒体、传动装置和机架等组成的一种新型球磨设备。搅拌磨采用高转速、高介质充填及小介质尺寸，使细物料研磨时间大大缩短。搅拌磨能达到产品颗粒的超微化和均匀化，产品平均粒度最小可达数微米，是超微粉碎机中能量利用率最高的一种设备。

振动磨是利用磨介高频振动产生的冲击性剪切、摩擦和挤压等作用将颗粒粉碎。其特点是介质填充率高、单位时间内作用次数高、效率高（冲击次数为球磨机的 4 ~ 5 倍，效率可比普通球磨机高 10 ~ 20 倍）、能耗低，易于工业规模生产。振动磨所得产品的平均粒径可达 3 μm 以下，对于脆性大的物料比较容易得到亚微米级产品。

行星磨是由 2 ~ 4 个研磨罐组成，作自传和公转运动；研磨罐为倾斜式，以形成离心与摆动相复合的运动。罐内磨介的上下翻动，把物料颗粒研磨成细微粒子。行星磨粉碎效率较球磨机高，粉碎粒度可达 1 μm 以下，且微粒大小均匀，湿法干法均可采用。

二、超微茶粉与超微粉碎对茶叶理化特性的影响

（一）超微茶粉的概念

超微茶粉是我国 20 世纪 90 年代初发展起来的，它是由茶树鲜叶经特殊工艺加工而成的可以直接食用的超细颗粒茶粉（金寿珍，2007）。与普通茶粉相比，超微茶粉不仅有效保持了茶叶原有的色香味品质，而且茶叶经超微粉碎后，茶粉的表面积大大增加，可使其有效成分充分暴露，从而增进机体的吸收，提高茶叶有效成分的生物利用度。此外，超微化的茶粉还具有较好的固香性、溶解性和分散性，有效改善了茶叶的食用品质，扩大了茶叶资源的利用范围。因此，超微茶粉除直接饮用外，也广泛用于加工茶冰淇淋、茶糖果、茶月饼、茶汤圆、茶豆腐、茶面包等茶食品，医药保健品及日化用品等。

目前，常见的超微茶粉主要有超微绿茶粉和超微红茶粉两种。超微绿茶粉是用茶树鲜叶经杀青及特殊工艺处理后，再进行超微粉碎的纯天然茶叶超细粉末（杨丽红等，2015）。市面上流行的抹茶其实也是一种超微绿茶粉，只不过其对原料和加工技术要求更高，是一种高档的超微绿茶粉，如日本抹茶（Matcha）是用石磨将碾茶碾磨成的一种超微茶粉，其粒径通常为 2 ~ 20 μm。超微红茶粉多是采用超微粉碎技术对红茶粗加工品进行超微粉碎制作而成。

（二）超微粉碎对茶叶理化特性的影响

茶叶经超微粉碎后，超微粉碎理化性能发生了很大变化，主要表现在以下几方面。

1. 影响茶粉吸附能力

茶叶有"吸异"的特殊生物作用，所以特别容易"串味""吸潮"。在吸附过程中，吸附的数量随吸附表面增大而增大。超微茶粉具有很大的比表面积，1g 超微茶粉表面面积为 6m²，因此，吸附力极强，茶粉极易吸附异味、吸潮，甚至可以吸附病毒。

2. 影响茶粉膨胀力和溶解性

茶粉经超微粉碎后，茶粉的膨胀力和内含成分的溶解性显著增加，且随着茶粉粒径的减小，这种影响呈增加趋势（表 3 - 1）。茶粉经超微粉碎后，茶粉颗粒数目随粒径减小而增加，颗粒吸水后各自膨胀伸展产生更大的体积，从而导致茶粉膨胀力的增加。

茶粉内含成分溶解性的增加可能有两方面的原因，一是由于茶粉粒径减小，增大了茶粉与溶剂的接触面积，使可溶性成分更充分地溶解；二是由于粉碎可能会导致茶粉部分不溶性成分发生熔融或键的断裂，转化为可溶性成分，从而提高了茶粉的溶解性（Park 等，2001）。

表 3 - 1 不同粒径茶粉的膨胀力与溶解性

球磨时间/h	膨胀力/(mL/g)	溶解性/%
0	2.84 ± 0.07[d]	41.30 ± 0.27[c]
3	3.06 ± 0.08[c]	41.52 ± 1.38[bc]
5	3.36 ± 0.12[b]	41.56 ± 0.86[bc]
7	3.77 ± 0.05[a]	42.82 ± 0.15[ab]
10	3.69 ± 0.08[a]	43.37 ± 0.42[a]

注：同列数据肩标不同小写字母表示在 0.05 水平差异显著。

3. 影响茶粉持水力和持油力

茶粉经超微粉碎后，其持水力和持油力均有显著变化。如表 3 - 2 所示，随粉碎时间的延长，茶粉粒径逐渐减小，绿茶粉的持水力显著降低，持油力呈先增后降的趋势。超微粉碎前的茶粉颗粒相对较大，富含易吸水溶胀的长链碳水化合物（如纤维素等）和蛋白质等，因此其持水力强；经过球磨粉碎后，其易吸水溶胀的长链基团逐渐被打断，大分子物质向小分子物质转化，导致其持水力降低。

表 3 - 2 不同粒径茶粉的持水力与持油力

球磨时间/h	持水力/(g/g)	持油力/(g/g)
0	4.08 ± 0.05[a]	0.61 ± 0.01[c]
3	2.04 ± 0.06[b]	0.61 ± 0.00[c]
5	1.83 ± 0.02[c]	0.64 ± 0.01[a]
7	1.71 ± 0.02[d]	0.62 ± 0.00[b]
10	1.68 ± 0.04[d]	0.62 ± 0.01[b]

注：同列数据肩标不同小写字母表示在 0.05 水平差异显著。

茶粉中易吸水溶胀的碳水化合物不仅持水力强，其持油力也较强；当超微粉碎后茶粉持水力降低的同时，其持油力也会降低；但另一方面，当粉体粒径减小时，会使粉体中更多的非极性端暴露出来，从而又会增加茶粉的吸油能力（王弘等，2006）。因此，在这两方面的作用下，茶粉的持油力随粒径的减小呈现出先增后降的趋势。

4. 影响茶粉休止角和堆积密度

粉体颗粒的流动性一般用休止角的方式表示，休止角越小，表示粉体颗粒间摩擦力越小，流动性越好。茶粉的流动性与其堆积密度密切相关。粉体的堆积密度减小，其黏着性随之增大，粉体的流动性随之变差。由表 3 - 3 可知，40 目的茶粉随着球磨粉碎时间的延长，茶粉粒径减小，茶粉的休止角显著增加，堆积密度显著减小，则茶粉的流动性随之降低。工业生产中一般要求粉体的休止角应小于40°，茶粉经球磨10h（平均粒径15μm）后，其休止角仍符合生产用粉加工需求。当然，在生产中也可以通过适当加入助流剂、润滑剂来改善茶粉的流动特性，以达到更佳的应用效果。

表3-3 不同粒径茶粉的休止角与堆积密度

球磨时间/h	休止角/°	堆积密度/（g/mL）
0	30.61[e]	0.60[a]
3	33.22[d]	0.41[b]
5	34.12[c]	0.38[c]
7	35.00[b]	0.38[cd]
10	36.57[a]	0.36[d]

注：同列数据肩标不同小写字母表示在0.05水平差异显著。

5. 影响茶浆黏度

纵伟等（2006）将经粉碎机粉碎的茶叶末用25℃水配制成质量分数分别为5%、10%的茶叶悬浮液，分别经磨齿间隙为5μm、10μm和15μm的胶体磨磨3次，得超微粉碎茶浆。未经超微粉碎的茶叶末悬浮液分层现象明显，必须在不断搅拌下才能维持悬浮状态；而经超微粉碎后的茶浆，不需搅拌即可保持悬浮状态。同超微粉碎前相比，超微粉碎后的茶浆黏度高于超微粉碎前，且磨齿间隙越小，样品磨得越细，样品黏度越高；茶叶质量分数较高的样品黏度也相对较高（表3-4）。这可能是由于超微粉碎后，颗粒数目增加，使微粒之间、微粒与分散介质之间的相互作用力增加，造成体系中的黏滞阻力发生变化。

表3-4 不同磨齿间隙超微粉碎后茶浆黏度 单位：mPa·s

茶浆中茶叶质量分数/%	磨齿间隙			
	对照	5μm	10μm	15μm
5	0.012	0.683	0.461	0.017
10	0.012	1.245	1.011	0.031

6. 影响超微茶粉营养成分与功能成分

茶叶含有大量的氨基酸、蛋白质、膳食纤维、维生素、生物碱、茶多酚等有机物及多种人体所需的无机矿物元素。传统的开水冲泡茶叶的饮茶方法只能浸出茶叶中的部分营养成分供人体吸收，一些不溶性或难溶性的成分（如脂溶性的维生素与胡萝卜素类、绝大部分蛋白质、膳食纤维及部分矿物质等）仍留存于茶渣中被丢弃，大大地降低了茶叶的营养及保健功能的发挥。超微茶粉由于粒度小、比表面积大，溶解性、分散性能得以提高，其所含的营养与功能成分容易释出，能最大限度地被人类吸收利用（表3-5）。

表3-5	不同形式茶叶成分的释出量	
成分	绿茶粉	绿茶冲泡
儿茶素/(g/100g)	12.5~14.6	0.052~0.157
咖啡碱/(g/100g)	2~4	0.03~0.057
维生素 B_1/(mg/100g)	0.35	0
维生素 B_2/(mg/100g)	1.4	0.03
维生素 C/(mg/100g)	150~400	1.8~5.5
维生素 E/(mg/100g)	142.3	0
β-胡萝卜素/(mg/100g)	13	0

茶叶经超微粉碎后，其内含成分释放量增加的原因可能有：①茶叶中的内含物质被以纤维素为主体的细胞壁所包围，浸出时受到细胞壁的阻碍。茶叶被超微粉碎时，受到高速剪切力的作用，细胞壁和隔膜层被破坏，使内含物在浸提时得以充分释放；茶粉粉碎程度越高，细胞破坏越严重，内含成分也就越易溶出；②一些内含高分子化合物的长链基团被机械外力打断，使大分子物质向小分子物质转化；③由于机械粉碎，一些以结合态形式存在的内含物质之间的化学键被减弱、破坏，提高了游离内含物质的含量；粉碎程度越高，提供的破坏化学键的能量越大，对化学键的破坏程度越强；④一些不溶或难溶的成分被转化成微小粒子，使其溶解性增大，也会导致含量增加。

茶粉粒径不同，超微粉碎对其内含成分释放的影响也不同。Hu 等（2012）分析了用 HL-10 型复合力场超细粉碎设备对 80 目绿茶粉粉碎不同时间制备的不同粒径超微茶粉主要内含成分（表3-6），结果表明随着超微粉碎时间的延长，茶粉粒径逐渐变小，茶粉含水量、茶多酚含量有所降低，可溶性糖、茶多糖和可溶性蛋白质含量显著增加，而氨基酸、咖啡碱、叶绿素含量变化不大；超微粉碎 50min 后，继续延长粉碎时间对其内含成分含量基本无影响。

表3-6 不同粉碎时间超微绿茶粉的主要生化成分 单位：g/100g

粉碎时间/min	含水量	茶多酚	氨基酸	可溶性糖	茶多糖	咖啡碱	可溶性蛋白质	叶绿素总量
0	5.12	21.86[a]	3.82	3.59[b]	1.70[c]	3.71	3.67[b]	0.260
20	5.01	21.13[ab]	3.85	4.02[a]	3.69[b]	3.67	4.62[a]	0.256
30	4.93	20.44[ab]	3.81	4.09[a]	3.83[b]	3.79	4.74[a]	0.251
50	4.75	20.29[ab]	3.79	4.09[a]	4.13[a]	3.80	4.95[a]	0.252
75	4.71	20.08[b]	3.83	4.11[a]	4.18[a]	3.73	4.95[a]	0.253
100	4.63	19.99[b]	3.85	4.12[a]	4.17[a]	3.77	5.05[a]	0.251
120	4.52	19.87[b]	3.80	4.16[a]	4.18[a]	3.74	5.06[a]	0.257

注：同列数据肩标不同小写字母表示在 0.05 水平差异显著。

茶叶在超微粉碎过程中，随着粒径的减小，茶粉比表面积增加，多酚类物质在高温、湿热、有氧条件下更容易发生氧化聚合反应，从而使总量减少。多酚类物质是茶叶主要的苦涩味物质，其含量适当减少有利于降低茶粉的苦涩味。可溶性糖类是茶汤滋味和香气的来源之一，是茶汤甜味的主要成分，对茶的苦味和涩味有一定的掩盖和协调作用。

由表3-7可知，随着茶粉粒径的减小，尽管茶多糖含量持续增加，但水浸出物、茶多酚、氨基酸、可溶性糖的含量均呈先增后降的变化趋势，仅咖啡碱含量相对稳定，表明并非茶粉粒径越细其内含成分的释放量越高，即适度粉碎有利于增加茶粉的内含成分，过度粉碎反而会导致一些内含成分降低。这主要是由于茶粉粒径过于细小时，茶粉易出现成团现象，影响了茶粉内含成分的溶出。

表3-7		不同粒径超微绿茶粉的主要生化成分				单位:%
粒径/μm	水浸出物	茶多酚	氨基酸	可溶性糖	茶多糖	咖啡碱
564.24	41.12[b]	19.41[c]	2.28[b]	5.51[c]	1.62[d]	3.04
74.85	42.40[a]	19.88[b]	2.29[b]	6.03[ab]	2.40[c]	3.06
34.62	42.77[a]	19.92[b]	2.32[a]	6.14[a]	2.57[b]	3.02
20.84	43.00[a]	20.33[a]	2.31[a]	6.01[ab]	2.70[a]	3.02
15.10	42.44[a]	19.58[c]	2.29[b]	5.90[b]	2.71[a]	3.04

注：同列数据肩标不同小写字母表示在0.05水平差异显著。

（三）超微粉碎设备对超微茶粉品质的影响

茶叶的超微粉碎是超微茶粉加工的关键工艺之一。茶叶原料一般先经初粉碎、过筛、去梗后再进行超微粉碎加工。超微粉碎加工时，不仅要考虑茶粉的粒径，以适应不同的粉碎要求，更要注意在粉碎过程中最大限度地保持茶叶的内含成分和茶叶的色、香、味品质，同时尽量要求成本低廉。目前，茶叶的超微粉碎设备主要有球磨粉碎机、气流粉碎机、冲击式粉碎机、涡轮式粉碎机以及振动磨粉碎机等加工方式。

胡建辉（2009）分别采用HQG-200涡轮式粉碎机、HQZ1振动超细粉碎机、HL-10型复合力场超细粉碎设备、HQB10扁平式气流粉碎机、纳米茶粉粉碎机组五种不同的粉碎机械对同一原料茶进行超微粉碎，GSL-101BⅡ激光粒度分布测试仪检查粒径。结果表明涡轮式粉碎机、振动超细粉碎机得到的绿茶粉最小粒度分别只能达到250目和400目，适用于绿茶粉的微粉碎；扁平式气流粉碎机与复合力场超细粉碎设备粉碎得到绿茶粉可达到2000～2500目，可用于绿茶粉的超微粉碎。纳米茶粉粉碎机组可得到纳米茶粉。由超微绿茶粉的微观形貌图（图3-6）可看出，气流粉碎比复合力场粉碎得到的超微绿茶粉颗粒大小相对更加均匀，粉体显得更加疏松；纳米茶粉粉碎机组得到的茶粉颗粒比2000目的茶粉颗粒略小，大都在10μm以下。

(1)2000目(复合力场)

(2)2000目(气流粉碎)

(3)纳米茶粉

图3-6　不同制备工艺超微绿茶粉的显微结构

　　从表3-8五种不同制粉工艺对超微绿茶粉色差的影响结果可以看出，超微绿茶粉的色差值与粉体粒度密切相关，随着粒度减小色泽变得绿、亮。各不同目数超微绿茶粉的L值和a值的绝对值均比原料绿茶粉（80目）高出许多，色相值（b/a）的绝对值均比原茶的小，即超微绿茶粉的亮度和绿色度均比原料绿茶粉好，且色泽中绿色调占的比例更大；随着茶粉粒度的减小，超微绿茶粉的L值和a值的绝对值不断增加，色相值（b/a）绝对值不断减小，即超微绿茶粉的亮度和绿色度逐渐增加，以2000目超微绿茶粉及纳米茶粉具有最好的亮度和绿色值。不同的制备工艺对相同粒径绿茶粉的色差影响不大。

表3-8　　　　　　　　　　　　　　制备工艺对绿茶粉色差的影响

设备型号	粉碎粒度/目	色差值 L	色差值 a	色差值 b	色相值 b/a
原料绿茶粉		40.277	-1.446	14.040	-9.71
HQG-200	400	58.534	-3.972	33.610	-8.46
HQZ1	400	60.156	-4.404	33.370	-7.58
HQB10	400	59.170	-4.197	34.054	-8.11
	1200	66.058	-6.075	37.693	-6.20
	2000	69.560	-6.488	36.392	-5.61

续表

设备型号	粉碎粒度/目	色差值 L	色差值 a	色差值 b	色相值 b/a
HL-10	400	58.448	-4.510	34.062	-7.55
	800	59.847	-5.139	36.122	-7.03
	1200	65.864	-6.370	36.994	-5.81
	2000	70.776	-6.969	36.383	-5.22
纳米茶粉		71.532	-6.978	36.421	-5.21

注：在 $L*a*b*$ 表色系统中，a 表示红绿色调，若 a 为负，则物体颜色偏绿，且绝对值越大，则绿的程度越深，反之，绿的程度越浅；a 为正，则颜色偏红，若 a 值越大，红色调越强，反之越弱。b 表示黄蓝色调，若 b 为负值时，物体颜色偏蓝，且绝对值越大，蓝色越深，反之越浅；b 为正时，物体颜色偏黄，值越大，黄色越深，反之越浅。色相值（b/a）的大小可以比较茶汤和干茶的色相，b/a 绝对值越大，表明色泽中绿色调占的比例越小。

由不同制粉工艺所制超微绿茶粉的理化成分结果表（表3-9）可看出不同的超微粉碎工艺对茶叶内含成分的影响不同；同一粉碎工艺制备的茶粉粒径不同，对茶叶内含成分的影响也不同。当粉碎粒度至400目时，采用HQG-200型涡轮式粉碎机对内含物成分的影响较大，特别是对叶绿素的影响，与原料茶相比叶绿素含量下降了13.89%；采用HQB10扁平式气流粉碎机对茶多酚、叶绿素含量影响最小，其次是HL-10型复合力场超细粉碎设备和HQZ1振动超细粉碎机。纳米茶粉的品质成分和气流粉碎2000目的超微绿茶粉相似。

表3-9   制备工艺对绿茶粉主要品质成分影响

设备型号	粉碎粒度/目	茶多酚/%	氨基酸/%	可溶性糖/%	可溶性蛋白质/%	叶绿素总量/%
原料绿茶粉		21.23	4.21	3.82	3.38	0.252
HQG-200	400	20.01	4.12	4.29	4.12	0.217
HQZ1	400	20.13	4.16	4.35	4.18	0.246
HQB10	400	20.83	4.19	4.41	4.15	0.248
	1200	19.82	4.16	4.32	4.32	0.247
	2000	18.33	4.16	4.44	4.40	0.249
HL-10	400	20.64	4.18	4.37	4.13	0.246
	800	20.57	4.13	4.39	4.23	0.245
	1200	19.67	4.12	4.33	4.30	0.246
	2000	18.40	4.17	4.25	4.42	0.248
纳米茶粉		19.12	4.21	4.40	4.45	0.242

目前国内普遍采用的超微粉碎方式是气流粉碎式加工，所生产的超微茶粉碎度较低，且由于粉碎作业时存在相对高速气流，易将挥发性成分流失导致产品香气低（书朝晖等，2004）。胡建辉（2009）对复合力场和气流粉碎制备的相同目数超微绿茶粉挥发性成分总量分析结果表明复合力场粉碎高于气流粉碎。此外，气流粉碎加工还存在机械温度过高，易导致产品变色；机械噪声大，耗电量大，加工回收率低等缺陷（张正竹，2006）。

日本生产的超微茶粉以色泽绿、粒度细而著称。安徽农业大学参考日本利用电动石臼加工超微茶粉的经验，将研磨式超微粉碎技术引入超微茶粉加工中，并取得了成功。研磨式超微粉碎技术具有如下显著特点：①粉碎细度高，能使茶叶被粉碎到1000目以上的细度；②粉碎温度低，机器不加装任何冷却系统并在连续运转情况下，茶粉温度一般也不会超过45℃；③粉碎成本低、能耗低，一般情况下得到1kg 1000目以上的超微茶粉耗电量不高于1kW·h，机器本身耗材损耗也极少，维护简便，可以大幅度降低生产成本。

三、超微茶粉加工技术

茶树鲜叶经特殊的工艺加工成超微茶粉，外形、内质都发生了根本的变化。超微茶粉对茶叶外形没有要求，重点在于茶叶的颜色、香气和滋味。超微茶粉加工技术包括两个部分：一是将鲜叶原料加工成干毛茶；二是使用超微粉碎技术将茶叶进行粉碎，并保持茶叶原有色泽。保持茶叶的色泽和减少内含成分的变化是超微茶粉加工的关键。

（一）超微绿茶粉加工技术

超微绿茶粉是将茶鲜叶经高温杀青及特殊工艺处理后进行超微粉碎成200目以上的茶叶超微细粉（张正竹，2006）。它最大限度地保持了茶叶原有的色香味品质和各种营养、功效成分。

1. 加工工艺

早期的超微绿茶粉多是采用成品干茶为原料进行加工，将茶鲜叶加工成绿茶后再经超微粉碎制成茶粉，其基本工艺为：茶鲜叶 → 摊放 → 杀青 → 揉捻 → 干燥 → 粗粉碎 → 过筛 → 超微粉碎 → 超微茶粉。超微绿茶粉主要是采用中低档绿茶味原料进行再加工，许多地方只有在茶叶滞销时才将其加工成茶粉，甚至有的将隔年的陈茶加工成茶粉，这些使得茶粉之间的品质差异极大。

随着制粉技术的发展及对超微绿茶粉品质要求的提高，超微绿茶粉通常采用以下基本工艺流程加工：茶鲜叶 → 摊放 → 蒸汽杀青 → 冷却 → 复合干燥 → 组合粉碎 → 蒸青超微细粉末。

（1）鲜叶摊放　同一般绿茶加工摊放工艺。

（2）蒸汽杀青　采用日本生产的800KE－MM3型蒸汽杀青机进行杀青。蒸汽杀青的水压：0.1MPa；蒸汽量：180～210kg/h；输送速度：150～180m/min；筒体放置倾斜度：4°～7°；筒体回转数：34～37r/min。如果鲜叶含水量较高，则蒸汽量应控制到最大量：270kg/h；输送速度：180～200m/min；筒体放置倾斜度：0°～4°；筒体回转数：29～33r/min。在杀青过程中要注意蒸汽温度的一致性，切忌忽高忽低。杀青后叶色由鲜绿变为暗绿，叶面失去光泽，叶质柔软、萎卷，折梗不断，手捏成团，松手不易散开，略带有黏性，青臭气散失，清香显露。

（3）冷却　将蒸汽杀青后的杀青叶以强冷风进行降温，同时吹散除去蒸青后叶面上的水分，避免杀青叶结块。

（4）复合干燥　干燥的目的除了降低茶叶水分含量外，更为重要的是要保持茶叶的色、香、味。干燥过程可采用两段式烘干法，即先是"高温短时"至九成干时再"低温慢烘"，最后再"高温提香"，使茶叶的鲜度、醇度及香气提高，从而提高了滋味和香气品质。

干燥技术分为初干与再次干燥两步。初干目的同绿茶初干。初干过程是在一定温度和湿度条件下完成的，由于此时叶子含水量还较高，在湿热条件下叶绿素易被大量破坏，低沸点芳香物质的逸散受到阻碍，不利于超微绿茶粉品质的形成。为了提高茶叶香气，避免叶绿素含量降低，超微绿茶粉初干用微波干燥方法较好。此方法脱水时间短，有利于提高超微绿茶粉叶绿素含量保留率和感官品质（表3-10）。初干后含水量为30%～35%的叶子经常温摊凉回潮，摊叶厚度为5cm，摊凉时间为20min（金寿珍，2007）。

表3-10　不同初脱水干燥技术对超微绿茶粉叶绿素含量和感官品质的影响

处理	叶绿素/%	感官品质
普通脱水干燥	0.589	色泽绿偏暗，香气纯正，滋味醇和，汤色深绿
微波脱水干燥	0.652	色泽翠绿、亮、鲜活，香气纯爽，滋味醇和，汤色深绿明亮
鲜叶	0.795	—

再次干燥的目的是继续蒸发水分，使叶子充分干燥，含水量降到5%以下，同时发展茶香。

（5）组合粉碎　将充分干燥后茶叶经风选机去除黄片后，经粉碎机或切断机粉碎成0.3～0.5cm的粗粉，再经超微粉碎至超微绿茶粉。

（6）包装　加工好的超微绿茶粉应及时进行包装，并放入相对湿度50%以下、0～5℃的冷库内贮藏。

2. 关键技术

超微绿茶粉在滋味和香气上类同于普通绿茶，但其色泽绿、颗粒细，因此，超微绿茶粉加工的关键技术在于如何形成茶粉翠绿的色泽和超细的颗粒。超微绿茶粉翠绿的色泽与茶鲜叶本身的叶绿素含量有着极大的关系，且还与其生产和加工过程的护绿技术有关。因此，要加工高品质的超微绿茶粉，从鲜叶摊放到干燥各工序必须要采取有效的加工技术，在原料选择上要尽量选择高叶绿素品种的原料，在生产上也要采用有效的护绿措施来提高叶绿素的含量。

（1）原料选择　鲜叶原料的嫩度和均匀度是构成超微绿茶粉品质的物质基础。超微绿茶粉翠绿的色泽与茶鲜叶本身的叶绿素含量有着极大的关系，因此，加工超微绿茶粉要尽量选择叶绿素含量高的茶树品种原料。经中国农业科学院茶叶研究所研究，加工超微绿茶粉的原料鲜叶叶绿素含量应在0.6%以上，夏季茶鲜叶的叶绿素含量低、苦涩味重，不宜加工超微绿茶粉。

（2）遮阴处理　在茶园田间管理上，采用合适的覆盖措施处理能有效提高茶叶叶绿素含量，提升茶叶品质。郭敏明等（2009）采用黑色尼龙遮阳网对夏秋季茶园进行遮阴处理后，茶芽叶绿素含量增加，茶多酚含量降低，氨基酸含量增加，酚氨比值下降；且叶绿素含量随遮光度增加而呈上升趋势。

（3）护绿剂处理　除遮阴处理能有效提高茶叶叶绿素含量外，在鲜叶摊放时进行特殊的护绿剂处理，也可有效保持茶叶中叶绿素含量，提升茶叶的色泽品质。护绿工序多在鲜叶摊放过程中进行。当茶鲜叶摊放到杀青前2h，将护绿剂按一定浓度配比对茶鲜叶进行护绿技术处理，让其发生作用产生护绿效果。

（4）蒸汽杀青　不同的杀青方式对原料茶的色泽有极大的影响。胡云铃等（2008）研究表明因蒸汽穿透力强、杀青时间短，能快速抑制氧化酶的活力和减少叶绿素的破坏，采用蒸汽杀青毛茶的汤色、叶底较热风杀青、滚筒杀青更绿。蔡剑雄等（2015）的研究结果也表明采用蒸青杀青方式加工的超微绿茶粉比炒青方式加工的更绿黄，感官品质更好。

（5）超微粉碎技术　超微细是超微绿茶粉品质的另一重要特征。鲜叶加工成半成品后，在外力作用下使干茶的植物纤维断裂、叶肉破碎形成微粉。由于茶叶是纤维素含量较高的植物性原料，因此，粉碎时茶叶必须要干燥。一般干茶含水量要低于5%。干茶的粉碎程度因外力作用方式不同而不同，目前主要采用轮磨、球磨、气流粉碎、冷冻粉碎、直棒锤击等方式进行超微粉碎，通过对茶叶产生剪切、摩擦、高频振动等物理作用来撕裂茶叶植物纤维和叶肉细胞，达到超微粉碎的效果。在超微粉碎过程中，由于机械本身摩擦及机械与物料碰撞摩擦等会产生热量，随着粉碎过程的进行，料温不断上升，色泽将产生黄变，因此粉碎设备必须配有冷却装置以对物料温度进行控制。

3. 超微绿茶粉的品质特征

超微绿茶粉可以最大限度地保持茶叶原有的色泽以及营养、药理成分，不含任何化学添加剂。其品质特征可归纳为色泽绿、颗粒细、口感好。具体表现为：外形色泽翠绿亮丽，颗粒细腻均匀；香气清高，滋味浓醇，汤色翠绿（孙峰，2012）。

超微绿茶粉的加工

（二）超微红茶粉加工技术

超微红茶粉色泽、滋味和香气同普通红茶；其加工过程中的粉碎工艺原理和超微绿茶粉一样，均是将茶鲜叶加工成干茶（半成品或粉碎前制品）后，再用超微粉碎技术进行粉碎。

1. 加工工艺

（1）超微红茶粉的加工工艺流程

鲜叶 → 萎凋 → 揉捻 → 解块筛分 → 发酵 → 脱水干燥 → 超微粉碎 → 成品包装

（2）操作要点

①原料的选择：加工超微红茶粉的原料，春、夏、秋季茶鲜叶均可，以夏、秋季鲜叶原料为好。

②萎凋：萎凋目的同普通红茶萎凋。萎凋方法有萎凋槽萎凋、自然萎凋、日光萎凋三种，具体方法同红茶加工。

③揉捻：超微红茶粉最后要进行粉碎，因此在揉捻过程中不需要考虑如何有利于成形的因素，揉捻目的主要是使叶细胞破坏，使叶内多酚氧化酶与多酚类化合物接触，在空气中氧的作用促进发酵，促进超微红茶粉品质的形成。

原料叶揉捻时，室温控制在 20 ~ 24℃，相对湿度控制在 85% ~ 90%。可用 55 型揉捻机进行揉捻。揉捻程度为：叶子卷曲，手捏粘手成团，此时茶汁充分揉出而不流失，叶子局部泛红，并发出较浓烈的香气。

④解块筛分：每次揉捻结束后都要进行解块筛分，筛分后的茶样要单独发酵。

⑤发酵：发酵过程中，多酚类化合物在多酚氧化酶的作用下发生氧化缩合聚合等反应，形成茶黄素、茶红素等有色物质，同时使叶子散发青涩味，产生浓郁的香气，形成超微红茶粉的色、香、味品质特征。

⑥脱水干燥：利用高温破坏氧化酶的活力，停止发酵，固定前期工序所形成的品质；同时，蒸发水分，继续散发青草气，进一步发展茶香。脱水干燥技术分为初干和复干。初干温度 100 ~ 110℃，时间 15 ~ 17min，初干后叶子含水量 18% ~ 25%；复干温度 90 ~ 100℃，时间 15 ~ 18min，复干后叶子含水量在 5.0% 以下。

超微红茶粉产品

⑦超微粉碎和包装：同超微绿茶粉。

2. 超微红茶粉的品质特征

超微红茶粉品质特征可归纳为：外形色泽棕红，颗粒细腻均匀；滋味醇和甘浓；香气馥郁；汤色深红。

四、超微茶粉的贮藏

（一）贮藏过程中超微茶粉主要生化成分的变化

超微茶粉在贮藏时，含水量呈上升趋势，茶多酚、氨基酸、咖啡碱和叶绿素含量均呈现下降趋势，可溶性糖含量变化不明显（表 3-11）。茶粉粒径不同、在不同条件下贮藏，其内含成分变化不同。300 目茶粉常温、低温冷藏对茶多酚含量影响不大；但 800 目茶粉常温贮藏时，茶多酚含量后期下降明显。300 目茶粉常温贮藏时，氨基酸含量一直呈下降趋势，但低温贮藏时氨基酸含量呈先下降后上升的趋势；这两种贮藏方式对 800 目茶粉氨基酸含量影响不大。300 目茶粉常温贮藏时叶绿素损失较大，低温贮藏时叶绿素下降不明显；这两种贮藏方式下，800 目茶粉叶绿素含量均显著下降。两种茶粉在两种贮藏方式下咖啡碱含量均呈下降趋势，但低温贮藏条件下下降幅度小。总体而言，低温有利于茶粉的保存，茶粉粒径越小越不耐贮藏。

表 3-11			茶粉在贮藏过程中的内含物成分含量			单位:%	
处理	测定日期	水分	茶多酚	氨基酸	咖啡碱	可溶性糖	叶绿素
300目、常温密封	2007-04-26	3.32	29.95	1.96	4.07	3.24	0.512
	2007-06-14	4.01	29.23	1.77	3.85	3.28	0.476
	2007-07-12	4.27	28.66	1.72	3.62	3.36	0.425
	2007-08-17	5.53	28.37	1.68	3.51	3.17	0.418
	2007-10-26	6.29	28.41	1.42	3.32	3.22	0.404
300目、-5℃	2007-04-26	3.32	29.95	1.96	4.07	3.24	0.512
	2007-06-14	4.41	29.26	1.82	3.96	3.16	0.497
	2007-07-12	4.47	28.77	1.79	3.65	3.37	0.492
	2007-08-17	5.13	28.54	1.87	3.73	3.22	0.483
	2007-10-26	5.22	28.63	1.93	3.59	3.63	0.477
800目、常温密封	2007-04-26	3.65	28.25	1.64	4.11	3.36	0.487
	2007-06-14	4.08	27.94	1.63	3.95	3.24	0.465
	2007-07-12	4.79	27.63	1.66	3.68	3.18	0.425
	2007-08-17	5.37	25.42	1.54	3.74	3.23	0.417
	2007-10-26	6.17	24.18	1.58	3.71	2.98	0.412
800目、-5℃	2007-04-26	3.65	28.25	1.64	4.11	3.36	0.487
	2007-06-14	4.11	28.23	1.62	4.05	3.25	0.486
	2007-07-12	4.63	27.66	1.41	3.98	3.17	0.444
	2007-08-17	5.25	27.63	1.52	3.82	3.09	0.455
	2007-10-26	5.47	27.71	1.58	3.87	3.12	0.423

（二）超微茶粉的贮藏方法

茶粉由于粒径小，比表面积大，易吸潮吸异味，相对来说是比较难贮藏的。王丽滨（2008）研究表明超微茶粉在贮藏过程中，茶粉粒径对其所含各化学成分、色差值和感官审评得分的影响均达到极显著水平；在各贮藏环境条件中，温度是影响茶粉贮藏品质的主要因素。随着贮藏时间延长、贮藏温度升高，茶粉主要成分含量均呈下降趋势，绿色度降低，感官品质明显降低；避光贮藏效果要优于不避光。综合而言，为了保持超微绿茶粉的品质，生产上应严格选择包装材料的材质，需防潮性好、不透气、不透光、密封性好，且要实施低温冷藏。

五、超微茶粉的应用

（一）在食品工业上的应用

利用超微粉碎技术将茶叶加工成超微茶粉，不仅可以保持茶叶原有的风味品质，提高其活性成分的浸出率，且由于其具有良好的分散性和溶解性，有利于含茶食品的加工及茶叶活性成分的消化吸收，因此，超微茶粉在食品工业中具有广阔的应用前景，目前多将其作为天然食品添加剂应用于食品工业中。

将超微茶粉作为食品添加剂应用于食品工业中具有其他人工合成添加剂无可比拟的优势：

①以食品为载体，变"喝茶"为"吃茶"，这种全茶利用既增加了食品的营养保健价值，又更加方便。茶叶所含的营养和保健成分中有很多是不溶或难溶于水的，如脂溶性维生素、绝大多数蛋白质、膳食纤维等，以传统的方式冲泡品饮茶叶，这些成分大都随茶渣被浪费了。将茶叶超微粉碎后添加于食品中，不仅一些难溶或不溶性成分能被人体肠胃消化吸收，茶叶所含的膳食纤维因被超细化而能更好地发挥其特殊的保健功能，如螯合消化道中的有毒物质，防止致癌物的产生；促进肠蠕动，减少肠道对有毒物质的吸收，防治便秘；预防和缓解冠心病、胆结石、阑尾炎、十二指肠溃疡等多种疾病。

②超微茶粉具有很强的表面吸附力和亲和力，有很好的固香性、分散性和溶解性，且含有天然抗氧化剂茶多酚，因此，不仅茶粉的营养和保健成分特别容易被消化吸收，且其能较好地保留食品固有的香味、水分，抑制食品氧化，延缓食品品质降低，延长食品的货架期。

③超微茶粉具有特有的色、香、味以及营养、保健功效，可改善食品的口感，开发食品新产品。

目前，超微茶粉已广泛用于开发咖啡茶、果茶、奶茶等饮料，茶饼干、茶面包、茶糖果、茶冰淇淋、茶果冻、茶果脯以及茶面条、茶饺子、茶馒头、茶菜等食品。

（二）在日化产品上的应用

茶叶含有茶多酚、茶多糖、维生素、氨基酸等多种功效成分，可作为一种天然的保健植物用于日化产品，发挥抗氧化、延缓衰老，抗紫外线，抗菌，美白祛斑，改善皮肤的缺水、粗糙与毛孔粗大、血液循环不良导致的血丝及过敏等不良状态。目前超微茶粉已广泛用于面膜、洗面奶、爽肤水等日化产品中。

（三）在医药产品上的应用

茶叶经超微粉碎后，可使超微茶粉内含成分的溶解性增强、溶出速率增加，从而有利于茶粉功效成分的吸收，提高其疗效。近年来，已有将天然超微茶粉作为原材料，替代现有制药行业的合成中间体，使之成为纯天然的中间体，并且获得了成功的报道。目前，这种超微茶粉已开始进入国内外医药市场，并批量出口美国，用于药理工程的中间体合成，取代现有制药行业的合成中间体。

第二节　抹茶

抹茶（matcha）是以覆下茶园的优质鲜叶为原料，经蒸青、冷却、脱水、复合干燥、茎叶分离等工序制得碾茶，再经石磨研磨得到粒度为 $2 \sim 20\mu m$（680~6800 目）的天然蒸青超微细绿茶粉。抹茶最大限度地保持了茶叶原有的营养成分、功能成分和原料的天然本色，可作为一种天然健康的新型食品添加剂，广泛用于加工各种茶食品和添加于各类食品中，以强化其营养保健功效，并赋予各类食品的天然鲜绿色泽和特有的茶叶风味。因此，抹茶在食品工业中有着十分广阔的应用前景。

一、抹茶的历史与现状

抹茶起源于中国。在中国古代抹茶名为末茶，是以优质新鲜茶叶为原料，采用蒸青、碾压、干燥等技术加工而成的粒径较小的茶粉，外观呈天然绿色。据考证，在魏晋时期的古籍文献中就有关于末茶的记载。晋代杜育在《荈赋》中有"灵山惟岳，奇产所钟，厥生荈草，弥谷披岗，承丰壤之滋润，受甘露之霄降……惟兹初成，沫沉华浮，焕如积雪，晔若春敷。"这可能是介绍末茶最早的古诗，诗中将末茶冲泡后所呈现的景象描述为"沫沉华浮，晔若春敷"。我国元代王桢在《农书》中对古代蒸青末茶的生产工艺作了较为详细的记录：茶叶采摘以"谷雨前者为佳"；采完后，"以甑为蒸，生熟得所。蒸已，用筐箔薄摊，乘湿略揉之，入焙，匀布火令干，勿使焦。编竹为焙，裹箬覆之，以收火气"；然后，"入磨细碾"。这是我国古代蒸青末茶生产工艺最完整的记载。唐宋乃至明朝中期以前的末茶，应该都是采用此法生产（尹春英等，2008）。

唐宋是我国封建社会的鼎盛时期，也是中国末茶文化的发展期。末茶兴起于唐朝，鼎盛于宋朝。"茶圣"陆羽在《茶经》中第一次提到了末茶，谈到了末茶的制作工艺与煮茶之道。先将饼茶用榔头敲碎，再用碾子（石碾或是金属碾）碾碎，然后用箩（一种两层的筛子）过筛，末茶的细度约80目。饮茶时，先用罐烧水，再将抹茶放入罐中搅拌，当水烧到80℃左右（到起鱼眼泡）起沫时，分而饮用。这是陆羽所谓的"隽永玉沫"的末茶茶道的一种意境，而所谓"倾筐短甀蒸新叶，白纻眼细匀于研"，"烂研瑟瑟穿荻篾"则是描写当时蒸青末茶生产的场景。

末茶在宋代得到了进一步的发展与完善，成为人们日常生活中不可或缺的主流饮料，出现了王安石所说的"夫茶之为民用，等于盐米，不可一日以无"的繁盛景象。从明朝中后期开始，芽茶和叶茶（即冲泡茶或散茶）成为消费和生产的主导方向，导致末茶逐渐消失。

日本抹茶的前身即是唐宋末茶，是在唐宋时期通过僧侣传到日本的。文献记载，日本僧人荣西禅师在公元1191年将中国蒸青末茶的制作工艺传到了日本。当时的日本制作末茶是以茶嫩叶为原料，先将其捣碎做成团或饼状，然后烘干或晒干，待饮用时再将其充分烘干，碾碎成粉末，以供饮用（尹春英等，2008）。日本抹茶是在古代末茶的基础上，采用新工艺、新设备加工而成的天然蒸青绿茶超细微粉体。日本从最开始的石磨加工发展到机械加工，抹茶在日本一直被保留、继承和发扬光大，进而出现了"日本茶道"，并称之为"国道"。日本茶道作为一种礼仪方式和健康的生活方式流传至今，今天抹茶仍是日本人民广泛饮用的主要茶类。

抹茶是一种茶粉，但它又不同于一般市场上销售的普通的绿茶粉。在日本抹茶被称为"茶中翡翠"，是形容"其色如碧、珍贵如玉"。现代抹茶生产加工过程始终是在较低的温度状态下进行，很好地保存了茶叶中的活性成分。抹茶不仅可以直接食用，且可作为一种天然健康的新型食品添加剂在食品中加以应用。目前,抹茶已用于冰淇淋、酸奶、牛奶、月饼、糖果、果冻、饮料、保健食品等中高档食品领域。不仅如此,抹茶还可用于医药中间体、化妆品等产品的生产中。据报道,在国内市场上70%的抹茶被作为食品添加剂使用,20%用于饮料生产和茶道之中,10%用于医药和化妆品行业(尹春英等,2008)。

随着世界茶文化交流的日益深入,茶叶保健功能逐渐被揭示,抹茶这个古老的产品又重新唤起新的活力。世界各地逐渐兴起了抹茶消费热,大量利用抹茶为原料的加工食品应运而生,如哈根达斯推出了"抹茶冰淇淋",上海光明乳业推出了"抹茶酸奶",元祖蛋糕的"抹茶慕司",仙踪林的"抹茶冰沙",必胜客的"抹茶冰果"及"抹茶月饼"等,很多都市青年也以消费抹茶食品为时尚。

目前国内生产抹茶的企业比较多,规模大小不一,生产的抹茶产品质量也不尽相同。上海宇治抹茶有限公司是由日本蝴蝶谷株式会社创办的中国第一家抹茶企业,专注从事抹茶的生产。该公司引进了全套的日本抹茶生产设备和技术,并成功研制了用于抹茶后期生产的关键设备"微粉石磨机",并获得国家专利。浙江绍兴的御茶村茶叶有限公司是国内最大的抹茶生产企业,该公司采用的"球磨抹茶机"是更先进的茶叶超细粉机,也获得了国家专利。目前该公司抹茶年产量400t以上,其产品已经广泛用于食品、保健品和化妆品等行业,并大量出口欧美、日本等市场,是星巴克等二十多家食品企业的抹茶供应商(付杰等,2017)。

尽管目前抹茶市场前景广阔,但当前国内抹茶市场并不规范,既无国家标准也无行业标准,导致市场上的抹茶产品质量良莠不齐。许多企业将普通绿茶磨成粉末当作抹茶出售,很多消费者也以为把绿茶磨成粉就是抹茶;还有些人认为抹茶和绿茶粉的区别仅仅是粗细的不同,磨得细就是抹茶,粗的就是绿茶粉;甚至有人干脆将抹茶称作"抹茶粉"(付杰等,2017)。由此可见,抹茶产业是否能够在中国得到健康发展,是否能够得到国际社会的认可,规范的国内抹茶市场是关键;而规范市场的关键又决定于抹茶国家标准的制定。只有在对抹茶各个生产环节的科学依据深入了解的情况下,制定相应的国家标准,严格按照生产标准来操作,才能制出合格的抹茶,才能促进我国抹茶市场的繁荣。

二、抹茶的特点

抹茶色泽翠绿,滋味清香淡雅,粉质细腻,与古代末茶相比,抹茶具有更高的营养和保健价值,更为优良的溶解性和渗透性。总体上来讲,抹茶具有以下6大特点。

(一)超微细

抹茶的平均粒径约为 $2 \sim 20 \mu m$(Sawamura等,2010)。超微细的粒径导致抹茶有较好的溶解性、分散性和渗透性(Park等,2001)。

(二)三原

抹茶具有原色、原味、原质的特点,因此在生产上要尽量避免茶叶化学成分的变化,尤其是叶绿素,要求最低为3.5%。

（三）三清

即清香、清口、略带青（草）气，也就是说抹茶闻着有一种清香，喝到嘴里比较青口，且还带有一种淡淡的青草的香气。

（四）三高两低

抹茶要求蛋白质、氨基酸和叶绿素的含量较高，而茶多酚、咖啡碱的含量较低。

（五）吸湿性强

抹茶粒径较小、比表面积较大，因此，吸湿性强。比表面积大还导致抹茶具有很好的吸味性。

（六）双绿

一方面是环保意义上的绿色，抹茶属有机绿色食品，不含任何人工色素、防腐剂、添加剂，可做饮料也可直接食用，符合环保潮流；另一方面则是抹茶本身呈天然翠绿色至深绿色，给人以视觉上的美感。

三、抹茶的加工

抹茶是一种超微绿茶粉，是以无公害优质鲜叶为原料，经特定工艺精制而成的色香味俱佳的天然可食超细蒸青绿茶粉。

（一）抹茶生产对原料的要求

生产抹茶对原料要求非常严格，主要体现在以下几个方面。

1. 茶树品种

加工抹茶的鲜叶要采自以无性系繁殖技术培育而成的适合抹茶生产的茶树，以保证茶树树种的纯正性；在生化成分上要求叶绿素、氨基酸、蛋白质含量高，茶多酚、咖啡碱含量低的茶树品种。

2. 原料选择

生产抹茶的鲜叶必须是无公害茶，最好是有机茶。在茶园田间管理上，要禁止施用化肥、化学农药和化学除草剂等药品。每年仅利用春季鲜叶制作抹茶，一般采摘 4～5 月间出产的优质鲜叶，采摘期为 50 天左右。

3. 田间管理

茶园必须特别注意肥培管理；在田间管理上要采用覆盖措施，即采用遮阳网高平棚遮阴，或搭设棚架，利用稻草遮盖来降低日照。在茶叶萌发过程中，茶氨酸通过茎部输送到嫩芽和新梢中；在此过程中，部分茶氨酸会向儿茶素转化，且这个转化过程与光照强度有关。茶园通过覆盖可以抑制茶氨酸向儿茶素转化，增加茶树叶片内茶氨酸含量；同时，覆盖还能增加茶叶内叶绿素和水分的含量，降低纤维素的含量。茶园覆盖后，茶芽叶绿素含量增加，茶叶呈现鲜绿色，质地柔软；咖啡碱与儿茶素类（苦涩味成分）含量降低，氨基酸含量增加，提高了茶叶的甘味，进而有利于抹茶质量的形成。一般来说，遮光率越高，鲜叶水分含量越高，叶绿素含量增加；但是过度覆盖会导致叶绿素减少，产量降低（朱旗等，2010）。遮盖方式为：一般春季茶树芽叶萌发至一芽一叶时开始遮盖，使遮光度达到 70%，随着叶子的生长逐渐提高覆盖度，最后使遮光率达到 95%～98%。从遮盖开始，约三周即可采摘茶芽供制抹茶。

（二）抹茶的加工工艺

1. 中国抹茶的加工

从历史的角度来讲，抹茶分为古代抹茶和现代抹茶。古代抹茶是蒸青绿茶的细微粉体，是以优质新鲜茶叶为原料，采用蒸青、碾压、干燥等技术加工而成的粒径较小的茶粉，外观呈天然绿色。现代抹茶是在古代末茶的基础上采用新工艺、新设备加工而成的天然蒸青绿茶超微粉体，是现代高科技与传统工艺有机融合的结晶。其工艺流程为：优质新鲜绿叶→ 蒸青 （→ 脱水 ）→ 低温干燥 → 碾磨 → 超微粉碎 →现代抹茶；或者为：优质新鲜绿叶→ 蒸青 → 碾磨 → 超微粉碎 → 低温干燥 →现代抹茶。

由于现代抹茶在加工上采用超微粉碎技术，使得现代抹茶的粒径比古代末茶更小。古代末茶的细度一般只能达到150目，而现代抹茶的细度可以达到680～6800目（2～20μm）。不仅如此，现代抹茶的生产还应用了先进的生物育种技术、先进的茶园管理技术及灭菌技术、保鲜技术和冷冻干燥等现代技术。

我国的现代抹茶是由南京维尔康生物工程有限公司率先研发成功的，公司从适制抹茶新良种、无公害茶园管理技术、覆下茶管理技术、抹茶生产专用设备与工艺及抹茶文化等方面进行深入研究，形成自己的核心竞争力。1999年9月，该公司用高新技术研制的中国抹茶，经专家鉴定认为："制作技术精细优良，抹茶品质优异"。用冷水或热水开汤审评，汤色碧绿、明亮，滋味醇和淡雅、具清香；且其氨基酸含量超过日本抹茶50%，叶绿素含量超过日本抹茶2%（杨维时等，2002）。

2. 日本抹茶的加工工艺

（1）日本抹茶的加工工艺流程：

鲜叶储存 → 鲜叶处理 → 蒸青 → 冷却散茶 → 初干 → 叶梗分离 →

干燥 → 低温碾磨 （或低温机械超微粉碎）→抹茶

（2）操作步骤

①鲜叶贮存：入厂的鲜叶进入鲜叶贮存机保鲜。

②鲜叶处理：为使原料均匀整齐，要用切割机对鲜叶进行切割，以保证在蒸青、冷却和干燥过程中茶叶品质一致；同时，为了防止单片叶挂在蒸青机的网上产生焦香，影响抹茶品质，还要采用鲜叶筛分机分离单片叶。

③蒸青：处理后的鲜叶采用专用蒸青机蒸青。为保证抹茶鲜艳的绿色、独特的香味和风味，在蒸青过程中投叶量较多，揉压力度轻，蒸汽量大，蒸青时间短（15～20s）。

④冷却散茶：冷却散茶的目的主要是以冷风吹散除去蒸青后叶面上的水分和热量，使叶片均匀展开，防治叶片的重叠和折叠，以免发生粘叠变黑。蒸青出来的茶叶被吹起4次，高度达6m，在腾空的过程中逐步向前运动。

⑤初干：初干采用抹茶专用的干燥机（室）来干燥，内有不锈钢网状输送网带，利用烘房及排气管释放出的辐射热和机内的对流风来干燥茶叶。干燥机侧壁采用传统的砖块砌成，干燥机（室）的构造亦有特殊要求，一般长10～15m，宽1.5～2m，高2.5～4.5m，分为两层，下层初干，中央温度为130～150℃，出口温度为90～100℃；

上层再干，中央温度为 90 ~ 110℃，出口温度为 80 ~ 100℃。

⑥叶梗分离：由干燥机（室）干燥出来的茶叶，其叶部含水量约为 10%（极易压碎），梗部含水量 50% ~ 55%（尚有韧性不易折断）。利用叶和梗的含水量不同，经梗叶分离机可轻易地将梗、叶分离，筛出碎叶。

⑦干燥：分离后的梗叶因为含水量不同，要采用不同的干燥机分别干燥。茶叶最终含水量为 5% ~ 8%。

⑧碾磨（机械超微粉碎）：将干燥后茶叶经风选机去除黄片，再经切断机切成 0.3 ~ 0.5cm 的碎片，最后以石磨或机械超微粉碎机低温超微粉碎即为抹茶。

四、抹茶的质量及功能

（一）产品质量

1. 感官指标

目前我国没有出台相关抹茶的生产制作标准性规定，在行业标准内也没有明确的规定。表 3 - 12 是日本抹茶的感官指标，日本抹茶要求干茶色泽鲜活翠绿，开汤后汤色要鲜艳嫩绿明亮、持久；匀度均匀，粒径 3 ~ 20μm；香气清香淡雅，滋味醇和；溶解性能好，冷水、热水均可直接冲溶。

表 3 - 12　　　　　　　　　　抹茶的感官指标

指标	内容
外观	翠绿，颗粒细匀分散，无结块、无杂质、无霉变
汤色	深绿，鲜活呈亮
香味	清香，带海苔味
滋味	鲜爽、浓厚

2. 理化指标

抹茶是茶叶经深加工后所得的超微粉体，几乎保留了茶叶中所有的天然成分，其主要成分有茶多酚、咖啡碱、游离氨基酸、叶绿素、蛋白质、芳香物质、膳食纤维、维生素（包括维生素 C、维生素 B_1、维生素 B_2、维生素 B_3、维生素 B_5、维生素 B_6、维生素 A、维生素 E、维生素 K 等）及矿质元素（钾、钠、钙、镁、铁、锌、硒、氟、锰等）（霜霜，2009）。由于抹茶在生产上对树种、茶园管理、鲜叶质量、采摘时间等都有严格且复杂的要求，因此，抹茶中的氨基酸、叶绿素等成分含量较一般绿茶高，而茶多酚、咖啡碱等成分则相对较低。抹茶"吃茶"的特殊食用方法能将喝茶不能被人体利用的叶绿素、膳食纤维、脂溶性维生素、有机钙、有机硒等有效被人体吸收，同时还确保茶叶中的三大特征物质——茶多酚、咖啡碱、茶氨酸均衡摄入，使得茶的营养、功效成分能被更高效地利用。有研究表明，一碗抹茶里的营养成分超过 30 杯普通绿茶，一杯抹茶中含有的 EGCG 比冲泡一杯绿茶多出 137 倍。抹茶中高含量的茶氨酸既可让人感到舒缓和放松，还可拮抗抹茶中咖啡碱的过度兴奋。

刘东娜等（2014）对由上海蝴蝶谷抹茶公司以日本薮北种无性系成龄茶园采摘的

鲜叶制成的 6 种抹茶的品质进行了分析，结果表明抹茶内含物质总量和组成丰富，水浸出物含量较高，6 种抹茶均值为 35.63%；抹茶滋味高鲜，游离氨基酸总量较高，均值为 7.20%；且其组分种类丰富，组分含量达 1000mg/kg 以上的有茶氨酸、谷氨酸、天冬氨酸、精氨酸等 7 种；抹茶色泽翠绿，叶绿素含量高，均值为 0.85%，且叶绿素 a 的含量较高，叶绿素 a：叶绿素 b 为 1.12~1.49；产品质地细，粗纤维含量较低，均值为 8.70%；抹茶主要苦涩味物质茶多酚含量均值为 15.38%，咖啡碱含量均值为 2.76%，均显著低于普通绿茶粉和绿茶（表 3－13）。

表 3－13 日本抹茶的理化指标

指标	要求	指标	要求
水分	≤5.0%	氨基酸	≥1.0%
总灰分	≤7.0%	水浸出物	≥36.0%
铅	≤5.0mg/kg	颗粒度（200 目以上的体积比）	≥90%
叶绿素	≥0.7%	农药残留	不施用任何农药
茶多酚	≥10%		

（二）抹茶的功能

茶叶里真正溶于水的部分仅为 35%，大量不溶于水的有效成分都被当做茶渣扔掉了，如维生素 E（即生育酚）属于脂溶性维生素，不溶于茶汤中，但饮用抹茶或将茶叶粉末直接加入食品后才能获得茶叶中的维生素 E。抹茶不是普通的绿茶粉，是茶叶深加工后所得的超微粉体，是一种营养价值极高的天然食品。同时，由于抹茶的溶解性和渗透性更为优良，兼顾了喝茶和吃茶的优点，其营养价值和保健价值比茶叶更高。从被有效利用的比例来看，茶叶以水冲泡，约 30% 的营养成分和功效成分可被人体利用；抹茶则几乎将茶叶中 100% 的营养成分和功效成分带到人体之中。

抹茶有生津止渴、消热解毒、消除疲劳、醒酒消醉、戒除烟瘾、消食解腻、减肥健美、利尿通便、健胃止泻、洁齿防龋、明目清肝、洁净水质、排除毒物、杀菌消炎、抑制病菌、降血压、降血脂、降血糖、防癌、防辐射、防衰老、防治心脏病、提升白细胞等多种保健功能，是一种天然的保健食品。

五、抹茶的应用

抹茶是集天然绿色、香气、营养成分和保健功能于一身的超细绿茶粉，成为一种别具品位的绿色天然原料。除直接饮用或食用外，由于抹茶具有较好的溶解性、分散性，在食品、医药、化妆品等行业具有十分美好的应用前景。目前，在国内市场上，约 70% 的抹茶被作为食品添加剂使用，20% 用于饮料生产和茶道之中，10% 用于医药和化妆品行业。

（一）在食品行业的应用

作为一种新型食品添加剂，抹茶不仅可以提高食品的营养价值和保健功能，还可为食品提供纯正的茶味和赏心悦目的天然绿色，为开发新型食品提供物质基础，因此，抹茶在食品工业中有着十分广阔的应用前景，已广泛用于奶制品、豆制品、饮品、冷饮、糖果巧克力、糕点、保健食品、茶道等中高档食品领域。已广泛上市的抹茶食品如下。

抹茶食品商品

1. 冷饮、饮品

抹茶最适合添加于低温加工的食品，低温可使抹茶的色泽翠绿持久，因而，抹茶在冷饮产品上得到了很好的发展。如将抹茶调入鲜榨的果汁中，加入冰块，即可成一杯天然翠绿色、茗香加果香、带着日本风味的"抹茶冰果"。

目前国内外已推出或正在开发的冷饮产品有抹茶冰淇淋，如哈根达斯的抹茶冰淇淋。固体饮料行业也改变了原来使用茶香料生产奶茶的做法，现纷纷采用原汁原味的抹茶生产抹茶奶，如日本味之素株式会社的抹茶奶。

2. 糖果、巧克力

在糖果、巧克力中添加抹茶，可使茶味清香自然，香味持久，如日本明治（Meiji）的抹茶巧克力、日本宇治的抹茶糖、抹茶润喉糖等。抹茶巧克力一般分为生抹茶巧克力和熟抹茶巧克力两种。生抹茶巧克力是将刚做好的、还没有干硬前的巧克力放入盛有抹茶的容器里翻滚，让巧克力表面充分粘上抹茶；这样的巧克力，里面是各种不同的颜色，但外面是绿色的。将抹茶溶解入巧克力的原料中后做成的巧克力，整体是绿色的，为熟抹茶巧克力。

3. 糕点

日本已有系列抹茶糕点上市，如日本明治的抹茶饼干、Kit Kat 抹茶巧克力威化饼、Pocky 抹茶巧克力棒等。

4. 奶制品

将抹茶作为一种食品添加剂加入到酸奶中，制成抹茶酸奶，既能保持酸奶原有的营养价值和保健作用，同时又具有抹茶的风味，如光明集团的抹茶酸奶。其他抹茶奶制品有抹茶拿铁、抹茶牛奶等。

5. 保健食品

抹茶还可用于各类保健食品中，如抹茶胶囊、抹茶含片等。

6. 其他

在日本，抹茶还广泛用于蛋糕、面条、饺子、包子、寿司等日常食品中，真正进入家庭。

将抹茶作为食品添加剂用于食品加工时，要注意以下几点：①抹茶的用量抹茶在食品中的添加量要少，如在糕点中添加 2% ~4% 时，成品即呈现出令人愉快的绿色；②加热不可过度（用茶越高级，敏感度越高），在达到加热目的（如灭菌）基础上，尽量降低温度、缩短加热时间，以保持茶的风味；③要注意避光冷藏，因为茶粉粒度细，较易氧化，为了保持产品的绿色，抹茶食品要避光，且最好冷藏，以保证产品的新鲜、精美。

（二）在医药行业的应用

抹茶还可用于医药中间体。

抹茶日化商品

（三）在化妆品行业的应用

抹茶已广泛用于面膜、洁面乳、化妆水、手工皂等日化产品上，如北京露芯化妆品有限责任公司旗下的京都小町抹茶美人保湿系列产品（包括洁面乳、面膜、化妆水、保湿精华霜等），具有抗氧化、美白、补水保湿的功效。日本京都宇治抹茶啫喱面膜，具有补水保湿镇定肌肤，保持水油平衡，改善毛孔，淡化痘印，修复粉刺肌肤等功效。

思考题

1. 超微粉碎对茶叶的理化性能有些什么影响？
2. 超微茶粉与抹茶的异同有哪些？
3. 超微茶粉与茶叶相比有什么优劣？
4. 如何提高抹茶的品质？
5. 浅谈超微茶粉的应用前景。

参考文献

［1］HU J H, CHEN Y Q, NI D J. Effect of superfine grinding on quality and antioxidant property of fine green tea powders［J］. LWT – Food Science and Technology, 2012, 45: 8 – 12.

［2］PARK D J, IMM J Y, KU K H. Improved dispersibility of green tea powder by microparticulation and formulation［J］. Journal of Food Science, 2001, 66(6): 793 – 798.

［3］SAWAMURA S, HARAGUCHI Y, IKEDA H, et al. Properties and shapes of Matcha with various milling method［J］. Nippon Shokuhin Kagaku Kogoku Kaishi, 2010, 57: 304 – 309.

［4］蔡剑雄, 任静, 李春方, 等. 不同杀青方式对富硒抹茶品质的影响［J］. 食品工业科技, 2015(14): 156 – 160.

［5］付杰, 夏小欢, 黄磊, 等. 抹茶产业的现状和前景展望［J］. 蚕桑茶叶通讯, 2017(1): 17 – 20.

［6］高飞虎, 袁林颖, 张玲. 超微绿茶粉贮藏过程中主要内含成分变化的研究［J］. 农产品加工, 2010(3): 49 – 52.

［7］郭敏明, 余继忠, 师大亮, 等. 夏秋季茶园覆盖遮阴比较试验［J］. 茶叶, 2009, 35(3): 150 – 156.

［8］胡建辉. 超微绿茶粉的制备技术、理化特性及其在蛋糕中的应用研究［D］. 武汉: 华中农业大学, 2009.

［9］胡云铃, 黄建安, 施兆鹏. 不同杀青方式对绿茶品质的影响［J］. 茶叶, 2008, 34(1): 24 – 28.

［10］金寿珍. 超微茶粉加工技术［J］. 中国茶叶, 2007(6): 12 – 14.

［11］刘东娜，聂坤伦，杜晓，等. 抹茶品质的感官审评与成分分析［J］. 食品科学，2014，35（2）：168 – 172.

［12］祁国栋，张炳文. 超微粉碎技术在中低档茶叶食品开发中的应用［J］. 农业工程技术：农产品加工业，2008（9）：33 – 35.

［13］舒朝晖，刘根凡，马孟骅，等. 中药超微粉碎之浅析［J］. 中国中药杂志，2004，29（9）：823 – 927.

［14］舒阳，杨晓萍. 不同粒径绿茶粉粉体表征与物理性质的研究［J］. 食品工业科技，2016（22）：164 – 167.

［15］舒阳. 不同粒径绿茶粉理化性质及体外消化研究［D］. 武汉：华中农业大学，2016.

［16］霜霜. 抹茶不是绿茶粉［J］. 茶博览，2009，4（6）：67.

［17］孙峰. 超微绿茶粉的制备及其茶饮料开发研究［D］. 南京：南京农业大学，2012.

［18］王弘，陈宜鸿，马培琴. 粉体特性的研究进展［J］. 中国新药杂志，2006（18）：1535 – 1539.

［19］王丽滨. 超微绿茶粉贮藏性能研究及其在蛋糕食品中的应用［D］. 武汉：华中农业大学，2008.

［20］杨丽红，刘政权，刘紫燕，等. 不同加工工艺对超微绿茶粉品质的影响［J］. 中国茶叶加工，2015（1）：35 – 38；47.

［21］杨维时，程徽儿，胡绍德. 茶叶产销新领域超微绿茶粉——中国抹茶问世［J］. 茶报，2002（1）：20.

［22］尹春英，刘乾刚. 抹茶溯源及其利用［J］. 茶叶科学技术，2008（2）：13 – 15.

［23］张正竹. 超微绿茶粉加工技术［J］. 茶业通报，2006，28（1）：19.

［24］朱旗，谭济才，罗军武. 日本碾茶生产与加工［J］. 中国茶叶，2010（3）：7 – 9.

［25］纵伟，梁茂雨，李爱莲. 湿法超微粉碎对茶叶理化性质的影响［J］. 食品工程，2006（4）：35 – 37.

第四章　速溶茶

第一节　速溶茶概述

一、速溶茶的起源与发展

速溶茶（instant tea）又名萃取茶，是以成品茶、半成品茶、茶副产品或茶鲜叶为原料，提取其水溶性组分精制而成的一种没有茶渣，不需开水，用冷水或冰水就可冲泡的茶制品。速溶茶既有茶的风味和功效，又便于和其他食品调配。

速溶茶是在传统茶加工基础上逐渐发展形成的一种新型产品。在20世纪40年代初期，随着速溶咖啡的发展，英国首先进行了速溶红茶的试制；美国于50年代初正式投入商业性生产；50年代末到60年代初，英、美等发达国家在主要的产茶国印度、斯里兰卡、肯尼亚等国投资办厂生产速溶茶；到70年代，印度、斯里兰卡等国生产的速溶茶产品已向十多个国家出口。目前，速溶茶产品已销往全球，主要的速溶茶销售国有美国、英国、德国、爱尔兰、意大利、新西兰、加拿大、荷兰、芬兰、比利时、日本、南非、韩国、菲律宾等国，其中美国速溶茶的销量居世界首位。

我国速溶茶的试制始于20世纪60年代初；70年代后我国进行了大规模的速溶茶研制工作；90年代中后期速溶茶的产量开始迅速增长；目前已在福建、浙江、江苏、湖南、云南、台湾等省建立了多个规模较大的速溶茶生产厂，在产品种类、产品质量及产品的销售等方面均取得了突破性的进展。

在速溶茶生产初期，所采用的设备和制造技术均来自速溶咖啡。由于茶的生化成分和品质特征与咖啡不同，导致速溶茶的品质受工艺的影响较大。围绕如何选择适当的工艺条件与设备，保证在速溶茶加工过程中保持茶叶原有的风味与品质，以适应速溶茶的商业化生产问题，科研人员进行了大量的研究和探索。随着速溶茶加工技术日趋完善，速溶茶品质取得了突破性的进展。然而，目前在速溶茶生产中仍然存在得率低、香气淡薄、冷溶性不好等问题，制约着速溶茶工业化的进一步发展。

二、速溶茶的特点

速溶茶自20世纪40年代初发展至今，已成为最受人们欢迎的茶叶制品之一。速溶茶之所以能迅速发展，这与其本身固有的特点密不可分。

（1）速溶茶基本保持了茶叶原来的色、香、味品质，含有传统茶叶中能够进入茶汤的营养成分和风味物质，具有茶对人体的一切功效。

（2）速溶茶具有冲饮方便、杯内不留残渣，容易调配，既可热饮又可冷饮，包装牢固，重量轻，便于携带的特点，能满足不同消费者的需求。

（3）速溶茶符合食品卫生安全要求，不含有害物质，原料中所含有的重金属、农药残留物等在速溶茶加工过程中均随茶渣一起除去，是一种比较纯净的饮品。

（4）加工速溶茶的原料来源广泛，不受产地、时间限制，既可直接取材于中低档成品茶，也可用鲜叶或半成品茶为原料，容易实现机械化、自动化和连续化生产；产品品质比较稳定，成品易于保存运输。

（5）速溶茶具有健康、快捷、方便、卫生的特点，相对于一般茶制品，更符合现代生活快节奏的需要，迎合现代饮料消费时尚。

三、速溶茶产品的分类

（一）按溶解性分

速溶性是衡量速溶茶品质的重要因子之一。按其溶解特性，速溶茶可分为冷溶型和热溶型两种。冷溶型是指能在10℃以下（包括冰水）的冷水中迅速溶解，热溶型是指只能在50℃以上的热水中溶解完全。热溶型速溶茶香气滋味高于冷溶型。

（二）按原料茶种类分

按原料茶种类不同，速溶茶可分为速溶红茶、速溶绿茶、速溶乌龙茶、速溶黑茶、速溶花茶等，但以速溶红茶居多。

速溶红茶是以红茶为原料或在加工过程中通过转化将非红茶原料加工成具有红茶特征的速溶茶。速溶红茶的特点是汤色红明、香气鲜爽、滋味醇厚。

速溶绿茶是以绿茶或茶鲜叶为原料，经萃取、浓缩、干燥等工艺制作而成、具有绿茶风味的速溶茶。速溶绿茶的特点是汤色黄而明亮，香气较鲜爽，滋味浓厚。

速溶乌龙茶是以乌龙茶为原料，经过浸提、过滤、浓缩、干燥等工艺制作而成、保持了原茶风味的速溶茶。速溶乌龙茶的特点是汤色橙黄清澈，香气纯正高长，滋味醇和。

速溶普洱茶是以普洱茶为原料，通过浸提、过滤、浓缩和干燥等工序加工而成的、保持了原普洱茶风味的速溶茶。速溶普洱茶疏松度适宜，汤色红褐明亮，陈香显著，滋味醇和。

速溶花茶是用各种花茶为原料，或以鲜花和茶叶为原料加工而成的、具有花茶风味的速溶茶。速溶花茶汤色明亮，有明显的花香，滋味浓厚。

（三）按加工原料的组成分

按速溶茶加工原料的组成不同，速溶茶可分为纯速溶茶、调味速溶茶及保健速溶茶。

仅以茶叶为原料制成的速溶茶称为纯速溶茶，具有原料茶叶应有的色香味，如速溶红茶、速溶绿茶、速溶乌龙茶等。该速溶茶既可直接饮用，也可作为其他茶饮料的原料用茶，如调味速溶茶。

调味速溶茶又称混合速溶茶、冰茶，是以速溶茶为原料，同各种甜味剂、酸味剂、芳香剂按一定比例调配而成，如美国立顿（Lipton）公司的立顿牌调味速溶茶。调味速溶茶是在速溶茶基础上发展起来的配制茶，起初多用来做夏季清凉饮料，加冰冲饮，故又称冰茶。

保健速溶茶是指用某一种或数种功能植物的原料与茶叶拼和或不拼和加工而成的、具有某种保健功能的速溶茶产品，如八宝速溶茶、灵芝速溶茶、绞股蓝速溶茶、猕猴桃速溶茶等。

四、速溶茶产品品质要求

（一）感官指标

速溶茶总体要求应具有该产品应有的特征外形、色泽、香气和滋味，无结块、无酸败及其他异常；速溶性好，用水冲溶后呈澄清或均匀状态，无正常视力可见的茶渣或外来杂质。

速溶茶有颗粒状、碎片状和粉末状。无论是哪种形状的速溶茶，其外形均要求匀齐、疏松。一般体积质量为 6 ~ 17g/100mL，以 13g/100mL 最佳。如果是颗粒状，颗粒直径为 200 ~ 500μm，要求均匀分散，呈空心状，互不黏结；如果是碎片状，要求片薄而卷曲，不重叠。

色泽要求速溶红茶为红黄、红棕或红褐色，速溶绿茶呈黄绿色或黄色，速溶乌龙茶呈红棕色，都要求鲜活有光泽。冷泡后要求汤色清澈，速溶红茶红亮或深红明亮，速溶绿茶要求黄绿色，速溶乌龙茶橙红明亮；热泡要求清澈透亮，速溶红茶红艳，速溶绿茶黄绿或黄而鲜艳，速溶乌龙茶橙黄明亮。

香气要求有原茶风味，香气正常，无酸馊气、熟烫味及其他异味；滋味鲜爽。

（二）理化指标

速溶茶的理化指标以速溶红茶和速溶绿茶的理化指标要求为例，要求符合 GB/T 31740.1—2015《茶制品　第 1 部分：固态速溶茶的理化指标要求》，见表 4 − 1。

表 4 − 1　　　　　　　　　　　　固态速溶茶理化指标

项目		指标	
		固态速溶绿茶	固态速溶红茶
茶多酚（质量分数）/%	≥	20	15
儿茶素类（质量分数）/%	≥	10	—
茶黄素（质量分数）/% ≥	热溶型	—	0.3
	冷溶型		
咖啡碱（质量分数）/%	≤	15	
水分（质量分数）/%	≤	6.0	
总灰分（质量分数）/% ≤	热溶型	15	20
	冷溶型	20	35

（三）卫生指标

速溶茶的卫生指标见表4-2。

表4-2　　　　　　　　　　　　　　　速溶茶卫生指标

项目		指标
铅（以 pb 计）/（mg/kg）	≤	5.0
总砷（以 As 计）/（mg/kg）	≤	2.0
菌落总数/（CFU/g）	≤	1000
大肠菌群/（MPN/100g）	≤	30
霉菌及酵母/（CFU/g）	≤	100
致病菌（沙门菌、志贺菌、金黄色葡萄球菌）		不应检出

第二节　速溶茶加工工艺

茶叶所含生化成分是速溶茶生产工艺技术的理论依据，化工原理则是有关设备选型的重要指南。为了生产品质优良的速溶茶产品，无论是提取过程对茶叶生化成分的影响，还是加工工艺选择及工艺过程中技术参数的确定，都对速溶茶品质有较大影响。

速溶茶加工基本工艺流程为：取材 → 处理 → 提取 → 净化 → 浓缩 → 干燥 → 包装 。下面分别对每个工序进行介绍。

一、取材及处理

生产速溶茶的原料来源广泛，可选择茶鲜叶、成品茶或半成品茶（如杀青叶、揉捻叶、发酵叶）。采用成品茶加工速溶茶，货源充沛，生产可以不受采茶季节的影响，且这种原料的质量比较稳定，因此，大多数生产速溶茶的国家都是直接取材于成品茶。采用鲜叶或半成品茶加工速溶茶较之成品茶制造更有新鲜的茶味感，汤色明亮，且易提净、制率高、成本低。直接利用鲜叶加工得到速溶茶粉能有效降低生产成本，但是直接以鲜叶制造速溶红茶要经过转化处理。

速溶茶的品质特别重视色泽及香味，且原料成本是速溶茶加工的主要生产成本之一。为了降低成本，生产厂家大都选用中低档茶作为原料生产速溶茶，这些原料中不仅对速溶茶风味贡献大的成分含量较低，且比例也不协调，如果直接做成速溶茶则产品滋味差、香气淡薄。不仅如此，由于原料产地、规格及来源不同，导致有效成分及总浸出物含量不尽相同，因此，对加工速溶茶的原料必须进行认真的感官审评和理化检测，且还要根据需求进行原料选择或适宜的拼配。

原料的选择应采用品质互补、制率互补及价格互补原则。选用多种原料拼配而成的综合原料既有利于改良和修正单一原料的品质缺陷，也有利于保证速溶茶品质的稳定性，避免因原料来源单一而造成提取物产品质量上的波动。如制造速溶红茶，配搭 10%～15% 的绿茶，可以明显改进汤色，提高产品的鲜爽度。选用茶叶副产品或低档茶作原料，原料中各成分协调性差，使其品质粗涩、香气差；为提高速溶茶品质，且有较高的经济效益，可在茶叶副产品或低档茶中加入 20%～30% 的中上档茶。

原料选定后一般先进行烘焙处理。烘焙的目的是脱去茶叶中过多的水分，确保茶叶在贮藏过程中不变质；也可有效地去除异味，调整茶叶香气及滋味。高级茶叶为保持其原有成分及香味，宜使用 80℃ 以下温度短时间进行烘焙，使茶叶含水量降至 3% 以下；低级茶叶可将烘焙温度提高至 120℃，以除去青味。茶叶若不事先进行烘焙或烘焙温度、时间不够，可能会导致抽取液出现浑浊甚至产生沉淀。

原料选定烘焙后还需要进行轧碎处理，以提高可溶物的浸出率。一般轧碎程度掌握在 40～60 目为宜。如果过度粉碎将导致过滤困难，浸提液浑浊不清。

二、提取

提取是利用溶剂将茶叶内的有效成分提取出来的过程，也称为萃取。速溶茶加工一般是用水来提取茶内有效成分。提取是速溶茶生产中的关键环节，不仅影响速溶茶成品的色、香、味等品质，也影响速溶茶的得率。

茶的风味物质分布在叶肉组织的不同部位。构成茶叶香气、滋味和色泽的成分多分布在接近表面层的叶肉细胞里，赋予茶收敛性、浓强度的成分多分布在叶肉细胞组织的深层。前者易提取，对高温处理敏感，提取温度宜低；后者稳定性好，不易提取，提取温度宜高。目前，速溶茶的浸提方式主要包括单级浸出式萃取、浇渗式萃取和逆流连续萃取三种，其中以逆流连续萃取提取效果最佳，所得提取液的浓度高。

单级浸出式萃取是最传统的提取方式，最初的茶饮料生产企业常采用这种提取方式。该方法的设备由不锈钢主体罐、提升气缸、搅拌装置、加料口和出渣门等部分组成（图 4 - 1）。该浸提方式提取设备操作简单，成本较低；但是提取的产量和效率较低，只适用于间歇性作业，无法实现连续提取，且因长时间高温提取茶汁的风味容易受到影响，适合加工生产批量小或品质要求不高的茶饮料产品。

浇渗式萃取浸提方式是根据物料的提取特点和单级浸出式提取的缺陷进行改进和提高而形成的。这种提取装置由若干不锈钢提取罐串联而成，水按一定的顺序依次流经各个提取罐，使新投入的茶叶与即将出罐的浓茶汁相接触，而提取完毕的茶叶则与新进入的水相接触，提取罐内的茶叶依次被更换，从而达到连续提取的目的。与单级浸出式相比，浇渗式浸提方式的茶汁出料及时，可提高茶叶内含物的提取率，茶汁品质较好；但其处理需要较多人力而且操作复杂，生产成本较高。

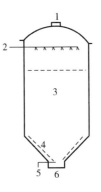

图 4 - 1　茶叶单级浸出罐

1—茶叶进口　2—水进口　3—茶叶
4—假底　5—茶汁出口　6—茶渣出口

逆流连续萃取浸提方式是将茶叶和水在提取装置内同时作连续逆向运动，从而实现茶汁提取的连续化作业。连续式浸出器有U型（图4-2）和斜卧式两种。从技术上讲，连续逆流提取是目前最先进的提取方式，其优点为提取溶剂少，节能显著；能始终保持一定的浓度梯度，浸出效果好，提取完全，可实现连续作业，节省人力，且茶汁风味品质保持较好；其缺点为所需设备复杂，操作步骤较烦琐，总投资较高。连续逆流式提取适合批量较大、品质要求较高的产品加工。

选用茶饮料提取方式一般应根据茶叶原料的特点和生产产品的要求，从产品的品质、得率和加工效率等方面综合进行考虑。一般对加工需要浓缩工序的速溶茶或茶浓缩汁产品，应尽量采用多级浇渗式或连续逆流式提取方法；

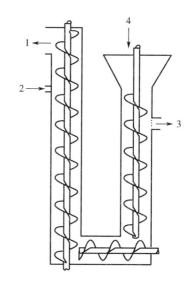

图4-2　茶叶连续式浸出器（U形）
1—残渣　2—溶剂　3—浸出液　4—物料

纯茶饮料尽量采用多级浇渗式或连续逆流式提取方法；如果要求控制生产成本或仅生产普通调味茶饮料产品的企业可采用单级浸泡式提取。

三、净化

速溶茶对茶汤有严格的要求，不能含有杂质和沉淀。然而，在抽提液中常有少量茶叶碎片悬浮物，抽提液冷却后又会出现少量冷不溶性物质，因此，抽提液必须要经过净化处理。所谓净化是指除去茶叶浸提液中杂质和沉淀的过程。目前，净化方法主要有物理净化和化学净化两种。

（一）物理净化

茶汁的物理净化一般是通过过滤和离心等物理方式将茶的残渣、悬浮物及抽提液冷却后出现的少量不溶性物质与浸提液分离。除去茶浸提液中的残渣一般选用离心的方法，通过高速旋转产生的离心力将残渣与浸提液分离，也可选用过滤的方法来去除。茶汁的过滤分为粗滤和精滤。粗滤一般用普通筛滤机，过滤掉可用离心机离心去除的大小杂质。精滤目前使用较为广泛的是膜过滤技术，如陶瓷膜过滤、超滤等。膜过滤技术原理在于膜能使茶叶浸提液中的有效风味物质通过，而将大分子物质和已经形成的沉淀截留，从而起到澄清浸提液作用。

1. 陶瓷膜过滤

陶瓷膜也称CT膜，是固态膜的一种，具有分离效率高、效果稳定、化学稳定性好、耐酸碱、耐有机溶剂、耐菌、耐高温、抗污染、机械强度高、膜再生性能好、分离过程简单、能耗低、操作维护简便、膜使用寿命长等众多优势。可用于速溶茶制备工艺过程中的分离、澄清、纯化、浓缩、除菌、除盐等。如周天山等（2005）选用陶瓷膜过滤绿茶茶汤，经浓缩、喷雾干燥制备速溶绿茶粉，结果发现陶瓷膜能起到澄清速溶茶的作用，而且风味物质也能得到有效保存；选用 0.1μm 孔径的陶瓷膜，在 10℃温度下过滤制得的速溶茶具有良好的冷溶性。

2. 超滤

超滤技术是利用膜表面的微孔结构对物质进行选择性分离。当液体混合物在一定压力下流经膜表面时，溶剂和小分子溶质透过膜（称为超滤液），而大分子物质则被截留，使原液中大分子浓度逐渐提高（称为浓缩液），从而实现大、小分子的分离、浓缩、净化的目的。如尹军峰（1998）研究认为采用截留相对分子质量为 10 万的超滤膜在 20～30℃ 条件下对红茶茶汁进行超滤，可明显改善红茶汁的冷后浑现象。

（二）化学净化

化学净化即通过各种化学方法将因"冷后浑"产生的茶乳酪转溶，以保证速溶茶在冷水、冰水或硬水冲泡时有明亮澄清的汤色。速溶茶的转溶处理将在下一节详细讲解。

四、浓缩

净化后的提取液浓度很低，仅含有 2%～5% 的固形物，必须要进行浓缩，将固形物含量提高到 20%～40%，以提高干燥效率，同时也有利于获得低密度的颗粒速溶茶。

常用的浓缩方法有真空浓缩法、冷冻浓缩法和膜浓缩法等。浓缩工艺对速溶茶品质影响较大，主要是导致香气物质的损失及生化成分的进一步氧化、分解。

（一）真空浓缩法

真空浓缩是利用提取液中水在减压条件下沸点明显降低的特性，达到低温蒸发的目的，从而使那些在高温下挥发的芳香物质得到保留，并减少了多酚类物质在高温下的氧化。尽管水的沸点降低了，但是真空浓缩仍需适当地加热。鉴于茶叶中的有效成分大多是热敏性物质，若温升太高，产品的色、香、味品质都会明显降低。为了减少浓缩过程的香气损失，并尽可能避免多酚类化合物的进一步氧化，必须选用高效真空浓缩设备。我国目前使用较多的真空浓缩设备有离心薄膜真空浓缩和各种升膜式或降膜式真空浓缩设备。由于产能提升和节能需要，目前真空浓缩正在向大型化、多效化以及机械压缩蒸发器的方向发展。

真空减压浓缩时，茶叶中香气成分挥发较多，影响了速溶茶品质。真空浓缩即使在真空度 >680mm 汞柱、浓缩温度 <50℃，浓缩时间 <30min、浓缩至最终浓度 30% 左右的浓缩条件下，速溶茶提取液的香气成分依然损失严重。

（二）冷冻浓缩

冷冻浓缩是利用在常压下稀溶液与冰在冰点以下固液相平衡原理，将溶液中的水分子凝固成冰晶体，用机械手段将冰去除，从而减少溶液中的水，使溶液得到浓缩。冷冻浓缩包括两个步骤，第一步是部分水分从水溶液中结晶析出，第二步是将冰晶与浓缩液加以分离。

与真空浓缩相比，冷冻浓缩的优点在于低温下有利于保持茶的天然本色，减少氧化及香气物质的损失。其缺点是成本较高，手续较繁杂，目前在速溶茶生产中应用还不多；同时，弃除的冰晶内部将夹带一些可溶物，从而影响了产品得率。针对速溶茶冷冻浓缩的主要问题溶质损失和茶香物质损失，可通过控制溶液浓度和结晶条件，得到适当大小的冰晶，使溶质损失减少；采用带茶香物质回收装置的真空冻结装置，可减少芳香物质的损失。

（三）膜浓缩

膜浓缩是利用天然或人工合成的、具有选择透过性的薄膜，以外界能量或化学位差为推动力，对双组分或多组分体系浓缩的方法。膜浓缩是利用有效成分与液体的分子量不同，实现定向分离而达到浓缩的作用，是一种改革传统工艺实现高效纯化浓缩的技术。相对于传统的加热浓缩，膜浓缩具有能耗低、在常温下进行、对产品影响小等优点。

速溶茶生产中常用的膜为反渗透膜，也有用超滤膜。用反渗透膜对茶提取液进行浓缩有利于提高产品香气与冷溶性。茶提取液进入反渗透膜，对膜一侧的料液施压，水透过膜渗出而使茶汁达到浓缩目的。利用反渗透膜浓缩茶汁具有速率快，温度低的特点，能够最大限度保证茶汤内含物质的稳定，产品风味保持良好，同时降低能耗。缺点是对膜要求高，浓缩的浓度受到限制，热溶型产品尤其是优质热溶红茶无法用膜浓缩，且在使用反渗透膜浓缩之前最好通过陶瓷膜过滤。

膜技术兼有分离、浓缩、纯化等多种功能。如孙艳娟等（2009）分别利用超滤膜和反渗透膜对茶叶进行浸提除杂和浓缩，再经冷冻干燥制成速溶茶；研究表明超滤膜和反渗透膜分别在平均通量为 $47.4L/（h \cdot m^2）$、$1.65L/（h \cdot m^2）$，浓缩倍数为 13.9 倍、1.94 倍的条件下效果最佳。

五、干燥

干燥是速溶茶加工过程中的最后一道工序，不仅对成品速溶茶的品质起着决定性作用，而且对制品的外形及速溶性等也有重要影响。速溶茶的含水量最好控制在 3% ~4%，过高过低都会影响速溶性。目前速溶茶的干燥方式主要有喷雾干燥和冷冻干燥两种。

（一）喷雾干燥

喷雾干燥机（图4-3）的工作原理是利用雾化器将料液分散为细小的雾滴，并在热干燥介质中迅速蒸发溶剂形成干粉的过程。料液的形式可以是溶液、悬浮液、乳浊液等可经泵输送的液体形式，干燥的产品可以是粉状、颗粒状或经团聚的颗粒，具有良好的分散性和溶解性。喷雾形式有两种：一种是离心式喷雾（图4-4），它是利用转盘的高转速将浓缩液雾化；

图4-3　喷雾干燥机

另一种是压力式喷嘴喷雾，它是利用压缩空气将料液雾化。国内速溶茶粉生产多采用压力喷雾干燥。为了提高速溶茶的品质，可在喷雾干燥前对茶浓缩液进行处理。如茶浓缩液浓度稀而要求制备中空球状颗粒速溶茶，则可在喷雾干燥前添加赋形剂（如环糊精）或液态 CO_2。

喷雾干燥是速溶茶生产最常用的干燥方法，该方法具有干燥效率高、成本低（一般为冷冻干燥的1/7左右）、产品品质较好、易于连续化生产等优点；但是经喷雾干燥加工的产品香气较差，冲泡时容易产生浮沫，溶解性也不如冷冻干燥产品，且单位产品耗热量大。

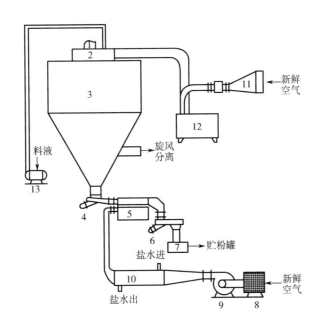

图 4 - 4　离心式喷雾干燥机

1—离心喷雾器　2—蜗壳式热封盘　3—干燥塔　4—振动器　5—沸腾冷却床　6—振动器　7—粉箱
8—空气过滤器　9—风机　10—减湿冷却器　11—空气过滤器　12—燃油热风炉　13—料液泵

（二）冷冻干燥

冷冻干燥是先将物料进行速冻，再在真空条件下加热，使物料中的水分在低温条件下由固态冰直接升华转化为蒸汽，从而使物料脱水干燥。相对于其他干燥方法来说，冷冻干燥全过程在低温、真空条件下进行，避免了氧化及高温对生物活性物质的影响，能最大限度地保留物料原有的营养、味道、芳香和颜色，因此特别适用于速溶茶的干燥，是目前生产高品质速溶茶的最佳干燥工艺。

真空冷冻干燥的产品，外观色泽均匀，质地疏松多孔，溶解性好，冲泡时不产生乳沫；由于干燥在真空、低温下进行，有助于保持茶的色、香、味品质，速溶茶产品品质较佳。但由于冷冻干燥的成本高、生产能力小、耗电量大，在大规模生产中应用受到了限制。

六、包装

速溶茶制品体积质量小，比表面积大，容易吸潮结块。速溶茶即使是轻度吸潮也会导致结块变质，损失香气，汤色变深，严重吸潮时会变成似沥青状，无法饮用；同时速溶茶对异味敏感，容易吸收贮存环境的异味，影响饮用品质。因此，速溶茶的包装材料要求严格，必须做到轻便、安全、无毒、无异味，防潮和密封性能好。

速溶茶包装宜用轻便包装材料，常用深色的轻量瓶、铝制罐装、铝箔塑料袋等；采用全自动包装机在低温、低湿条件下迅速包装，在用铝箔封瓶以前最好抽真空和充氮。控制包装车间温度小于20℃，相对湿度低于60%。包装好的速溶茶应放在专用仓库中贮存，库房温度在25℃以下，相对湿度小于75%，保持阴凉、清洁、干燥。

第三节 速溶茶加工重要技术

速溶茶以其丰富的种类和方便、快捷的饮用方式，赢得了广大饮茶消费者的喜爱。但是，迄今为止溶茶粉的加工过程中仍存在着一些问题，如速溶茶香气贫乏、滋味淡薄、茶汤易混浊和沉淀、冷溶性不良、易结块、销售运输和包装难度大等情况，如何低成本、高效率地解决这些问题是今后速溶茶研究的重点方向，也是速溶茶加工过程中的重要环节。

一、提取

（一）提取目的

茶叶提取一般是指以水为溶剂将茶叶中的各种可溶性成分溶出的过程。茶叶提取的目的是要用尽可能少的溶剂抽提出尽可能多的构成茶良好风味的可溶物。茶叶提取效果的衡量指标常用抽提率。抽提率是指100kg原料茶中被抽提出可溶物的质量（kg）。速溶茶的抽提率常控制在35%左右。

茶叶提取不仅影响提取率，且对速溶茶品质有相当重要的影响，提取效果的好坏将直接影响到茶叶原料的利用率和后续生产过程。因此，茶叶提取是速溶茶生产工艺中最重要的环节之一。

（二）茶叶内含成分的浸出机理

茶叶内含成分浸出理论的研究始于20世纪70年代，浸出过程系指溶剂进入细胞组织内部溶解其可溶性成分变成浸出液的全过程。茶叶提取实质上是溶质由茶叶固相转移到液相中的传质过程，以扩散原理为基础。茶叶内含成分浸出的限速步骤是物质从茶叶内部向叶表面的扩散过程。由于茶叶具有不均匀性和多样性的特点，不同来源茶叶内含成分也存在较大的差别，从而使茶叶中各种成分的浸出速率及浸出量等指标出现较大的不同；但是茶叶内含成分的浸出过程基本相同，一般分为三个阶段（罗龙新，2001）。

1. 内含成分的起始扩散阶段

当茶叶中加入热水时，热水首先浸润茶叶，并逐渐渗透进入茶叶组织及细胞内部；同时，茶叶内可溶性物质逐渐溶解于水中。这一阶段，内含成分的扩散速率符合动力学的零级方程，即浸出速率与溶质的浓度无关。

2. 内含成分的质量传递阶段

由于体系中浓度梯度的存在，使茶叶内部（组织和细胞）的可溶性成分由高浓度向茶叶表面低浓度的方向扩散，即溶质（可溶性成分）的质量传递。这一过程，由于要克服细胞及组织的阻力，并且与浓度梯度有关，因此内含成分浸出速率符合一级动力学方程。

3. 内含成分浸出的平衡阶段

茶叶内含成分继续从茶叶表面向溶剂水中扩散，并逐渐达到浸出平衡。

（三）影响提取效果的因素

影响速溶茶提取效果的因素主要有浸提方式、茶叶粒径、浸提温度、浸提时间、茶水比、浸提次数等。

1. 茶叶粒径

茶叶粒径的大小会影响可溶性成分的溶出。一般粒径越小，茶叶可溶性物质浸出率越大。因为茶叶粒径越小，与溶剂接触的面积就越大，溶剂由颗粒内扩散至颗粒表面的距离越短，从而浸出速率越快，浸出率越高。因此，茶叶浸提前必须要对原料进行适度粉碎。一般粉碎的碎度以过 40 目筛孔为宜。粉碎颗粒过大，茶汁难以透过叶表面渗出；若粉碎粒度过细，易混入茶汤，在过滤时容易堵塞，影响过滤速度，也易耗损过滤器材。

2. 浸提温度和时间

茶叶可溶性成分的溶出与浸提温度、浸提时间密切相关。一般茶水浸出物、茶多酚、氨基酸的含量随水温的升高、浸提时间的延长而增加。但是，过高的温度对茶汁色泽不利，且高温浸提还会导致香气逸散，成本也高；同时，萃取水温在 90℃ 以上时，茶叶中咖啡碱及茶多酚等主要苦涩味成分的溶出速率较大，其茶汤滋味较低温萃取者苦涩。萃取时间过长，不仅对茶汁色素、香气、滋味有影响，还会使茶叶中易产生沉淀的物质溶出过多，使沉淀难以消除；且长时间浸提会消耗太多能源，也不经济。当浸提温度较低时，可适当延长浸提时间。

一般速溶绿茶的浸提温度通常略低于速溶红茶，冷溶型速溶茶的浸提温度应低于热溶型速溶茶；绿茶及要求冷溶的速溶茶的浸提时间宜短，而红茶、乌龙茶的浸提时间可适当延长。

3. 茶水比

茶水比是指每浸提 1kg 茶与所需用水的质量的比值。提取时加水越少，意味着浸提液的浓度越高，则茶汤在浓缩时的蒸发量减少，从而减少了芳香物质的挥发，降低了茶多酚等有效成分的氧化，从而提高了茶汤质量；但是加水过少，则有效物质浸出量减少，得率降低。因此茶水比例也应因茶而异，因产品质量要求而异。速溶茶的提取一般所用茶水比以 1∶10～1∶20 为宜；采用分批抽提方式提取时茶水比为 1∶12～

1∶20，连续抽提方式提取时茶水比不超过1∶10。

4. 提取次数

提取次数对茶叶所含可溶性成分的浸出率也有影响。随着浸提次数的增加，茶汤中可溶性物质含量逐渐降低，几乎所有香气成分也均表现不同程度的下降。在传统的单罐提取过程中，可通过增加提取次数来提高茶饮料的得率；但提取的次数和方式应根据茶饮料产品的不同而异。通常高档纯茶饮料的浸提次数为1次，而调味茶饮料或传统的速溶茶提取次数可以增加到2~3次，且不同次提取的温度、时间等工艺参数也不尽相同。在多级提取或连续逆流提取过程中，浸提次数均为1次。

5. 添加外源酶

为了提高茶叶的浸出效率，改善产品质量，可在茶叶提取过程中添加外源酶制剂。茶饮料生产中常用的酶制剂有单宁酶、单宁酶－纤维素酶、单宁酶－果胶酶等。

（四）辅助提取技术

传统速溶茶提取方式多是在高温条件下进行的，这使得一些难溶于冷水的果胶、蛋白质等大分子物质也被萃取出来，造成速溶茶的冷溶性较差，且高温条件下香气物质损失较多；而高温短时提取或低温提取又会影响茶叶品质成分的溶出，造成速溶茶滋味淡薄。

近年来，随着超声波提取、微波提取、超高压提取、酶法提取等新浸提技术的引入，不仅提高了速溶茶制备过程中茶叶的提取效率，且在一定程度上解决了茶汤混浊、色泽褐变、香气损失等问题。如谭淑宜等（1991）报道用酶法提取改善速溶茶品质，茶叶浸提时加入0.3%纤维素酶、0.1%果胶酶和0.5%蛋白酶，可使抽提率大大增加，且改善了香气、汤色和清澈度。但是，目前大部分高新提取技术手段还集中在科研中，应用于大规模工业生产中还存在一定的局限性。

二、转化

用鲜叶、半成品或成品绿茶为原料加工速溶红茶时，需要在抽提液中完成传统红茶加工的发酵过程。传统红茶加工的发酵过程是靠茶树鲜叶中自身的氧化酶来催化各类物质变化；而生产速溶茶时，既可利用茶树鲜叶中的酶来完成发酵过程，也可利用其他植物或微生物来源的酶，甚至可以用通氧、加热、加压等方法来完成。由于速溶红茶加工过程中的这种变化与传统发酵有所不同，所以称转化。转化的目的一般认为主要是将绿茶或鲜叶提取液转化成具有红茶的品质特征。

常用的转化方法有酶转化法、化学转化法及物理转化法等。

（一）酶转化法

速溶红茶加工过程中，既可利用茶树鲜叶中的酶（主要有多酚氧化酶和过氧化物酶）来完成发酵过程，也可利用其他植物或微生物来源的酶来完成转化。

利用茶树鲜叶中的酶来加工速溶红茶，相对比较简单方便。将酶加入到未发酵茶的浸提液中，在一定温度下振荡保温一定时间，就能完成绿茶变红茶的转化过程。如以茶鲜叶为原料制作速溶红茶，鲜叶轻度萎凋 → 用转子机或CTC（压碎、撕裂、揉卷）机切碎 → 发酵 （于 30～40℃ 发酵，以缩短发酵时间）→ 高温灭酶 → 浸提 。这种方法基本保留茶叶的传统加工工艺，茶叶生产国多采用此法来生产。

其他植物如马铃薯皮、菊苣、苹果树的愈伤组织等也都含有促进酚类物质转化的酶系；微生物如细链格孢 A－2 和芽枝状枝孢等也能产生一种邻位二酚氧化还原酶，其转化效果类似于多酚氧化酶。可以利用它们为酶源，完成速溶红茶加工的转化过程。非产茶国以绿茶为原料加工速溶红茶或为了提高速溶红茶的品质，多采用此法来生产。

（二）化学转化法

在速溶红茶制造过程中，除可用酶催化茶内含物完成转化外，还可采用化学方法来完成氧化反应，达到转化目的。常用的化学氧化剂有高锰酸钾、臭氧和过氧化氢等，利用这些无机催化剂来氧化多酚类物质达到转化目的。如在绿茶抽提液内加入高锰酸钾（加入量约为抽提液固形物干重的 0.06%），在温度 80～90℃、历时 6h 左右即可完成转化；或者将绿茶抽提液 pH 调至 7.5 后，通入含质量浓度为 22.3mg/L 臭氧的空气并搅拌 28min（通气量按 62L/kg 茶叶计），再通入 3min 纯空气，调 pH 至 5.4，降温至 66℃ 左右时，加入相当于抽提液中固形物干重 2.4% 的 $CaCl_2 \cdot 2H_2O$，再降温至 15～16℃ 离心除杂，即完成转化。

（三）物理转化法

茶内含物的转化还可以通过采用加压、加热、通氧、改变 pH 等物理方法。在速溶红茶制造过程中，常采用加压转化的方式。具体操作为将绿茶的水抽提物在有足够氧气的条件下加热到 50℃ 左右，然后施加 689.41kPa 以上的压力，绿茶的抽提液就会转化成红茶抽提液。

酶转化法与化学转化法、物理转化法各有自己的优缺点。酶转化法条件温和，产品质量好，但成本贵；化学转化法简单易行，但产品汤色暗、茶味偏涩、香气也较差；物理转化法简单，但对设备要求高，产品质量也相对较差。三种转化方法在转化过程中除了多酚类物质氧化聚合成茶黄素、茶红素、茶褐素外，其他成分也经历着复杂的转化过程，如氨基酸的转化、糖类物质的转化、叶绿素的水解和脱镁作用等。正确地把握转化进程，控制转化条件，使各种物质都获得适当的转化是加工优质速溶茶的关键。

三、转溶

速溶茶加工过程中，经严密过滤后的茶提取液在冷却过程中会慢慢浑浊，最终形成乳状物沉淀，这种不溶物俗称"茶乳酪"或"冷后浑"。为了保证速溶茶在冷水、冰水及硬水冲泡时均有明亮澄清的汤色，在速溶茶生产过程中需要用各种方法将因"冷后浑"现象产生的沉淀转溶。

（一）"冷后浑" 现象的形成机理及影响因素

红茶茶汤冷却后常见有乳状物沉淀析出，茶汤呈黄浆色浑浊，这就是所谓红茶的"冷后浑"现象。红茶"冷后浑"现象最早是由 Roberts（1963）提出的，认为茶汤浑浊主要成分是咖啡碱、茶红素和茶黄素，三者比例为 17∶66∶17。随后相关研究表明，茶汤浑浊中还含有蛋白质、果胶物质、少量双黄烷醇、脂溶性色素、核酸及金属离子等；虽然绿茶茶汤中不存在茶红素和茶黄素，但是也能形成冷后浑，酯型儿茶素类物质是绿茶茶汤浑浊形成的重要诱导因子。

"冷后浑"现象产生的实质是咖啡碱与茶多酚及其氧化产物分子间通过氢键缔合形成的大分子化合物；在此基础上，茶多酚及其氧化产物与蛋白质互作进一步促进"冷后浑"现象的形成。因此，咖啡碱含量对茶乳的产生量有较大影响；茶红素和茶黄素结构中的没食子酸酯对茶乳的形成有重要作用，儿茶素中酯型儿茶素较非酯型儿茶素易形成茶乳。脱咖啡碱或脱没食子酸酯均可提高速溶茶的溶解性，且脱咖啡碱的影响比脱没食子酸酯的影响大。茶多酚产生"冷后浑"现象的能力与其氧化程度呈正相关；Ca^{2+}、Ag^+、Fe^{2+}、Fe^{3+}、Hg^{2+} 等金属离子参与茶多酚的络合，促进茶乳的形成；氨基酸也可促进"冷后浑"形成，但影响不显著。

茶乳酪的形成与溶液 pH 有关。红茶茶汤 pH 在 5.0 左右，随着 pH 上升，茶乳酪形成量减少，pH 降低，茶乳酪形成量上升，pH4.0 时茶乳酪生成量最多。无论在何种茶汤体系中，茶汤浓度越大，茶乳酪的形成量以及粒径越大、越易沉淀；提取茶叶时提取温度越高，茶汤固形物含量越大，越易形成茶乳酪。

由此可见，影响茶乳酪形成的因素十分复杂，茶叶原料、茶叶浸提条件与冷却温度、茶汤浓度与化学组成、金属离子、水质及酸碱度等都影响着茶乳酪的产生。

（二）转溶方法

速溶茶转溶的目的就是在速溶茶生产过程中将茶乳酪转化为可溶状态或者去掉。如果不转溶处理对热溶型速溶茶无太大影响，但对冷溶型速溶茶，影响其溶解性和外观，限制了速溶茶产品在茶饮料加工中的应用。

转溶方法主要有物理方法、化学方法及酶法三种。

1. 物理方法

温度与茶乳酪的形成密切相关。物理转溶处理方法是将茶汤降温，促使茶汤中茶乳酪形成，然后通过离心或过滤去除沉淀而达到澄清茶汤的目的。物理转溶还可通过膜过滤截留能促进茶乳形成的蛋白质、果胶等大分子物质，在一定程度上保证茶汤的澄清。物理方法转溶的缺点为茶汤滋味淡薄，色泽变浅，且造成原料浪费。

2. 化学方法

（1）碱法转溶　通过向茶汤溶液中添加强碱或 Na_2SO_3 等，它们离解产生的氢氧根离子带有明显极性，能使茶多酚及其氧化产物与咖啡碱之间的分子间氢键断裂，切断茶乳酪大分子；且它们还可使本来以弱酸形式存在的茶多酚及其氧化产物改变成弱酸盐的形式存在，提高其溶解度，从而达到转溶目的。碱法转溶转溶效果好，但这种转溶方法对速溶茶的风味有影响。

（2）浓度抑制法　"冷后浑"现象的出现与茶汤中咖啡碱、茶多酚及其氧化产物等物质浓度的高低密切相关，可通过降低形成茶乳的某一种或几种成分的浓度，达到减少形成茶乳的目的，如通过添加聚乙烯吡咯烷酮吸附茶多酚、添加多聚糖除去蛋白质或用氯仿、石油谜、乙醇等萃取脱除咖啡碱等，来降低茶乳的形成；也可通过加入柠檬酸使 Ca^{2+}、Fe^{2+} 等络合或加入复合磷酸盐、乙二胺四乙酸（EDTA）等与金属离子螯合来达到转溶作用。

（3）添加沉淀剂　通过向茶汤中添加明胶、壳聚糖、乙醇等物质，促进低温时茶乳酪的快速形成，待沉淀后将沉淀物去除，可使茶汤澄清。

（4）调节茶汤的 pH　茶汤的 pH 对茶乳的形成有明显的影响。茶汤显碱性可以增加茶乳的溶解，显酸性则促进茶乳的形成。据报道，茶汤在 pH4.0 时形成的茶乳量最多。利用这一特性，可调茶汤的 pH 至 4.0 左右，通过离心去除茶乳酪，使茶汤澄清。

（5）添加 β - 环糊精　通过添加 β - 环糊精包埋茶汤中的茶多酚、咖啡碱、蛋白质等形成茶乳酪的主要物质，切断其相互间的络合，达到防止冷后浑形成的目的。

（6）添加分离剂　向茶汤中添加聚磷酸盐（如偏磷酸钠和六偏磷酸钠），聚磷酸盐在茶汤中形成大量的多价阴离子，被吸附在茶乳的微粒表面，改变其表面的电荷，使其悬浮而不至沉淀下来；聚磷酸盐的多价阴离子还可与蛋白质结合，增加蛋白质的溶解性，从而达到转溶目的。

3. 酶法

酶法转溶主要是利用单宁酶能切断儿茶素没食子酸酯分子中的酯键，释放出的游离没食子酸能与茶黄素、茶红素竞争咖啡碱，形成分子质量较小的、易溶于水的物质，从而达到转溶目的。

单宁酶在茶饮料中应用十分广泛。Coggon 等（1973）用单宁酶处理细碎的鲜茶叶制备速溶茶，并获得了专利。1975 年 Coggon 与 Tsai 等（P&G 公司）也分别利用单宁酶提高了茶叶的冷溶性而获得专利。1976 年可口可乐公司利用单宁酶防止茶饮料中的"冷后浑"，使浑浊度由 80% 降到 8%，取得了很好的转溶效果。此后，单宁酶在茶饮料中的应用日益普遍，随着单宁酶的固定化使其在茶饮料工业中的应用更加经济、高效。

除了单宁酶，多糖水解酶和蛋白酶也可用于茶乳沉淀的转溶。多糖水解酶主要有纤维素酶和果胶酶。纤维素酶和果胶酶可促进纤维素及果胶水解，有利于提高茶叶萃取率，减少果胶的含量，从而减少茶乳酪的形成。蛋白质是导致绿茶饮料产生"冷后浑"的主要原因之一，利用蛋白酶将可溶性蛋白水解，从而抑制"冷后浑"现象的产生。

酶是一种生物催化剂。利用酶法转溶具有对底物专一性强，反应条件温和，产品质量好、得率高、副产物少，对设备（耐酸碱、耐腐蚀等）要求低等优点。该技术的主要问题是成本较高，而且长时间的酶处理可能会导致饮料色泽变深，同时一些水解产物可能也会影响饮料口感，如利用果胶酶处理常导致饮料变酸（谭平等，2005）。

四、调香

（一）调香原因

茶叶香气成分部分来自于鲜叶原料，大部分是茶叶加工过程中在湿热作用由其他物质转化而成。在速溶茶加工过程中，如以鲜叶或半成品茶为原料加工速溶茶，因加工方式的不同，造成香气成分与传统加工的成品茶大不相同；如以成品茶为原料，茶叶香气在提取、浓缩与干燥过程中的挥发损失及转化改性是无法避免的，其中以浓缩时的损失最多，且加工速溶茶所用原料多为中、低档茶，茶叶香气品位本身较低。因此，速溶茶与传统茶相比香气低微、香型差，甚至完全丧失了茶香的特征。在速溶茶加工过程中，除在加工工艺上避免香气损失外，往往还需香气回收和调香。

（二）茶香回收

在速溶茶加工过程中香气的损失较大，可以设法将挥发的茶叶香气捕集起来返回到速溶茶中去，以减少香气的损失。香气回收的方法主要有以下几种。

1. 汽提

该方法采用蒸汽或惰性气体作为传香介质，把存在于茶叶或茶叶提取液中的香气组分激发出来，通过冷却装置收集在一定的载体上，在干燥前与浓缩液混合或在干燥后直接雾化喷洒在速溶茶中，达到保香的目的。采用水蒸气进行汽提时，蒸汽用量约为茶提取液质量的 4% ~ 5%，分离出来的水溶性香气组分质量则是茶提取液质量的 3% ~ 4%。汽提回收茶香的方法如图 4 - 5 所示。

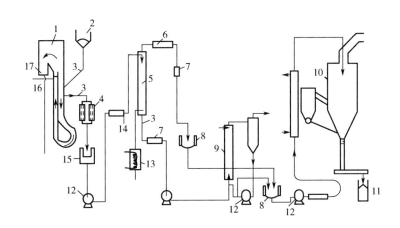

图 4 - 5　英国汽提回收茶香的方法

1—提取器　2—贮藏器　3—管道　4—粗过滤器　5—汽提塔　6—冷凝器　7—冷却器
8—贮存槽　9—蒸发器　10—干燥器　11—速溶茶　12—泵　13—加热器
14—热交换器　15—细过滤器　16—热水管　17—排渣口

2. 超临界 CO_2 萃取法

即以液态 CO_2 作为传香介质抽提茶香的方法。该方法对茶香组分的溶解能力强，抽香过程可以保持较低的温度，且 CO_2 回收容易，具有防止茶香氧化，保持茶韵鲜爽的优点。据 Schultz（1977）报道，用液态 CO_2 反复抽提可以将茶中的香精油充分抽出，得到一种高浓度的基本不含水、醇、糖、果胶、酸和其他非香成分的天然茶香。茶香可加到浓缩液中，也可直接加到干燥后的速溶茶粉中。提取茶香后被除去的 CO_2 可以循环使用，或者直接引入浓缩好的茶叶提取液中，起调节速溶茶松密度的作用。

3. 分馏

分馏是在提取、浓缩、干燥过程中，通过某些专门的设备装置把那些以气体方式逸散的茶香组分收集起来的一种方法。用该方法收集起来的茶香含水较多，必须要经过香气分馏柱在减压条件下除去过多水分而获得香气浓缩物。该香气浓缩物可按喷雾所需加入到浓缩后的茶汤中一起喷雾干燥，或微量而均匀地直接喷雾于干燥的速溶茶粒上，注意一定要使干燥的速溶茶含水量控制在4%以下。

4. ARS 技术

ARS（aroma – recovery system）技术是一种茶叶香气的萃取回收技术。其原理是在茶叶提取过程中，利用生物分子分解技术和特殊的香气萃取装置，从茶叶与水组成中的茶浆中连续分离和萃取茶的香气化合物。被萃取的茶叶芳香物质经冷凝后冷藏，避免了茶的清香或茶叶品种特殊的头香在生产过程中损失；而被萃取香气后的茶浆和茶水，可按常规的工艺进一步分离、过滤、浓缩。被萃取的茶叶香气液，可采用以下方法回添：在茶浓缩汁中重新加入混合，经超高温瞬时杀菌和无菌灌装生产出茶浓缩汁或经干燥生产高香速溶茶粉；在茶粉混合过程中加入，生产高香速溶茶粉（罗龙新，2006）。

5. 渗透汽化技术

渗透汽化（pervaporation，PV）技术是一种新兴的用来分离液体混合物的膜分离技术。渗透汽化技术利用料液膜上下游某组分化学势差为驱动力实现传质，利用膜对料液中不同组分亲和性和传质阻力的差异实现选择性。渗透汽化原理为：原料液进入膜组件，流过膜面，由于原液侧组分的化学位高，膜后侧组分的化学位低，因此原液中各组分将通过膜向膜后侧渗透。由于膜后侧处于低压，组分通过膜后即汽化成蒸气，蒸气用真空泵抽走或用惰性气体吹扫等方法除去，使渗透过程不断进行。利用原液中各组分通过膜的速率不同，将透过膜块的组分从原液中分离出来。

利用渗透汽化技术回收茶叶香气，可在温和条件下进行，且能够很好地回收香气。如 Kanani 等（2003）在批量真空渗透蒸发系统中用聚辛基甲基硅氧烷薄膜（POMS）和聚二甲基硅氧烷薄膜（PDMS）分别对茶叶八种主要香气化合物的二元混合物水溶液、包含这八种香气化合物的模型溶液及真正的茶提取物进行渗透作用研究，结果表明渗透作用对 β – 紫罗酮、反式 – 2 – 己烯醛、芳香醇、顺式 – 3 – 己烯醇和 3 – 甲基正丁醛的混合物有很好的选择性，对苯乙醛、2 – 甲基丙醛和苯甲醇有中等的选择性。由此可见，渗透蒸发技术对茶叶香气化合物有很好的选择性和分离得率，且操作条件温和，是一种从茶提取物中回收香气的应用前景非常广阔的技术。

（三）调香与增香

将速溶茶加工过程中损失的香气捕集回收再返回到速溶茶中去，在一定程度上可弥补速溶茶香气的不足，但往往并不能达到预期的效果，且回收到微量的香精油返回到速溶茶中，也可能再次挥发损失。因此，目前速溶茶生产上多采取调香措施，常用茶香、花果香及微胶囊技术等来达到调香的效果。

1. 以茶香来调香

在原料选配时，加入一些高香茶一起加工成速溶茶；在加工工艺中增加香气回收工序，用回收的茶香来调节速溶茶的香气。

2. 用花果香来调香

各类花果，只要选配恰当就能协调和丰富茶的香韵，赋予速溶茶鲜灵的风味。如Marian（1975）研究表明杏、香蕉、苹果、葡萄、梅子、无花果等水果的香气抽提物都能增强茶的滋味和香气。姜绍通等（1998）研究认为以低档绿茶为原料进行提取、浓缩，将茉莉花、菊花、玉兰花分别进行压力浸提，将花浸提液添加到浓缩茶液中喷雾干操，能较好地解决速溶茶的香气保持与强化问题。不同花果的香气抽提物适合不同的茶类，如香蕉的香气抽提物为浓香型，适合加入到苦涩味较重、收效性较强的绿茶中去；苹果的香气抽提物为淡香型，适合作红茶的调香料。一般用一些有机溶剂先将花果中香气成分萃取出来，除去溶剂得到芳香油，将此芳香油喷入粉状茶抽提物即可；也可将花果与茶叶一起作为原料进行加工。

3. 用香料来调香

可用各种食用香料单体来调节速溶茶茶香，其中主要有杏香型、干草香型、醛香型、花香型、冬青香型、果香型和酯香型七种香型单体。一般选用多种单体调配来满足速溶茶生产需求。

4. 用芳香微胶囊增香

微胶囊技术，又称微胶囊化，是指利用高分子包囊材料，将需要保护的物质包覆在一种微型的、半透性或密封胶囊内的技术，被包囊的物料与外界分离隔绝，以达到最大限度地保持食品、饮料原有的风味、性能和生物活性。β - 环糊精具有特殊的分子结构和稳定的化学性质，不易受酶、酸、碱、光和热的作用而分解，可对芳香物质进行包埋，减少芳香物质的损失，是最典型的芳香微胶囊包囊壁材。如叶宝存等（1997）采用喷雾干燥法、以薄荷香精为心材，对β - 环糊精、糊精、麦芽糊精和可溶性淀粉作为芳香微胶囊壁材进行筛选，结果表明β - 环糊精对香气物质包埋效果最佳。

（四）保香

在速溶茶加工过程中，香气在浓缩过程中损失较严重。随着膜技术在速溶茶加工中的应用，采用超滤浓缩和反渗透浓缩技术能避免传统浓缩方法对茶叶风味的影响。据日本专利（1981）报道茶提取液先用GR8P聚砜超滤膜浓缩，然后用聚胺反渗透膜浓缩，由于提取液的浓缩是在常温下进行，有利于风味物质的保存。王华夫（1991）用二醋酸纤维膜对烘青绿茶汁进行反渗透浓缩，结果表明不仅经反渗透浓缩的浓缩液中氨基酸、茶多酚、咖啡碱和水浸出物总量的保留率大于蒸馏浓缩法，而且经蒸馏浓缩制得的浓缩液中异戊醇、正戊醇、2,5 - 甲基吡嗪、顺 - 3 - 己烯醇、α - 紫罗酮、2 - 苯乙醇、β - 紫罗酮以及橙花叔醇等香气成分几乎损失殆尽，而反渗透法制得的浓缩液中，这些绿茶香气的主要成分都有一定保留。

第 四 节 纯速溶茶加工

纯速溶茶是指仅以茶叶为原料制成的速溶茶。该类速溶茶具有原料茶叶应有的色香味，如速溶红茶汤色红明、香气鲜爽、滋味醇厚，速溶绿茶汤色黄而明亮，香气较鲜爽，滋味浓厚等。该速溶茶既可直接饮用，也可作为其他茶饮料的原料用茶，如罐装茶。

一、速溶红茶加工

（一）工艺流程

由图 4-6 可知，与已发酵的红茶相比，以绿茶或鲜叶等未发酵茶为原料加工速溶红茶的不同之处，在于如何合理模拟传统红茶制造中的"发酵"作用，使多酚类等主要化学成分通过转化作用而赋予速溶红茶与传统红茶相近的香气与滋味。

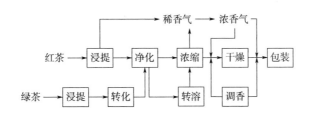

图 4-6 速溶红茶加工工艺流程

（二）速溶红茶加工举例

下面简单介绍一种冷溶速溶红茶的加工工艺（欧阳晓江，2009）。

1. 工艺流程

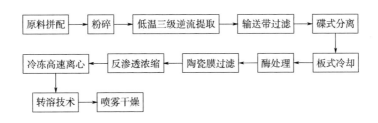

2. 操作要点

（1）原料拼配、处理 以云南滇红为原料，经适当拼配后粉碎，取 20~40 目茶粉备用。

（2）提取 采用低温逆流提取技术提取。低温逆流提取技术能提高茶叶有效成分的提取率，且缩短香气物质经受高温的时间，提高茶汤的品质。最佳提取工艺参数为提取温度 45~55℃、时间 25~30min、茶水比 1:20、提取 2 次。茶提取液汤色红亮，澄清度较好，滋味浓强，清甜香，滇红特征明显。

（3）过滤、冷却 茶浸提液调 pH5.0 左右，经碟式分离过滤、冷却至≤15℃备用。

（4）酶处理 采用酶组合（60U/g 果胶酶 + 10 万 U/g 木瓜蛋白酶 + 50U/g 单宁酶 + 200U/g 纤维素酶）在 pH5.0、温度 40℃条件下处理茶提取液 1h，以避免出现浑浊沉淀现象。经酶组合处理后的茶汁膜超滤通量比未经过酶处理的茶汁要提高 25%，可以明显提高产品的回收率及产品得率；提高反渗透的浓缩效率，且减少对膜的污染。

（5）膜技术处理 酶处理后的茶汁先采用孔径 0.5μm 的陶瓷膜过滤，再采用反渗透膜浓缩，可较好地保留茶汤中原有的风味物质。

（6）冷冻离心 冷冻静置后通过高速离心，使产品稳定，久置不混浊。冷冻静置的温度为 10℃，时间 1h，离心转速为 5000r/min。高速离心工艺流程短、成本低、有效成分损失少，成品色泽红艳澄清透亮。

（7）转溶 利用食用级氢氧化钠为转溶试剂，调 pH 为 10 进行转溶，品质较理想。

（8）干燥 用喷雾干燥。能较好地保持茶浓缩的风味，产品形态为颗粒状，故溶解性（冷溶）较好。

3. 产品质量

通过该工艺生产的冷溶速溶红茶粉产品为棕红色颗粒状，汤色红艳、澄清透亮，滋味浓厚甜醇，香气清甜香持久、高爽。

二、速溶绿茶加工

（一）工艺流程

速溶绿茶加工的关键是最大限度地阻止多酚类物质的氧化。这就要求加工过程中尽量避免不必要的高温，如将浸提液迅速冷却，浓缩过程尽量提高真空度和降低温度，或者尽量选用膜技术浓缩和真空冷冻干燥，这些都是有利于速溶绿茶色泽的措施。速溶绿茶加工工艺流程见图 4 - 7。

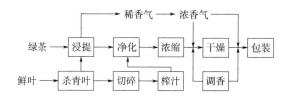

图 4 - 7　速溶绿茶加工工艺流程

（二）技术要点

1. 原料来源及处理

成品绿茶、绿毛茶及鲜叶均可加工成速溶绿茶。由于原料的外形对速溶茶产品的质量影响不大，因此，从考虑原料成本出发，宜采用绿毛茶及绿茶精制过程中产生的副产品，产茶地宜选用鲜叶加工速溶绿茶。原料的汤色、香味及水浸出物含量对速溶绿茶的产品质量及生产成本具有明显的制约作用。为了提高品质，降低成本，一般将多种来源不同、体型不同、质量不同的原料进行合理的拼配。

2. 提取

加工速溶绿茶的提取条件为：提取水温90℃，提取时间＜20min，茶水比1∶10～1∶12。当提取水温降低时，可适当延长提取时间。

3. 净化

速溶茶对茶汤有严格的要求，不能含有杂物和沉淀，一定要经净化处理，以保证速溶茶在冲饮时汤色橙清明亮。速溶绿茶提取液一般只进行物理净化，现多采用陶瓷膜过滤。茶提取液趁热粗过滤去掉茶渣、悬浮物后在常温下冷却、离心，离心上清液经陶瓷膜精滤。

4. 浓缩

茶叶提取液的浓度很低，仅含2%～3%的固形物，需进行浓缩提高浓度，以便顺利地进行干操。速溶茶的浓缩工艺多采用真空浓缩，此工艺对速溶绿茶品质影响较大，主要是造成香气物质的损失及酚类物质的氧化、分解。目前速溶绿茶浓缩的工艺条件为真空度＞680mmHg、浓缩温度＜50℃、浓缩时间＜30min，最终浓度30%左右。即使在这种浓缩条件下，速溶绿茶提取液的香气成分依然损失严重。因此，近年来速溶绿茶的浓缩开始采用膜浓缩技术，多采用反渗透膜进行浓缩。

5. 干燥

干燥对速溶茶产品的外形及品质都起着决定性的作用。目前速溶绿茶的干燥多选用真空冷冻干燥，制得的速溶绿茶质地疏松多孔，色泽黄绿均匀，溶解性好。

（三）用鲜叶为原料加工速溶绿茶

1. 鲜叶处理

鲜叶采摘后要进行杀青处理以破坏酶活性。鲜叶杀青处理时既要充分钝化酶的活力，又要尽可能保持较多的水分含量，以利于茶汁提取。

2. 茶汁提取

鲜叶经杀青处理后，先用粉碎机粗切，再用LTP（Lawrie－tea－processor）锤击机细切。切碎叶用螺旋压榨机/立式油压机等压榨，必要时可加水再榨。

3. 超滤、浓缩

鲜茶汁先经粗滤除去杂质及沉淀，再经超滤净化和反渗透浓缩。

4. 干燥

干燥可采用喷雾干燥。喷雾干燥热空气进口温度180～200℃，排气温度100～120℃。速溶茶颗粒大小与鲜茶汁浓度成正比，如浓度低而要求颗粒又大，则可在喷雾干燥前添加环状糊精。用鲜叶为原料加工速溶绿茶最好采用冷冻干燥，要求低温能达到－35℃以下。

三、速溶乌龙茶加工

下面介绍一种以福建安溪乌龙茶毛茶为原料，采用国产设备加工速溶乌龙茶的加工工艺（柯春煌等，1991）。

（一）工艺流程

原料茶 → 处理 → 提取 → 冷却 → 粗滤 → 离心精滤 → 浓缩 → 干燥 → 包装

（二）技术要点

1. 原料处理

乌龙茶的原料都比较粗大，一般要求轧碎处理。要求茶梗长度为 0.5 ~ 1.0cm，叶茶粒度为 14 ~ 20 目。

2. 提取

采用高效密闭加压循环连续提取方式。提取工艺参数为：料液比 1∶4，提取时间 10min，水温 90℃，压力控制在 186.3 ~ 205.9kPa。提取液在密闭系统中冷却后进入下一道工序。

3. 离心精滤

由于提取液含有部分残渣和不溶性杂质，因此需过滤、离心。经冷却的提取液用压力泵输入过滤器，在 245.2kPa 压力下过滤，滤液再经转速为 2600r/min 的离心机离心澄清，离心后滤液再进行精滤。

4. 浓缩

离心精滤后的茶提取液在喷雾干燥前还需浓缩以减轻干燥的负荷。浓缩对速溶茶品质的影响体现在浓缩温度和时间上，随着浓缩时真空度升高，浓缩温度可降低，或保持温度不变则可缩短浓缩时间。因此，一般选用真空度高、蒸发面积大的浓缩设备。本工艺浓缩采用离心薄膜浓缩设备，料液进入蒸发器的锥体盘后，在离心力作用下使料液分布于锥体盘外表面，形成 0.1mm 厚的液膜，在 1s 内受蒸汽加热蒸发水分。在操作上依据设备的浓缩能力，使所投料液在受热温度 50℃、60min 内浓缩至所需浓度。一般固形物控制在 20% ~ 45%。

5. 干燥

采用喷雾干燥的方法干燥，保证干燥后速溶茶具有良好的外形，香味损失少，不产生焦味，水分含量在 5% 以内。其技术要求：①应根据料液的固形物含量，对温度、进料量和压力等进行调整。固形物含量高，进料量相应大些；②为了获得不同粒度、松密度及含水量的产品，要合理调控固形物含量适当料液的进料量、热风分配和离心喷头的旋转速度（即改变压缩空气压力，常用 294.2 ~ 392.3kPa）等；③应严格控制热空气的进出口温度。本工艺选用喷雾干燥的工艺参数为进风温度 200 ~ 270℃、排风温度 75 ~ 95℃、喷头转速 12000 ~ 15000r/min 或喷压 1.5 ~ 2.5MPa、料液浓度 20% ~ 40%。

第五节 调味速溶茶加工

调味速溶茶，又称混合速溶茶或冰茶（iced tea），是在速溶茶基础上发展起来的一种配制茶饮。冰茶原指加冰饮用或冷凉处理的调味速溶茶，以速溶茶为主料，佐以天然果汁、食用香料等配制而成。美国于 1972 年率先开发出冰茶，因其口感清凉、酸甜适中、风味多样、天然健康的特点，冰茶随即在欧美等国迅速发展起来。随着人们爱好的不同，冰茶中的添加物也各不相同，如果汁、香料、糖、奶等，多数饮用时也不加冰，故现多称为调味速溶茶。

调味速溶茶是以速溶茶为基本原料，用各种甜味剂、酸味剂、芳香剂等按一定比例配制而成的一种饮料。因其具有种类丰富、卫生方便、香浓可口、营养保健等特点，深受消费者的青睐，是现代速溶茶发展的一种主要趋势。

一、调味速溶茶的组成

各种调味速溶茶都有自己独特的组分，但无论是哪种风格的产品，速溶茶（速溶红茶、速溶绿茶、速溶乌龙茶等）与甜味剂都是其最基本的组成。酸味剂是果味冰茶的必备成分。此外，某些特殊冰茶还有其特征成分，如香料色素、营养强化剂等。

（一）速溶茶

速溶茶在调味速溶茶中含量一般为1%~4%。速溶茶品质的好坏对调味速溶茶质量起决定作用。速溶茶中呈苦涩味的茶多酚及其氧化产物与咖啡碱等是影响调味速溶茶风味的主要物质，这些成分含量的高低直接影响其他组分的添加量，如甜味剂、酸味剂等。同时，速溶茶本身的色泽又赋予了调味速溶茶的自然汤色。因此，为了保证产品质量及其稳定性，应该选择优质速溶茶作为原料。如调制速溶奶茶时一般多用红茶，若加入的速溶红茶品质好，则制成的奶茶汤色呈明亮的琥珀色，茶香奶味交融，口感鲜爽有活力；若加入低质量的速溶红茶，则其奶茶汤色浑暗，使人无法饮用。

用于制备调味速溶茶时，原料速溶茶一定要进行转溶处理，尤其是加工各种果汁调味速溶茶。

（二）甜味剂

调味速溶茶中的甜味剂具有改善口感、调整风味、保持香气、改善溶解性等重要功能，是调味速溶茶中不可缺少的组分。在相同情况下，随着温度的降低，茶叶的苦涩味加重，故调味速溶茶需要通过加糖或甜味剂加以掩盖。常用的甜味剂有蔗糖、果糖、果葡糖浆、木糖醇、麦芽糖醇、阿斯巴甜、甜菊糖苷等。

蔗糖是使用最广泛的天然甜味剂，用量一般保证冲饮浓度在10%~13%。它不仅甜味纯正，甜度稳定，且还能缓解苦涩味、调节酸味，具有一定的保香能力，适合加工各种调味速溶茶，如速溶奶茶、速溶灵芝茶、速溶人参茶、速溶柠檬茶、速溶猕猴桃茶等。

在不宜选用蔗糖作甜味剂时，可以选用甜菊糖苷和阿斯巴甜等甜味剂来代替，不但甜度高且还有一定减肥保健功效。因某些加工方法的需要，要在浓缩后的茶汤中加入甜味剂等配料，然后再进行喷雾干燥制得产品。由于蔗糖在浓缩茶液中的溶解度有限，只能选择甜度高于蔗糖的强甜味剂，如甜菊糖苷。其甜度为蔗糖的200~300倍，用量仅需蔗糖用量的1/300~1/200；且甜菊糖苷不供给人体热量，特别适合于糖尿病、肥胖症等患者使用。

（三）酸味剂

在调味速溶茶中，富有天然水果风味的产品占很大比重。水果的重要特征是含有各种有机酸，这些有机酸给人愉快的刺激，产生新鲜的感觉，从而引起食欲。调味速溶茶的酸味除了可来源于鲜果汁本身外，还可通过加入适量的酸味剂来调节，使之符合人们口感的要求。

调味速溶茶中最常用的酸味剂是柠檬酸，其次分别为苹果酸、酒石酸、琥珀酸、富马酸等。这些酸味剂风味不一，酸性强弱各异，生产中可通过添加两种或多种有机酸混合使用来达到增效的效果。通常调味速溶茶中有机酸的用量为2%～3%，冲饮浓度为0.1%～0.3%；如酒石酸与柠檬酸搭配或苹果酸与富马酸并用，其用量均为0.1%～0.2%。

随着酸味剂的加入，使调味速溶茶具有各种天然水果风味，且调味速溶茶中加酸后，会降低调味速溶茶的pH，能减缓冰茶的腐败作用，有利于钙、磷的溶出，同时还可通过络合作用减少或防止由金属离子引起的调味速溶茶的变色、变味现象。

（四）食用香料

茶的芳香在热饮状态下表现充分，在冷饮状态下茶香不突出，因此，调味速溶茶需要加各种不同风味的食用香料来弥补这种不足。香料能矫正味道、增进冰茶风味，是调味速溶茶中的另一个重要组分。

调味速溶茶用的香型主要有果香型、花香型、奶香型、可可香型等。果香型调味速溶茶以柠檬茶为代表，柠檬香油为其香型特征成分。柠檬香油可以单独使用，也可以与其他芸香科植物的芳香油调配使用，这有利于提高柠檬香油的鲜爽感。其他各种鲜果香型的调味速溶茶都是以相应的水果抽提液为香源，其用量依据各种不同的配方而不同，如柑橘香油、丁香油、茉莉花油等。

用于调味速溶茶的香料可以是粉末状或是油状；可以直接加到茶汤中，也可以先加到糖、糊精及各种食用植物胶等载体上，然后再与速溶茶、甜味剂、酸味剂等其他组分拼合。香料用量一般在0.05‰～0.1‰（液体状），以调味速溶茶冲饮时表现出这种香型的明显特征为标准。

（五）其他添加剂

为了维持或增加调味速溶茶的营养价值，提高产品品质，除以上几类成分外，还常添加其他的一些辅助原料，如营养强化剂、天然色素、抗氧化剂等。

维生素、氨基酸及矿物盐等都可用作调味速溶茶的营养强化剂，一般使用较多的有磷酸钙、葡萄糖酸锌、牛磺酸和维生素C等。如在儿童饮用的调味速溶茶中添加磷酸钙，作为磷质和钙质的补充，这有利于儿童的身体发育及骨组织的健康；在调味速溶茶中添加维生素C，不仅可以预防和治疗坏血病，防止感冒，增强机体免疫能力等，同时维生素C还兼有抗氧化剂的功能，能防止汤色变色，并能增进产品的风味，使果味型调味速溶茶的果味更加鲜美。

由于绝大多数调味速溶茶都是以速溶红茶为主要原料，因此其产品的汤色自然由速溶红茶中特有的茶红素、茶黄素等色素的含量和存在条件所决定的。茶黄素、茶红素的呈色受pH影响较大，茶汤的自然酸度为pH4.6～5.8，在此酸度下优质红茶呈现红艳明亮的汤色，而各种果味型调味速溶茶的pH3.0～4.0，这时茶红素、茶黄素表现为黄色或橙褐色，因此需要添加色素，改善冰茶的色泽。常用的天然色素有紫葡萄皮色素、β-胡萝卜素、红曲红色素等，在调味速溶茶中的用量为0.1%～0.3%。

（六）载体

为使色素、香料等分布均一，调味速溶茶中还常使用载体以达到保质、增质的目的。常用的载体物质有麦芽糊精、变性淀粉、乳糖、食用植物胶等。

二、调味速溶茶加工

调味速溶茶是一种复合多组分的饮品，可分为液体型（即饮型）和固体粉末型（冲饮型）两类。液体型调味速溶茶又称罐装液体茶饮料，即开即饮，也可加冰、加料、兑酒后饮用。固体粉末型也称速溶型固体茶饮料，通常用不同温度的饮用水冲开即饮。此外，也可以根据口味习惯添加牛奶、薄荷、果汁等配料混合后饮用。

（一）液体调味速溶茶加工

以调味速溶红茶为例，液体调味速溶茶加工的基本工艺流程为：红茶→ 提取 → 净化 → 浓缩 → 按配方添加其他组分 → 调配、混合 → 灌装 → 杀菌 →成品。

液体调味速溶茶的加工详见第五章。

（二）固体调味速溶茶加工

按加工工艺的不同，固体调味速溶茶加工可归纳为简易法、直接法和拼配法三种。

1. 简易法

简易法是按制定的配方比例，取用浓缩的抽提液与甜味剂、酸味剂、香精及其他添加剂经拌匀压成颗粒烘干即可。其工艺流程为：红茶→ 轧碎 → 抽提 → 净化 → 浓缩 → 拌和 → 制粒 → 烘干 → 包装 →产品。按此类方法生产调味速溶茶可不需喷雾干燥等设备，操作简单。德国的葛朗多斯和我国的多维速溶茶是属于此类加工的产品。

2. 直接法

直接法是完全按照生产速溶茶的方法来制造调味速溶茶，即在速溶茶生产过程中，浓缩后喷雾干燥前，按比例加入其他配料，拌匀后喷雾干燥而成。其工艺流程为：红茶→ 轧碎 → 抽提 → 净化 → 浓缩 → 拌和 → 喷雾干燥 → 包装 →产品。如果添加的不是可溶性物质，而是某种中草药或其他待提取的原料，也可与茶叶按一定比例拼配、直接在提取时加入，按速溶茶工艺加工即可；或分别提取浓缩后按比例拼配，经喷雾干燥而成。

3. 拼配法

拼配法是直接取速溶茶粉与其他配料按配方要求复配，经磨细与充分拌和后包装而成。其工艺流程为：速溶茶→ 拌和 → 包装 →产品。这是当前许多国家生产调味速溶茶的主要方法。拼配法生产工艺简单，投资费用少，成本较低，成品风味改型快，是许多中小型企业的首选方法。

几种品牌调味速溶茶生产方法及成分见表4-3。

表 4 – 3			几种品牌调味速溶茶生产方法及成分组成
品牌	产地	生产方法	成分
葛朗多斯牌	德国	简易法	速溶茶、柠檬香精、结晶糖
立顿牌	美国	直接法	速溶茶、果葡糖浆、葡萄糖、糖精、着色剂、天然柠檬香料、植物油
嫩叶牌	美国	直接法	速溶茶、砂糖、糊精、富马酸、磷酸三钠、天然香料、糖精
泰偶利牌	美国	拼配法	速溶茶、砂糖、柠檬酸、柠檬酸钠、植物胶、维生素 C、着色剂、天然柠檬油、磷酸三钠、BHA
雀巢牌	美国	拼配法	速溶茶、砂糖、柠檬酸、植物胶、维生素 C、天然柠檬香料、BHA
立顿牌	美国	拼配法	速溶茶、砂糖、柠檬香料、苹果酸、焦糖色、维生素 C、着色剂
红玫瑰牌	加拿大	拼配法	速溶茶、砂糖、柠檬酸、人造柠檬香料、磷酸三钙
如意牌	美国	拼配法	速溶茶、砂糖、柠檬酸、柠檬香料、磷酸三钙、着色剂、BHA

注：BHA 指 2,3 – 丁基 – 4 – 羟基茴香醚，为一种抗氧化剂。

（三）配方举例

调味速溶茶产品配方多，花色各异，香气鲜爽，使各种有益于人体健康的成分融汇于一体。如果汁冰茶富有各种天然鲜果风味，充气冰茶兼有汽水、可乐等清凉饮料特色，牛奶红茶、咖啡红茶配有多种营养成分，以适应不同人的要求。

1. 柠檬红茶

蔗糖 40%、健康糖 4%、载体 36%、速溶红茶 4%、柠檬酸 2%、柠檬香精 0.2%、卡拉胶 0.01%、其他 14%。

2. 咖啡红茶

蔗糖 40%、健康糖 3%、速溶红茶 12%、速溶咖啡 12%、其他 3%。

3. 奶茶

蔗糖 80%、速溶红茶 5.6%、奶粉 14%、乙基麦芽酸 0.02%、卡拉胶 0.02%。

4. 香芋绿茶

蔗糖 40%、健康糖 4%、速溶绿茶 4%、香芋香精 0.1%、柠檬酸 0.2% ~ 1%、卡拉胶 0.01%、其他 50%。

第六节　保健速溶茶加工

保健速溶茶是指用某一种或数种功能植物的原料与茶叶拼和或不拼和、按速溶茶加工工艺加工而成的具有某种保健功能的速溶茶产品，如陈皮普洱速溶茶、八宝速溶茶、灵芝速溶茶等。

一、陈皮普洱速溶茶

陈皮为芸香科植物橘及其栽培变种的干燥成熟果皮，是药食同源的珍贵食品，具有化痰止咳，疏通心脑血管，健脾消滞，降血压等功效。普洱茶具有降血脂、减肥、抑菌、助消化、暖胃、生津止渴、醒酒、解毒等多种功效。由陈皮和普洱茶混合制成的陈皮普洱茶，同时具备陈皮和普洱茶的香味，正逐渐成为人们喜爱的饮品。目前市场上出现的各种陈皮普洱茶，一般是将晒干存放的陈皮粉碎后与普洱茶散茶混合，制成散茶形式或压制成所需的形状。将陈皮普洱加工成陈皮普洱速溶茶，不仅具有冲饮方便、存放方便、口感顺滑、香味浓厚等特点，且还具有降血脂、理气健脾等保健功效。

下面介绍一种陈皮普洱速溶茶粉及其制备方法（傅曼琴等，2016）。

（一）原料

新会陈皮、云南熟普洱茶、麦芽糊精。

（二）工艺流程

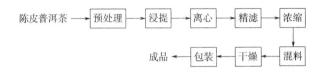

（三）操作要点

1. 原料处理

将陈皮、普洱茶进行适当粉碎后，按重量份计称取陈皮 10～20 份和普洱茶 80～90 份混合均匀。

2. 提取

采用高效高压差提取技术实现于 20℃ 以下的低温条件下的全成分提取，有效防止热提取时高温引起的化学成分的变化和风味成分的损失。向陈皮、普洱茶粉碎状混合物中加入 30～35 倍混合物重量的水，于 20～40MPa 压力条件下提取。

3. 净化

提取液粗滤后采用碟式离心机在转速 5000～6000r/min 条件下离心，再于 0.1～0.2MPa 压力条件下经孔径 3.0～10.0μm 微孔滤膜过滤，除掉陈皮和普洱茶原料中的不溶物，保证最终制得的茶粉的溶解性强、冲调性好。

4. 浓缩

滤液采用反渗透（RO）膜进行反渗透浓缩，处理温度为 20～30℃。

5. 添加辅料

按照麦芽糊精与浓缩液中可溶性固形物含量的质量比为 1:1～1:1.5 的比例向浓缩液中添加麦芽糊精。麦芽糊精具有不易吸潮，稳定性好，不易变质，无异味，易消化等特点，作为辅料添加到陈皮普洱茶提取液中起到保持原产品的特色和风味，降低成本，使口感醇厚、细腻、速溶效果好等作用。

6. 干燥

采用喷雾干燥法干燥。进风温度为 160～180℃，出风温度为 120～150℃，进风压力为 0.2～0.3MPa。

7. 包装、贮藏

将制得的陈皮普洱速溶茶粉采用食品级聚乙烯铝箔复合膜包装，于常温、无阳光直射处贮藏。

（四）产品质量

该陈皮普洱速溶茶粉为粉末状，不需继续发酵陈化即可冲调饮用；保持了陈皮普洱茶的色、香、味，具有口感顺滑、香味浓厚等特点。

二、八宝速溶茶

下面简介白卫东等（1996）研制的八宝速溶茶。

（一）原料

英德红碎茶、绿茶、桂圆、菊花、枸杞、红枣、荔枝、茯苓、白砂糖、葡萄糖、麦芽糊精、柠檬酸、柠檬酸三钠、小苏打。

（二）工艺流程

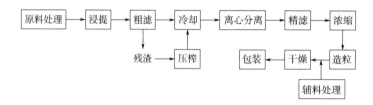

（三）操作要点

1. 原料处理

以英德红碎茶和绿茶为原料，经拼配后适当粉碎，以提高提取质量及提取速度。

2. 浸提

向茶粉中按 1∶10 的料液比加入水（含 3% β - 环糊精）于 90℃ 提取 10min。

3. 粗滤与压榨

用三层纱布对浸提液进行趁热过滤，使茶渣与提取液分开，对滤出茶渣进行压榨，以提高得率。

4. 离心分离

将上述滤液冷却至一定温度，使之形成一定浑浊的液体，离心除去沉淀，得清亮的茶叶提取液。

5. 浓缩

将提取液置于减压蒸馏装置中进行真空浓缩，浓缩至浓缩液为浓稠状，浓缩比为9∶1。浓缩条件为：真空度 0.085MPa、温度 75℃、时间 2h 左右。所得浓缩液可直接用于造粒或贮藏备用。

6. 填充剂的调配

以白砂糖 90%、柠檬酸 1%、小苏打 1%、柠檬酸三钠 0.2%、麦芽糊精 5.8%、葡萄糖 2% 为填充剂。填充剂须混合均匀。

7. 辅料的浸提浓缩

采用桂圆、红枣、菊花、枸杞、荔枝、茯苓作为辅料。将辅料分别按 20%、30%、10%、10%、20%、10% 的重量比混合，在常压、100℃ 浸提；将浸提液进行离心分离、精滤和减压浓缩。

8. 造粒和干燥

将茶的浓缩液、填充剂与辅料浓缩液按一定配比进行混合、造粒、干燥。干燥温度 50~60℃，时间 1.5~2h，干燥所得产品为疏松而多孔性的颗粒。

9. 包装

产品极易吸潮，应立即包装。

（四）产品质量

该产品外形为褐色多孔颗粒，速溶性（包括热溶和冷溶）良好，热溶时有较明显的清淡红茶香，冲泡后茶汤澄清红亮，无浑浊及沉淀，冷却至常温仍无浑浊物出现；滋味醇和适口，有甜味并有一定的茶滋味；有红枣、桂圆、枸杞等辅料的香味。

三、灵芝速溶茶

灵芝（*Ganoderma lucidum*）属于担子菌类多孔菌科赤芝或紫芝的干燥子实体，是一种大型真菌。灵芝含有灵芝多糖、多种氨基酸、活性肽、多种微量元素、多种生物碱等活性物质，具有抗肿瘤、增强免疫力、延缓衰老、降血糖、保肝、保护心脏等作用。其深加工产品主要以灵芝茶、浓缩饮料、口服液为主。下面介绍一种灵芝速溶茶的加工（郑必胜等，2012）。

（一）原料

灵芝、麦芽糊精、蔗糖、β-环糊精。

（二）工艺流程

（三）操作要点

1. 原料处理

选取优质干燥灵芝，切成体积大约为 2cm×2cm×2cm 的灵芝块，清洗干净备用。

2. 灵芝提取液

称取一定量未经脱苦处理的灵芝块，按照灵芝块：水 =1：100（g/mL）的比例加水煮沸 60min，煮沸结束后补水至初始体积，过滤后于 8000r/min 离心 10min，上清液即为灵芝水提液。

取灵芝块，加入适量食用酒精常温浸泡一定时间后，过滤，滤渣即为脱苦灵芝。将脱苦灵芝块按照上述方法制备提取液，即为脱苦灵芝水提液。

将灵芝水提液和脱苦灵芝水提液按一定比例混合，得混合浸提液。

3. 纳滤膜浓缩

灵芝混合浸提液先经 0.45μm 抽滤，再经纳滤膜分离器在 15~23℃ 条件下浓缩至固形物含量为 20%。

4. 混料

将灵芝浸提液与辅料按配方比例进行混合，配方为麦芽糊精25%、羧甲基纤维素钠（CMC）0.15%、麦芽糊精和 β - 环状糊精的比例12：1，蔗糖9%。

5. 喷雾干燥

将调配好的料液预热后进行喷雾干燥，进风温度为125℃，出风温度为85℃，压力为80MPa，雾化器转速22000r/min。

6. 包装、成品

将喷雾干燥好的速溶茶颗粒立即进行收集包装，以免吸潮。

（四）产品质量

该产品颗粒细腻，无结块，色泽呈黄白色，具有灵芝特有的香味，气味浓郁、口感清凉，香甜适中、冲溶后溶液均匀无沉淀，速溶性和溶解性均较好。

第七节　茶膏加工

一、茶膏概况

茶膏为茶之精华，始载于唐朝陆羽的《茶经》，自古以来被作为贡品，具有很高的品饮价值和保健价值。清朝药学家赵学敏的《本草纲目拾遗》有"普洱茶膏黑如漆，醒酒第一，绿色者更加。消食化痰，清胃生津，功力尤大也。"还认为"普洱茶膏能治百病，如肚胀，受寒，用姜汤发散，出汗即愈。口破喉颡，受热疼痛，用五分茶膏嘬口内，过夜即愈。"现代研究证明茶膏具有降血脂、降血压、降血糖，抗疲劳、抗衰老、改善微循环和预防动脉粥状硬化及心脑血管类疾病等多种功效。

茶膏始于唐代，"茶山御史"陆羽是发现茶膏的第一人，但此时的茶膏技术并不成熟。到了宋代，茶膏的研制技术更加精良，真正意义上的茶膏诞生了；赵汝砺的《北苑别录》第一次记载了宋代研制茶膏的方法。至清代时，茶膏传入普洱茶业繁荣的云南，当地人采取"大锅熬膏"的制作工艺将唐宋"蒸膏"的方式换成了"熬煮"，使普洱茶原叶与茶汁分离，制成历史上最早的"普洱茶膏"。随着普洱茶膏进贡朝廷，深受皇族们的喜爱，普洱茶膏随即进入御茶房，并在制作工艺上得到极大的改进，正式成为宫廷秘制御茶。从清朝到现代，茶膏曾一度无人问津。随着茶饮料的日益普及及茶叶深加工技术的不断发展，近几十年来，茶膏又开始进入人们的视野。

茶膏产品及其冲泡

茶膏传承至今，主要有普洱茶膏、红茶膏、绿茶膏等，具有营养、保健功能好，体积小、重量轻，便于携带，冲泡简洁，方便卫生等优点。

二、茶膏加工工艺

茶膏的基本加工工艺流程为：茶叶→ 粉碎 → 浸提 → 过滤 → 浓缩 → 干燥 →茶

膏，与速溶茶的加工工艺基本相似。由于茶膏多为热饮，无须特别的净化工序，因此，比速溶茶的工艺相对简单。

茶膏的加工工艺主要经历了以下四个过程。

（一）宫廷压榨茶膏制备工艺

1. 轻蒸、解块、淋洗

将云南上贡来的顶级团茶和饼茶进行蒸湿，然后解块，再进行淋洗，去除茶叶表面的灰尘及杂物。

2. 发酵

采用传统酿酒工艺中的厌氧发酵方法，对茶叶进行发酵，促使茶叶内含物质的转化与分解。

3. 小榨去水、大榨出膏

采用压榨技术，先将水分挤出不用；再将茶叶内的茶汁压出，并反复压榨，收汁。

4. 沉淀

将压榨出的茶汁放在开口的容器内，使其自然沉淀，分层析出。茶汁分层不同，品级也不同。

5. 收膏、压模

将分层析出的茶汁经低温干燥，获得稠密度高的软膏，再入模干燥后成形，但绝大部分是收成自然的散块，放入高档瓷瓶中。

这种制作工艺严谨苛刻，工序繁杂，费时费力，产量极低，成本奇高，有点近似最先进的生物工程——低温状态下的萃取工艺。该工艺的好处是整个制作过程在常温下操作，尽可能地保留了茶叶中原始的有效成分，使获得的茶膏保留了茶叶中的精华；同时，保护了普洱茶特有的活性"酶"，为茶膏后续的陈化提供了"动能"，使茶膏的品质可向更高层次转化。

该工艺制备的茶膏汤色通透、红艳、明亮，几乎没有肉眼可见的杂质；新制作出来的茶膏"味薄"，但经过一段时间陈化后，其香气会越来越高，且越陈越香。保质期可达60年以上。

（二）大锅熬制茶膏制备工艺

采用大锅熬制茶膏是借鉴中药熬膏法。

1. 煎熬

将茶及茶末放置大锅中，充分煎熬，使汁全出为止；投一次茶料，反复熬煎七次。

2. 压榨

将煎熬后的茶汤盛于细布袋中压榨，使茶汤滤出，反复多次，避免有茶渣。

3. 大锅煎熬，小锅铲剔

将滤出的茶汤再置于大锅中煎熬，以小锅铲剔去茶汤面上的浅黄色漂浮物，使膏汁澄清。

4. 收膏

当茶膏煎熬至极浓的茶汁时，转盛于中锅（铜锅）煎熬，至液体呈膏状，再转移小锅（铜锅）收膏。收膏时须快速搅拌，注意避免出现焦屑。在不出现焦屑的前提下，收膏至含水量越少越好。茶膏含水量大时，不能定型，以玻璃瓶盛装最合适；含水量小时，可用定型模子定型。

这种制作工艺的优点是工艺简单，成本低廉，对场地要求不高，适合个人和小作坊操作；缺点是反复高温熬制，导致大量营养物质和功能物质被破坏，诸多的生物酶活消失，使茶膏后续转化缺乏"动能"，只能向霉变转变，不可能长期存放；且大锅长时间的熬制，农药和一些重金属留存下来，必然会导致农药的残存、重金属含量超标。

该工艺制备的茶膏汤色暗淡、混浊，水汽味重，茶味淡，有肉眼可见的杂质。保质期一般为 1~2 年。

（三）高温萃取干燥工艺制备茶膏

随着茶叶深加工技术的发展，在大锅熬制茶膏制备工艺基础上改由提取罐提取茶汁，采用蒸发浓缩方式浓缩茶汁，再经喷雾干燥制备而成。该工艺相较传统大锅熬制茶膏工艺各方能都有很大的改进，但从提取到浓缩再到喷雾干燥的持续高温，使普洱茶中大量的"酶"失活，茶膏没有后续转化的动能，造成保质期缩短和品质下降。同时，持续的高温也会一定程度破坏损伤茶叶中的营养物质和功能物质。该工艺制备的茶膏汤色也较暗淡、有浑浊，有水汽味，茶味淡。保质期一般 1~2 年。

（四）低温萃取干燥工艺制备茶膏

工艺流程：茶叶→ 粉碎 → 低温萃取 → 过滤 → 超滤浓缩 → 冷冻干燥 →茶膏。

该工艺采用低温萃取、超滤浓缩、冷冻干燥等工艺制备茶膏，避免了高温导致茶膏内含营养物质和风味物质的破坏，使茶味更贴近原茶本味；茶膏中原有的"酶"活保存良好，茶膏可以持续陈化，突破了现有固态速溶茶保质期较短的问题，可将保质期延长至 60 年以上；采用超滤技术剔除了茶膏内农药、重金属的残留，使产品更安全、纯净。

该工艺制备的茶膏汤色红润、明亮，口感润滑、厚重、醇正，无杂气，有淡淡的陈香；随着后续陈化，汤色愈加明亮，口感会更加醇正，陈香味更足。

思考题

1. 浅谈速溶茶的优点与发展前景。

2. 用鲜叶加工速溶红茶时转化的方法有哪些？各自的优缺点是什么？

3. 速溶茶加工过程中为什么要转溶？转溶方法有哪些？

4. 如何加工高香型速溶茶？

5. 如何加工冷溶型速溶茶？

参考文献

[1]COGGON P, SANDERSON G W. Manufacture of instant tea[P]. Patent Ger offen 2304073（Cl, A23f）, 1973.

［2］KANANI D M, NIKHADE B P, BALAKRISHNAN P, et al. Recovery of valuable tea aroma components by pervaporation［J］. Industrial & Engineering Chemistry Research, 2003, 42(26): 6924 – 6932.

［3］SCHULTZ T H, FLATH R A, MON T R, et al. Isolation of volatile components from a model system［J］. Journal of Agriculttural & Food Chemistry, 1977, 25(3): 446 – 449.

［4］白卫东, 古国培, 赵文红. 八宝速溶茶的研制［J］. 食品科学, 1996, 17(4): 60 – 62.

［5］傅曼琴, 李俊, 吴继军, 等. 一种陈皮普洱速溶茶粉及其制备方法:105230857 A, 2016.

［6］季玉琴. 速溶茶的审评方法［J］. 中国茶叶加工, 1996(4): 38 – 40.

［7］姜绍通, 潘丽军, 郑志, 等. 速溶花茶生产工艺研究［J］. 饮料工业, 1998(6): 28 – 30.

［8］柯春煌, 赖寿连, 林捷钦. 速溶乌龙茶制造工艺的研究［J］. 福建茶叶, 1991 (3): 19 – 22.

［9］罗龙新. 茶叶萃取的动力学与浸出平衡机理的研究［J］. 食品科学, 2001, 22 (8): 32 – 37.

［10］罗龙新. 速溶茶和茶饮料生产中香气的损失及改善技术［J］. 中国茶叶, 2006, 28(6): 12 – 14.

［11］欧阳晓江. 冷溶速溶红茶粉的工艺研究［D］. 福州:福建农林大学, 2009.

［12］孙艳娟, 张士康, 朱跃进, 等. 膜技术结合冷冻干燥制备速溶茶的研究［J］. 中国茶叶加工, 2009(3): 13 – 15.

［13］谭平, 廖晓科. 复合酶对绿茶饮料质量影响的研究［J］. 食品与机械, 2005, 21 (2): 63 – 65.

［14］谭淑宜, 曾晓雄, 罗泽明. 提高速溶茶品质的研究［J］. 湖南农学院学报, 1991, 17(4): 708 – 713.

［15］王华夫. 用反渗透法浓缩茶汁的研究［J］. 茶叶科学, 1991, 11(2): 171 – 172.

［16］叶宝存, 孙利. 速溶茶增香的新途径［J］. 福建茶叶, 1997(4):1 – 5.

［17］尹军峰. 超滤红茶汁色差动态变化的研究［J］. 中国茶叶, 1998(5): 14 – 15.

［18］郑必胜, 李会娜, 曾娟. 灵芝速溶茶的研制［J］. 现代食品科技, 2012, 28(7): 835 – 839.

［19］周天山, 方世辉, 宁井铭, 等. 陶瓷膜过滤对速溶绿茶品质的影响［J］. 中国茶叶加工, 2005(2): 21 – 22.

第五章　液体茶饮料

茶是世界三大无酒精饮料之一，也是我国的传统饮品，在我国有着悠久的发展历史。随着人们生活水平的提高及生活节奏的加快，以及茶叶多种生理保健功能的揭示，人们已不再满足于传统的沸水冲泡、慢饮细啜的饮茶方式，要求饮茶具有方便、快捷的时代感，对茶的消费也由单纯的解渴转向具有天然、营养、保健等功能上。茶饮料和茶一样，富含多种对人体有益的物质，具有低热量、低脂肪、低糖、天然、营养保健和消暑解渴等特性，满足了饮茶者的传统嗜好；其健康天然的口味、方便快速的饮茶方式也符合现代人的时尚要求，日益受到越来越多消费者的青睐。

第一节　茶饮料概述

一、茶饮料的概念

茶饮料（tea beverages）是指以茶叶的萃取液或其浓缩液、速溶茶粉为原料加工而成的、含有一定量天然茶多酚、咖啡碱等茶叶有效成分的饮料。茶饮料既具有茶叶的独特风味，又兼有营养、保健功效，是一种天然、安全、清凉解渴的多功能饮料。

二、茶饮料对人体的作用

（一）补充人体水分

茶饮料与其他饮料一样，具有良好的迅速补充人体水分的作用。

（二）增加营养物质

茶叶含有丰富的营养成分，特别是维生素、氨基酸、矿物质含量丰富，不仅种类多，而且含量高。常饮茶饮料可以增加营养、促进身体健康。

（三）一定的医疗保健作用

茶饮料是一种以茶叶为主要原料的健康饮品，含有茶多酚、咖啡碱、茶氨酸、茶色素等多种功效成分。现代研究证实，常饮茶饮料对人体有良好的医疗保健功能。

三、茶饮料的分类

茶饮料种类复杂，风格迥异，有多种不同的分类方式。按产品形态不同，茶饮料可分为液体茶饮料和固体茶饮料两大类。速溶茶是固体茶饮料的代表产品，第四章已详细介绍，本章仅介绍液体茶饮料的相关内容。

按产品风味的不同，液体茶饮料可分为纯茶饮料（茶汤）、调味茶饮料、复（混）合茶饮料、茶浓缩液（GB/T 21733—2008《茶饮料》）。

纯茶饮料是指以茶叶的水提取液或其浓缩液、茶粉等为原料，经加工制成的、保持原茶汁应有风味的液体饮料，如绿茶饮料、红茶饮料、乌龙茶饮料。根据茶饮料国家标准（GB/T 21733—2008《茶饮料》）的规定，纯茶饮料可添加少量食糖和（或）甜味剂。

调味茶饮料是以茶叶为主要原料，再加入甜味剂、酸味剂、果汁、牛奶、香料等配制而成的风格各异的茶饮料。这类产品有合适的甜酸度，配合水果香和花香，茶风味并不显著突出，如果汁茶饮料、果味茶饮料、碳酸茶饮料、含乳茶饮料、奶味茶饮料及其他调味茶饮料。

果汁茶饮料、果味茶饮料是指以茶叶的水提取液或其浓缩液、茶粉等为原料，加入蔗糖或甜味剂、果汁或食用果味香精等调制而成的液体饮料。含乳茶饮料、奶味茶饮料是指以茶叶的水提取液或其浓缩液、茶粉等为原料，加入蔗糖或甜味剂、乳或乳制品、食用乳味香精等调制而成的液体饮料，如阿萨姆奶茶。碳酸茶饮料是指以茶叶的水提取液或其浓缩液、茶粉等为原料，加入二氧化碳、蔗糖或甜味剂、食用香精等调制而成的液体饮料，如绿茶汽水。其他调味茶饮料是以茶叶的水提取液或其浓缩液、茶粉等为原料，加入除果汁和乳之外其他可食用配料、蔗糖或甜味剂、食用酸味剂、食用香精等调制而成的液体饮料。

复（混）合茶饮料也称保健茶饮料，是以茶叶提取液或茶叶某种功能成分为主料，有目的添加其他中草药或植物性原料或营养强化剂加工而成的产品。该茶饮料不仅营养丰富，且有一定疗效作用，如茶叶可乐。

茶浓缩液是指以茶鲜叶或成品茶等为原料，采用物理方法从经榨汁或浸取、过滤等工序制得的茶提取液中除去一定比例的水分后加工制成的、加水复原后具有原茶汁应用风味的液体制品。

四、液体茶饮料的生产现状与发展趋势

（一）液体茶饮料的生产现状

现代茶饮料于 20 世纪 60 年代起源于美国，随后陆续传播到日本、我国台湾及欧洲、美洲等地，20 世纪 80 年代中后期传播到我国内地。由于液体茶饮料具有加工简便、成本低廉，营养丰富、富有保健功能，饮用方便、符合当前快节奏的生活方式等特点，发展十分迅速，已成为继碳酸饮料和饮用水之后的第三大软饮料。

日本是国际市场上液体茶饮料发展最完善和成熟的国家。1980 年日本开始着手研究液体茶饮料，1981 年正式投产生产罐装乌龙茶水一个品种；1989 年日本茶饮料的品种已发展到绿茶水、红茶水、茉莉花茶以及柠檬茶、加奶茶等多种品种；1995 年日本茶饮料产量达到 300 万吨，占整个国内饮料市场的 24%，一举成为本国第一大饮料；1997 年日本液体茶饮料产量占世界总量的约 40%。日本液体茶饮料的迅速发展带动和

推动着全球液体茶饮料市场的发展。

我国于20世纪80年代初开始液体茶饮料产品的开发，主要产品有茶汽水、茶可乐、果茶等；1995年河北旭日集团正式推出我国第一代茶饮料——旭日升冰茶，受到了广大消费者的青睐，人们开始真正认识茶饮料，进而接受和喜爱茶饮料，导致茶饮料产销量的不断上升。至2002年我国液体茶饮料产量占我国软饮料行业产量的20%，仅次于饮用水和碳酸饮料。随着液体茶饮料生产工艺的改善、生产技术水平的提高及市场对茶饮料逐渐接受，液体茶饮料的品种和花色日渐丰富，产量和销量日益增长，已成为中国消费者最喜欢的饮料品类之一。

（二）液体茶饮料的发展趋势

随着现代人消费方式的改变和健康意识的增强，"天然、健康、快捷、方便"成为饮食潮流。茶饮料具有低热量、低脂肪、低糖、营养、保健及消暑解渴的功能，符合现代的生活格调和"求新""求健"的心理和时尚，已逐渐成为越来越多追求健康人们的最佳选择。自20世纪50年代初期美国正式投入速溶茶的商业性生产，20世纪60年代初在速溶茶迅速发展基础上出现了冰茶制造业；20世纪80年代初日本首先开发成功罐装茶饮料，随后，又相继推出了混合茶饮料和保健茶饮料；至1985年，纯茶饮料开始在日本畅销，继而生产了纸容器、聚对苯二甲酸乙醇酯（PET）瓶和玻璃瓶装茶饮料。由此可见，液体茶饮料的发展经历了传统冲泡、速溶茶、果汁茶、纯茶、保健茶五个阶段。

未来液体茶饮料的发展要趋向于无糖或纯茶饮料、保健茶饮料的开发，注重茶饮料滋味改善，提高茶饮料的稳定性和品质。无糖及纯茶饮料产品的开发，必须以高品质的茶提取液为前提，要求在口感上更接近茶的原始自然风味，符合人们的口味嗜好，尤其是减少茶的苦味和涩味，提高鲜醇度，使之具有名优茶的风味。目前液体茶饮料的生产基本上都是以中低档茶为原料，其氨基酸含量相对较低，苦涩味较重；而茶饮料加工过程中滋味、香气成分不可避免的损失，导致目前的茶提取液普遍存在滋味淡薄苦涩、缺乏鲜醇甘爽的问题。因此，未来液体茶饮料的发展还要注重茶饮料风味改善，提高茶饮料的稳定性和品质。

第一节　液体茶饮料加工技术

液体茶饮料（特别是纯茶饮料）产品应保留原有茶叶的色、香、味等品质特征，无不良异味，澄清明亮，同时保留原茶叶中各种有效成分。因此，茶饮料的加工技术应围绕这一基本的品质要求而设计和操作。

一、原辅材料的选择与处理

（一）茶叶

液体茶饮料生产所用原料主要有两大类，一类是直接用茶叶萃取，其次是采用速溶茶和浓缩茶汁。纯茶饮料大多采用茶叶直接萃取。此外，采用茶鲜汁调配加工是近年来兴起的一种新的茶饮料加工方法。

直接用茶叶为原料萃取生产茶饮料时，茶叶品质的好坏直接影响茶饮料的质量。为了保证茶饮料的质量，对茶叶原料需进行有效的选择、处理和贮藏。要求茶叶等级中档，品质未劣变，色、香、味正常，主成分保存完好，绿茶最好选用当年加工的新茶，不含茶类及非茶夹杂物，无金属及化学污染，无农药残留，符合 GB 2763.1—2018《食品安全国家标准》食品中农药最大残留限量和 NY 659—2003《茶叶中铬、镉、汞、砷及氟化物限量》等相关规定。

茶叶提取前先经烘焙处理，不仅可以降低茶叶水分含量，便于茶叶粉碎，且能有效除去茶叶中的粗老气和陈味，改善茶叶香气，从而达到提高茶饮料品质的目的。由于原料生产单位、批次等不同常导致茶品质不一致，虽然在生产前进行拼配，但每次萃取的提取液在品质上还是会存在一定差异，因此饮料生产时需要对稀释比例等参数进行微调。

速溶茶和浓缩茶汁是以茶叶或茶鲜叶为主要原料，经水提取或采用茶鲜叶榨汁、过滤、浓缩或干燥加工而成的产品。该产品既可直接冲泡饮用，也可被广泛用作茶饮料的原料。用速溶茶和浓缩茶汁为原料生产茶饮料时，应符合 QB/T 4067—2010《食品工业用速溶茶》和 QB/T 4068—2010《食品工业用茶浓缩液》要求，具有该产品应有的外形、色泽、香气和滋味，速溶茶无结块、无酸败等异味，用水冲溶后呈澄清或均匀状态，浓缩茶汁稀释后呈澄清或均匀状态，均无正常视力可见的茶渣或外来杂质。

利用速溶茶和浓缩茶汁为原料生产茶饮料有诸多优点，如无须进行提取作业，产品品质的稳定性控制相对较为简单，生产工艺简单方便，可减少厂房和设备投资，也无须考虑茶渣等副产品的处理等；但是，使用速溶茶和浓缩茶汁为原料生产成本高于茶叶，同时，为了提高产品的品质和稳定性，在速溶茶和浓缩茶汁的生产过程中可能添加了某些食品添加剂和食品加工助剂，茶饮料企业除了要关注茶多酚类、咖啡碱等主要指标外，还应密切关注这些添加成分。

（二）水

水是液体茶饮料的主体部分，一般占液体茶饮料质量的90%以上，水质的优劣直接影响茶饮料的质量。国内外研究人员研究认为，水中钙、镁、铁、氯等离子的含量及水的 pH 均对液体茶饮料的汤色和滋味有不利影响。如水中钙、镁离子含量过多，易引起饮料的混浊、沉淀，并增加涩味；铁离子含量过多，会使饮料色泽加深发暗，并产生金属味；氯含量过多，会引起多酚类物质的氧化，且其产生的氯味也会严重影响液体茶饮料本身的风味。因此，液体茶饮料生产用水要求严格，除应符合我国"GB 5749—2006《生活饮用水卫生标准》"外，还必须进行适当处理以符合表 5-1 所列指标。

表 5-1 液体茶饮料生产用水标准

指标	单位	生活饮用水卫生标准 （GB 5749—2006）	饮料用水卫生标准 （GB 10790—1989）
色度	铂钴色度单位	≤15	≤5
浑浊度	NTU	≤1	≤2

指标	单位	生活饮用水卫生标准 （GB 5749—2006）	饮料用水卫生标准 （GB 10790—1989）
臭和味		无异臭、异味	无臭、无味
肉眼可见物		无	不得含有
pH		$\geqslant 6.5$、$\leqslant 8.5$	$6.5 \sim 8.5$
总硬度（以 $CaCO_3$ 计）	mg/L	$\leqslant 450$	$\leqslant 100$
总碱度（以 $CaCO_3$ 计）	mg/L	—	$\leqslant 50$
溶解性总固体	mg/L	$\leqslant 1000$	$\leqslant 500$
铁（以 Fe 计）	mg/L	$\leqslant 0.3$	$\leqslant 0.1$
锰（以 Mn 计）	mg/L	$\leqslant 0.1$	$\leqslant 0.1$
铜	mg/L	$\leqslant 1.0$	$\leqslant 1.0$
锌	mg/L	$\leqslant 1.0$	$\leqslant 1.0$
挥发酚（以苯酚计）	mg/L	$\leqslant 0.002$	$\leqslant 0.002$
耗氧量（COD_{Mn}法，以 O_2 计）	mg/L	$\leqslant 2.0$	—
硫酸盐	mg/L	$\leqslant 250$	$\leqslant 250$
氢化物	—	—	$\leqslant 250$
高锰酸钾消耗量	—	—	$\leqslant 250$
游离氯	mg/L	—	$\leqslant 0.1$
致病菌	—	—	不得检出

（三）液体茶饮料常用添加剂

1. 甜味剂

甜味剂是指能赋予食品甜味的食品添加剂。甜味剂是茶饮料中的重要原料之一，常用的甜味剂有蔗糖、果糖、葡萄糖等食糖和果葡糖浆，特别是蔗糖，因具有纯度高、色纯白、风味甘甜、无异杂味、易于处理和价格低廉等优点而成为首选。除食糖、糖浆外，生产上也常用甜蜜素、甜味素、麦芽糖醇、木糖醇、甜叶菊糖苷等甜味剂，以降低生产成本和能量，同时又能满足消费者对甜味口感的要求。

在使用甜味剂时要注意，甜蜜素、甜味素、甜叶菊糖苷等为非营养型甜味剂，其热值在蔗糖热值的2%以下，适宜于肥胖症、高血压及糖尿病人食用。热值在蔗糖热值2%以上的甜味剂，称为营养型甜味剂。营养型甜味剂中蔗糖、果糖、葡萄糖等不适合糖尿病人食用，而麦芽糖醇、木糖醇、D-山梨糖醇等在体内的代谢与胰岛素无关，适合糖尿病人食用。

2. 酸味剂

酸味剂是指能调节食品酸度的食品添加剂。茶饮料中常用酸味剂有柠檬酸、苹果酸、酒石酸、柠檬酸钠等。柠檬酸除了酸的口味外，尚有清凉、爽口感觉，而且还能络合金属离子，提高饮料澄清度，但是单独使用柠檬酸易使饮料酸度过低，通常与柠檬酸钠等一起使用，不仅有助于控制酸度，而且可以减少柠檬酸的涩味。

液体茶饮料中添加酸味剂作用主要在于：①提高饮料酸度，调整饮料风味，改善饮料口感；②酸味剂能与金属离子螯合，防止饮料变色；③降低饮料 pH，抑制微生物的生长繁殖。

3. 抗氧化剂

茶饮料中多酚类物质含量高，极易氧化变色。因此，为了防止饮料的色泽褐变、提高产品的货架品质，一般需要添加一定剂量的抗氧化剂。茶饮料中常用的抗氧化剂有抗坏血酸、异抗坏血酸钠等。添加抗坏血酸会影响饮料的酸度和口感，尤其当添加量较多时；异抗坏血酸钠抗氧化能力远超抗坏血酸，但其呈弱碱性，因此，两者常配合使用。

4. 防腐剂

液体茶饮料中营养物质含量丰富，容易生长微生物，造成饮料腐败变质。适量地添加防腐剂，能在一定程度上防止微生物对饮料的腐败作用。茶饮料中常用的防腐剂有苯甲酸及其钠盐、山梨酸及其钾盐。

5. 赋香剂及着色剂

茶叶具有独特的色、香、味，茶饮料的主要原料为茶叶浸提液，基本上保持了茶叶的色、香、味，因此，一般可以不加赋香、着色物质，如因特殊需要，则应按卫生标准规定加入。

二、液体茶饮料加工基本工艺

液体茶饮料加工的基本工艺流程为：原辅材料的选择 → 处理 → 提取 → 过滤 → 调配 → 灌装 → 灭菌 → 包装。其中茶汁的提取、过滤、灭菌和灌装是液体茶饮料生产重要的工序。液体茶饮料生产设备主要包括提取设备、过滤设备、灭菌设备、包装生产线等，其中包装生产线又包括易拉罐包装生产线和 PET 瓶包装生产线。

（一）提取

提取一般是指以水为溶剂将茶叶中的各种可溶性成分提取出来的过程。提取目的就是根据不同茶叶内含成分的浸出特点，采用最合理的技术参数获得理想的风味品质和经济指标。由于茶叶具有不均匀性和多样性的特点，不同来源茶叶内含成分也存在较大的差别，从而使茶叶中各种成分的浸出速率及浸出量等指标出现较大的不同。液体茶饮料提取时茶叶内含成分的浸出机理与速溶茶一致。

茶叶提取液是茶饮料后续加工的基础，是茶饮料品质好坏的关键，因此，茶叶提取是茶饮料生产的关键环节之一，浸提效果直接影响到茶叶原料的利用率及成品饮料的品质。

茶叶提取一般是选好茶叶后，按配方比例用去离子水在不锈钢或陶制器皿中浸提。影响茶叶浸提效果的因素很多，主要有浸提方式、茶叶粒径、茶水比、浸提温度和时间等。

1. 茶叶粒径

茶叶粒径的大小会影响可溶性成分的溶出。与速溶茶类似，目前茶饮料生产一般粉碎的碎度以过 40 目筛孔为宜。

2. 浸提温度

目前，茶饮料的浸提多采用热水浸提。高温浸提可以增加茶叶风味物质的浸出速率和产品得率；但是，温度太高会导致茶叶香气成分的损失，加速其有效成分的氧化使茶汤变黄变褐；且由于咖啡碱及部分酯型儿茶素的过量浸出而引起茶汤苦涩味加重，茶汤易浑浊和产生沉淀；同时，在高温条件下果胶及蛋白质等大分子物质也易溶出，使饮料储藏过程中的稳定性遭到破坏。不同茶叶需要不同的浸提温度，一般绿茶和花茶饮料的浸提温度以 50～80℃ 为宜，乌龙茶、红茶饮料的浸提温度以 75～90℃ 为宜（尹军峰，2006）。茶叶萃取后应立刻冷却，以避免茶香味逸失与劣变及色泽变深。

采用低温浸提可以最大限度地保持茶汤中挥发性化合物组分，减少浸提过程中香气的损耗，茶汤亮度高、不易发生黄变褐变，明显减少茶汤浑浊度和沉淀物的产生。但是，浸提温度过低会影响茶叶的提取率及茶汤滋味。在低温条件下浸提要保持茶汤的品质及茶叶的提取率，就必须加大浸提用水量和延长浸提时间。张文文等（1998）研究认为绿茶饮料的浸提可采用提取温度 20～32℃、时间 3～6h、茶水比 1：40～1：80、提取一次，既能保证较高的浸出率，又能保持绿茶原有的风味，且在贮藏过程中也不会产生浑浊。

3. 浸提时间

茶叶浸提过程中，随着浸提时间的延长，茶叶风味物质的溶出随之增加，茶汤滋味也就趋于饱满；但是，茶汤中咖啡碱及酯型儿茶素等组分大量溶出后将导致茶汤苦涩味增加，也会导致茶汤浑浊和沉淀物的生成；同时，浸提时间的增加将延长生产周期，增加能源消耗。因此，应适当控制浸提时间，一般热水浸提以 10～15min 为宜。

4. 茶水比

茶饮料尤其是纯茶饮料必须要突出茶的风味与特性。在相同条件下，茶水比越小，茶的浸提率高，沉淀物少，茶汤亮度高，但茶味淡，不能很好地反映原茶的风味与香气，很难达到消费者饮用茶饮料的目的；茶水比高，茶汤太浓易造成滋味苦涩，同时在储藏过程中极易发生沉淀与褐变，既增加了成本又降低了品质。因此，浸提时茶水比是影响茶汤品质的重要因素之一，对茶叶的浸提率、浑浊度有很大的影响。通常液态即饮茶饮料的提取茶水比以 1：30～1：50 较合适（尹军峰，2006）。

5. 浸提方式与方法

与速溶茶的浸提方式类似，液体茶饮料的浸提方式主要包括单级浸出式萃取、多级浇渗式萃取和逆流连续萃取三种，其中以逆流连续萃取提取效果最佳，所得提取液的浓度高。

液体茶饮料的传统提取方法是热水浸提法，随着传统的提取方法受到挑战，新的浸提技术在茶饮料生产上开始逐渐引入。微波提取和超声波提取具有提取速度快、提取率高、提取液品质好等优点，是目前日益受到重视的两种新型提取方法。为了减少茶饮料浑浊和变色现象的出现，低温浸提和酶法提取在茶饮料生产上也开始出现。

（二）过滤

茶叶经热水浸提并去除茶渣后，茶浸提液中仍然含有大量的杂质，如碎末茶、茶绒毛、茶灰、茶梗等夹杂物，影响了液体茶汁的澄清透明度，茶叶浸提后必须马上进行有效的过滤处理以去除茶汁中的全部不溶性固体物，使浸出液达到基本澄清的目的。

茶浸出液过滤包括粗滤、精滤和超滤三大类。粗滤是茶饮料加工中过滤系统的第一步，主要目的是去除茶浸提液中粗大的固体颗粒和悬浮物（50μm 以上）。粗滤主要是选用 100~300 目的金属网、帆布、尼龙布等或采用离心方式去除物料中肉眼可见的较粗大颗粒，在生产中多采用袋式过滤机、板框式过滤机、离心分离机等。

茶浸出液经粗滤后仍呈浑浊状态，静置后会出现明显的沉淀物，需要进一步进行过滤澄清处理。精滤即精密过滤，主要目的是去除茶汤中细小的固体颗粒和悬浮物。通过采用精密度较高、孔径细小的过滤介质，去除茶浸出液中粒径不小于 5μm 的微粒子。精滤通常采用 0.1~50μm 的微孔滤膜、硅藻土、石棉纤维或工业纸板等过滤介质，生产中常采用微孔精密过滤器、板框过滤机和薄板过滤机等过滤设备。

超滤是采用孔径范围为 0.001~0.02μm 的超滤膜为过滤介质，用作超滤膜的高分子材料主要有纤维素衍生物、聚砜、聚丙烯腈、聚酰胺及聚碳酸酯等。超滤不仅可以去除茶汤中的各种微粒，还可以截留茶汤中大部分的蛋白质、果胶、淀粉等大分子物质，使茶浸出液达到澄清透明的目的。

（三）调配

纯茶饮料一般不需调配，只要将提取液稀释到一定饮用浓度，直接装罐即可。为了保证茶饮料的品质和延长其货价寿命，一般常添加少量碳酸氢钠调节溶液 pH 和 L-抗坏血酸以防止茶汁褐变。如在罐装绿茶饮料生产中常添加 0.03% L-抗坏血酸作为抗氧化剂，再用碳酸氢钠调节使 pH 为 5.71~6.07。

调味茶饮料有合适的糖酸比，有水果香、花香、奶香等各种风味，需要根据配方进行适当调配。

（四）灌装

灌装是利用灌装机将液料由贮料罐注入包装瓶中。装罐要保持合理的灌装高度和一致的水平，且为了保持茶汤的色、香、味，防止变色，应除去罐内氧气、充入一定数量的氮气。

液体茶饮料的灌装目前多采用热灌装方式，包括装茶水和封盖两部分。茶饮料的热灌装分为两种，一种是茶饮料先经灭菌，利用灭菌后的余热趁热装罐，灌装温度在 85~95℃，同时利用茶汁的高温对瓶盖杀菌；另一种是先中温装罐封盖，再将产品杀菌。热灌装无需对饮料、瓶子和盖子进行单独灭菌，只需将产品在高温下保持足够长的时间即可对瓶子和盖子进行杀菌。热灌装技术虽然可以达到无菌要求，且将茶汁热装满罐后，茶汁冷却容积缩小，其顶隙形成一定真空度，会减少茶汁中的氧含量和罐顶隙中的氧含量，能更好地保持茶汁的品质。但是，由于热灌装温度高，需要维持一定的时间，对茶饮料尤其是绿茶饮料风味影响较大；且热灌装技术需要耐热 PET 瓶，耐热 PET 瓶的成本较高，一定程度上制约了茶饮料在中国市场的推广。

无菌冷灌装是指在严格无菌状态下进行的冷灌装。无菌冷灌装可以最大限度地保持产品原有的风味，且采用无菌冷灌装可以使用普通的 PET 瓶，可使包装材料成本可以减少 1/3 ~ 1/2（相对于热灌装），因此，无菌冷灌装技术成为茶饮料发展的新趋势。不过需要注意的是无菌冷灌装需要先将饮料、瓶子、盖子分别杀菌，然后在无菌环境下灌装，直至完全密封后才可离开无菌环境。

（五）灭菌

茶饮料中含有丰富的营养物质，微生物极易生长繁殖，从而导致茶饮料腐败变质。为了保证茶饮料在贮藏期间的品质，必须对茶饮料进行灭菌处理。常用的灭菌方法有热力灭菌、紫外线灭菌和辐射灭菌等。茶饮料生产中最常用的灭菌方法为高温短时灭菌法（HTST），即将灌装好的茶水在 115 ~ 120℃的高压灭菌锅中灭菌 7 ~ 20min，冷却后即为成品。

由于高温短时灭菌法常使茶汤产生熟汤味，近年来超高温瞬时灭菌法（UHT）也开始应用于茶饮料的灭菌。超高温瞬时杀菌是将物料在 135 ~ 150℃保持 2 ~ 8s。由于微生物对高温的敏感性远大于大多数食品成分对高温的敏感性，故超高温瞬时杀菌能在很短的时间内有效地杀死微生物，同时极大限度地保留产品中营养成分和风味成分。采用超高温瞬时杀菌大大缩短了茶饮料在高温中的时间，使熟汤味明显减少，可更有效地保存茶叶的香气成分。

此外，液体茶饮料的灭菌还可采用过滤除菌技术、超高压杀菌技术等。过滤除菌技术是利用物理阻留的方法将液体或空气中的微生物除去，达到无菌目的。一般采用孔径分布均匀的微孔滤膜作为过滤材料，若选用孔径小于微生物的膜，使料液通过膜过滤器进行过滤，则菌体粒子被截留，称之为过滤除菌。过滤除菌技术耗能少、在常温下操作、适用于热敏性物料，主要用于不耐热生物制品及空气的除菌。液体茶饮料采用超滤灭菌技术灭菌可以有效避免高温灭菌过程中内含成分的破坏，且无熟汤味问题。

超高压杀菌技术是将食品物料放入流体介质（如水）中，在大于 100 ~ 1000MPa 压力下常温或较低温度下对物料作用一段时间，从而达到商业无菌状态（本法对孢子无效）。采用超高压灭菌对茶汤风味影响较小。

（六）包装

液体茶饮料的包装材料主要有玻璃瓶、金属易拉罐、塑料瓶、复合包装材料（主要是纸铝塑复合利乐包）等。在茶饮料研究和开发初期主要以玻璃瓶和马口铁易拉罐为主，近年来聚酯瓶包装逐渐成为茶饮料市场的主流。茶饮料包装、冷却后应包装成箱，且应贮藏在较低温度，以免内含成分随着贮藏而逐渐降低。

1. 塑料瓶

塑料瓶的种类较多，液体茶饮料一般多采用透明的 PET 瓶。PET 是开发最早、产量最大、应用最广的聚酯产品，也是当前的主要包装材料之一。PET 具有无毒无味、无色透明、材质轻、机械强度高、可塑性好、膨胀系数小、气密性好、防潮性和保香性优、材料费用适中等优点；且 PET 材料化学性质稳定，不与茶饮料中的物质发生化学反应。缺点是 PET 材料极易吸湿，加工前需要通过专用设备进行干燥处理。

PET 瓶分为普通型和耐高温型。普通型 PET 瓶在温度高于 75℃时会变形，比较适合用于冷灌装。冷灌装一般采用无菌冷灌装，是指在无菌的环境中将调配、灭菌后的饮料充填到经过灭菌处理的包装容器中，并进行无菌密封。就其工艺特点而言，无菌冷灌装技术比较适合于生产纯茶饮料，在保色、保香等方面具有热灌装工艺无可比拟的优势。耐热型 PET 瓶可耐 85~95℃的高温，多为热灌装工艺所采用。茶饮料经高温灭菌处理后，冷却到 85~95℃装入 PET 瓶压盖，瓶盖预先经过氧化氢消毒，即所谓的热灌装。

近年来耐热型的双向拉伸聚丙烯（BOPP）瓶也开始用于茶饮料的包装。与 PET 材料类似，BOPP 薄膜也具有稳定性好、透明性好、耐热性好等优点，且聚丙烯材料比 PET 价格低、不吸潮，但其光泽度和阻隔性不如 PET 材料，通过双向拉伸可以提高聚丙烯瓶的阻隔性和耐温性。

2. 复合包装材料

茶饮料常用的包装还有复合包装材料。复合包装材料是指采用 2 种或 2 种以上材料复合在一起制成的复合材料加工而成的包装。茶饮料常用的复合包装材料是利乐包装。利乐包装是由纸、聚乙烯和铝箔复合而成的复合包装材料，一般采用无菌灌装的方式。利乐包装具有密封性好，产品保质期长，包装成本便宜的优势，但由于产品外观较差以及茶饮料的特殊性，一般不太适合纯茶饮料尤其是绿茶饮料的包装，但对于奶茶和保健型茶饮料仍具有一定的使用价值。

三、液体茶饮料加工关键技术

随着茶饮料工业的发展，对茶饮料的加工技术提出了更高的要求。目前在液体茶饮料生产中存在的最大问题，一是浑浊沉淀的产生；其次是液体茶饮料色泽的褐变；三是加工过程中香气的散发及不良气味的产生。如何保持茶汤风味，防止色泽发生褐变，延长其货架期是当前液体茶饮料研究的重要课题。

（一）水处理技术

1. 水质对液体茶饮料品质的影响

水是生产液体茶饮料的主要原料，水质的优劣直接影响产品的质量。茶饮料是一种特殊饮料，茶饮料所含的茶多酚类物质易与金属离子反应，不仅直接影响茶饮料的色泽和滋味，还易使茶饮料产生浑浊沉淀，影响其稳定性。如水中钙、镁离子含量高时易与茶多酚物质反应产生沉淀，导致茶汤浑浊；当水中亚铁离子质量浓度达 5mg/L 时，亚铁离子可与茶多酚作用生成肉眼可见的黑褐色沉淀；当水中钙离子质量浓度达 4mg/L 时，茶味会发苦等。

浸提用水的 pH 影响茶汤的色泽。茶汤 pH 的变化不但影响茶多酚的氧化，也影响茶汤中叶绿素的变化。当 pH 降低时，茶汤叶绿素中的镁离子被氢离子取代，导致茶汤褐变；当 pH 升高时，茶多酚容易被氧化，使茶汤的汤色加深。一般认为茶饮料提取液的 pH 应控制在 5.5~6.0 的范围内。

水中氯离子含量也会影响茶饮料的风味。当氯离子含量过多时，氯离子会与茶汤中的多酚类物质作用，使茶汤表面产生"锈油"，使茶汤苦涩，且其产生的氯味也会严重影响茶饮料本身的风味。

由此可见，茶饮料用水必须经过严格处理，以去除部分无机离子和杂质；否则，会影响茶饮料品质，导致茶饮料产生沉淀、浑浊、变色等。研究表明茶饮料浸提用水的 pH 应在 6.7 ~ 7.2、铁离子含量小于 2mg/kg、形成暂时性硬水的化学物质总含量低于 10mg/kg 或形成永久性硬水的化学物质总含量低于 3 ~ 4mg/kg。

2. 水处理方法

液体茶饮料生产用水的水处理方法主要包括混凝、过滤、软化与消毒等。

混凝是指在水中加入某些混凝剂，使水中的细小悬浮物或胶体微粒互相吸附结合而形成较大颗粒，从水中沉淀下来的过程。常用的混凝剂有铝盐和铁盐，如明矾、硫酸铝、硫酸亚铁等。过滤是通过多孔介质材料截留水中一些悬浮物和胶体物质等，将水中不溶性杂质分离的方法。水过滤常用的过滤介质有砂、石英砂、无烟煤、活性炭、人造纤维等。

当水的硬度或碱度超标，水中溶解的盐类含量高时，必须进行软化，以达到茶饮料用水需求。水软化的方法主要有石灰软化法、离子交换法、电渗析法和反渗透法等。茶饮料生产多采用离子交换法、电渗析法和反渗透法。离子交换法是利用离子交换树脂交换离子的能力，按茶饮料生产用水的要求将原水中所不需要的离子通过交换而去除，使水得到软化的水处理方法。电渗析法是利用离子交换膜和直流电场的作用，从原水中分离出带电离子组分的电化学分离过程。它是以电位差为推动力，利用电解质离子的选择性传递，使膜透过电解质离子。反渗透法是通过反渗透膜把原水中的水分离出来。选用一种只让水单独通过而不让溶质通过的选择透过性膜，通过在浓溶液一侧施加一个大于渗透压的压力时，水就会由浓溶液一侧通过半透膜进入稀溶液中而达到处理目的。

原水经过混凝、过滤、软化处理后，水中大部分微生物随同悬浮物质、胶体物质等杂质已被去除，但仍有部分微生物残留于水中，为了保证产品质量及消费者的健康，必须对水进行消毒处理。常用的消毒方法有氯消毒、紫外线消毒和臭氧消毒。

（二）液体茶饮料的澄清技术

1. 液体茶饮料浑浊沉淀形成的原因

液体茶饮料浑浊有两种，一种是生物性浑浊，另一种是非生物性浑浊。所谓生物性浑浊是指由于微生物滋生而引起的饮料浑浊现象。这类浑浊可通过彻底杀菌和预防污染来解决。非生物性浑浊是指除生物性浑浊之外的所有类型的浑浊。

液体茶饮料在生产、贮藏过程中极易形成浑浊沉淀，浑浊沉淀形成的本质是茶多酚类物质分别与咖啡碱、可溶性蛋白质通过分子间氢键结合成络合物。当茶提取液温度较高时，茶多酚与咖啡碱各自呈游离状态存在；当温度降低时，茶多酚类物质分别与咖啡碱、蛋白质结合形成络合物，随着络合程度不断提高，络合物的粒径随之增大，茶汤逐渐变得浑浊并产生沉淀。在此过程中，金属离子、多糖、核酸等也参与饮料浑浊和沉淀的形成。

归纳起来，液体茶饮料浑浊沉淀形成的途径主要有：茶多酚分别与咖啡碱、蛋白质形成络合物；咖啡碱与蛋白质形成络合物；茶多酚－蛋白质－咖啡碱络合物的形成；可溶性蛋白、果胶冷却后形成雾状沉淀；酯类物质的疏水作用；金属离子与茶多酚、蛋白质形成络合物等。此外，饮料溶质形成的低溶解度引起的浑浊、胶体失去电荷引起的浑浊和大分子多糖引起的浑浊等也会促进液体茶饮料浑浊沉淀的出现。

2. 影响液体茶饮料浑浊沉淀形成的因素

影响液体茶饮料浑浊沉淀形成的因素很多，其中主要有茶汤浓度与化学组成、茶汤 pH 及金属离子。

（1）茶汤浓度与化学组成　无论在何种茶汤体系中，均为茶汤浓度越大，越容易形成茶乳酪。茶叶内含成分越高，浸提时茶叶粒径越小、萃取时间越长、萃取温度越高，茶提取液浓度越高，越易形成茶浑浊沉淀。茶提取液中茶多酚类物质、咖啡碱及可溶性蛋白质含量越高，越易形成茶饮料浑浊沉淀。茶多酚类物质中茶红素和茶黄素较儿茶素更易形成茶乳酪，儿茶素中酯型儿茶素较非酯型儿茶素更易形成茶乳酪。因此，脱咖啡碱、脱没食子酸酯或避免茶多酚类物质的氧化均可减少茶乳酪的形成。

（2）茶汤 pH　茶饮料的 pH 对茶饮料浑浊沉淀的形成有明显作用。研究表明当红茶茶汤 pH 上升时，茶乳酪的形成量减少；pH 降低时，茶乳酪的形成量上升；pH4.0 时，茶乳酪生成量最多。不仅如此，在较高的 pH 条件下，茶汤中的多酚类物质容易氧化，且 pH 越高，茶多酚氧化程度越大；氧化后的多酚类物质更容易形成茶乳酪。在过低的 pH 条件下，金属离子有助于酚类物质的氧化，进而促进茶乳的形成。

（3）金属离子　金属离子也会影响液体茶饮料浑浊沉淀的形成。Pintauro（1970）研究发现红茶茶汤中金属离子会促进茶乳酪的形成，主要由 Ca^{2+} 与茶多酚形成钙－茶多酚复合物。郭炳莹（1991）研究也发现多种金属离子可与绿茶茶汤组分发生络合反应，其中 Ca^{2+} 对茶乳酪的形成有重要影响；Ca^{2+} 主要与茶汤中的茶多酚，尤其是 EGCG 和 ECG，形成低溶解度的络合物，且该络合物的溶解度及稳定性随茶汤 pH 的升高而降低；研究还发现添加一定浓度的氯化钠、葡萄糖、蔗糖，会降低钙络合物的溶解度及稳定性，这可能是由于离子效应、电解质作用和共沉淀效应等共同作用的结果。张正竹等（1997）研究发现阳离子电解质的存在对茶乳形成有显著影响。这是由于分散在茶汤中的红茶固体颗粒表面带负电荷，阳离子电解质能显著降低分散系的稳定性。

3. 液体茶饮料的澄清方法

液体茶饮料在贮藏和销售过程中必须始终保持澄清透明状态，为了达到这一目的，必须要对茶饮料进行防沉淀技术处理，这一过程也被称为液体茶饮料的净化。目前液体茶饮料防沉淀技术处理主要有以下几个方面。

（1）注意浸提茶叶用水质量。

（2）浓度抑制法　在茶饮料生产上，通过将茶提取液迅速冷却，或者通过调节其

pH，使茶汤形成尽可能多的浑浊或沉淀，然后用离心或过滤的方法去除，可达到澄清茶汤的目的。茶多酚、咖啡碱是促进茶乳酪形成的主要物质，其含量的高低对茶饮料浑浊沉淀的形成有较大影响，通过脱除部分茶多酚、咖啡碱有效抑制茶乳酪的形成，提高茶饮料的澄清度。茶汤中大分子的蛋白质、淀粉、果胶等物质可促进茶乳酪的形成，通过超滤、反渗透等膜技术处理截留这些大分子的物质，可在一定程度上保证茶汤的澄清度。

（3）转溶　液体茶饮料的浑浊沉淀还可通过转溶处理来达到澄清目的。茶饮料生产上常用的转溶方法有物理方法、化学方法及酶法，具体转溶方法与速溶茶类似。

（4）改善茶叶浸提方法　目前液体茶饮料的浸提方法主要为热浸提。热浸提不仅会促进茶多酚、咖啡碱的溶出，还会导致部分热溶性蛋白质、果胶等物质的溶出，促进茶乳酪的形成。采用低温浸提，可减少热溶性大分子物质的溶出，提高茶饮料的澄清度。

（三）液体茶饮料的护色技术

1. 液体茶饮料褐变机理

茶饮料的色素组分在不同茶类中有较大的不同。乌龙茶和红茶饮料的汤色主要是茶多酚的氧化产物茶黄素、茶红素和茶褐素等，绿茶饮料的汤色主要是由呈绿黄色的黄酮类物质、以油状颗粒悬浮于茶汤中呈绿色的叶绿素及其水解产物叶绿酸和叶绿醇组成。由于茶饮料组分的复杂性和体系的不稳定性，尤其是绿茶茶饮料体系稳定性差，在浸提、杀菌、灌装等热处理工序中及贮藏过程中绿茶饮料汤色易褐变，特别是杀菌处理后，其感官品质变化很大。

绿茶饮料中多酚类物质（包括黄酮类物质）含量较高，在光、热等因素的影响下多酚类物质易氧化生成茶黄素、茶红素等有色物质，且酚类物质氧化程度越高，茶汤的色泽越深，可使绿茶饮料汤色发红甚至发暗。此外，绿茶饮料中的叶绿素是一种不稳定色素，加热会使之分解褪色，在酸性条件下叶绿素、叶绿酸中的镁离子会被氢离子取代而形成褐色的脱镁叶绿素、脱镁叶绿酸，使茶汤色泽褐变（方元超，2000）。在加工与贮藏过程中，茶饮料中多酚类化合物及其氧化产物与金属离子络合也是导致茶饮料褐变的原因之一，如茶多酚易与三价铁离子络合形成黑褐色酚铁络合物。因此，如何保持茶饮料色泽不发生褐变，尤其是绿茶饮料，延长其货架期是目前茶饮料研究的重要课题。

2. 液体茶饮料护色方法

茶饮料护色方法主要有注意用水质量、调节茶饮料pH、减少热处理、添加抗氧化剂和包埋剂等。

（1）注意用水质量　水质的好坏对液体茶饮料汤色有明显的影响。大量研究已证实水中钙、镁、铁等离子易与茶汤中的茶多酚发生络合产生颜色反应或沉淀，从而影响茶饮料汤色。水的pH也会影响茶饮料的汤色。一般浸提用水pH以6.7~7.0为宜。对浓度较低的液态茶饮料而言，在水质为纯水的条件下，pH越小，茶饮料稳定性越高。

（2）调节液体茶饮料pH　液体茶饮料的pH不但影响茶多酚的氧化程度，而且影响茶汤中叶绿素的变化。当茶饮料 pH 降低时，茶饮料所含叶绿素中的镁离子被氢离子取代，引起茶汤褐变；pH 升高时，汤色加深，且 pH 越高，茶多酚越容易被氧化，茶汤汤色越深；当 pH 为 6.0 时茶汤的汤色最好。红茶饮料提取液的 pH 最好控制在5.5～6.0 的范围内（吴雅红等，2004）。末松伸一等（1992）研究表明乌龙茶浸提液 pH 以5.5～6.5 为宜，红茶浸提液 pH 为5.0～6.0，绿茶浸提液 pH 以5.0～6.5 为宜。故在茶饮料生产中常加入抗坏血酸、柠檬酸等添加剂来降低茶饮料的 pH，以增进茶饮料的稳定性，防止褐变。

（3）减少热处理工序　浸提、杀菌、灌装等工序的高温处理是导致液体茶饮料褐变的主要原因。茶叶高温浸提虽然浸提效率高，但易引起多酚类物质氧化、异构化以及叶绿素的降解、脱镁等变化，采用低温萃取可在一定程度上减少汤色褐变，饮料的稳定性也随之增加。通过低温超声波、微波等技术的辅助浸提，不仅可以缩短萃取时间，而且还能提高萃取效率以及茶汤色泽等品质。

灭菌是液体茶饮料生产中的重要一环，目前多采用高温短时灭菌法，这是引起汤色劣变的主要原因之一。采用超高温瞬时灭菌法不仅灭菌彻底、可达到灭菌要求，又因处理时间短可将对茶饮料香气、汤色的不良影响减至最低。此外，过滤除菌法、超高压灭菌法等冷灭菌方法在达到灭菌效果的同时，也可较好地避免茶饮料的褐变。

（4）抽真空充氮　茶饮料尤其是绿茶饮料中多酚类物质含量较高，很容易被氧化，特别是表没食子儿茶素没食子酸酯和表没食子儿茶素极易被氧化而导致茶汤变色。在液体茶饮料灌装过程中采取抽气充氮措施充入一定氮气，可避免氧化褐变。

（5）添加抗氧化剂、包埋剂等　在茶饮料的生产中添加一定量的护色剂有助于茶汤颜色的稳定，常用的护色剂有 L - 抗坏血酸、半胱氨酸、还原型谷胱甘肽和亚硫酸钠等。研究表明在茶饮料高温灭菌过程中，添加四硼酸钠和亚硫酸钠能够显著抑制高温灭菌对叶绿素的破坏作用，添加 L - 抗坏血酸和半胱氨酸对茶多酚的氧化具有显著抑制作用，茶汤亮度明显提高；且 L - 抗坏血酸与半胱氨酸和亚硫酸钠共同使用效果优于 L - 抗坏血酸单独处理（梁月荣等，1999）。在调节绿茶饮料 pH4.0～5.0 条件下，分别添加 0.06% Na_2SO_3、0.01% L - 抗坏血酸和 0.01% $ZnCl_2$ 均可有效抑制绿茶茶汤褐变（赵良，1998）。在茶叶浸提时添加 β - 环糊精对多酚类物质进行包埋，不仅可以防止茶乳酪的形成，还可起到护色作用（方元超等，1999）。

饮料的褐变，尤其是绿茶饮料的褐变是制约茶饮料发展的关键因素之一。单一的护色技术往往难以解决饮料汤色褐变问题，生产上一般采用多种技术联合使用。

（四）液体茶饮料的风味劣变及控制技术

风味是指味感物质（甜、酸、咸、苦、鲜、涩、辣、清凉味、碱味、金属味等）和嗅感物质（香气物质）的综合感觉，即滋味、香气和涩、辛辣和清凉等感觉。茶饮料的滋味主要是由氨基酸、多酚类、咖啡碱、可溶性糖、有机酸等多种内含成分的综合表现；茶饮料的香气是由含量极低、种类繁多的挥发性成分相互作用的结果。茶多酚及其氧化产物与口腔唾液蛋白络合使人产生收敛感觉，即涩味。各种茶类由于其原料和加工工艺不同，具有各自不同的滋味和香气特点，一般绿茶的特点是鲜爽甘醇、清香自然；乌龙茶的特点是甘醇浓厚、花香或焦糖香；红茶的特点是醇和、甜香；普洱茶的特点是平和、陈香。由于液体茶饮料中风味物质的浓度均显著低于平时冲泡茶水的浓度，因此往往达不到这样的风味要求。

1. 液体茶饮料的风味劣变

液体茶饮料的风味物质大多为敏感而易被破坏的热不稳定性物质，如茶多酚、挥发性化合物等。液体茶饮料的风味劣变主要体现在两个方面，一是苦涩味显现，二是香气劣变。

在普通茶汤中多酚类物质常与蛋白质、果胶等物质混合或结合在一起，使茶汤滋味总体表现出"醇厚"的特点。然而，在液体茶饮料加工过程中，为了保证茶饮料的澄清透明、无浑浊，往往要经过超滤等技术处理，使茶汤中的大分子蛋白质和果胶等物质被大量除去，导致多酚类物质的滋味特点凸显出来，使茶汤表现出明显的"苦涩味"。由此可见，液体茶饮料的澄清和滋味醇和很难同时兼顾。当然，在茶加工过程中如果取材不当、茶叶过度浸提等也会导致茶饮料"苦涩味"增强。

液体茶饮料加工过程中的提取、灭菌等热处理可使儿茶素类氧化和异构化增加，使茶汤苦涩味减轻，滋味变得醇和；但是提取、灭菌等热处理又会导致茶饮料中的不稳定挥发性化合物被破坏，产生"水闷气"以及"熟汤味"等不良气味，导致香气的恶化。高温提取与高温灭菌两个热处理工序是引起液体茶饮料香气劣变的主要原因。当然，茶叶原料本身香气的高低好坏会直接影响茶饮料的香气，为了保证良好的茶饮料香气，可选用具有良好香味的茶叶原料。

2. 液体茶饮料风味劣变的控制技术

（1）选择优质的茶叶原料 茶叶原料品质的好坏是影响茶饮料品质的关键因子之一。在液体茶饮料加工过程中，要选择风味良好的优质原料，绿茶尽量选择当年的新茶。原料选择后进行适当的焙火处理，可以有效去除茶叶的陈味和茶汤的苦涩味、青草气味，提高茶叶本身风味，从而提高茶饮料的风味。在茶叶烘焙过程中，还可添加一些茶叶香气固有物质，使陈化茶叶产生新茶香、甜香、花香等，使茶叶香气得以改善，从而提高茶饮料香气品质。

（2）优化液体茶饮料浸提技术 茶饮料加工过程中的热浸提是对茶汤香气产生较大影响的重要环节，采用低温冷浸提有助于香气成分的保存，也可在一定程度上减少茶多酚、咖啡碱等物质的溶出，降低茶饮料的苦涩味。如陈洁等（2012）研究了低温萃取工艺对绿茶主要呈味物质的浸出及茶汤色泽的影响，结果显示在温度20℃、茶水比1∶50条件下浸提3h，所得绿茶茶汤主要生化成分的浸出量适宜，茶汤色泽好，茶汤风味佳。由此可见，低温萃取工艺是优质茶饮料生产的有效浸提方法之一。

低温萃取时辅助果胶酶、糖苷酶等酶处理，可释放茶叶内的芳香物质，也可促进部分糖苷类物质的水解，增进茶汤风味。不仅萃取温度、萃取时间对茶汤香气产生影响，浸提次数对香气组分也有明显的影响，绝大部分茶叶香气成分均在第一次冲泡中浸出。因此，在茶饮料生产中不可过度抽提，一般浸提1~2次。

浸提时还可通过添加 β - 环糊精来改良茶饮料的风味。β - 环糊精不仅可以包埋茶叶香气组分，减少浸提过程中挥发性香气物质的损失和加热过程中的不良变化，还可以包埋臭味物质、掩盖异味，有利于茶饮料香气的保存；同时，β - 环糊精还可以包埋酚类物质，有效降低茶汤苦涩味。

（3）优化液体饮料灭菌技术　茶饮料属于弱酸性饮料，为了达到食品卫生安全条件，需对其进行灭菌处理，但灭菌是对茶饮料香气品质产生较大影响的重要环节。目前液体茶饮料生产中主要采用高温短时灭菌法，无论是红茶、乌龙茶还是绿茶饮料，经杀菌处理后其风味都有较大程度的劣变，乌龙茶和红茶饮料的香气成分含量和比例发生较大的变化，总体呈现减少的趋势；绿茶饮料经高温灭菌后，挥发性物质如萜烯醇及其氧化产物、苯甲醇、吲哚及 4 - 乙烯基苯酚等含量明显增加，破坏了茶饮料香气成分之间的平衡，引起香气的恶化。因此，液体茶饮料的灭菌最好采用膜过滤除菌、超高压灭菌等冷灭菌方法，避免热处理对茶饮料风味的破坏。

（4）采取调配技术改良液体茶饮料风味　液体茶饮料的风味可通过调配技术来改良，如通过添加甜味剂来掩盖茶饮料的苦涩味；通过增香处理来改善茶饮料香味等。在茶饮料的调制过程中应特别注意温度、浓度和酸碱度等各种因素对呈味特性的影响。如在采用酸味剂时要注意酸味剂本身具有一定的涩味，且可以显著增强酚类物质的涩味；茶饮料的酸度对其甜味、咸味和苦味等呈味特性及色泽有明显影响，如 0.04% ~ 0.05% 的柠檬酸可增加蔗糖的甜度，0.01% ~ 0.10% 时可以增加咸味，0.10% ~ 0.30% 时却可以起缓和甜味和苦味的作用。温度的变化不仅会引起不同呈味物质的溶解度、解离度和构型等特性及其相互作用的变化，还会造成味觉器官灵敏度的不同，从而导致不同温度下味觉的差异。因此，调配茶饮料时应考虑产品的习惯饮用温度。通常，热饮的调味茶饮料最适调制温度为 67 ~ 73℃，冷饮的茶饮料最适调制温度为 6 ~ 10℃（尹军峰，2006）。

液体茶饮料的增香技术与速溶茶类似，可采取相同方法增香。

第三节　纯茶饮料加工

根据 GB/T 21733—2008《茶饮料》的规定，纯茶饮料是指以茶叶的水提取液或其浓缩液、茶粉等为原料，经加工制成的、保持原茶汁应有风味的液体饮料，可添加少量食糖和（或）甜味剂。

目前市面上最常见的罐装茶饮料就是一种纯茶饮料（胡小松等，2002）。罐装茶饮料最初是指采用传统的沸水冲泡茶叶的方法冲泡茶叶，获得茶汁，经处理后，装罐出售的饮料。罐装茶饮料不但营养丰富、健康、方便、快速，符合现代生活的格调和节奏；且保持原茶汁风味和特点，满足了饮茶者的传统喜好；同时，罐装茶水还具有加工简便、成本低廉、制品澄清、耐贮藏等优点，十分适合现代消费需求，是一种具有广阔应用前景的新一代饮料产品。

一、加工工艺流程

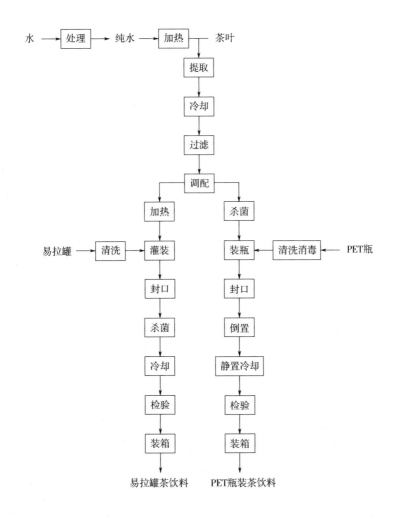

二、操作要点

（一）原料选择

纯茶饮料大多采用茶叶直接萃取，也可采用速溶茶和浓缩茶汁为原料来稀释调配。茶叶品质的好坏直接影响纯茶饮料的质量。为了保证纯茶饮料的质量，对茶叶原料需进行有效的选择、处理和贮藏。要求选用当年加工的新茶，品质未劣变，色、香、味正常，主成分保存完好，不含茶类及非茶夹杂物，无金属及化学污染，无农药残留。必要时可采用烘焙这一提高品质的有效途径进行处理。

（二）茶汁提取

选好茶叶后，按配方比例配好投放于不锈钢或陶制提取罐中，用去离子水浸提。一般茶水比在1∶30～1∶50较合适。绿茶、花茶的提取水温以50～80℃为宜，乌龙茶、红茶的提取水温以70～95℃为宜。提取时间依据提取温度而异。通常水温越高，提取时间越少。如在 80~90℃水温下提取，提取时间一般不超过 20min；在 60~80℃水温下，提取时间一般不超过 30min。

（三）茶汁冷却

以自来水或冷却水作介质，采用板式热交换器或冷热缸（夹层缸）冷却茶汁，冷却至室温即可。

（四）过滤

茶提取液从提取罐中抽出时已通过提取罐出料口的金属筛网滤除了茶渣。因此，茶提取液可先采用 300 目的不锈钢筛网或铜丝网预滤，或者采用高速离心机离心除渣，再采用板框式过滤机或陶瓷膜等精滤。精滤后的茶汁要求澄清透明，无浑浊或沉淀。

（五）调配

纯茶饮料一般不需调配，直接将茶提取液稀释到一定饮用浓度、装罐即可。生产上为了提高茶饮料的口感、保证茶饮料的品质和延长其货架寿命，一般会适量添加食糖和（或）甜味剂，同时，采用碳酸氢钠调节溶液 pH 和 L-抗坏血酸以防止茶汁褐变，有些产品可能还会加入必要的香味改良剂。如生产罐装绿茶水时，一般添加 0.03%~0.07% 的 L-抗坏血酸作为抗氧化剂，再用少量的碳酸氢钠调整茶饮料 pH 为 5.5~6.5。

（六）灭菌、灌装

早期的茶饮料多用易拉罐，因此，一般采用先装罐后杀菌的方式。将调配好的茶饮料先通过热交换器加热到 90~95℃，趁热装罐，抽气充氮，并立即卷边封口；封口后马上进行高压杀菌，即将灌装茶饮料在 115℃杀菌 20min 或 120℃杀菌 7min，冷却后即为成品。

采取这种灌装方式茶饮料受热时间长，对茶饮料风味影响大，现多采用先杀菌后装罐的方式，且大多采用超高温瞬时杀菌法杀菌、耐热 PET 瓶灌装。在灌装前先将茶饮料杀菌，然后冷却至 85~88℃趁热装罐、抽气充氮、封口；然后将密封后的 PET 瓶倒置 30~60s，利用茶汁的余热对瓶盖进行杀菌，冷却后即为成品。

（七）检验与装箱

经杀菌冷却的纯茶饮料应抽样检查，合格的产品包装成箱后应贮藏在较低温度，以免内含成分随着贮藏时间延长而逐渐降低。

第 四 节　调味茶饮料加工

一、碳酸茶饮料加工

碳酸茶饮料，又称茶汽水，是指以茶叶的水提取液或其浓缩液、茶粉等为原料，加入二氧化碳、蔗糖或甜味剂、食用香精等调制而成的液体饮料，如绿茶汽水。碳酸茶饮料因含有二氧化碳，能使茶风味突出、口感强烈，使人有清凉舒爽的感觉，是人们在炎热夏天消热解渴的清凉饮料。

（一）加工工艺流程

碳酸茶饮料生产目前大多采用两种方法，即一次灌装法和二次灌装法。

1. 一次灌装法

一次灌装法工艺流程如图5-1所示。它是将茶汁、糖浆、水先进行配料、混合、冷冻，然后将该混合物碳酸化，再灌瓶压盖而成。这种将饮料预先调配并碳酸化后进行灌装的方式又称预调式灌装法。其特点：①茶汽水全部冷冻，刹口感强；②茶汽水配制过程中各种物质混合均匀，不受灌装影响，品质稳定；③各种成分一起混合，所产生的沉淀可过滤除去；④整机各系统都易黏附糖浆，极易污染细菌，影响饮料品质；⑤灌装系统溢出的都是成品，损失率较大。

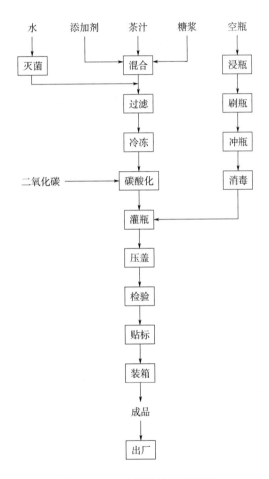

图5-1　一次灌装法工艺流程

2. 二次灌装法

二次灌装法如图5-2所示。此法是先将茶汁及糖浆等原料进行混合，按规定量注入容器中，然后充入碳酸水至规定量，密封后再混合均匀而成。这种将糖浆和水先后各自灌装的方式又称现调式灌装法。此法特点：①灌装时成品损失少；②整机各系统容易冲洗，不易受细菌污染；③混合浆定量不大准确，成品质量不稳定；④混合浆未经碳酸化，水碳酸化时含气量要比成品预期的含气量高，以补偿未碳酸化混合浆的需要，避免瓶内压力不够。

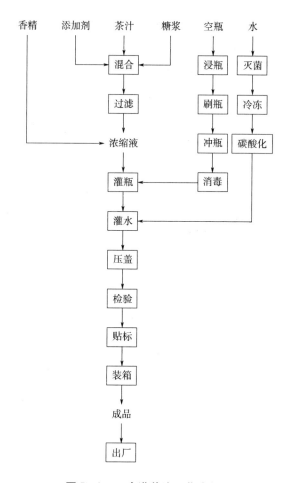

图 5-2 二次灌装法工艺流程

（二）操作要点

1. 设备用具清洗消毒

凡是用于茶饮料的生产用具、机械和设备等，均需先用自来水冲洗数次，有的还需刷洗，最后用灭菌水反复冲洗备用。茶饮料用瓶先用 2% ～3% NaOH 溶液于 50℃温度浸泡 5 ～20min，然后用棕毛刷或刷瓶机内外刷洗干净，再用灭菌水冲洗数次，使瓶内外清洁，不留残渣，最后倒立在沥水机上沥干，灯检后备用。

2. 茶汁提取

按配方称取检验合格茶样，放在干净容器内。用水（90 ～95℃）浸泡 5 ～10min，经反复过滤，滤汁要澄清、无茶渣等；茶汁与糖浆混合，即为碳酸茶饮料的基本原料，又称原汁或母液。

3. 糖浆制备

糖浆制备包括糖的溶解和糖浆的调配。

糖的溶解有热溶法和冷溶法两种。热溶法是将水与砂糖按比例加入到不锈钢夹层锅中，加热使糖溶化。此法溶解速度快，需时短，效率高，同时高温还能起消毒杀菌的作用，使糖中杂质受热沉淀，此外还可增加甜度及色度，但是耗能大，冷却时间长。冷溶法是在室温条件下不经加热，将糖加入水中搅拌溶解。此法设备简单，省去了加热和冷却过程，减少了费用，能保持糖的香味，但是溶糖时间较长，所需设备大，利用率低，且糖液在制备过程中极易污染。

为了保证质量，一般采用热溶法，配成75%的浓糖溶液。具体工艺流程为：

$\boxed{50 \sim 55℃热水搅拌溶解} \rightarrow \boxed{粗过滤} \rightarrow \boxed{90℃杀菌} \rightarrow \boxed{冷却} \rightarrow \boxed{39℃精滤} \rightarrow \boxed{冷却至20℃} \rightarrow$ 糖溶液。

糖浆一般是根据不同碳酸茶饮料的要求，在一定浓度的糖液中加入甜味剂、酸味剂、香精香料、色素、防腐剂等，并充分混合后所得的浓稠状糖浆。糖浆配制时的加料顺序十分重要。加料次序不当，将有可能失去各原料应起的作用。糖浆调配时的投料顺序为：糖液→防腐剂→甜味剂→酸味剂→果汁→乳化剂→稳定剂→色素→香精，然后加水定容。一般防腐剂配成20%~30%的水溶液加入，甜味剂配成50%的水溶液加入，酸味剂配成50%的水溶液加入，色素配成5%的水溶液加入。

4. 碳酸化

水的质量是影响茶饮料品质的主要因素。因此，茶饮料用水必须经过澄清、过滤、软化、灭菌等处理。处理后的水经冷冻机降温到3~5℃，称为冷冻水；再将冷冻水经汽水混合机在一定压力下形成雾状，与二氧化碳混合形成碳酸水，灌入茶叶饮料中。

5. 碳酸茶饮料的调配

按配方要求将茶汁、糖浆及其他辅料混合在一起。要求茶糖浆混合均匀，但不宜过分搅拌。否则，易使茶糖浆吸收空气，影响灌装和成品质量。配制好的茶糖浆应测定其浓度，经检验确定符合质量后才能使用。

6. 灌装

将茶糖浆注入贮糖桶内，送入灌浆机中定量灌浆，小瓶（250mL）30~50mL，大瓶（500mL）60~70mL；再将已碳酸化的碳酸水输送到灌水机中，注入装有茶糖浆的饮料瓶中，立即封口、翻转饮料瓶，使瓶中的糖浆和碳酸水均匀混合。若采用一步法，则需按茶水比一次配成后灌装。

7. 检验装箱

每批产品生产后均应按食品卫生标准进行感官、卫生和理化等方面的检测，符合标准后，才能贴上标签、装箱。

（三）二氧化碳在碳酸茶饮料中的作用

二氧化碳在碳酸茶饮料中的作用主要体现在以下几个方面。

1. 清凉作用

喝碳酸饮料实际上是喝一定浓度的碳酸，在腹中由于温度的升高，压力降低，碳酸即进行分解。这个分解反应是吸热反应，分解产生的二氧化碳从体内排放出来时，就把体内的热量带出来，起到清凉作用。

$$H_2CO_3 \rightleftharpoons CO_2 + H_2O$$

由于茶叶本身具有明显的生津止渴、消暑解热的作用，二氧化碳与茶叶综合作用，使茶叶汽水的解渴清凉效果明显优于普通汽水，很受消费者欢迎。

2. 突出茶香

二氧化碳从碳酸茶饮料中逸出时，能带出茶香，增强产品的风味。

3. 阻碍微生物的生长，延长货架寿命

二氧化碳本身能使嗜氧微生物致死；二氧化碳溶于水形成碳酸，碳酸导致的酸性环境不利于嗜碱性微生物生长；要生产一定含气量的碳酸饮料必须加压，汽水的压力能抑制微生物的生长。国际上一般认为3.5~4倍的含气量是汽水的安全区。

4. 有舒适的刹口感

二氧化碳给碳酸饮料带来舒适的刹口感。茶叶含有茶多酚、咖啡碱、氨基酸等多种呈味物质，二氧化碳配合茶叶的多种呈味物质综合作用，形成碳酸茶饮料特殊的风味。

二、果汁（果味）茶饮料加工

（一）加工工艺流程

果汁（果味）茶饮料的生产工艺流程（图5-3）与纯茶饮料的生产基本相同，包括提取、冷却、过滤、调配、灌装、杀菌、包装、检验、装箱等。其最大的区别是在调配工序中加入了果汁、糖类、酸味剂、香料等辅料，调配成具有水果风味的酸甜适口的调味型饮料。

（二）操作要点

1. 提取

参见纯茶饮料的提取工艺。

2. 果汁的制备

果汁茶饮料的加工必须选择适宜制汁的原料。一方面要求加工品种具有浓郁香味、色泽好、出汁率高、糖酸比合适、营养丰富等特点，另一方面生产时原料要求新鲜、清洁、健康、成熟，无腐烂果、霉变果、病虫果等。常用的水果主要有柠檬、橙、苹果、桃、芒果、草莓、菠萝等。

水果选好后就进行取汁。取汁是果汁茶饮料加工的重要工序，取汁方式不仅影响果汁的出汁率，也影响产品的品质。一般出汁率高的水果，如柠檬、橙等多采用榨汁机压榨，然后离心的方式取汁；原料中果胶含量高、汁液黏稠、汁液含量低，压榨难以取汁，或通过压榨取得的果汁风味比较淡，一般采取打浆法取汁，如草莓汁、山楂汁等；干果一般采取浸提法取汁，如红枣、乌梅、桂圆等。

果汁在生产中常易出现浑浊与沉淀、变色、变味等现象。果汁的浑浊与沉淀主要是由于澄清处理不当和微生物污染造成的。果汁一般先经过粗滤，再经酶法澄清、超滤澄清等处理。果汁的变色主要是在氧气条件下的酶促氧化，可通过加热处理尽快钝化酶的活性、水果破碎时添加抗氧化剂、添加有机酸降低pH及隔绝氧气等产后护理来避免果汁变色。果汁的变味主要是由微生物生长繁殖引起的。因此，果汁尽量用鲜果汁，如果要贮藏就及时经杀菌、脱气处理。

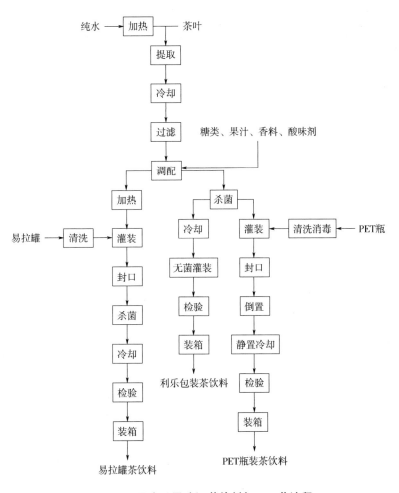

图 5 - 3　果汁（果味）茶饮料加工工艺流程

3. 调配

调配对果汁茶饮料十分关键。根据产品要求调配果汁茶饮料具有水果和茶的风味，透明澄清，茶多酚含量≥200mg/L，果汁含量≥5.0%。

果汁茶饮料的调配步骤与纯茶饮料的调配步骤基本相同。

4. 灌装与封口

果汁茶饮料的灌装多采用热灌装，其灌装方式与纯茶饮料基本相同。将调配好的果茶汁经板式热交换器加热至 90～95℃，趁热进行灌装，同时抽气充氮，并迅速封口。如果用非耐热 PET 瓶或纸质复合袋包装可采用常温无菌灌装方式。

5. 杀菌与冷却

充氮密封后的果汁茶饮料采用高温杀菌釜在 115℃杀菌 8min 即可，冷却至常温。耐热 PET 瓶装果汁茶饮料封口后即倒置 30～60s，对瓶盖进行杀菌，然后自然冷却至 30～40℃即可。

6. 检验与装箱

按照产品标准书的规定抽样检验调味茶的各项理化、感官、卫生指标。全部指标符合产品标准要求后即可装箱入库待运。

三、含乳茶饮料加工

（一）加工工艺流程

含乳茶饮料的加工工艺流程见图 5-4。含乳茶饮料的主要生产工序包括提取、过滤、调配、加热、均质、灌装封口、杀菌、冷却等，其中均质为含乳茶饮料生产中的关键工序。

在茶汁中加入乳制品后，茶汁中的茶多酚可与牛奶中的蛋白质聚合形成大分子的化合物，并逐渐沉降形成分层状态，使含乳茶饮料失去其应有的品质。因此，含乳茶饮料需加入乳化剂并采取均质处理，使含乳茶汁呈乳化悬浮状态。乳化剂是能够改善乳化体中各种构成相之间的表面张力，从而提高其稳定性的食品添加剂。含乳茶饮料中添加乳化剂是保证其不发生分离沉淀的重要手段。

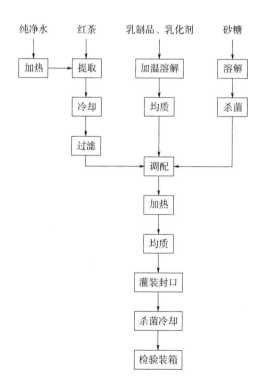

图 5-4　含乳茶饮料加工工艺流程

牛奶红茶的制作

（二）操作要点

以牛奶红茶为例介绍含乳茶饮料的加工工艺（林金科等，2013）。

1. 原料选择

含乳茶饮料的茶叶原料以红茶为佳，包括红碎茶和工夫红茶。乳制品选用优质脱脂奶粉，或将市售合格的鲜牛奶进行脱脂处理后用作原料。常用的乳化剂有海藻酸丙二醇酯（PGA）、羧甲基纤维素钠（CMC）、海藻酸钠等，为了取得更好的稳定效果，通常采用几种乳化剂配合使用。甜味剂以采用白砂糖为佳。

2. 原料处理

茶汁提取按1∶30的料液比加入90℃以上热水浸提、过滤，得澄清的红茶汁。白砂糖预先用热水溶解配成高浓度溶液，过滤后备用。奶粉预先用温水溶解，并加入一定比例的乳化剂，经均质机在5～10MPa压力下均质后备用。

3. 调配

将茶汁加入预先溶解和均质的乳液中，再加入预先溶解精滤后的糖浆，混合搅拌均匀后，用300目绢布过滤。

4. 加热与均质

将过滤后的含乳茶汁加热至85～90℃，然后在12～23MPa的压力下均质处理。

5. 加热灌装

经均质的含乳茶汁用板式热交换器加热至85～95℃，迅速灌装密封。

6. 杀菌冷却

采用高温短时灭菌法进行高温杀菌。将含乳茶汁在120℃杀菌处理15～20min后，冷却至30℃以下即可。若采用耐热PET瓶包装含乳茶饮料，则需采用超高温瞬时杀菌机，在135～137℃杀菌15～20s，迅速冷却至85℃，趁热灌装与封口，然后倒置瓶子，自然冷却或喷水冷却至常温后即可。

四、其他调味茶饮料

（一）泡沫茶

泡沫茶也是一种新兴的茶饮料，20世纪80年代起源于我国台湾。将茶叶先用沸水冲泡，滤去茶渣，取茶汤入调茶器中，根据不同爱好分别加入不同配料（如牛奶、果汁、香料、糖、酒等）和冰块，加盖迅速振摇数次，在振摇过程中产生了大量的泡沫，把产生泡沫的茶汤倒入玻璃容器中即可饮用，由于有大量的泡沫浮在茶汤上，故名泡沫茶。泡沫茶因具有营养、保健、口感清凉、式样新颖、种类繁多、增添饮茶乐趣等优点，自问世以来备受各阶层、各年龄段消费人群所喜爱，已成为冷饮茶新宠。

泡沫茶按茶类不同可分为泡沫红茶、泡沫乌龙茶、泡沫花茶、泡沫绿茶等。泡沫红茶由于在制茶过程中历经长时间的萎凋与发酵，茶汤中含有丰富的茶黄素与茶红素，故泡沫的液膜机械强度好，起泡力强且很稳定；乌龙茶因加工鲜叶原料较老，茶皂素的含量较其他茶类高，其起泡力也较强，故商业生产泡沫茶基本上以红茶或乌龙茶为原料，再配以调味剂（如柠檬酸、糖类等）和其他配料（如牛奶、珍珠粒等）以增加其情趣（唐义等，2000）。

下面简介一种泡沫红茶的调制（唐义等，2000）：①将3g优质红茶按茶水比1∶50加入沸水冲泡5min，过滤取茶汤；②分别向300mL手摇调茶杯中加入小块冰块（加冰量2/3杯）、调味剂（食用方糖、酸味剂等）等，注入茶汤，加盖以垂直向上下摇动，兼用腕力左右晃动3～6min，以产生丰富泡沫；③打开杯盖，将产生泡沫的茶汤倒入玻璃杯中饮用。该泡沫茶泡沫细腻丰富，茶汤红亮，滋味鲜爽，清凉可口，生津止渴，新颖别致。

（二）珍珠奶茶

珍珠奶茶起源于我国台湾省，是将粉圆加入奶茶后而制成。由于其纯正的奶茶味道，香醇味美，口感特殊，深受青少年消费者喜爱，是休闲饮品的主流之一。珍珠奶茶由于存在产品保质期短、珍珠粉圆容易糊化等质量缺陷，液态珍珠奶茶无法工业化生产，更无标准可依，目前一般只能作为一种饮品现做现卖。

下面简介一种珍珠奶茶的加工（吴建新，2008）。

1. 原料组成

茶叶 2kg、奶粉 2kg、奶精 5kg、奶茶粉 5kg、糖 5kg、珍珠粉圆 10kg、清水 100kg。

2. 工艺流程

3. 操作要点

（1）按原料组成准确称取各种原料，并剔除杂质。

（2）将水烧开，按 1 份珍珠粉圆 10 份水的比例加入珍珠粉圆，沸水煮 20min，再闷 20min；将煮熟透的珍珠粉圆捞出，用凉开水冲洗，浸泡备用。

（3）茶汤的制备：按 1 份茶叶 50 份水的比例将水烧开，放入茶叶，浸泡 15min，取茶汤备用。

（4）按配料表将奶粉、奶精、奶茶粉与糖拌和匀后，将拌匀后的奶糖粉加入茶水中溶解。

（5）将上述奶茶水加热煮沸保温 15min 灭菌。

（6）灌装前每杯放熟珍珠粉圆 30g（约 50 粒）。

（7）趁热灌装封口，灌装时物料温度控制在 70 ~ 80℃，每杯净含量 250g。

（8）置冷水池中冷却至常温，冷藏在 10℃ 以下环境。

第五节　保健茶饮料加工

一、茶叶可乐

茶叶可乐是以优质红茶为原料，辅以天然植物及中草药原料，吸取美国可口可乐的风味，四川天府可乐、广州可乐等的优点，经精加工而成的一种碳酸型饮料（严鸿德等，1998）。

（一）主要原料

1. 茶叶

选用优质红茶为主要原料。要求品质正常，不霉变，无异味，不含茶叶及非茶类夹杂物，主要成分保存完好。

2. 中草药及植物性原料

该类原料主要有肉桂、当归、茯苓、甘草等。

3. 辅料

甜味剂（优质蔗糖或绵白糖）、酸味剂（柠檬酸）、防腐剂（苯甲酸钠等）、抗氧化剂（抗坏血酸及抗坏血酸）、食用香精（可乐型香精）等。

（二）工艺流程

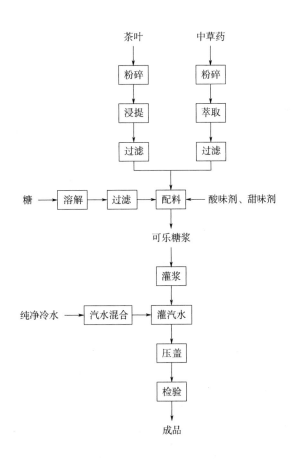

（三）操作要点

1. 设备用具处理

凡生产所用机械、用具、设备等均需要先用温水冲刷干净，再用清水反复清洗，有的还需蒸汽消毒；然后沥去水滴，达到无菌、清洁为止。

2. 用水处理

茶叶可乐用水必须经过沉淀、澄清、消毒、软化和过滤等过程，再通过冷冻机冷却到5℃备用。

3. 碳酸化

按照碳酸茶饮料制备工艺将水碳酸化。

4. 配料

按以下顺序配料：首先，按配方规定准确称取各原辅料，经感官审评确定原辅材料合格、无变质现象；其次，按碳酸茶饮料加工工艺制备糖浆；第三，茶汁提取，见碳酸茶饮料；第四，各中药材用沸水熬煮，保持沸腾30min，过滤取汁，重复熬煮2

次，合并滤液、混合均匀备用；最后，将上述糖浆、茶汁、药汁以及其他原料，按量配成可乐原液。

5. 灌装

采用二次灌装方式。先将可乐原液输送到灌浆机中，定量灌装；然后将碳酸水灌入茶叶可乐原汁液瓶，立即压盖密封。

6. 检验

每批产品应按产品卫生标准进行外观、理化和卫生检验，符合标准后，贴标装箱。

（四）保健功效

该饮料内含多种氨基酸、维生素和矿物质等营养成分，还含有茶多酚、咖啡碱等多种药理成分。饮用后具有清凉解渴、提神益智、消除疲劳、消暑解毒、帮助消化等功能，常饮还能去脂减肥、防止龋齿、清心明目等。

二、滋阴补肾复合茶饮料

传统饮品——袋泡"八宝茶"由茶叶、枸杞、红枣、桂圆、葡萄干、杏干、核桃仁、花生仁、芝麻、白砂糖、冰糖等原料组合配制而成。因产地、个人喜好不同，原料组合略有差异，一般选用八种原料配制，沸水冲泡后饮用。此种茶饮早在唐朝时期就已出现，但由于多种原因导致人们对"八宝茶"的了解程度低和饮用也不普及。采用现代技术将这种古老的茶饮开发利用，使之成为适应现代生活节奏的保健功能饮料具有很好的现实意义和经济价值。

液体茶饮料一般要求清爽、澄清透明。在用市售袋泡"八宝茶"制取液体茶饮料的研究中发现，"八宝茶"的原料核桃仁、花生仁的主要成分难于浸出，茶汁主导风味不突出，香气欠佳。综合原料的保健作用、相互间的配伍及产品的商业价值等因素，选用绿茶、红枣、桂圆、枸杞子为原料，通过研究原料浸取、过滤、杀菌等工艺条件来探究这种复合茶饮料的生产工艺（兰社益等，1999）。

（一）原料

绿茶、红枣、桂圆、枸杞子等主料，白砂糖、柠檬酸、L-抗坏血酸、复合磷酸盐等辅料。

（二）工艺流程

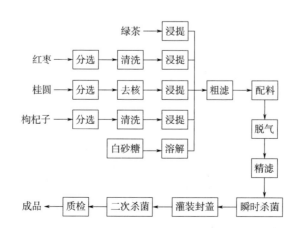

（三）操作要点

1. 原料要求

绿茶要求茶条匀整，色泽绿润，茶香纯正；红枣选产于山东或河北的小枣，要求风味正常，香气浓郁，无虫蛀、无霉烂；桂圆选产于广东或广西的桂圆干果，要求果实饱满新鲜，风味正常，无虫蛀、无霉变；枸杞子选产于宁夏或河北的枸杞子，色泽鲜红，风味正常，无虫蛀、无霉变。水用去离子水，氯离子、钙离子不得检出；其他原料要求：白砂糖符合 GB/T 317—2018《白砂糖》中优级或一级标准；柠檬酸、L-抗坏血酸、复合磷酸盐符合 GB/T 2760—2014《食品安全国家标准 食品添加剂使用标准》标准。

2. 水处理

原水水质应符合国家生活饮用水标准，为达到生产工艺用水质量标准，对原水按以下工艺进行处理：生活饮用水→ 石英砂过滤 → 活性炭过滤 → 离子交换树脂软化 → 中空纤维精滤 → 反渗透膜超滤 →生产用水。通过该处理使水质达到电阻率为 $1 \sim 3 \times 10 M\Omega \cdot cm$、pH6.8 ~ 7.0 的去离子水。

3. 浸提

绿茶、红枣、桂圆、枸杞子分别采用四个浸提罐浸取，浸提罐具有加热、保温、搅拌、计量等功能。浸取工艺参数见表 5-2。

表 5-2　　　　　　　　　　浸取工艺参数

原料	温度/℃	时间	料水比
绿茶	90 ~ 95	10 ~ 20min	1 : (40 ~ 60)
红茶	90 ~ 95	5 ~ 6h	1 : (10 ~ 30)
桂圆	85 ~ 95	1 ~ 3h	1 : (20 ~ 40)
枸杞子	85 ~ 95	1 ~ 3h	1 : (20 ~ 30)

4. 过滤和脱气

浸出液采用粗滤和复合膜精滤二道工序处理。本饮料不适合用硅藻土作为过滤介质进行过滤。浸取液中加入适量的抗氧还剂——L-抗坏血酸及复合磷酸盐改良剂；脱气在料液温度为40℃，真空度为0.08MPa条件下进行。脱气可缓解饮料褐变，有利于产品贮存。

5. 灌装和灭菌

茶饮灌装前用柠檬酸调 pH3.5 ~ 4.5，采用100℃瞬时杀菌，冷却至70 ~ 80℃进行热灌装；包装罐清洗后用蒸汽杀菌，干燥后进入自动灌装封盖系统，灌装封盖好的包装立即采用巴氏杀菌进行二次杀菌。灭菌后迅速分段冷却至室温，质检合格品装箱入库。杀菌处理后产品保质期2年。

（四）保健功效

该复合保健茶饮料具有滋阴补肾、清心润肺、提神健脑、清凉明目、清热解毒的功效，长期饮用还可延年益寿，养颜美容。

三、清咽利嗓复合保健茶饮料

下面介绍一种清咽利嗓复合保健茶饮料的加工工艺（杜传来等，2006）。

（一）原料

以甘草、胖大海、菠萝和乌龙茶为原料。

（二）工艺流程

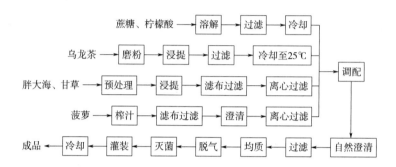

（三）操作要点

1. 原料选择与处理

菠萝选择成熟度适当、新鲜、无损伤、无病虫害的产品；胖大海选择个大、外皮细、淡黄棕色、有细皱纹及光泽且无破皮、无虫蛀的干燥产品；甘草选择身干、皮紧而细、红棕色、质坚体重的粉状产品；茶叶选择中低档乌龙茶；壳聚糖，脱乙酰度 > 90%，黏度 <100mPa·s；β-环糊精为分析纯，由南京大治生物科技有限公司提供；白砂糖、柠檬酸、L-抗坏血酸、山梨酸钾均为食品级。

乌龙茶先研磨成细粉备用；菠萝去皮后用纯净水洗净，切块备用；胖大海与甘草用纯净水清洗 3~4 次。

2. 浸提与取汁

（1）茶汁浸提　按 1 : 80 的料液比加蒸馏水至搪瓷缸中，将搪瓷缸放入已调至 80℃的水浴锅中，加入 0.4g L-抗坏血酸和 3g β-环糊精（以制作 1000mL 饮料成品为例），待水温升至 80℃时加入茶粉，间歇搅拌 7min 立即抽滤，并迅速冷却至 25℃左右，再抽滤 1 次，立即装入经杀菌后带塞三角烧瓶中待用。

（2）中草药汁浸提　向胖大海和甘草中（2 : 1，质量比）加入 40 倍水，置于搪瓷缸中在电炉上加热至沸，保持微沸 1~1.5h（视药汁渗出程度而定），用 300 目滤布过滤，滤液于经杀菌后带塞三角烧瓶中放置 24h，取出于 4000r/min 离心 15min，取上清液待用。

（3）菠萝取汁　将切块的菠萝置于打浆机中，打至无汁液流出滤网为止；将汁液用 300 目滤布过滤，调滤液 pH 至 3.0；将汁液置于 40℃水浴锅中加热，加入 0.6g/L 壳聚糖，间歇搅拌 1h，取出于 4000r/min 离心 20min，取上清液待用。

3. 混合与调配

将白砂糖溶解，经真空抽滤后冷却，按照配方将茶汁（茶叶 4g/L）、中草药汁

（中草药 5g/L）和经过澄清的菠萝汁（70g/L）和糖溶液（45g/L）混合，再用饮用水定容至 1000mL，最后用柠檬酸调 pH 至 4 ~ 4.5。

4. 均质

将调配后的饮料于 18 ~ 20MPa、70℃条件下均质，使各种营养物质均匀地分散于溶液中，以增加产品稳定性并防止沉淀。

5. 脱气

经均质的产品于真空度为 0.075MPa 条件下进行脱气，去除产品中的溶解氧，防止其氧化褐变或腐败。

6. 杀菌与灌装

采用巴氏杀菌，将脱气后的饮料于 80℃水浴锅中保持 20 ~ 30min，而后趁热灌装并密封，最后分段冷却。

（四）产品感官品质

产品为黄色略带褐色的澄清汁，允许有少量浑浊；香气具有菠萝特有的香味和少许茶香味，无中草药及其他异味；组织状态均匀、稳定、一致，无（或少许）浑浊及沉淀，无分层，无杂质；滋味兼有菠萝果汁风味与乌龙茶特有苦涩味，清凉爽口，口感细腻，酸甜适宜，后味良好，且无不良口感。

（五）保健功效

该复合保健饮料具有清热解毒、清咽利嗓、祛痰止咳等作用。

姜汁红茶和
柠檬绿茶的制作

第六节　茶浓缩液加工

茶浓缩液（concentrated tea beverage），即浓缩茶饮料，是指以茶鲜叶或成品茶等为原料，采用物理方法从经榨汁或浸取、过滤等工序制得的茶提取液中除去一定比例的水分后加工制成的、加水复原后具有原茶汁应用风味的液体制品。

茶浓缩液主要作为原浆或主剂用于茶饮料的生产。由于茶浓缩液无需经喷雾干燥等工序处理，直接调配制成饮料，其滋味一般要优于速溶茶粉，能耗也降低了，因此，目前茶浓缩液正逐步代替速溶茶粉成为主要的茶饮料生产原料。值得注意的是茶浓缩液是一种高浓度的液体茶，茶浓缩液的沉淀问题对其品质稳定的影响很大。茶浓缩液沉淀产生后，不仅会使茶汤中有效物质损失，还会影响茶汤的风味、浓度，从而影响茶饮料后续的调配和生产，因此，茶浓缩液的沉淀调控技术和浓缩技术是茶浓缩液加工的关键技术。

一、工艺流程

二、茶浓缩液加工的关键技术

茶浓缩液的加工工艺与速溶茶的加工工艺流程非常相似，下面仅介绍茶浓缩液的关键工序。

（一）提取

加工茶浓缩液一般采用低温酶法萃取来提高茶浓缩液的品质。如周绍迁等（2012）采用低温酶法萃取研究了绿茶浓缩液的浸提工艺。以绿茶为原料，采用固定化单宁酶、纤维素酶、风味蛋白酶和β-葡萄糖苷酶（1∶1∶1∶1）进行复合酶解浸提制备绿茶浓缩液，按照酶添加量2.5%、茶水比1∶20、50℃浸提2h，与常规水浸提法制得的茶浓缩液相比，按此工艺条件浸提所制备的绿茶浓缩液中茶多酚、氨基酸含量都高于常规绿茶浓缩液，其中儿茶素组成发生了很大变化，酯型儿茶素EGCG、ECG的含量比常规绿茶浓缩液低，而非酯型儿茶素EGC、EC以及没食子酸含量则明显提高，且浓缩液开汤后味道浓醇、鲜爽；酶解茶浓缩液的香气物质含量显著高于常规绿茶浓缩液，且比常规绿茶浓缩液多了1-戊烯-3-醇、4-萜烯醇、1-辛烯-3-醇等多种特有香气成分。

（二）浓缩

浓缩茶饮料的浓缩方法主要有真空浓缩技术、冷冻浓缩技术、膜浓缩技术等。真空浓缩技术具有蒸发效率高的优点，但产品香味损失较大，香气缺乏，滋味迟钝，有效成分及营养成分的损失也较大，所制产品黏度高，稀释成茶饮料后易产生浑浊和沉淀现象。冷冻浓缩是将水溶液中的一部分水以冰的形式析出，并将其从液相中分离出去而使溶液浓缩的方法。冷冻浓缩会有少量的茶多酚损失，但还是能最大限度地保留茶的色、香、味。

膜浓缩技术主要有反渗透浓缩技术与纳滤浓缩技术等。目前反渗透浓缩技术已开始广泛用于茶饮料的浓缩，有效避免了其他浓缩法的高温、相变等问题，且具有在常温下进行和效率高等优点，使料液体系中热敏性物质和挥发性物质的损失与劣变减少，在产品得率、冷溶性或澄清度、香味品质等方面均优于真空浓缩。纳滤浓缩技术是介于反渗透和超滤之间的一种新型压力驱动的膜分离技术，纳滤膜的孔径介于反渗透膜和超滤膜之间，在过去很长一段时间，纳滤膜被称为超低压反渗透膜。与反渗透浓缩技术相比，纳滤浓缩技术效果相对较差，但具有操作压力低、能耗低等优点。

三、茶浓缩液加工举例

下面介绍一种高浓度无沉淀浓缩乌龙茶汁的制备工艺（颜治，2004）。

（一）制备工艺

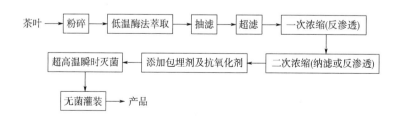

（二）操作要点

1. 粉碎、过筛

将茶叶粉碎后过 40~60 目筛，备用。

2. 萃取

采用低温酶法萃取茶叶。浸提工艺参数为浸提温度 60℃、时间 60min、茶水比 1:140、纤维素酶添加量 0.4%，此时茶多酚、咖啡碱、游离氨基酸的浸出率分别为 89.36%、75.44%、95.72%。传统热水浸提工艺（浸提温度 90℃，浸提时间 12.5min，茶水比 1:100），茶多酚、咖啡碱、游离氨基酸的浸出率分别为 89.40%、95.02%、89.84%。采用低温酶法萃取降低了咖啡碱浸出率，提高了氨基酸浸出率，这有利于降低茶饮料的浑浊与滋味。

3. 浸提、超滤

茶叶浸提液经过滤后即进行超滤。采用截留相对分子质量为 50000 的中空纤维式聚砜膜组件，其有效膜面积为 0.1m²，在操作压力 0.1~0.12MPa，料液温度 35~40℃ 等条件下进行超滤，可提高膜通量，缩短超滤时间。茶多酚、咖啡碱、游离氨基酸的保留率分别为 80.17%、80.98%、90.77%。超滤后的茶汁清澈明亮，澄清度大大提高。

4. 浓缩

采用反渗透、纳滤的浓缩工艺对茶汁进行浓缩。分别采用卷式芳香聚酰胺反渗透膜组件和纳滤膜组件，先在操作压力 0.5~0.6MPa、料液温度 35~45℃ 等条件下对茶汁进行反渗透浓缩；再在操作压力 0.6~0.7MPa、料液温度 20℃ 等条件下对茶汁进行纳滤浓缩。该浓缩工艺对茶多酚、咖啡碱、游离氨基酸的截留率分别为 98.23%、87.45%、85.28%。

5. 添加抗氧化剂

在浓缩茶汁中添加 1.5% β - 环糊精作包埋剂和 0.04% 抗坏血酸作抗氧化剂，可有效防止浓缩茶汁沉淀形成。

6. 灭菌

浓缩后茶汁经超高温瞬时灭菌法灭菌及无菌灌装工艺灌装成品。

7. 成品

所得浓缩茶汁浓度可达 20%（Brix）以上，无沉淀，产品具有乌龙茶原有的滋味和香气。

思考题

1. 浅谈茶饮料的发展前景。
2. 如何防止液体茶饮料浑浊沉淀现象的出现？
3. 如何防止液体茶饮料的变色？
4. 如何让纯茶饮料保持应有的原茶风味？
5. 如何通过改良灭菌工艺来提高液体茶饮料的品质？

参考文献

［1］白堃元，罗龙新. 茶叶加工［M］. 北京：化学工业出版社，2007.

［2］陈洁，刘张虎，杨登想，等. 绿茶饮料的低温萃取工艺研究及冷后浑控制［J］. 食品科学，2012，33（4）：47－51.

［3］杜传来，孙晶，吴鹏. 复合保健茶饮料的研制［J］. 保鲜与加工，2006，6（1）：39－41.

［4］方元超，梅丛笑. 绿茶饮料的护色技术［J］. 茶叶机械杂志，1999（4）：1－3.

［5］郭炳莹，程启坤. 茶汤组分与金属离子的络合性能［J］. 茶叶科学，1991，11（2）：139－144.

［6］胡小松，蒲彪，廖小军，等. 软饮料工艺学［M］. 北京：中国农业出版社，2002.

［7］兰社益，曹雁平. 绿茶、红枣、桂圆、枸杞子复合茶饮料的生产工艺［J］. 饮料工业，1999，2（1）：42－44.

［8］梁月荣，陆建良，马辉. 罐装茶饮料防褐变研究［J］. 浙江农业大学学报，1999，2（2）：20－22.

［9］林金科. 茶叶深加工学［M］. 北京：中国农业出版社，2013.

［10］末松伸一，久延義弘，西郷英昭，等. 茶类饮料缶诘の成分变化に及ほすpHの影响［J］. 日本食品工业会志，1992，39（2）：178－182.

［11］唐义，戴素贤. 泡沫茶风味影响因素试探［J］. 广东茶叶，2000（3）：6－10.

［12］吴建新. 珍珠奶茶的工业化生产［J］. 饮料工艺，2008，11（4）：30－31.

［13］吴雅红，黎碧娜，彭进平. 红茶饮料的提取工艺及其稳定性研究［J］. 华南农业大学学报：自然科学版，2004，25（2）：108－110.

［14］颜治. 高浓度无沉淀浓缩茶汁工艺条件选择及优化研究［D］. 重庆：西南农业大学，2004.

［15］尹军峰. 茶饮料加工中的风味调配技术［J］. 中国茶叶，2006（4）：14－15.

［16］尹军峰. 茶饮料提取技术及其主要影响因素［J］. 中国茶叶，2006（1）：9－10.

［17］张文文，杨春，林朝赐. 冷浸对液态茶饮料品质影响的试验研究［J］. 食品科学，1998，19（8）：24－26.

［18］张正竹，舒爱民，江光辉，等. 电渗析对红茶提取液稳定性的影响［J］. 茶叶科学，1997，17（1）：53－58.

［19］赵良. 绿茶饮料的护色和稳定性研究［J］. 食品研究与开发，1998，19（1）：29－31.

［20］周绍迁，郭洪涛，郭振忠，等. 醇香酶解绿茶浓缩液工艺研究［J］. 饮料工业，2012，15（8）：6－12.

第六章 袋泡茶

袋泡茶自问世以来便深受消费者的喜爱，已广泛流行于欧美等国家的茶叶消费市场，特别是立顿袋泡茶已风靡全世界。随着社会的发展、人们生活节奏的加快，袋泡茶以其冲泡快速、滋味可调、用量标准、泡后方便清洁及新颖时尚等特点而越来越受消费者的青睐。

第一节 袋泡茶概述

一、袋泡茶的概念

袋泡茶又称茶包（tea bag），最初是指将一定规格的碎型原料茶装入专用包装滤纸袋中的一种饮料产品，饮用时带袋冲泡，一袋一泡饮。随着袋泡茶的发展，因装入滤袋的原料不同，袋泡茶又有广义和狭义之分。狭义的袋泡茶是指以茶树［*Camellia sinensis*（L.）O. Kuntze］的芽、叶、嫩茎制成的茶叶为原料，通过加工形成一定的规格，用过滤材料包装而成的产品（GB/T 24690—2009《袋泡茶》）。广义的袋泡茶是指以茶树的芽、叶、嫩茎制成的茶叶或以可食用植物的叶、花、果（实）、根茎等单独或混合为原料，通过加工形成一定的规格，用过滤材料包装而成的产品。

最初出现的袋泡茶即为狭义的袋泡茶，只以茶叶为原料，所以又称茶叶袋泡茶。它将传统的散茶冲饮变为袋茶冲饮，是一种茶叶内含物溶出快、饮用定量准确的再加工茶，具有清洁卫生、携带方便、适合调饮的优点。随着茶叶袋泡茶的推广与普及，一些其他可饮用的植物与茶叶混合或单独装入滤纸袋中，开发出了门类众多的袋泡茶。

二、袋泡茶的起源与发展现状

（一）袋泡茶的起源与发展

袋泡茶的雏形出现于 1904 年。当时美国纽约茶商 Thomas Sulivan（托马斯·沙利文）为了扩大销售，用一种丝绸小袋装茶叶作为样品寄给客户，客商在不知情的情况下直接用沸水冲泡茶包，结果发现这种冲泡方式比散茶冲泡更方便。这一无心之举诞生了袋泡茶，并开启了袋泡茶的研发工作。

第一次世界大战期间欧洲开始使用袋泡茶。Teekanne（缇喀纳）将茶叶与糖一起装在布包里供德国士兵冲饮，这种茶包被称之为"茶弹"。战后，德国锁匠 Rambold（兰博德）制造了第一台布袋包装机，生产名为"Pompadour"的袋泡茶（刘新，2000）。随后，袋泡茶就作为一种开胃饮料在高档旅馆和饭店推销。早期的袋泡茶都是以布作茶袋，据说这种布质袋的袋泡茶在今之法国仍有市场。随着袋泡茶专用滤纸的发明，新的茶袋式样及其相应的袋泡茶包装机的相继问世，推动袋泡茶产业迅速发展起来。袋泡茶大规模进入市场，以其快速、卫生、便捷的优点为消费者普遍接受，成为饮茶的一种新风尚。

（二）袋泡茶的发展现状

自 20 世纪 20 年代美国人发明袋泡茶产品以来，袋泡茶开始快速发展和流行。20世纪 40 年代袋泡茶产品开始大规模进入市场；20 世纪 70 年代欧美等发达国家袋泡茶的消费量占茶叶总消费量的 2%；20 世纪 90 年代，欧美等发达国家袋泡茶的消费量上升到 60% 以上，世界袋泡茶的年消费量占世界茶叶总消费量的 15% 以上；目前，世界袋泡茶的年消费量占世界茶叶消费总量的 23.5% 以上，袋泡茶已成为欧美等发达国家茶叶消费的主导产品，如加拿大、意大利、荷兰、法国等国家的袋泡茶销售量都达到其茶叶总销量的 80% 以上。英国人对袋泡茶更是情有独钟，据统计，英国人平均每天喝茶 4 杯以上，大约每天会消耗 1.3 亿杯袋泡茶。

随着袋泡茶的发展，传统的产茶国印度、斯里兰卡、印度尼西亚、孟加拉等国也积极研制开发袋泡茶产品。我国因受传统冲泡饮茶习惯的影响，发展相对比较缓慢。目前袋泡茶的消费量仅占国内茶叶消费量的 4% 左右，远低于欧美等发达国家。随着我国经济的发展、消费理念与国际逐步接轨及保健茶袋泡茶形式的出现，我国袋泡茶市场开始发展起来，袋泡茶市场销售额正快步上升，2008 年我国袋泡茶年销售额仅有 1亿元，2016 年中国袋泡茶市场规模达到了 60 亿元，增长了 60 倍。随着生活和工作节奏的加快，我国茶叶消费群体年轻化程度提高，及香味型、果味型、药茶型等多元化袋泡茶产品的出现，袋泡茶以其方便、快捷的特点迎合了年轻消费者的消费需要，必将加速我国袋泡茶产业的快速发展与提升。

三、袋泡茶的分类

（一）按袋泡茶内袋形状分

根据袋泡茶内袋形状不同，袋泡茶可分为单室袋、双室袋（W 形折叠袋）和立体袋（权启爱，2005）。目前市面上还出现了拉线袋，可通过拉线冲泡后挤出最后的茶汁。

单室袋型袋泡茶的内袋茶包是将滤纸折叠成信封状的单层袋，由封口压辊先进行两边封边，使内袋成信封袋形状，然后由装料机构装入茶叶，再由封口压辊压封上口，并夹入吊线。因为这种袋形酷似信封，故又称信封袋。一般较低档次袋泡茶使用单室信封袋型的内袋包装，冲泡时茶包往往不易下沉，茶叶内含物溶出较慢（权启爱，2005）。单室袋除了信封形外，还有圆形单室袋型茶包，其外形与茶杯、茶壶相一致，每袋装茶量较大，通常作为家用壶泡茶（刘新，2000）。

袋泡茶内袋形状

双室袋型袋泡茶的内袋茶包是先将滤纸折叠成两倍于内袋长度的信封状单层袋，由封口压辊在两边封边，再由折叠部件从中间折叠，使其形成两室，接着由装料机构分别从两室上部装入茶叶，然后由压辊封压上口，最后封压上口，并夹入吊线。因这种内袋茶包形似"W"字样，故又被称为 W 袋。这种袋型具有较大的浸泡面积，利于冲泡，茶汁浸出快，且双室之间能容有一定水量，冲泡后茶包易下沉（权启爱，2005）。

立体袋型袋泡茶主要有金字塔包形、多角形、球形、圆柱形等，以金字塔包形多见。金字塔包形袋泡茶的内袋茶包，形状系一种三棱锥形，茶袋三面受水浸泡，很利于茶汁浸出，茶汁从茶包内溶出后在茶汤内会形成旋涡状旋转运动，使茶汤浓度均匀（权启爱，2005），且这种包形能包装条形茶，是当前世界上最先进的袋泡茶包装形式。

（二）按袋泡茶内袋内含物分

根据袋泡茶内袋内含物的不同，袋泡茶可分为纯茶型袋泡茶、混合型袋泡茶和代用茶型袋泡茶等。纯茶型袋泡茶内袋茶包中仅含有茶叶。根据茶叶类别的不同，纯茶型袋泡茶分为绿茶袋泡茶、红茶袋泡茶、乌龙茶袋泡茶、黄茶袋泡茶、白茶袋泡茶和黑茶袋泡茶等。

混合型袋泡茶是以茶叶与可食用植物的叶、花、果（实）、根、茎等为原料，混合复配加工而成。混合型袋泡茶又可分为果味型袋泡茶、香味型袋泡茶和保健型袋泡茶。果味型袋泡茶是以茶叶和水果或食用水果香料加工而成的产品，如由茶叶与柠檬、红枣、山楂等水果加工而成的产品。香味型袋泡茶是以茶叶和可食用植物花朵或食用香料加工而成的产品，如花茶袋泡茶。花茶袋泡茶主要有茉莉花茶、玫瑰花茶、栀子花茶、桂花茶、玉兰花茶、柚子花茶或珠兰花茶等袋泡茶（GB/T 24690—2009）。保健型袋泡茶是指由既是药品又是食品的规定成分为原料加工而成的产品，如"嗓音宝"等（夏涛等，2011）。

代用茶型袋泡茶是指采用除茶以外、由某种或几种国家行政主管部门公布的可用于食品的植物芽叶、花（蕾）、果（实）、根茎为原料加工而成的产品（GH/T 1091—2014《代用茶》），如绞股蓝袋泡茶、桑叶袋泡茶、杜仲袋泡茶、罗汉果袋泡茶等。

四、袋泡茶的特点

较于传统形式的饮茶方式，袋泡茶有自己独特的优势：第一，冲泡简单、方便快捷。袋泡茶不仅随时可以冲泡，省去了传统饮茶繁琐的冲泡、过滤以及清洗茶具等程序，且携带方便、内含成分的溶出速度快，适应现代生活快节奏的要求；第二，内含成分浸出率高。茶叶经过粉碎后冲泡，营养成分与功效成分的释放更加完全。从茶叶含有的维生素和氨基酸的溶出情况来看，袋泡茶在第 1 次冲泡时就有 80% 被浸出，第 2 次冲泡时浸出率达到 95% 以上；茶叶所含的其他功效成分如茶多酚、咖啡碱等的溶出也是如此；第三、清洁卫生、调饮方便。茶汤明亮纯净无沉淀，便于调味饮用。茶渣随袋丢弃，无室内外污染；第四，用量标准、便于市场推广。袋泡茶经过粉碎包装，有精确的计量，产品包装也适合大规模生产与运输。

第二节 影响袋泡茶品质的因素

袋泡茶的饮用是带袋冲泡，因此，影响袋泡茶品质的因素主要有袋泡茶的设计原理、原料与包装等几个方面。

一、袋泡茶的设计原理

（一）过滤作用

过滤作用是袋泡茶设计的原理之一（夏涛等，2011）。袋泡茶是一种采用特殊的、具有网状孔眼的长纤维过滤材料，把茶叶及其他原料包裹在滤袋内的产品。袋泡茶的过滤作用就是利用这种过滤材料让袋内原料所含水溶性成分浸出来，摒弃袋内非水溶性成分而达到过滤目的。

袋泡茶冲泡时，热水首先由网眼渗入茶叶滤袋内，袋内茶叶及其他原料所含水溶性成分与热水接触而浸出，滤袋内高浓度的茶汁通过滤袋网眼迅速向滤袋外低浓度的各个方向扩散，导致滤袋内茶汁浓度降低，促使滤袋内茶叶等原料水溶性内含成分进一步浸出并不断向外渗透，从而达到浸出的目的。茶等原料所含非水溶性物质因不溶于水而残留于茶渣内，颗粒较大的茶渣不能透过滤袋网眼而被截留于滤袋内，从而达到过滤的作用。

为了便于袋泡茶过滤作用的顺利进行，加工袋泡茶时首先要将茶叶等原料粉碎到一定的颗粒大小（12～60目），然后封装在特种过滤滤袋内。原料粉碎的目的一方面是增加原料细胞破碎率，加快水溶性成分的溶出；另一方面是增大原料表面积，增加原料与水的接触面，为快速浸出创造条件。

（二）定量配比作用

几种物质按一定比例拼配，可产生增味、增香及衬比的现象。如在15%的蔗糖溶液中加入0.017%的食盐立即觉得甜度增加；茉莉花茶用少量白兰花打底，花茶的香气更浓等。这种不同物质按一定比例拼配产生增味、增香和衬比现象的理论是加工各种不同风格袋泡茶设计的理论依据。袋泡茶一般是以12～60目的原料颗粒包装而成，不受原料外形的限制，可以较好地发挥定量配比作用，以提高袋泡茶的品质，增加袋泡茶的花色品种，满足各地、各类消费者的需求。

袋泡茶的拼配不仅可以是不同等级、不同产地、不同品种的同类茶间进行拼配，还可以对不同茶类进行拼配，以便在茶叶香味上更能发挥取长补短的拼配效果。如英国著名的四大茶叶公司（布鲁克邦、赖昂、泰特来、泰福），他们把世界各地的红碎茶按比例进行拼配，巧妙地发挥了各国茶叶的优点，弥补了各自的不足，不但提高了茶叶质量和增加了销售价格，而且还形成了自己独特品牌风格，占据了稳固市场份额，让其他品牌都无法代替（夏涛等，2011）。

此外，袋泡茶的拼配还可以是茶叶与中草药、干果、香料等间的拼配及代用茶间的拼配，以开发不同口味、不同功效产品。如以菊花、山楂、金银花、绿茶为原料开发的菊银山楂袋泡茶，具有减肥轻身、清凉降压、消脂化瘀的作用，较适合于肥胖病、高血压等患者；以乌龙茶、红枣、山楂为主要原料开发的乌龙戏珠枣茶等。

二、原料

原料对袋泡茶品质的影响起决定性作用。袋泡茶原料要品质纯正，绝不可以次充好或以假冒真。纯茶型袋泡茶的加工原料为茶叶，其他袋泡茶加工原料为茶叶、香料、中草药、干果等。

（一）茶叶

与常规的投茶直接冲泡的茶叶商品相比，用于袋泡茶生产的茶叶不仅要有良好的汤色、滋味和香气，还应满足让茶汁快速溶出的要求。因此，袋泡茶原料外形多为碎型原料茶，其体型和百克容积都应控制在一定范围之内。

品质正常的红茶、绿茶、乌龙茶、普洱茶等茶叶均可作为袋泡茶原料茶。根据国内袋泡茶生产的经验，采用转子机或 CTC 加工技术生产的红碎茶或绿碎茶最适合作为袋泡茶的原料。其包装而成的袋泡茶具有汤色鲜明、香气新鲜、滋味浓厚的品质特点，且茶叶颗粒均匀细致，浸泡速度快。条形茶作为袋泡茶的原料，先经粉碎后筛分。粉碎是采用齿切机将茶叶切碎后，再经平面圆筛机筛分，选出 12～60 目茶作为原料。再将茶叶经风选机风选，去除茶灰和非茶类夹杂物。原料及原料处理后，要满足以下理化指标和感官指标的要求：①茶叶的颗粒度在 12～60 目范围内，无灰尘及非茶类夹杂物；②具有正常茶叶所具有的色香味品质特征，无霉变和非茶的劣变气味；③卫生指标应符合国家茶叶卫生标准所规定的重金属、农药残留含量指标；④茶叶含水率及粉碎后灰分含量要符合要求。

（二）其他原材料

选用的中草药必须符合国家卫生部关于既是食品又是药品的规定，代用茶也必须是国家行政主管部门公布的可用于食品的植物芽叶、花及花蕾、果（实）、根茎等。所选原料均应达到合格商品的品质要求，有成熟的炮制、干制方法或其组分有成熟的提取方法，便于加工成不同剂型，原料中不能夹杂杂质与灰尘等。

三、包装

袋泡茶的包装由内袋、外袋、标签和提线组成。影响袋泡茶包装质量的因素主要有包装材料、袋泡茶包装机与包装设计。

（一）包装材料

袋泡茶的包装材料包括滤袋材料、外袋材料、提线材料、标签材料和黏合材料等，其中滤袋材料对袋泡茶的品质影响最为直接，其性能和质量的好坏直接影响成品袋泡茶的质量。

1. 滤袋材料

在袋泡茶冲泡过程中，既要保证茶叶的有效成分能快速扩散至茶汤中，又要阻止袋内的碎型茶叶渗入茶汤中。所以，用于袋泡茶的滤袋材料应具备以下性能：①有足够强的机械强度（即抗拉力强）；②耐高温长时间冲泡；③具有多孔、湿润性和渗透性好等特点；④滤袋材料要细密、均匀一致，滤袋上滤孔分布均匀；⑤滤袋材料应清洁、无毒、无异味，符合食品卫生要求，不影响茶的品质；⑥质地轻（权启爱，2005）。

早期的袋泡茶滤袋材料主要为丝绸和薄棉纱。目前，用于包装袋泡茶的滤袋材料主要有茶叶滤纸和尼龙滤布。茶叶滤纸有热封型茶叶滤纸和非热封型茶叶滤纸两种，其中，热封型茶叶滤纸是最常用的袋泡茶滤袋材料。此外，茶叶滤纸还有漂白和非漂白两种。

热封型茶叶滤纸由 30%～50% 的长纤维和 25%～60% 的热封纤维组成，长纤维的作用是使滤纸有足够的机械强度。这种滤纸在包装机加热、滚压过程中黏合在一起，形成热封袋。热封型茶叶滤纸应符合 GB/T 25436—2010《封型茶叶滤纸》的要求。非热封型茶叶滤纸要求内含 30%～50% 的长纤维，其余则由较廉价的短纤维和约 5% 的树脂组成，树脂的作用是提高滤纸耐沸水冲泡的能力。非热封型袋泡茶滤纸应符合 GB/T 28121—2011《非热封型茶叶滤纸》的要求。

茶叶滤纸以前主要依赖于进口，现在中国生产的茶叶滤纸在性能和各项技术指标已基本达到国际同类产品的水平。国内生产的热封型茶叶滤纸按颜色分为本色和白色；产品为卷筒（盘）纸，按卷纸宽度不同主要有 94mm、114mm、125mm 和 145mm 四种规格。非热封型茶叶滤纸按定量分为 Ⅰ型和 Ⅱ型，按卷纸宽度主要有 94mm、103mm 和 145mm 三种规格。热封型茶叶滤纸和非热封型茶叶滤纸除了满足表 6-1 规定的性能术指标外，还应满足：纸张的纤维组织均匀，纸面洁净、平整，不应有硬质块、皱褶、洞眼、裂口及较大纤维素等影响使用的纸病。

表 6-1　　　　　　　　　　国产茶叶滤纸的性能指标

技术指标			单位	热封型	非热封型
定量			g/m²	16.5～23	12.5～14.5
紧度		≥	g/cm³	0.20	—
厚度		≥	μm	—	20～30
干抗张强度	≥	纵向	kN/m	0.45	0.55
		横向	kN/m	0.10	0.20
湿抗张强度	≥	纵向	kN/m	0.10	0.12
		横向	kN/m	—	0.12
热封强度		≥	kN/m	0.080	—
透气度（1kPa）		≥	cm³/(min·cm²)	3000	10000
滤水时间		≤	s	3.0	1.0
水分		≤	%	8.0	10
异味		—		合格	合格
漏茶末		—		合格	合格

袋泡茶尼龙包装材料应符合 GB 4806.7—2016《食品接触用塑料材料及制品》的要求。感官方面要求色泽正常，无异臭、不洁物等；迁移试验所得浸泡液无浑浊、沉淀、异臭等感官性的劣变；理化指标应符合表 6-2 的规定。

表 6-2　　理化指标要求（GB 4806.7—2016《食品接触用塑料材料及制品》）

项目		单位	指标
总迁移量	≤	mg/dm^2	10
高锰酸钾消耗量 水（60℃，2h）	≤	mg/kg	10
重金属（以 Pb 计） 4% 乙酸（体积分数）（60℃，2h）	≤	mg/kg	1
脱色试验		—	阴性

2. 外袋材料

袋泡茶的内袋材料一般不具备防潮、防异味的功能，因此，大部分袋泡茶都套装外封袋。袋泡茶外封袋的材料，要求本身无臭无味，有较好的防潮和防异味功能，并且有一定的牢固度。袋泡茶包装常用的外袋材料有单胶纸、复合纸和复合薄膜等几种（权启爱，2005）。

单胶纸密度较大且一面上胶，具有较好的防潮、防异味和阻气功能。不添加硫酸铝的单胶纸不含对人体有毒的物质和成分，符合《中华人们共和国食品卫生法》要求，是较为理想的袋泡茶外封袋材料。单胶纸主要作为低档次袋泡茶的外包装材料，如市面上销售的商务袋泡茶、非高档宾馆提供给顾客的袋泡茶等。

袋泡茶外袋材料所用的复合纸多由纸与塑料、金属等复合所形成，如聚乙烯（PE）/纸复合形式、铝箔/聚乙烯/纸复合形式等。与单纯纸相比，复合纸具有更好的防潮和阻气性能，且密封性能好，印刷效果好，可使包装更美观；与单纯的塑料包装相比，复合纸较容易处理，对环境的污染较小。复合纸是一种制作袋泡茶外封袋的理想材料。

复合薄膜由多层塑料薄膜复合而成，集各种塑料薄膜材料的优点于一身，比单一塑料薄膜具有更好的防潮和阻气性能；且由于复合薄膜美观，用于袋泡茶外袋材料可提升袋泡茶产品的档次。袋泡茶外袋材料常用聚乙烯与聚酯两种薄膜加工而成的复合薄膜，利用聚酯薄膜密封性好的特点，克服聚乙烯薄膜对茶叶香气保持和防潮性能较差的不足；同时，利用聚乙烯薄膜热封性能好的特点，使复合薄膜易于封口。用于袋泡茶外袋材料的二层复合薄膜有聚酯/聚乙烯、铝/聚乙烯、聚碳酸酯/聚乙烯等；三层复合薄膜有聚酯/聚丙烯/聚乙烯、聚酯/铝/聚乙烯等（权启爱，2005）。

3. 其他

在袋泡茶包装过程中，尚需要使用提线、标签和黏合剂等。提线是内袋和标签的连线，应清洁、无毒，宜为不含荧光物质的原白棉线，严禁漂白。提线的粗细以 3 股 21 支纱的宝塔线为好。标签是用于标识袋泡茶的信息，其材质是纸。标签用纸应符合 GB 4806.8—2016《食品接触用纸和纸板材料及制品》的规定，且其上的印刷油墨应符合食品卫生的要求。提线和标签的黏合采用的胶黏剂应无毒、无异味，不污染袋泡茶。若使用钉子封口，钉子应符合食品接触材料卫生标准的要求，钉子应固定，不脱落。

（二）袋泡茶包装机

袋泡茶自动包装机示例

袋泡茶包装机水平在一定程度上反映了袋泡茶制造工艺水平。目前大多数袋泡茶基本上都采用了各种型号的袋泡茶自动包装机来包制袋泡茶。全自动包装机能将内包装材料、外包装材料和标签纸等的传输，内、外袋包装制袋，被包装物料的计量与填充、挂线、粘标签或钉铝钉、光电配准，自动计数及装盒等一系列功能在一台机器上自动完成。

袋泡茶包装机大致有以下几类。

1. 按内袋封口方式分

按内袋封口方式分，袋泡茶包装机主要有冷封型和热封型两大类。冷封型袋泡茶包装机使用冷封型内袋滤纸，封口压辊不加热，在室温状态下进行内袋两侧挤压封口，内袋最终封口及与挂线连接用铝镁合金材料金属钉钉成，如意大利 IMA 公司的 C20 型和 C21 型。这类机型的优点是工作效率高，可靠性好，国外常用机型中有的包装速度达 20000 包/min，但其不足之处是机体庞大，结构复杂，制造和维修困难且售价昂贵。此外，由于采用铝镁合金材料的封钉封口，有些国家认为会对茶汤造成污染，且钉钉工序噪声高。这种机型在热封型滤纸出现前应用较多，目前使用已较少。

热封型袋泡茶包装机使用热封型内袋滤纸，经电热元件对封口压辊加热而进行内袋两侧挤压封口，内袋最终封口及与挂线连接也由热封完成。这种机型在 20 世纪 70—80 年代因单面及双面热封型茶叶滤纸的问世应运而生。它继承了冷封型机器的优点，但取消了钉钉工序，克服了冷封型机器作业过程中噪声高的不足，售价也适中，在生产中获得广泛应用。意大利 IMA 公司生产的 C51 型和 C2000 型，以及中国、阿根廷、日本等国家生产的袋泡茶包装机均为这类机型（权启爱，2005）。

2. 按内袋形状分

按内袋形状分，袋泡茶包装机的形式主要有单室袋、双室袋和金字塔包三大类。单室袋和双室袋型袋泡茶包装机是生产中应用最多和最普遍的两种机型。这两种机型的形式基本一样，只是内袋滤纸折叠机构部件的结构不同。另外，这两种机型还有粘标签和不粘标签、包外袋和不包外袋、装盒和不装盒等不同形式。

单室袋型袋泡茶包装机的滤纸折叠机构先将滤纸折叠成单层袋，再由封口压辊进行两边封边，使内袋成信封袋形状，接着由装料机构向其中装入茶叶，然后由封口压辊压封单层袋上口，并夹入吊线。因为这种袋形酷似信封，故又称信封袋。除意大利 IMA 公司生产的机型外，其他国家生产的该类机型的袋泡茶包装机包装速度都较慢。

双室袋型袋泡茶包装机的滤纸折叠机构先将滤纸折叠成两倍于内袋长度的信封状单层袋，由封口压辊在两边封边，然后再由折叠部件从中间折叠，使其形成两室，然后由装料机构分别从两室上部装入茶叶，再由压辊封口，最后封压上口，并夹入吊线。

因这种袋形酷似"W"字样，故又称 W 袋。图 6-1 展示的是一种双室袋包装成型过程。首先由纸卷驱动电机牵引将茶叶滤纸展开，在纸管成形过程中，将茶叶放置在茶叶滤纸上（1）；接着，内袋滤纸经过"鱼叉"成型器和三次冷封对折封口机对折成型（2）；再由内袋剪裁机构（3）裁断（4），然后经"W"底成型机构折叠成双袋（5）（6）；最后，将内袋口部对折封口（7），最后钉合提线、标签和内袋（8），形成一个完整的双室茶袋（9）。

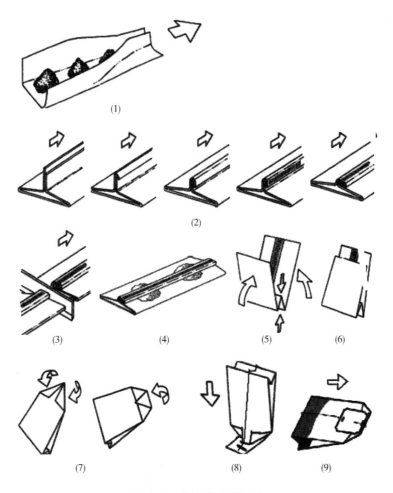

图 6-1　双室袋包装过程

双室袋型袋泡茶包装机是一种性能较全面的袋泡茶包装机，能包内袋、自动粘吊线和挂标签，同时还能自动装盒，是目前生产中应用前景较好的一种袋泡茶包装机。

金字塔包型袋泡茶包装机是当前世界上最先进的袋泡茶包装机，最初由英国联合利华公司研制生产。随着该包装机在国内研制成功，使用这种包形包装的袋泡茶产品也越来越多。金字塔包型袋泡茶包装机所包装的袋泡茶茶包形状系一种三棱锥形，金字塔包包装成型过程较单室和双室要复杂。图 6-2 展示的是 DXDC50 型三角袋包装机三角包成型器工作原理（许利军等，2009）。

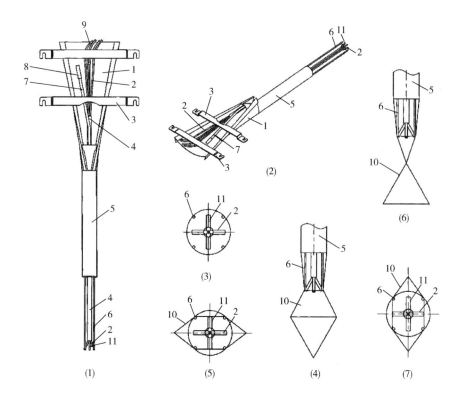

图6-2 三角袋包装机三角包成型器工作原理

1—簸箕形进料斗 2—横向吹袋气管 3—进料斗安装支架 4—束管 5—充料管
6—滤袋管支撑杆 7—吹料管 8、9—吹料软管 10—滤袋管 11—纵向吹袋气管

包装作业时，尼龙滤布从放卷装置经成型器充料管5、纵封牵引轮的牵引及超声波封切变成筒状，然后到达成型器下端，吹袋气管通过进气软管9和吹袋起源连接，打开阀门使吹袋气管开始工作，此时吹袋气管和四个滤袋管支撑杆6共同作用将包装材料支撑展平，计量装置把计量好的物料从成型器的簸箕形进料斗1、充料管5填入包装袋内，吹料管7通过吹料软管8和吹料气源连接，打开阀门使吹料管7在成型器进料口处吹气，保证下料顺畅。在成型器最下端，吹袋气管工作时有两个工位：在工位Ⅰ上〔图6-2中（4）（5）所示〕，横向吹袋气管2吹气，将滤袋管10左右撑开，位于成型器下端的三角包横向封切系统的夹持机构闭合，将滤袋管10压平，此时包装物料落入滤管底部，超声波封切装置横向移动完成此工位的封切；夹持机构张开并旋转90°，滤袋管下移一个袋长，到达工位Ⅱ；在工位Ⅱ上〔图6-2中（6）（7）所示〕，成型器的纵向吹袋气管吹气，将滤袋管10前后撑开，此时包装物料再次落入滤管底部，夹持机构闭合，将滤袋管10压平，超声波封切装置横向移动完成此工位的封切，一个三角袋成型动作结束。

（三）包装设计

随着社会发展与消费形态的转变，包装设计的功能不再仅限于容纳和保护商品，而成为一种影响消费者评判商品价值与品质的重要依据，也是影响消费者购买决策的关键因素之一。袋泡茶作为近年来非常流行的一种时尚饮茶方式，新颖、时尚的包装设计对促进袋泡茶的发展起了非常重要的作用。

袋泡茶包装与散茶包装最显著的区别在于多了可以直接冲泡的茶袋，且茶袋始终伴随着喝茶的整个过程。因此，茶袋的设计必须首先满足这最基本的过滤作用。同时，茶袋的形式美感也尤为重要，不仅决定着茶包装的整体风格，也潜移默化地影响着喝茶者的心情。袋泡茶茶袋的形状从最初的丝绸布袋发展到双室茶袋及现在的立体袋是吸引消费者的一个重要因素，尤其是食品级尼龙包装袋的出现与应用。此类尼龙包装袋外观玲珑剔透，袋内空间很大，利于香味的散发，同时也可观赏茶叶、花果的形态变化，成为未来茶包的主流趋势。

袋泡茶的包装设计不仅要考虑袋泡茶包装功能与定位、袋泡茶包装材质、包装设计形式，同时，还要考虑消费者的心理需求，注重设计风格的时尚与年轻，并能增加商品的附加值和品牌的知名度。

第三节　袋泡茶加工

一、纯茶型袋泡茶加工

（一）工艺流程

（二）操作要点

1 原料的选择

原则上各种茶叶均可作为袋泡茶的原料，但要满足一定的规格要求。茶叶基本要求为：①具有本品种茶叶固有的色香味品质特征，品质正常，无异味，无异臭，无霉变；②茶叶的颗粒度在 12 ~ 60 目范围内，无灰尘及非茶类夹杂物；③不应着色，无任何添加剂；④卫生指标应符合 GB 2762—2017《食品安全国家标准　食品中污染物限量》的规定和 GB 2763—2016《食品安全国家标准　食品中农药最大残留限量》的规定。此外，茶叶还要符合表 6 - 3 的感官品质要求和表 6 - 4 的理化指标要求。

表 6 - 3 　　　　　　　　　　　　　　　感官品质

项目	指标					
	绿茶	黄茶	乌龙茶	黄茶	白茶	黑茶
香气	纯正	纯正	纯正	纯正	纯正	纯正
滋味	平和	尚浓	纯和	纯和	纯正	纯和
汤色	绿黄	红	橙黄或黄绿	黄	浅黄	褐红或橙黄

表 6 – 4		理化指标					
项目		指标/% （质量分数）					
		绿茶	黄茶	乌龙茶	黄茶	白茶	黑茶
水分	≤	7.5	7.5	7.5	7.5	7.5	10
总灰分	≤	7.5	7.5	7.5	7.5	7.5	8.5
水浸出物	≥	34.0	32.0	30.0	30.0	30.0	28.0

2. 分筛与风选

如果将条形茶作为袋泡茶的原料，应将茶叶粉碎筛分。粉碎是采用齿切机将茶叶切碎后，再经平面圆筛机筛分，选出 12 ~ 60 目的茶叶作为袋泡茶原料。最后将 12 ~ 60 目茶叶经风选机风选，去除茶灰和非茶类夹杂物。

3. 拼配

根据所要生产袋泡茶的品质指标，选取不同的原料，拼配出符合产品标准的袋泡茶原料。

4. 袋泡茶包装

一般袋泡茶每袋的质量为 2g。将袋泡茶包装机的盛茶容量斗调整至 2g 的质量，反复调试至误差不超过 ±0.05g，即可包装。一般采用袋泡茶自动包装机，包装机自动化程度较高，一般不需人工辅助，但需随时观察袋泡茶的包装运转情况。

5. 装盒

装盒作业可人工装盒或机械自动装盒。意大利伊马公司的设备均配有自动装盒机，可完成自动装盒和热塑封的作业；而国产袋泡茶包装机则需人工辅助装盒，将 20 袋或 25 袋或 100 袋装入盒内，然后手工辅助进行热塑封外包装。

6. 检验

主要检验袋泡茶的包装质量，包括净重、标准、吊线、袋泡茶纸封口、外包装质量及感官品质等。检验合格后，即可入库。

二、其他袋泡茶加工

（一）工艺流程

其他袋泡茶的加工与纯茶袋泡茶加工类似。不同之处在于混合型袋泡茶要根据产品特性进行混合复配。其他袋泡茶加工工艺流程见图 6 – 3。

图 6 – 3　其他袋泡茶加工工艺

（二）操作要点

1. 原料的选择

与纯茶型袋泡茶加工一样，选用的中草药、干果和香料等植物都应满足一定的规格要求，如具有该类产品固有的色、香、味品质特征，品质正常，无霉变，无劣变；颗粒度在 12~60 目范围内，无灰尘及其他夹杂物；含水量小于 7%；卫生指标符合 GB 2762—2017《食品安全国家标准　食品中污染物限量》的规定等。此外，所选用的原料要有成熟的炮制、干制方法或其组分有成熟的提取方法，便于加工成不同剂型。

保健型袋泡茶是由茶叶与一种或几种中草药或植物性原料合理配伍和科学加工而成，可强化某些特定的功能而起到一定的保健作用，但保健型袋泡茶仍需具有纯正的香气和适口的滋味，才能被消费者所接受。因此，所选配的中草药应无明显的中草药气味或令人不愉快的气味，以味甘或微苦者为宜，不能选用辛辣、味涩、苦重的中草药。此外，按照保健茶的规定，选用的中草药或植物性原料必须符合我国药食同源目录的有关规定。

加工香味型袋泡茶不仅可以选用鲜花如茉莉花、珠兰花、玳玳花、桂花、白兰花、柚子花、玫瑰花、栀子花等，还可选用薄荷、香橼、陈皮、柠檬、香兰素等天然香料以及苹果香精、桃子香精、菠萝香精和茉莉精油等。果味型袋泡茶是由茶与各类营养干果或果汁或果味香料混合加工而成。科学、合理地选取干果与茶叶搭配，可达到既能生津止渴，又具有较高的营养价值和保健功能。可供选用的干果有山楂、罗汉果、红枣、莲心、莲子、无花果、乌梅、酸梅、橄榄、龙眼肉等。

2. 分筛与风选

如果选用原料是叶片类，可采取与茶叶处理类似方法制备成 12~60 目的原料颗粒作为袋泡茶原料；如果是果根茎类原料，要根据加工产品的形式将原料切片、粉碎或提取汁液后备用。

3. 拼配

根据所要生产袋泡茶的品质指标，选取不同的原料，拼配出符合产品标准的袋泡茶原料。

4. 袋泡包装、装盒与检验

与纯茶袋泡茶加工类似。

第四节　袋泡茶质量标准

一、袋泡茶质量标准

我国现行的袋泡茶标准为 GB/T 24690—2018《袋泡茶》，该标准从滤袋材料和辅助材料要求、形态要求、茶叶要求和净含量要求 4 个方面规定了袋泡茶应有的质量。前面已对包装材料与原料质量做了详细介绍，下面主要介绍袋泡茶形态要求和包装质量指标要求。

（一）袋泡茶形态要求

袋泡茶滤袋外形要完整，冲泡后不溃破、不漏茶。正常袋泡茶的滤袋要求封口完整，滤纸轧边处不夹茶；提线附着于滤纸袋和标签处均定位牢固，冲泡提袋时茶包不脱线、不落吊牌。袋泡茶外袋包装要求清洁卫生，图案设计美观，文字、图案标识清楚，文字说明符合食品通用标识等。

（二）包装质量指标要求

袋泡茶的包装一般由内滤袋包装、外封袋包装、销售小包装以及运输包装4部分组成。其中内滤袋包装最为关键，因为它是消费者冲泡的最终使用单元，其质量直接影响到消费者饮用时的方便与卫生，因此对内滤袋包装的质量应从严要求。

1. 滤袋包装质量要求

（1）包装材料要求　滤袋包装所涉及的滤袋、提线、标签等材料均必需符合有关指标要求。

（2）净含量　目前国内使用的包装设备均以容量法确定茶包的净含量，由于分装量小（一般在 1.5～2.5g），受到原料颗粒度、体积质量等因素的影响，包装计量会存在一定的误差。在包装设备正常、原料质量指标符合要求时，滤袋所包茶叶净含量应与标识相符，计量误差一般应控制在 ±2.5% 以内，最大不得超出 ±5%。

（3）滤袋封口质量　要求封口牢靠，开水冲泡后茶包不破不漏，次品率应控制在 2% 以内。

（4）提线、标签等封压要求　提线是内袋和标签的连线，袋泡茶冲泡时通过提袋操作，可使整杯茶浓度相对均匀。提线只有两头连接牢固，冲泡时才不易脱落。因此，要求滤袋与提线、提线与吊牌的连接可靠，冲泡提袋时茶包不脱线、不落吊牌，次品率应控制在 5% 以内。

2. 外封袋包装质量指标

外封袋主要起着保护内袋的清洁卫生、防潮保质以及展示企业形象等作用。因此，所使用的外封袋要求袋型美观光洁、图案不错位；包装时要求封口牢靠、严实，次品率应控制在 10% 以内。

3. 销售小包装质量指标

纸盒包装和塑料袋包装是常见的两种袋泡茶销售小包装。无论采用何种销售小包装，都要做到密封、挺括、防潮；且包装材料还要符合袋泡茶包装有关标准的要求，包装外表所印图文内容符合 GB 7718—2011《预包装食品标签通则》的要求。

销售小包装包装规格主要有 20 包、25 包、30 包、40 包、50 包、100 包等，每个销售小包装上都要标示其包装规格。包装时要求计数准确，销售小包装实际包装的茶包数一定要与标示的数量相符，否则视为不合格。不同包装规格的小包装可有不同的计数准确率指标，但一般来说，计数不合格的小包装数最多不得超过每批小包装总数的 2%。

4. 运输包装质量指标

袋泡茶的运输包装一般采用瓦楞纸箱，要求牢固、密封、防潮，整洁，杜绝使用有异味甚至有毒的材料包装。

二、袋泡茶质量评判方法

袋泡茶是在原有茶类基础上经过粉碎、拼配加工而成。它有精制茶和再加工茶的共性，其审评方法在某些方面可参照常规茶叶的审评方法，但应根据其独特性加以修正。

（一）感官审评因子的品质权数

龚淑英等（1997a）在广泛征求茶学界知名审评专家基础上，经研究确定了袋泡茶各审评因子的品质权数：外形与质量0.15，香气0.25，汤色0.20，滋味0.30，冲泡后的内袋0.10。

（二）感官审评方法的确定及计分方法

袋泡茶茶袋原料颗粒小，原料所含水溶性成分在水中的溶解速度和扩散速度相对较快，因此，其冲泡方法应与常规审评方法不同。龚淑英等（1997b）研究表明对袋泡红/绿茶的色、香、味品质形成最为有利的冲泡条件为冲泡水温100℃、冲泡时间5min、茶水比1：50～1：75、茶袋上下提3次。然后，由茶叶感官审评专家按百分制分别给袋泡茶的外形、汤色、香气、滋味和冲泡后的内袋打分，再分别乘以各自的品质权数，最后相加得出品质总分。根据分数的高低判定其质量的优劣。

（三）审评

1. 称量

袋泡茶是按量包装，对质量误差有严格的要求。袋泡茶品质的评判应鉴定袋泡茶的质量，以保护消费者的权益。随机抽取送检茶包10包，用感量为0.1g的天平称量，正负误差要求<5%。

2. 评外形

袋泡茶外形评包装。袋泡茶的冲饮方法是带内袋冲泡，因此，审评时不必开袋倒出茶叶看外形，而是要审评其包装材料、包装方法、图案设计及包装防潮性能等是否符合要求。

3. 内质审评

袋泡茶的开汤审评为带内袋冲泡。审评次序先看汤色，再嗅香气，然后尝滋味，最后审评冲泡后的内袋完整性（龚淑英等，1997）。

（1）汤色　汤色的审评主要从茶汤的类型（或色度）和明浊度两个方面加以评判。同一类产品，茶汤的色度与品质有较强的相关性，受潮、陈化变质产品在汤色的色泽上反映较为明显。汤色明浊度要求以明亮鲜活为好，陈暗少光泽为次，浑浊不清的为差。袋泡茶内袋所装内容物粉碎的粗细与筛分程度直接关系到茶汤的透明度。做工粗糙、规格不清、粗细混杂的内容物冲泡后的茶汤浑浊不清；质量低劣的原料其透明度也较差。混合型袋泡茶原料中如果有深色添加物，则在评比时要区别对待。

（2）香气　香气主要评其香气的纯异、类型、高低与持久性。混合型袋泡茶一般应具有原茶的良好香气；添加的其他成分的香气要协调适宜，能正常被人接受为佳。如果是香味型袋泡茶，应评其香型的高低、浓淡、协调性与持久性。添加有特色气味的中草药要区别对待。袋泡茶因多层包装，受包装纸污染的机会较大，因此，应注意有无异气。

（3）滋味　袋泡茶的滋味应从浓、淡、厚、薄、爽、涩等方面去评判，根据口感的好坏判断质量的高低。

（4）冲泡后的内袋　评冲泡后的内袋主要是检查茶袋经冲泡后有无裂痕，袋型变化是否明显，茶渣能否被封于袋内而不溢出；如有提线，检查提线是否脱落等。

（四）质量标准的划分

根据袋泡茶质量评定结果，可将其划分为优质产品、中档产品、低档产品和不合格产品（施兆鹏，2010）。

1. 优质产品

包装上的图案、文字清晰，符合要求。内外袋包装齐全，外袋包装纸质量上乘，防潮性能好。内袋长纤维特种滤纸网眼分布均匀，大小一致。滤纸袋封口完整，用纯棉本白线作提线，线端有品牌标签，提线两端定位牢固，提袋时不脱落。袋内的茶叶粉碎大小适中，无茶末黏附滤纸袋表面。香气良好、无杂异味，汤色明亮无沉淀，冲泡后滤袋涨而不破裂。

2. 中档产品

可不带外袋或无提线上的品牌标签，或外袋纸质较轻，封边不很牢固，有脱线现象。汤色尚明亮，不浑浊，香气尚高，滋味尚醇厚。冲泡后滤纸袋无裂痕。

3. 低档产品

包装用材中缺项明显，外袋纸质轻，印刷质量差。香气平和，汤色深暗，滋味平淡或带涩味，冲泡后会有少量茶渣漏出。

4. 不合格产品

包装不合格，或汤色浑浊，香味不正常，有异味，或冲泡后散袋。

三、袋泡茶常见质量问题

（一）净重

袋泡茶常见问题是每包净重不稳定，主要原因是原料欠匀。因为袋泡茶的每包净重是靠包装机出茶口开启大小来控制的，每次出茶的容积相同，体积质量大者重量大。若原料茶的组成杂，匀齐度差，搅拌又不匀，则每包净重不稳定，从而导致其每包成分含量不稳定。

（二）内质方面

袋泡茶内质主要是看汤色、香气和滋味，其中又偏重于尝滋味。常见内质方面的问题有以下几种。

1. 汤色浑浊、色暗、有沉淀

其原因主要有采用低档茶叶为原料；原料茶受潮、陈化变质；原料茶粉末含量高，冲泡时从封口固定提线处或封边不严处渗出。

2. 香气、滋味中带有纸质、油墨的异气、异味

其原因可能有：新滤纸未经通风散气，纸质味重；存放时间过长、受潮的旧滤纸，陈味重；茶包外封套阻气性差，茶叶吸附了外封套、吊牌、纸盒表面印花图案等的油

墨味。因此，袋泡茶包装材料一定要符合袋泡茶包装材料的规定指标。此外，有些袋泡茶使用的茶叶本身香气不纯，如烘干机漏烟而使红碎茶带有煤烟异味，绿茶炒焦而带有烟焦味等，这些不良气味在袋泡茶审评中也常会碰到。

3. 袋泡保健茶香气、滋味和汤色不稳定

茶和非茶原料的香气、滋味及内含物浸出率的差别较大，两份袋泡茶内茶与非茶原料比例稍有不同，就可能造成香气、滋味和汤色的显著差异。因此，袋泡保健茶原料拼配均匀、装袋均匀及净重稳定尤为重要。

（三）包装材料

袋泡茶滤纸材料和辅助材料使用不当，会导致袋泡茶出现一些质量问题，情况严重的就失去了饮用价值。如袋泡茶滤袋和提线在紫外灯下检测时出现荧光，这是由于茶叶滤纸和提线材料使用了荧光漂白剂漂白的缘故。再如香气、滋味中带有纸质、油墨等异气（蔡知凌等，2003）。导致这一问题的原因有：①使用纸质味重的新滤纸，或使用了存放时间过长带有陈味的滤纸；②印图案标识的吊牌、外封套、销售小包装墨迹未干，油墨味被茶叶吸附。

（四）包装

正常袋泡茶的包装要求滤袋封口严密，冲泡时不漏茶，但袋泡茶封口缺陷问题时常发生，冲泡后出现漏茶甚至散袋，这主要是由于热封不当所致。热封温度不够高或热封时间不够长，会造成封口不严或不牢固；热封温度过高或热封时间过长，则热封合过度，造成封口处薄脆，冲泡后易破口。原料茶粉末含量过大、颗粒太过细小，包制时飞扬到滤纸袋边缘，封口处两层滤纸之间夹隔茶粉末，则会导致热合不良，封口不严或不牢固，同时会产生黑包，影响茶包的整洁、美观（蔡知凌等，2003）。因此，袋泡茶原料一般应将60目以下粉末筛除，并及时清扫包装机上的粉尘，以免造成上述不良状况。

提线与滤袋茶包分离是袋泡茶另一常见质量问题。双室袋茶袋的提线多系挂在封袋的金属钉上，或直接缝在滤纸袋折叠封口处，一般不会发生提线与茶包分离情况。采用热封轧边封口的单室袋泡茶，提线多紧压固定在封口处两层滤纸之间。如果热封温度和热封时间达不到要求，则热封合不良，提线固定不牢，提线容易从封口处脱落；封口处滤纸热合过度，提线附着处滤纸脆弱，冲泡后滤纸断裂，提线脱出；提线过粗过细也易出现提线脱落。

（五）食品标签

袋泡茶食品标签的要求与一般食品包装相同，但目前突出的问题是保质期的标识随意性极大。根据经验，在适宜的保存条件下，散装茶的保质期为12个月。袋泡茶与空气接触的表面积大，除了采用铝箔复合材料做外包装的产品外，保质期比散装茶更短。然而，许多厂家为了延长销售周期，在食品标签上标出的保质期达2～3年，甚至4年之久。如此违背常识、随意标示保质期不利于保护消费者的利益（林金科等，2011）。

思考题

1. 袋泡茶的设计原理是什么?
2. 袋泡茶的分类有哪些?
3. 简述袋泡茶包装材料的质量要求。
4. 分别简述单室型、双室型和金字塔茶包的包装成形过程。
5. 袋泡茶常见的质量问题有哪些?如何避免?

参考文献

[1]权启爱. 袋泡茶包装机[J]. 中国茶叶, 2005, 27(6): 31 – 32.

[2]夏涛, 方世辉, 陆宁, 等. 茶叶深加工技术[M]. 北京: 中国轻工业出版社, 2011.

[3]许利军, 张广远, 张波, 等. 包装机的三角包成型器: 201301009 Y[P]. 2009.

[4]龚淑英, 顾志蕾. 袋泡茶质量评判方法探讨[J]. 中国茶叶加工, 1997(3): 42 – 44.

[5]龚淑英, 顾志蕾, 龚琦. 袋泡茶感官审评中的冲泡条件[J]. 茶叶科学, 1997, 17(增刊1): 108 – 112.

[6]施兆鹏. 茶叶审评与检验[M]. 北京: 中国农业出版社, 2010.

[7]蔡知凌, 郑华, 郑俊超. 出口袋泡茶常见质量问题及分析[J]. 福建茶叶, 2003(4): 27 – 28.

[8]林金科. 茶叶深加工学[M]. 北京: 中国农业出版社, 2011.

[9]刘新. 国外袋泡茶发展趋势[J]. 茶叶机械杂志, 2000(3): 1 – 2.

第七章　茶酒

　　中国是世界茶叶的发祥地，也是酒的故乡，是世界上酿酒最早的国家，早在公元前7000多年新石器时代的中国人老祖先已经开始酿酒了。茶酒是利用茶叶为原料酿制或配制的酒。茶属温和性饮料，酒属刺激性饮料，两者属性不同。茶酒是一种将茶与酒完美结合后制成的保健酒，既具有酒的醇厚风格，又具有茶的风味和保健功能。

第一节　茶酒概述

一、茶酒的定义

　　茶酒是以茶叶为主要原料，经发酵或配制而成的各种饮用酒的统称。茶酒兼具茶与酒的优点，除个别茶酒外，大多数茶酒酒精含量低于20%，属于低度酒（夏涛等，2011）。茶酒色泽鲜明透亮，入口绵软，不刺喉，不上头，既有酒固有的风格，也具有茶的风味，是一种色、香、味俱佳的健康饮品。

二、茶酒的历史与现状

　　茶酒一词由来已久，为我国首创。早在上古时期就有有关茶酒的记载，但那时的茶酒仅仅是以米酒浸茶，而非真正意义上的酿制茶酒。800余年前北宋大学士苏轼提出了以茶酿酒的创想，"茶酒采茗酿之，自然发酵蒸馏，其浆无色，茶香自溢"。继苏轼提出以茶酿酒之后，历代不断有人尝试以茶酿酒，但未能实现。20世纪40年代，复旦大学茶叶专修科王泽农教授用发酵法研制和生产过茶酒，但当时由于战乱而未能面世。20世纪80年代以来，我国研究工作者相继开展研究和试制，茶酒逐渐面世，如西南农业大学（现西南大学）研制的乌龙茶酒，河南信阳酿酒总厂研制生产的信阳毛尖茶酒，湖北省天门县陆羽酒厂研制生产的陆羽茶酒等。日本、我国台湾等国家和地区也很重视茶酒的研制，相继开发了系列乌龙茶酒、红茶酒、绿茶酒等。

　　用茶、酒强身健体，延年益寿，是中国人经过千百年实践证明的智慧。古有"茶为万病之药""酒为百药之长"和"茶酒治百病"的誉称，茶酒集营养与保健为一体，兼具茶与酒的优势，具有茶香、味纯、爽口和醇厚等特点，且茶酒酒精度数低、老少皆宜。因此，自面世以来，茶酒深受消费者的喜爱。随着人们保健意识的增强和消费观念的转变，茶酒逐渐成为市场的新宠，茶酒产业迅速发展起来。至今，我国已研制出 20 多个花色品种，主要有绿茶酒、红茶酒、花茶酒以及乌龙茶酒等产品，加工技术已日臻完善，茶酒品质不断提高，茶酒消费人群和消费量日趋增加。

我国是产茶大国，茶叶资源丰富。以茶制酒大多利用低档茶叶，这不仅充分利用了茶叶资源，且开发了一种发展潜力巨大的保健酒，极大地提高了茶产业的经济效益；同时，茶酒工艺技术易于掌握，生产周期短，产品销售快，经济效益显著。因此，茶酒作为一个新兴的产业发展前景非常广阔，开发和研制具有茶香风味的高级保健茶酒将对茶叶深加工和酒类新型产品开发产生深远的影响。

三、茶酒对人体的作用

我国传统医学认为："酒乃水谷之气，辛甘性热，入心肝二经，有活血化瘀、疏通经络、祛风散寒、消积冷健胃之功效。""酒为百药之长"是对酒的医药价值的最高评价，并一直延用在酒内加泡药材的方法，用以防病治病。适量饮酒，能加速血液循环，活血化瘀，减轻心脏负担，有效地预防心血管疾病，减缓动脉硬化和心肺病发作的危险。

茶酒加工的主要原料是茶叶，在加工过程中茶叶中的大部分营养成分和功效成分溶于酒中，因此，茶酒是既具有茶叶和酒的风味，又含有茶叶的活性成分和保健功能，是一种集营养、保健功能于一体的保健酒。

（一）营养作用

茶叶富含氨基酸、维生素、矿质元素等多种营养成分以及大量有利于改善人体新陈代谢和增强人体免疫力的营养物质，在制备茶酒时这些营养成分大多溶于酒中，因此，茶酒有利于增加营养、提高体质、增进健康。

（二）保健作用

茶叶含有大量的茶多酚、咖啡碱、茶多糖、茶氨酸等活性成分，具有抗氧化、抗衰老、抗癌、抗辐射、降血糖、降血脂、兴奋、助消化、强心利尿、防治心脑血管疾病等多种功效。制酒时这些成分溶入酒体中，成为茶酒的重要活性成分。因此，适量饮用茶酒，可以起到提神健胃、醒脑、消除疲劳、增进食欲、预防心脑血管疾病等多种保健作用。

四、茶酒的分类

按照加工工艺的不同，茶酒可分为汽酒型、配制型和发酵型三种类型（严鸿德等，1998）。

（一）汽酒型

汽酒型茶酒是仿照传统香槟酒的风味和特点，以茶叶为主料，添加其他辅料，用人工方法充入二氧化碳的方式配制而成的一种低酒度碳酸饮料。汽酒型茶酒酒精含量一般为 4% ~8%，如浙江健尔茗茶汽酒、安徽茶汽酒和四川茶露等。

（二）配制型

配制型茶酒是模拟果酒的营养、风味和特点，采用浸提勾兑的方法，将茶叶用浸提液浸泡、过滤得到茶汁，与固态发酵酒基或食用酒精、蔗糖、酸味剂等食品添加剂按一定比例和顺序进行调配而成。如四川茶酒、庐山云雾茶酒和安徽黄山茶酒等。

（三）发酵型

发酵型茶酒是采用发酵的方法，以茶叶为主料，人工添加酵母、糖类物质，让其在一定条件下发酵，最后调配而成。属于这类酒的有河南信阳毛尖茶酒、四川邛崃蜂蜜茶酒和湖北陆羽茶酒等。

第 二 节　茶酒生产主要原材料

一、茶叶

茶叶是茶酒生产中最重要的原料之一。常用的有绿茶、红茶、花茶以及乌龙茶。考虑到生产成本，用于加工茶酒的茶叶一般以三四级为主。同时，茶叶应为当年的新茶，品质未劣变，无异味，无污染，无各种夹杂物，重金属及农药残留量符合卫生要求等。

茶叶在茶酒中的应用多以茶汁的形式加入。茶汁可采用茶叶直接浸提或用速溶茶粉直接冲溶。茶叶浸提效果的好坏直接影响到茶叶原料利用率和后续生产过程，因此，要探寻茶叶合适的浸提条件。浸提前茶叶要先经过粉碎处理，以增加溶剂与茶叶的接触表面积，但茶叶粉碎度不宜太高；茶叶也不宜过度浸提。待浸提液冷却到常温后备用。

二、茶酒用水

水是茶酒的重要原料之一，又是重要溶剂。因此，茶酒品质好坏与水质密切相关。水中钙、镁、铝、锌、锰等矿物质含量过高，易与茶中的多酚类物质络合生成沉淀，导致茶汤的色、香、味等品质变化。因此，茶酒生产用水除应符合我国 GB 5749—2006《生活饮用水卫生标准》外，还应符合下列指标：①色度 <5 度，浊度 <2 度；②溶解性总固体量 <500mg/L；③总硬度（以 $CaCO_3$ 计）<100mg/L；④铁（以 Fe 计）<0.1mg/L；⑤高锰酸钾消耗量 <10mg/L；⑥总碱度（以 $CaCO_3$ 计）<50mg/L；⑦游离氯量 <0.1mg/L；⑧致病菌不得检出（胡小松等，2002）。

茶酒生产用水要经严格处理。常用水处理方法包括混凝、沉淀、过滤、硬水软化和消毒。

三、酒精

茶酒生产所需酒精要用食用酒精。食用酒精是使用粮食和酵母菌在发酵罐里经过发酵、过滤、精馏得到的产品。

茶酒生产所需食用酒精除质量标准应达到国家二级酒精质量标准外，使用前还应进行脱臭除杂处理。食用酒精虽然是国家允许食品工业使用的，但往往含有甲醇、杂醇和醛类等杂质，当这些杂质含量过高时，一方面会有异味而导致酒味不纯，会使茶酒出现乳白色沉淀，影响茶酒的质量；另一方面会影响人体健康，如损害人体消化系统、神经系统等，严重的会导致酒精中毒。为了减少酒中杂质，减轻酒精的辛辣味，提高茶酒质量，保证饮用者健康，食用酒精使用前一定要经过脱臭除杂处理。

常用脱臭除杂的方法有氧化、吸附等。食用酒精经脱臭除杂后还必须严格检验，符合国家规定标准后，方可应用。

四、甜味剂

茶酒生产中常用的甜味剂有蔗糖、果葡糖浆等。近年来，低热能的糖醇类甜味剂（麦芽糖醇、山梨糖醇）、甜叶菊苷等也逐渐用于茶酒生产，尤其是配制型、汽酒型茶酒的生产。

五、其他

（一）酸味剂

酸味剂在茶酒中的作用主要有：①赋予制品爽口的酸味；②通过螯合金属离子而发挥抗氧化作用，延缓茶酒氧化变色；③防腐作用，特别是能抑制细菌的生长繁殖。茶酒中常用的酸味剂为柠檬酸，其次为苹果酸、酒石酸等。

（二）赋香剂

为了弥补天然茶香的不足或生产过程中的损失，常根据茶酒的类型、品种及不同要求，在不改变茶酒本身特有香型的基础上，选择性地加入少量食用香精，以改善茶酒的口感和风味。如茶酒本身特有香型保存完好，可以不加或尽量少加香精。茶酒中常用香型以果香型使用最广，此外还有花香型（如玫瑰香精、桂花香精、茉莉花香精）、酒香型（如大曲香精）等。

（三）防腐剂

茶酒酒度低，且含有微生物生长繁殖所必需的糖分、有机酸、维生素等，容易滋生微生物，特别是汽酒型茶酒和配制型茶酒。为了抑制微生物对茶酒的败坏，常用防腐剂作为保藏的一种重要手段。茶酒中常用的防腐剂有苯甲酸钠、山梨酸钾。

（四）强化剂

为了增加茶酒的营养价值，提高茶酒的保健功能，可在茶酒中添加维生素、氨基酸等营养强化剂，以补充人体所必需的维生素和氨基酸。如在茶酒中添加维生素 C、维生素 P 等。

第三节　茶汽酒加工

茶汽酒是仿照法国香槟酒的风味和特点，以茶叶提取液为主体，配以其他辅料，经人工方法充入二氧化碳而制成的一种碳酸饮料，其酒精含量一般为 4%～8%。茶汽酒代表性产品主要有绿茶汽酒、红茶汽酒等。

茶汽酒主要特点：①具有茶叶应有的天然风味；②泡沫丰富，刹口感强，酸甜适宜，鲜爽可口；③兼具茶与酒的特色；④内含丰富的氨基酸、维生素和矿物质等多种营养成分，且含有适量的茶多酚、咖啡碱等功效成分，是一种营养保健佳品。

一、原料

原料包括茶叶、砂糖、甜味剂、酸味剂、酒基等。

二、工艺流程

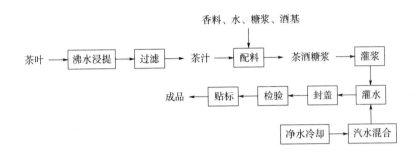

三、操作要点

茶叶内营养物质十分丰富，易于污染变质；且茶叶所含很多成分不耐高温，因此，在生产加工过程中，一定要严格按照操作规程进行生产。

（一）生产用具及设备处理

清洁卫生是生产茶酒的重要条件。因此，凡供生产的用具、设备都必须进行严格清洗、消毒，符合卫生规定的标准。汽酒瓶、积糖桶和配料缸等用具，一定要经冲洗、刷洗和喷洗后达到洁净，最后用灭菌过滤水冲洗，倒放流去水珠备用。

（二）茶酒用水

茶汽酒品质好坏，与水质密切相关。因此，茶汽酒生产用水要经严格处理。水处理方法包括混凝、沉淀、过滤、硬水软化和消毒。

（三）茶汁的制备

茶汁的制备可用茶叶浸提获得或用速溶茶粉、浓缩茶配制。无论是茶叶还是速溶茶粉、浓缩茶，在使用前都必须进行品质审评，要求品质正常，没有变质。

茶叶浸提：根据配方准确称取茶叶，按茶水比加入 90～95℃ 的沸后水浸泡茶叶10min，沥去茶渣，再次反复过滤。要求滤汁无沉淀、小黑点和浑浊物。

速溶茶粉、浓缩茶的配制：将符合质量要求的速溶茶粉或浓缩茶按比例加水溶解、稀释、过滤，备用。

（四）茶糖浆制备

按比例加水入锅，煮沸后加入砂糖，待其溶化后，加入酸味剂，继续加热至糖液沸腾，煮沸 10min 后，得黄色的透明糖浆，出锅、冷却；将冷却后糖浆与茶汁、酒基混合，再次过滤后，即为茶汽酒的基本原料。酒基可以用食用酒精，也可以用某种白酒原酒。

（五）碳酸水

处理后的水先经冷冻机降温到 3~5℃（称为冷冻水），再把冷冻水经汽水混合机混合，在一定压力下形成雾状，与二氧化碳混合形成理想的碳酸水，输送到灌瓶机中待用。

一般二氧化碳在 392.37kPa 压力下容易控制碳酸水质量，味呈辣味、苦味，充满二氧化碳则有刹口感。

（六）灌浆灌水

将含有茶汁及酒的糖浆输送到灌浆机中定量灌浆，再将碳酸水注入茶汽酒糖浆瓶内，灌好后立即封口压盖。

（七）检验贴标

封口压盖后，每批生产的产品，应根据食品卫生标准进行外观、理化检验，符合标准者，贴上商标，投放市场。

四、品质指标

以绿茶汽酒为例茶汽酒品质指标，如表 7-1 所示。

表 7-1　　　　　　　　　　　绿茶汽酒品质指标

项目名称		绿茶汽酒
感官指标	泡沫、持泡性	具有类似啤酒细白而丰富的泡沫，有挂杯
	色泽	有茶叶天然的绿色泽，清澈透明
	滋味	刹口性强，具绿茶味，醇正，清凉解渴，无外来物
细菌指标	菌落指数	≤60CFU/mL
	大肠杆菌	≤3MPN/100mL
理化指标	糖	7.27%
	增甜剂	0.004%
	防腐剂	0.0065%

五、产品介绍

下面简单介绍红茶汽酒与绿茶汽酒的制备方法（夏涛等，2011）。

（一）红茶汽酒

1. 原料配比

红茶 2.5g、蔗糖 30g、食用酒精 15mL、净化水 500mL、抗坏血酸 0.01g、柠檬酸 2g、CO_2 等。

2. 制法

（1）红茶经沸水浸提后，过滤得茶汁。

（2）蔗糖加热溶解，过滤。

（3）其他辅料溶解，过滤。

（4）茶汁、糖浆、辅料液与脱臭食用酒精充分搅拌均匀后冷却。

（5）冷却液冲入 CO_2 后立即灌装、密封后即得成品。

（二）绿茶汽酒

1. 原料配比

绿茶 2.5g、蔗糖 28g、食用酒精 12mL、抗坏血酸 0.008g、柠檬酸 4g、食用小苏打 4g、绿茶香精微量、净化水 500mL 等。

2. 制法

（1）绿茶经沸水浸提后，过滤得茶汁。

（2）蔗糖加热溶解，过滤。

（3）其他辅料溶解，过滤。

（4）茶汁、糖浆、辅料液与脱臭食用酒精充分搅拌均匀后冷却。

（5）上述料液灌装后，加入食用小苏打并立即密封即得成品。

第四节　茶配制酒加工

茶配制酒是采用人工方法，模拟其他配制酒的营养、风味和特点，以茶叶制备液为主体，添加食用酒精、蔗糖、有机酸、着色剂、香精以及冷开水或蒸馏水，按一定顺序和比例调配而成。茶配制酒的特点是，能保持茶叶固有的色香味，色泽鲜艳，酒体清亮；其优点：生产简单，成本低廉，易于推销，能较多地保持茶叶中的各种营养和保健成分；其主要缺点：风味相对不好，口感较差。

茶配制酒主要有绿茶酒、红茶酒、乌龙茶酒、普洱茶酒等。

一、原料

与茶汽酒基本类似。

二、工艺流程

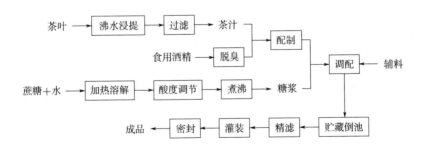

三、操作要点

（一）茶汁的制备

与茶汽酒所需茶汁的制备方法类似，也可以将茶叶用食用酒精、白酒等浸泡提取获得浓茶汁后进行勾兑。

（二）糖浆的制备

配制茶酒一般应先将糖熬成糖浆。按比例在锅中加水，煮沸后加入砂糖，待其溶化后，加入一定量的柠檬酸，继续加热至糖液沸腾，再熬 10min，即可取出。糖浆应是无色或微黄色，无结晶。

（三）酒精脱臭除杂

食用酒精是茶配制酒的一种重要原料，在使用前一定要经过严格的脱臭除杂处理，以减少酒精的辛辣味及配制后沉淀的出现。

（四）茶酒配制

根据配方准确称量各种原料。先将茶汁与脱臭处理后的酒精配成一定酒精含量的茶汁，再按比例加入糖浆，充分混匀后，依次加入防腐剂、抗氧化剂以及其他辅料，混合均匀。

（五）贮藏倒池

新配制的茶酒口感不柔和，色泽不稳定，需经一段时间的物理和化学反应；同时，在贮藏期间茶酒所含蛋白质与茶多酚会发生络合反应形成聚合物，这些聚合物和其他杂质一起下沉成为酒脚，使茶酒澄清。一般需经 30d 左右的沉淀净化过程。因此，为了提高茶酒质量，减少沉淀，新配制好的茶酒须静置陈化。在贮藏期间，应每隔 10d 换池一次，去掉酒脚，如此 3 次，即可达到加速澄清的目的。

（六）过滤装瓶

经过贮藏倒池后的茶酒，装瓶前还必须经过过滤，以保证茶酒的澄清透明。茶酒装瓶后，压盖、包装即可出售。如因故不能出售，应予妥善保存。保存仓库要求阴凉又不潮湿，库温以 20℃左右为好，空气要对流。

四、品质指标

（一）感官要求

1. 色泽

红茶酒呈红褐色、明亮；绿茶酒呈黄绿色、明亮。

2. 香气

红茶酒有红茶特有的茶香与酒香；绿茶酒有绿茶特有清香。

3. 滋味

所有茶酒应茶味酒味兼具。中高度酒以酒味为主，茶味为辅；低度酒以茶味为主，酒味为辅。

（二）理化成分

1. 酒精含量

10mL/100mL 左右。

2. 总糖含量

12～14g/100mL。

3. 总酸含量

0.1～0.15g/100mL。

（三）卫生指标

1. 细菌总数

绿茶酒 <6CFU/mL，红茶酒 <2CFU/mL。

2. 大肠杆菌

绿茶酒 <3MPN/100mL，红茶酒 <3MPN/100mL。

五、影响茶配制酒品质的因素

（一）茶汁的质量

茶汁的质量是影响茶配制酒品质的关键因素。茶浸提液不清澈、浑浊、色泽混沌、茶香不足等问题都会影响茶酒品质。茶叶浸提时间长、温度高会促使茶多酚氧化，茶汁色泽深、浑浊加重，茶香味逸失，甚至出现酸败；浸提时间短，温度低，不利于茶叶风味物质的溶出。为了缩短浸提时间，提高茶内含成分的溶出，往往将茶叶进行粉碎处理，但茶粉太细会导致过滤困难，故建议对茶叶进行适度粉碎处理。

茶叶除用水浸提外，还可用酒浸提法。茶叶用酒浸提时，浸提液较为清亮，茶的色泽保存也较为完好；在相同条件下，用酒浸提比用水浸提茶多酚的溶出要高，且酒度越高，茶多酚的溶出越多。因此，可采用先用高度酒浸泡、后降度的办法来处理（谌永前等，2010）。但是，茶叶用酒浸提，大大增加了生产成本；且用酒浸提时，还要考虑酒的香和味与茶香是否匹配，不同酒度的酒浸提所得茶液的色泽与茶内含物的浸出量是不相同的。

（二）茶汁的用量

茶酒中茶汁的比例越高，越容易出现浑浊现象。因为茶酒中浑浊状态的出现在很大程度上是茶汤中的蛋白质、咖啡碱、茶多酚、酯型儿茶素等所形成的络合物，因此，茶酒中并非茶汁的用量越高越好，且配制好的茶酒要利用硅胶、壳聚糖等对茶酒混合液进行澄清处理。

（三）用水质量

水中离子的存在会影响浸提液的色泽和口味，且茶中的多酚类物质极易与水中的金属离子络合生成沉淀，故用水质量要求较高，最好为纯净水，能最大程度减少沉淀，增加产品稳定性。

（四）贮藏环境条件

相对无氧的环境条件可有效防止茶酒中茶多酚类物质的氧化，尤其是绿茶酒；避光、低温的贮藏条件有利于茶酒色泽的稳定；添加维生素 C 等方法提高产品稳定性。

六、产品介绍

下面介绍一种绿茶配制酒的制备方法（高飞，2004）。

（一）原料

绿茶、60°优质口子酒、纯净水、蔗糖、食用柠檬酸、食用维生素 C 等。

（二）工艺流程

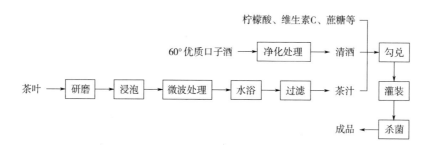

（三）操作要点

1. 原料挑选

选择品质较好、色泽较鲜、杂质少、价格适宜的中档绿茶。

2. 粉碎

浸提前先将茶叶粉碎以提高浸提率。茶叶粉碎至平均粒径 0.246mm 为宜，过细会导致过滤困难，也易致浸提液浑浊不清。

3. 浸提

采用微波结合水浴的方法提取。按料液比 1∶20（质量/体积）向茶粉中加入纯净水，微波处理 2 次，每次 3min，微波功率（600±10）W，再用 50℃ 水浴浸提 1 次 10min，茶多酚浸出率可达 90% 以上。茶汤用 400 目的滤布过滤。

4. 勾兑

60°优质口子酒勾兑前先经净化处理成清酒，再与过滤后的茶汁混合，用纯净水降度至酒度 22°。根据口子酒及茶的风味、色泽、香味等特点，并考虑市场消费者对甜酸的要求，确定调配方案进行调配。

5. 杀菌

将调配后的茶酒 60℃ 杀菌 20min。

（四）感官指标

1. 色泽

清亮透明，淡绿色，无明显悬浮物和沉淀物。

2. 香气

具有绿茶和酒的复合香气。

3. 口感

柔和，爽口，协调。

4. 风格

具有本品特殊风格。

第五节 茶发酵酒加工

茶发酵酒是以茶叶为主料，人工添加酵母、糖类物质，让其在一定条件下发酵，最后调配而成。茶发酵酒较配制酒风味好、口感好，但颜色不及配制酒鲜艳。茶发酵酒内含多种氨基酸、维生素和矿质元素等营养成分，并保留了茶多酚、咖啡碱和茶多糖等功效成分，是一种集营养、保健为一体的高级饮品。

一、原料

茶叶、蔗糖、酵母、水等。

二、工艺流程

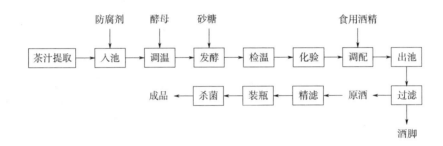

三、操作要点

（一）茶汁萃取

茶叶粉碎后，用90～95℃的沸水反复提取至汤色浅淡，滤去茶渣，将多次提取液合并，冷却到室温备用；或采用速溶茶或浓缩茶稀释成茶汁备用。

（二）茶汁入池

茶汁入池前，应先将发酵池洗净，再用75%酒精消毒；然后按发酵容量的4/5加入茶汁，以一次加齐为好。茶汁入池后，宜记载数量、品种、入池时间等。

（三）调温

在发酵过程中应调节发酵温度。一般刚入池的茶汁发酵液，温度应控制在25～28℃，使酵母菌大量繁殖；待发酵正常后，温度开始上升，将发酵液温度调到20～25℃，进行低温闭密发酵，这样不仅发酵正常，酒精生成量高，而且酒质稳定，风味也佳。夏、秋季高温时，要利用发酵池的冷却管通入冰水或冷盐水降温；冬季则要通入热气，使温度保持在20℃左右。

（四）酵母活化

茶酒发酵一般使用酿酒活性干酵母。接种前，酵母需要活化。按1∶10的比例把酿酒活性干酵母加入已经灭菌处理的糖度为2%的糖水中，于35～40℃恒温水浴培养15～20min，再于34℃恒温培养1～2h，低温保存备用。

（五）酵母的接种

酵母接种前要先检查。要求酵母健壮肥大，形态整齐，芽孢率在20%以上，死亡率在2%以下，数量要求达1.2×10^8个/mL以上。

向已调节好温度的发酵液中接种活化的酵母液，按1:30或5%～10%的比例接种。整个接种过程都应该在无菌的环境中进行，防止杂菌污染。酵母的添加量要合适，过少则糖的含量过高，影响发酵，降低出酒率；过多又可能使酵母不能完全发酵，使成品带有酸馊味。加入酵母后要充分拌匀，使酵母均匀分布于发酵液中，以便发酵均匀。

（六）发酵

发酵是茶酒制作的关键步骤。为提高发酵液的酒精生成量，发酵中需加入糖。加糖量以发酵液的含糖量达20.4%～23.8%为宜。糖通常在发酵中分批加入。其方法是将所加糖分成3份，开始发酵时加入1/3，待发酵旺盛时，再加入1/3，发酵再次旺盛时加入剩余1/3。每次加糖最好使发酵液的含糖量控制在15%左右，否则会影响酵母的发酵。糖切忌直接加入，需用发酵液溶化后加入。

发酵过程中应不断搅拌发酵液，避免酵母菌沉积在发酵液的底部，从而提高发酵的效率。随着发酵进行，发酵液中酒精度逐渐增加，糖度逐渐降低（图7-1）。待发酵进行7d左右，测定发酵液中酒精度大于9%且不再升高，其残糖量小于1%时，即可停止发酵。因此，在发酵过程中应定期测量发酵液酒精度以及糖度，以掌握发酵进程。

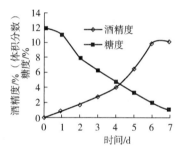

图7-1　发酵过程中酒精度
和糖度的变化

茶酒在发酵过程中还要控制发酵温度，每天要有专人定时检查记载温度。发酵期间的品温和室温一般变化规律是，刚入池的发酵液品温比室温低1～2℃，发酵旺盛时高于室温1～2℃，发酵结束则品温和室温基本相等。每次检温，若发现过高或过低，则要及时调温。

（七）化验

茶酒在发酵过程中，其发酵液将会发生各种生物、物理、化学变化，并表现出各种特征。根据这些特征可以判断发酵是否正常和进展情况，以保证发酵的顺利进行。

（八）酒度调整

一般发酵液中残糖量降到1%左右时，发酵开始衰退，则要加入酒精调整发酵液的酒度。酒度调整要及时，过早会影响发酵，太迟又有可能使发酵液遭到杂菌污染而败坏。调整酒度必须使用脱臭后的食用酒精。一般将酒度调整到成品中酒精含量为10～12mL/100mL。

（九）出池

经化验和审评，品质指标符合要求即可出池。出池时，先打开输酒阀门放出上部的澄清液，转入已杀菌消毒处理后的池（桶）中，再除酒脚。

（十）装瓶杀菌

茶酒在装瓶之前，要进行一次精滤，使茶酒清澈透明。可采用超滤、膜过滤等方式进行。

茶酒装瓶后要进行杀菌，将瓶用封口机密封后，在 60～70℃ 杀菌 10～15min 即可。茶酒装瓶时要注意不可装得太慢，要留有适当空隙，以防杀菌加热时膨胀爆炸。茶酒也可以采取先杀菌后装瓶的方式进行，将茶酒通入杀菌器，于 90℃ 快速杀菌 1min，立即装瓶封口。

四、茶酒发酵原理及影响因素

（一）发酵原理

茶叶制备液中由于糖的含量极少，在发酵时为了提高酒精的生成量，需要添加一定量的糖类物质。葡萄糖、果糖等糖类物质在酵母菌作用下可直接生成酒精和二氧化碳，其反应如下：

$$C_6H_{12}O_6 \xrightarrow{\text{酵母菌酒化酶}} 2C_2H_5OH + 2CO_2 + \text{热量}$$

如果上述糖类物质是蔗糖、麦芽糖等，则首先由酵母菌分泌的麦芽糖酶、蔗糖转化酶将它们水解转化为葡萄糖和果糖，再由酵母菌进行酒精发酵，其反应如下：

$$C_{12}H_{22}O_{11} + H_2O \xrightarrow{\text{酵母菌菌酒}} 2C_{12}H_6O_6 \xrightarrow{\text{酵母菌酒化酶}} 4C_2H_5OH + 4CO_2 + \text{热量}$$

茶酒发酵是一个非常复杂的生化过程，有一系列连续反应并随之产生许多中间产物，在每一步反应中都有酶的参与，酒精是发酵过程的主要产物。除酒精外，酵母菌等微生物在代谢过程中还合成高级醇类、醛类等其他物质，这些物质及糖质等发酵原料中的固有成分如芳香化合物、有机酸、单宁、维生素、矿物质等往往决定了茶酒的品质和风格。

（二）影响茶酒发酵因素

影响茶酒发酵的因素很多，主要有以下几点。

1. 酵母菌种类与质量

酒的品质因使用酵母等微生物的不同而各具风味和特色。制备茶酒的酵母，除糖质原料本身含有的酵母之外，还可以使用人工培养的酵母发酵，如酿酒活性干酵母、葡萄酒干酵母等。在酵母种类、数量和营养条件相同情况下，优质酵母活动力强，繁殖快，发酵力旺盛，酒质良好；劣质酵母发酵迟缓、酒质较差。

从酒曲中分离出两种酵母，利用不同配比的含糖茶汁麦芽汁培养基进行驯化，筛选出能较好适应茶汁环境的酵母，再对其进行紫外线诱变处理，从而制得在含糖茶汁中生长能力较强的茶酒酵母。

2. 空气

酵母菌是一种典型的兼性厌氧微生物。在氧气充足条件下，酵母繁殖快，并将糖分解为二氧化碳和水；在缺氧条件下，酵母繁殖慢，将糖分解为酒精和二氧化碳。因此，茶酒酿造时，宜在发酵初期供给充足的氧气，使酵母大量繁殖，而在发酵中后期应适当密闭，造成缺氧环境进行酒精发酵，以利于生成大量酒精。

3. 温度

温度对发酵过程至关重要。在低于0℃或者高于47℃的温度下，酵母细胞一般不能生长，酵母最适生长温度为20~30℃。发酵温度过低，酵母代谢速度减慢，起酵迟缓，产酒精率低，残糖量高，发酵时间长，杂菌代谢也受到抑制；随着发酵温度的升高，发酵时间缩短；发酵温度过高，发酵剧烈，发酵结束快，易使香气散失，高级醇含量高，且加大了其他杂菌的繁殖，影响发酵原酒质量。

酒精发酵过程中会产生二氧化碳、释放热量，从而增加发酵温度，因此必须合理控制发酵的温度。

4. 酸度

根据酵母适宜生长的pH，调整不同的pH和酸度。酵母细胞内的pH为6左右，繁殖过程中为pH4~6，发酵最适宜的含酸量为0.8%~1.0%，最适宜的pH是4.5~5.5。pH过高会促进酵母提前衰老，影响发酵，pH低，只要酵母能活动，杂菌就不能繁殖，所以pH偏低一些，不会影响发酵，而且能够解除增强抑制杂菌的危害能力，保证发酵质量。

5. 其他影响因素

糖和酒精浓度、杂菌的感染等对发酵过程也有重要影响。

酵母在茶汁中发酵时必须要添加一定浓度的糖，否则会严重影响其发酵过程。当发酵液中糖的浓度较高时，会产生很高的渗透压，使酵母菌的代谢活动由于原生质脱水（反渗透作用）而受到抑制，从而导致发酵时间长，残糖量较高。因此，应采取分批加糖法，以保证糖的浓度不超过20%。

高浓度的酒精对酵母具有杀伤作用。当发酵液中酒精含量上升到10%时，酵母的发酵速度明显缓慢。醋酸菌、乳酸菌等是茶酒中常见的有害杂菌，它不仅影响发酵的正常进行，而且还关系到酒质的好坏。

五、品质指标

（一）感官指标

1. 色泽

具有原茶汁的色泽。

2. 香气

有该酒固有的茶香。

3. 滋味

甜而有茶味，有酒精的刺舌感及其味。

（二）理化指标

1. 酒精含量

10~12mL/100mL（以容量计）。

2. 总酸含量

0.5/100mL（以酒石酸计）。

3. 残糖含量

1g/100mL左右（以葡萄糖计）。

六、产品介绍

（一）乌龙茶酒

刘素纯等介绍了一种乌龙茶酒的制备工艺（2004）。

1. 原料

中档乌龙茶、一级白砂糖、52°邵阳大曲（体积分数）、酵母菌、乳酸、优质地下水等。

2. 工艺流程

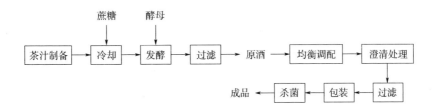

3. 操作要点

（1）茶汁的制备　茶叶用90～95℃的沸水浸提，茶水比为1：70，反复提取至汤色浅淡，滤去茶渣，把多次提取液汇聚于瓷桶中，冷却至室温备用。

（2）酿酒酵母菌的驯化　驯化酵母是茶酒发酵中的重要一环，经过驯化的酵母发酵力强、酒精产量较高、发酵时间短。为使酵母菌适应乌龙茶汁的环境，需对酵母菌进行驯化。驯化前，酵母菌要先接种于新鲜的马铃薯蔗糖斜面培养基上进行活化。

驯化方法：①取乌龙茶汁置于三角瓶中，煮沸，无菌棉塞口，自然冷却；②配制含糖150～180g/L的马铃薯蔗糖培养基；③配制系列含乌龙茶汁的马铃薯蔗糖培养基，1号全部装入液态马铃薯蔗糖培养基，2号、3号、4号均装入乌龙茶汁和马铃薯蔗糖培养液，体积分数分别为1：4、2：4、3：4，5号全部装入乌龙茶汁；④培养基杀菌后，将欲驯化的酵母先接入1号内，25～30℃培养24h；再转接入2号内，如此类推，一直接种至5号内；若5号内酵母菌繁殖良好，证明酵母菌能适应乌龙茶汁的环境生长，完成驯化。健壮肥大、形态整齐、发芽率在25%以上、死亡率2%以下的酵母菌可用于下面接种。

（3）发酵　向发酵容量中加入4/5的茶汁，按乌龙茶汁与蔗糖50：8的比例添加蔗糖（用发酵液溶解后再加入），搅拌均匀。用乳酸调整发酵液pH至4.0后加入已驯化的酵母菌液，接种量3%，于22℃发酵8d，每隔1d测定一次酒精含量。接入酵母菌后要充分搅拌，使酵母菌在发酵液中分布均匀。发酵结束，测得原酒的酒度为6°左右。

（4）化验　茶酒在发酵过程中要取样化验，以检测其发酵是否正常。在发酵旺盛时，用烧杯取样，发酵液浑浊不清，乳白色悬浮的酵母颗粒较多，说明发酵正常，如酵母颗粒悬浮少，说明发酵不好，后果是糖度下降慢，且易染杂菌。

（5）过滤　将发酵完的乌龙茶酒过滤，即得发酵好的乌龙茶原酒。

（6）均衡调配　为保证乌龙茶酒产品的质量，提高产品的档次，需要对乌龙茶原酒进行酒精度和酸度的调配。用乳酸调整茶酒的酸度，用52°邵阳大曲将酒精度调整到约为8°。

（7）澄清处理　调配后的茶酒还需进行澄清处理，以提高茶酒品质。往调配后的乌龙茶酒中加入鸡蛋清液，充分搅拌，4～6d后分离上层清液，澄清效果好。

（8）装瓶杀菌　将经过澄清处理的茶酒过滤后装入瓶内，瓶内留以适当的空隙，装瓶后用封口机密封，85℃杀菌15min即可。

4. 产品特点

产品兼具茶与酒的特点，色泽橙黄透明、酒味甘润适口、酒体丰满醇和，后香显著，是一种色、香、味俱佳的饮品，男女老少均宜，适应范围广。

（二）绿茶酒

卫春会等（2008）介绍了一种绿茶酒的制备工艺。

1. 原料

绿茶（3～4级）、一级白砂糖、食用酒、酿酒活性干酵母、柠檬酸、乳酸，软化自来水等。

2. 工艺流程

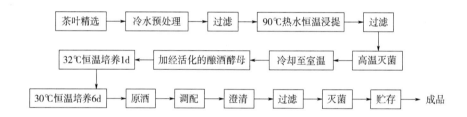

3. 操作要点

（1）酵母活化　以1:10的比例把酿酒活性干酵母加入经过灭菌处理的糖度为2%的糖水中，在恒温水浴锅中35～40℃恒温培养15～20min，再把活化液移入34℃的恒温水浴锅中恒温培养1～2h，最后放入冰箱保存备用。

（2）冷水预处理　以1:10的比例用冷水浸泡茶叶20～30min，除去茶叶中一部分产生涩味的物质及其他杂质和异杂味，使茶汁更清爽，降低成品茶酒的苦涩味；过滤茶汁，取茶渣备用。

（3）茶叶浸提　按1:70的茶水比，用90℃热水恒温浸提经过冷水预处理的茶叶20～25min，使茶叶中有效成分及香味成分充分浸出，200目滤布过滤，取茶汁备用。

（4）调糖度、灭菌　向过滤后的茶汁中加入蔗糖，使茶汁的含糖量控制在12%左右，否则会影响酵母菌的发酵〔酵母菌在酒精度为10%（体积分数）左右就会停止发酵〕。茶汁加入蔗糖后搅拌，使蔗糖充分溶解，然后把茶汁放入高压灭菌锅中121℃灭菌15min，冷却至室温备用。

（5）酵母的接种　以1:30的比例向灭菌后的茶汁中加入活化后的酵母液。整个接种过程都应该在无菌的环境中进行，防止杂菌污染。

（6）发酵　将接种后的茶汁放入恒温箱进行培养。开始发酵的第1天，温度控制为 32~34℃，待酵母菌大量繁殖后将温度控制为 25~30℃。冬季培养温度要偏高些，夏季培养温度要偏低些。

在酒精发酵过程中定期测量酒精度以及糖度。发酵过程应不断搅拌发酵液，避免酵母菌沉积在酵母液的底部，从而提高发酵的效率。待发酵进行 7d 左右，测定酒精度大于 9% 且不再升高，残糖量小于 1% 即可停止发酵。

（7）调味、灭菌和贮存　将发酵完成的发酵液分别用白砂糖、冰糖、蜂蜜调整糖度，将糖度控制为 3~5g/100mL，有微甜感即可。根据口感的需要，将三种甜味剂制备的茶酒按一定的比例混合即可。

将调味后的茶酒经沸水浴 10~15min 灭菌，以杀死茶酒中的酵母菌等微生物；待茶酒冷却至室温后放入 4℃ 冷藏 2d，用膜过滤器过滤后即可装瓶、封口。

绿茶酒产品

4. 产品特点

该酒呈亮黄褐色，色泽晶莹透亮，酒体澄清透明，总体酒质良好，具有茶和酒融合后的香气，口感柔和协调，且具有一定的保健功能。

第六节　其他茶酒加工

茶酒因香甜可口、风味独特、酒度较低、保健功能良好，自投放市场以来深受消费者喜爱。随着国内外生产、研制茶酒热的增加，除茶汽酒、茶配制酒、茶发酵酒外，还有一些茶叶与其他原料复合生产的特色茶酒。

一、蔗汁茶酒

甘蔗是我国传统的制糖原料，除蔗糖外，还含有丰富的氨基酸、维生素、有机酸、钙、铁等营养物质，具有清热润燥、生津止渴、消积下气等功能。甘蔗含糖量较高，可以作为一种发酵基质。利用甘蔗和绿茶混合发酵研制蔗汁保健茶酒，不仅产品营养丰富，且该茶酒既有酒的固有风格，也有蔗汁和茶的清香，色泽浅黄透明，口感清爽醇和，提高了茶、甘蔗的综合利用价值，为新型保健茶酒的开发提供理论依据。

下面简介姜毅等（2007）研制的一种蔗汁茶酒。

（一）原辅料

甘蔗、中档绿茶、葡萄酒活性干酵母、去离子水、一级蔗糖、柠檬酸等。

（二）工艺流程

甘蔗清汁、茶汁 → 调整成分 → 接种 → 主发酵 → 分离酒脚 → 后发酵 → 澄清 → 罐装 → 杀菌 → 成品

（三）操作要点

1. 茶汁的制备

采用微波辅助浸提法，茶叶以去离子水按 1∶80 的茶水比（质量/体积）微波浸提

3min，微波功率720W，浸提液以400目滤布过滤，冷却待用。

2. 蔗汁的制备

将新鲜甘蔗清洗干净，沥干后去皮榨汁，过滤。测定甘蔗清汁可溶性固形物含量，待用。

3. 发酵液配制

将甘蔗清汁和茶汁按1:2比例混合，添加蔗糖调整糖度为20°Brix，用柠檬酸调整pH为3.7，用偏重亚硫酸钾调整发酵液有效二氧化硫含量为60mg/L，以抑制发酵过程中杂菌的污染。蔗糖、柠檬酸、偏重亚硫酸钾均预先用少量混合汁溶解后再加入。

4. 主发酵

将葡萄酒活性干酵母缓缓加入10倍38~43℃的水中活化，静置5~10min后，搅拌，不可超过30min。将发酵液移入发酵罐中，发酵液体积为发酵罐的80%；将活化后酵母接入发酵液中，接种量为发酵液的4%；将发酵罐以水密封，于19℃进行密闭发酵。待液面平静不再产气，结束主发酵。

5. 后发酵

将分离后的原酒于10~12℃密封陈酿1~2个月，利于酒的澄清和风味改善。

6. 澄清

采用中空纤维超滤膜澄清酒液，除去残存的酵母菌、杂菌及胶体物质。中空纤维超滤膜澄清效果优于传统的硅藻土。

7. 杀菌

采用63℃、20min杀菌。

（四）产品特点

蔗汁茶酒营养丰富，色泽浅棕黄，酒体澄清透明；有甘蔗汁和茶叶的清香，酒香浓郁，香气怡人；酒体清新，酸甜适中，入口绵延，具有本品独特的风格。

二、番石榴汁茶酒

刘蒙佳等（2014）介绍了一种番石榴汁茶酒的发酵工艺。番石榴汁茶酒是以茶叶为原料，辅以番石榴汁共同发酵而成。该产品营养丰富，既有酒的固有风格，也有番石榴果香和茶的清香，具有比较独特的风味。

（一）原料

正山小种红茶、番石榴、葡萄酒·果酒专用酵母RW、矿泉水等。

（二）工艺流程

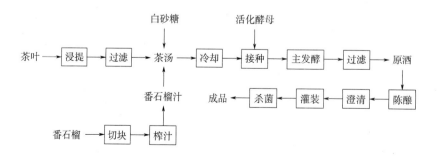

（三）操作要点

1. 茶汤制备

选择香味浓郁、无异味的茶叶，按茶水比1∶110，采用超声波辅助提取茶汤，经270目试验筛过滤，滤液冷却后待用。

2. 番石榴汁制备

将新鲜番石榴洗净、去蒂、切块、榨汁备用。

3. 发酵液的配制

将茶汤与番石榴汁按2∶1比例进行配比，调整可溶性固形物含量为20°Brix，放凉备用。

4. 酵母活化

将酵母以1∶20的比例加入到升温至38℃的番石榴果汁中进行活化，搅拌溶解后，静置30min，冷却至28~30℃即可使用。

5. 接种

向待发酵液中加入活化好的酵母液，酵母接种量为发酵液的7%。

6. 主发酵

将接种后发酵液恒温发酵12d，期间定时排气，发酵至产气基本停止为止。

7. 陈酿（后发酵）

主发酵结束后过滤，滤液陈酿1个月左右。

8. 澄清

加入0.2g/L的明胶进行澄清。

9. 成品

将酒液灌装于玻璃瓶中，巴氏杀菌后即得成品。

（四）产品特点

该茶酒营养丰富，呈浅棕红色，酒体透明发亮，口感醇厚，兼有茶香、酒香和番石榴果香的独特风格。

三、红茶红枣复合茶酒

红枣味甘性温，入心、脾、胃，久食有补气养血、益脾胃、通九窍、和百药、润肤养颜、强志延年等养生保健功效。以红茶、红枣为原料酿制红茶红枣复合茶酒，不仅具有酒本身的消除疲劳、加速血液循环的功效，且兼具红茶、红枣的诸多保健功能，是一种营养丰富、保健功效好的复合保健茶酒。

下面介绍一种红茶红枣复合茶酒的制备工艺（徐洁昕等，2011）。

（一）原料

祁门红茶、红枣干枣、白砂糖、柠檬酸（AR）、SO_2（食用级）、酵母（安琪牌高活性葡萄酒干酵母）、硅藻土、果胶酶等。

（二）工艺流程

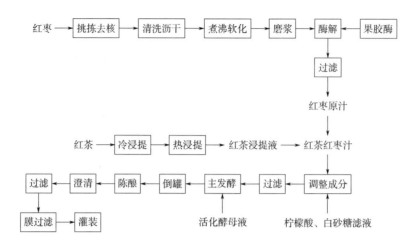

（三）操作要点

1. 红茶浸提液的制备

称取一定量的红茶，按1∶100的料液比先用冷水浸泡20min，滤去茶汁，将茶叶再用90℃热水恒温浸提30min，滤得茶汁备用。

2. 红枣汁的制备

选取色泽鲜红，丰满完整的干燥红枣，去核洗净，沥干水分。称取100g洗干净红枣放入不锈钢锅中，加入1000mL水，冷水浸泡24h，再中温加热15min，取出后冷却至室温；将枣肉及水倒入打浆机中打浆，将枣匀浆转入烧杯中，放入50℃的恒温水浴锅中，加入0.02%果胶酶恒温水浴浸提2h，纱布粗过滤，得红枣原汁。

3. 红枣红茶混合汁的成分调整

将准备好的红茶浸提液与红枣汁以3∶2比例混合，添加5.5g/L柠檬酸，按酵母菌产生酒精1%（体积分数）需要17g/L糖的比例加入适量白砂糖。白砂糖、柠檬酸先用茶汁溶解、过滤后加入。

4. 主发酵

先将酵母活化，按0.5g/L比例将干酵母加入2%蔗糖水溶液中，25℃恒温水浴30min，前20min不停搅拌，然后静置10min；将活化后酵母液倒入准备好的已经调整好成分的红茶红枣混合汁中，然后在红茶红枣混合汁中加入30mg/L的SO_2。SO_2具有杀菌、澄清、抗氧化、溶解和增酸作用，在过久酿制中广泛应用。将接种后红茶红枣混合汁于25℃恒温发酵8~15d，每天测定发酵液的酒精度、糖度，以有效控制红茶红枣酒的发酵过程。主发酵完成后，酒精度达到11%~12%（体积分数），总糖≤6.0g/L，酒液酒精味突出，比较刺鼻。

5. 倒桶（或倒罐）

主发酵完成后应将红茶红枣酒进行倒桶（或倒罐），将上清液采用虹吸法移入到另一发酵容器中，将容器注满，密闭容器，尽量减少酒与空气的接触，防止复合酒的氧化。

6. 陈酿

去酒脚后的发酵原酒进入陈酿期（后发酵期），一般陈酿 3 个月以上。陈酿期容器要密闭，控制酒温为 18 ~ 21℃，根据酒中 SO_2 含量，适时补加适量 SO_2。通过陈酿作用，酒中的醇、醛等物质进行着微弱的氧化还原反应和酯化反应，香味成分缓慢生成，使酒的香气愈加浓郁，酒的口感更加柔和、醇厚。

7. 澄清

红茶红枣酒经过倒桶陈酿以后，仍然悬浮着许多细小的微粒，需经澄清过滤处理以保证酒液的澄清度。一般用明胶与硅藻土两种澄清剂对红茶红枣酒进行澄清处理。先用明胶进行下胶试验除去酒液中大部分悬浮物和少量杂质，再用硅藻土过滤 2 ~ 3 次（每隔 15d 过滤 1 次），通过这种方法得到的红茶红枣酒澄清透明，口感较好。

8. 过滤灌装

经澄清处理后的酒液经膜过滤后灌装于瓶中，巴氏杀菌后即得成品。

（四）产品特点

该酒体澄清透明、呈明亮橙黄色，具有纯正、优雅，和谐的红茶红枣复合香味，口感柔和醇厚、回味绵长，风格独特。

第七节 茶酒常见质量问题

茶酒因结合了茶的风味和酒的风格，具有很好的保健功效。茶酒的保健功效很大程度上依赖于茶酒中多酚类物质的含量，多酚类物质具有很强的抗氧化、清除自由基活性的能力，具有抗癌、抗辐射、降血压、预防心脑血管疾病等作用。然而，茶酒中茶多酚等物质的存在，也对茶酒的品质有很多影响。

一、浑浊和沉淀

茶酒在加工、贮藏过程中很易出现浑浊、沉淀，可能主要有如下原因。

（一）大分子物质聚合沉淀

茶酒中含有蛋白质、多酚及其氧化产物、果胶、多糖类物质等，这些物质本身并不表现浑浊，但经一系列复杂缓慢的物理和化学反应后会凝聚成大分子或其他沉淀物而析出，使酒体发生浑浊，这是引发茶酒发生浑浊及沉淀的主要原因。

（二）茶酒用水质量

加工茶酒所用水硬度较高时，水中的钙、镁离子易与多酚物质发生络合反应而导致浑浊、沉淀；当酒体酒精度高时，水中的钙、镁盐类会产生硫酸钙、硫酸镁及碳酸钙沉淀。为避免产生沉淀，最好用蒸馏水或离子交换树脂处理过的水。

（三）其他

在茶酒加工过程中，由容器、管道中引入了 Fe^{2+}，在贮存过程中被氧化为 Fe^{3+}，Fe^{2+} 与 Fe^{3+} 均易与多酚等物质络合形成沉淀。配制茶酒及茶酒降度时如果所用食用酒精质量不佳，常会出现白色浑浊，这是由于一些高级醇、酯析出所致。

为了提高茶酒的澄清度和稳定性，在茶酒生产中常加入澄清剂。茶酒中常用的澄清剂有皂土、壳聚糖、硅藻土、干酪素、明胶等，且往往几种澄清剂复合使用，效果更佳。在生产过程中也要尽量注意食用酒精质量，避免加工、盛酒容器与酒体发生反应。

二、变色

茶酒在生产和贮藏期间，色泽易发生褐变，在一定程度上影响了其产品的货架期和外观质量。茶酒溶液褐变在很大程度上是由于茶多酚类物质氧化的结果，从而使茶酒出现色泽加深、变暗、失光等不稳定现象，酒液浑浊，产生氧化气味，最终导致褐变。在茶酒贮存期间，氧气是导致多酚类物质氧化、茶酒褐变的关键因素，而光照强度和温度加剧了多酚类物质的氧化。对绿茶酒而言，在酸性条件下，叶绿素中的镁离子会被氢离子取代而形成褐色的脱镁叶绿素，从而加深绿茶酒的褐变程度。

茶酒的变色可通过采取一些化学或物理护色方法来降低褐变程度，主要有：第一，通过添加抗氧化剂、pH调节剂或酶处理使茶酒中的物质成分尽可能稳定；第二，通过改变环境因子，将易导致茶酒褐变的环境因子去除或尽可能减小刺激，如去除或减少茶酒所能接触到的空气中的氧含量、降低贮藏温度等；第三，改变茶酒的生产工艺条件，如改变茶汁提取工艺，采用冷灭菌方法灭菌，通过加澄清剂适当降低茶酒中多酚类物质的含量等。

三、变味

导致茶酒滋味不佳的原因很多。茶叶本身质量不佳、食用酒精质量差、茶酒成分调整不合适、添加剂使用过量及杂菌污染等均会导致茶酒口感差。为提高茶酒口感，所用食用酒精一定要脱臭除杂，可采用复合甜味剂来矫味，茶叶质量不能太差，提取茶汁时可先用冷水浸提去除茶叶苦涩味物质，且所用茶叶风味要与所用辅料风味相匹配等。茶发酵酒发酵时要避免杂菌污染，茶酒在生产、贮藏过程中要避免异物的侵入与污染。

四、茶发酵酒风味差

茶发酵酒风味的好坏与酵母的发酵密不可分。茶汁中所含茶多酚有抑菌能力，对茶发酵酒酵母的生长有一定的影响，因此，接种前酵母如果不进行驯化处理，酵母的生产繁殖会受到影响，从而影响发酵。酵母生长繁殖需要一定浓度的糖液，茶汁含糖量低，如果发酵液中不补充糖量，酵母处于饥饿状态，无法完成发酵，甚至会导致杂菌生长。另外，酵母发酵时的温度、发酵液的酸度等因素都会影响发酵，从而影响发酵酒的风味。

思考题

1. 茶酒的概念是什么？茶酒分哪几类？
2. 简述茶酒的保健功效。

3. 影响茶酒品质的因素有哪些?

4. 试述茶酒的发酵原理及影响茶酒发酵的因素。

5. 茶配制酒的生产注意事项有哪些?

参考文献

[1]谌永前,吴广黔,周剑丽,等. 工艺条件对配制型茶酒中茶多酚含量的影响[J]. 酿酒科技,2010(7):49-51.

[2]高飞. 绿茶酒的研制[J]. 酿酒科技,2004(2):105-106.

[3]胡小松,蒲彪,廖小军,等. 软饮料工艺学[M]. 北京:中国农业大学出版社,2002.

[4]姜毅,黎庆涛,潘路路,等. 蔗汁茶酒发酵工艺研究[J]. 中国酿造,2009(6):166-169.

[5]刘蒙佳,周强,陈淑娣. 番石榴汁茶酒的发酵工艺研究[J]. 茶叶科学,2014,34(1):21-28.

[6]刘素纯,胡茂丰,廖兴华,等. 乌龙茶酒的研制[J]. 食品与机械,2004,20(5):40-42.

[7]邱新平,李立祥,赵常锐,等. 发酵型茶酒香气成分的 GC-MS 初步分析[J]. 酿酒科技,2011(9):103-106.

[8]卫春会,罗惠波,黄治国,等. 液态发酵茶酒的研制[J]. 中国酿造,2008(8):90-92.

[9]夏涛,方世辉,陆宁,等. 茶叶深加工技术[M]. 北京:中国轻工业出版社,2011.

[10]徐洁昕,胡长玉,汪春霞. 红茶红枣复合酒的研制[J]. 中国酿造,2011(1):182-186.

[11]严鸿德,王东风,王泽农,等. 茶叶深加工技术[M]. 北京:中国轻工业出版社,1998.

第八章 茶食品

茶食品是指利用茶叶、茶粉、茶汁、茶提取物或茶天然活性成分等为原料，与其他可食原料共同制作而成的含茶食品，具有天然、绿色、健康的特点。茶食品因能最大限度地利用茶叶的营养成分，充分发挥茶叶的保健功能，满足人们的保健需求，已成为一种引领潮流的新型健康食品。

第一节 茶食品概述

一、茶食品的历史与发展现状

（一）茶叶食用的历史

"茶食"一词首见于《大金国志·婚姻》，载有"婿纳币……次进蜜糕，人各一盘，曰茶食。"可见，茶食在中国人的心目中往往是一个泛指名称，既指掺茶作食作饮，又指用于佐茶的一切供馔食品，还可指用茶制作的食品等。在现代茶学界，"茶食"即茶食品，专指含茶的食品，是以茶、茶提取物等为原料，掺和其他可食原料加工而成的食品，如茶菜肴、茶粥饭、茶糕点、茶饮料等。

"茶食"与饮茶一样历史悠久、源远流长，我国云南基诺族至今仍保留着吃凉拌茶的习俗。茶叶被"食"用始于华夏祖先直接嚼食茶叶。"神农尝百草，日遇七十二毒，得荼而解之。"先秦时期以茶茗原汁原味的煮羹作食，这被称为茶食的原始阶段。《诗经》云："采荼薪樗，食我农夫。"汉魏晋与南北朝时期是茶食的发育阶段，东汉壶居士写的《食忌》有"苦荼久食羽化，与韭同食，令人体重。"隋唐宋时期是茶食开始成熟阶段，唐代储光羲曾专门写过《吃茗粥作》；佛寺道观制作的茶叶饮料、茶叶菜肴等茶制食品颇多，风味独特，逐渐流传到民间；随着茶馆的繁荣，带动了茶食的盛行，各种"茶宴""茶会"进一步发展起来。元明清时期茶食达到兴盛。此时，皇家、民间均有备受喜爱的茶食之作，如清代乾隆皇帝曾多次在杭州品尝名菜龙井虾仁，慈禧太后喜用樟茶鸭欢宴群臣等；许多有关茶菜、茶饮料方面的文献也相继出现，如元代忽思慧的《饮膳正要》中载有20多种茶饮药膳，明代松江人宋诩所著的《宋氏养生部》中论述了供撰茶果和茶菜达40种，清代袁枚的《随园食单》中也有关于茶菜的记载。进入现代社会后，随着科技的发展及人们对茶叶保健功能的认识逐渐加强，茶食品日趋丰富多彩，各种茶饮料、茶糕点、茶酒、茶糖果等食品如雨后春笋般涌现。

茶食的形成和发展可以说是古代吃茶法的延伸和拓展。总的来说，其发展大致经历了以下五个阶段：

（1）先秦时期的原始时期，以茶茗原汁原味的煮羹作食为特征；

（2）汉魏晋与南北朝时期的发育阶段，以茶茗掺和佐料调味共煮来饮用为特征；

（3）隋唐宋时期的成熟阶段，以茶为调味品，制作各种茶之风味食品为特征；

（4）元明清时期的兴盛阶段，以茶为调味品，制作各种茶之风味食品为特征；

（5）现代社会的黄金时期，以讲究茶食与茗宴品味的科学性、追求丰富多样化的艺术情调为特征。

（二）茶食品的现状

与普通食品相比，茶食品是一种创新食品。茶食品不仅能最大限度地发挥茶叶的营养保健功能，还可以赋予食品浓郁的茶香味，使之成为天然、健康的新型食品。不仅如此，研制茶食品还有效解决了目前我国中低档茶叶因香气、口感不尽人意而滞销的问题，尤其是随着采用超微粉碎技术将中低档茶叶制成超微茶粉添加到食品中，导致茶食品行业迅速蓬勃发展起来，也给滞销的中低档茶叶找到了出路。

在国际市场上，茶食品早已成为畅销品，如欧美、日本。另外我国台湾地区的茶食品现已成为当地居民日常生活消费的主要食品种类之一。对于我国内地市场而言，除茶饮料外，2010年前茶食品并不为消费者所熟悉，部分茶商茶企销售茶食品仅仅是为了满足饮茶搭配的需要。自2010年以来，随着人们对茶叶深加工技术的不断深入，以及各项茶事活动的宣传推介，茶食品在国内市场的地位开始发生转换和提升，越来越多的相关行业企业开始重视并进入到茶食品的产销体系当中，如天福、八马、华祥苑、山国饮艺、安溪铁观音集团、中闽魏氏、元泰茶业等都推出了多种含茶食品。据初步统计，我国现已拥有各类茶食品企业达500多家，以福建天福茶食品为我国茶食品的佼佼者。

茶食品是一种将茶元素与食品进行有机结合的食品。目前市场上主要以饮料类、茶膳类、蜜饯类、糕点类和糖果类等为主。随着茶食品行业的不断发展，越来越多的不同品牌和不同种类的茶食品开始进入人们的视野，如茶月饼、茶瓜子、茶果冻、茶酸奶、茶蜜饯、茶果脯等。从传统的"喝茶"到"吃茶"，茶食品为人们提供了一种更加便捷、健康、高效的茶消费方式，俨然正逐渐从茶叶的配角发展成为茶消费领域自成体系的主角。

尽管茶食品与普通食品相比，价格偏高，但这并没有影响消费者的消费热情。茶食品凭借其营养、保健、独有的特征，已成为风靡食品市场的畅销品，特别是在福建、广东、安徽、湖北、四川等地，茶食品近年来持续热销，并已逐渐发展成为高端性食品。类型丰富、风味不一、品种齐全的茶食品充盈着食品市场，茶食品俨然已成为食品消费市场的新宠。

（三）茶食品的发展趋势

茶食品是利用茶叶的营养与功效成分而制成的含茶食品。茶食品不仅是茶叶深加工发展的一个重要方向，充分利用了茶叶资源，有效解决了中低档茶的销路；同时，茶食品还有效改善了食品的营养与保健品质，顺应了人们对低热量、高营养、保健化、便捷化、多元化的饮食要求。随着超微茶粉的兴起，超微茶粉作为一种特色产品广泛用作各类食品的配料、添加料或天然着色剂，开发了系列新型营养健康茶食品，推动了茶食品的迅速良性发展。

随着现代人生活节奏的加快与养生意识的增强，具有自然、健康、便捷等特点的茶食品必将成为引领世界潮流的健康食品。不过，茶食品行业在发展过程中要注意针对不同的消费群体，加强产品研发，在原有基础上积极开发多元化茶食品，强调营养功能化，突出含茶食品中茶在保健营养功能方面的优势和特色；在丰富产品种类的同时，还要提高茶食品的加工技术，加大茶食品的宣传力度，拓展茶食品的销售渠道，丰富茶食品的流通体系，促进茶食品行业的发展。

二、茶叶在食品中的添加形式

（一）以原茶形式直接添加于食品

茶叶以原茶形式直接添加于食品中主要是茶膳，包括现在比较风行的茶菜类和茶食类，如猴魁焖饭、龙井虾仁、鸡丝碧螺春、祁红东坡肉等。

（二）以茶汁或茶粉形式添加于食品

茶叶在食品上的应用大多是以茶汁或茶粉的形式添加的，如各式茶饮料、茶糕点、茶面条等。随着超微茶粉的出现，因其具有很好的固香性、分散性、溶解性及营养保健成分易被人体吸收，作为一种优质食品原料，超微茶粉在食品工业上的应用得到了迅速发展，已广泛用于各种饮料、焙烤食品、冷饮制品、巧克力及糖果等食品。

（三）单一组分添加于食品

目前，茶叶所含的能添加于食品的单一组分主要是茶多酚和茶氨酸。我国在 1995 年 7 月第十一届全国添加剂标准化技术委员会上，把茶多酚正式列为食品添加剂，在食品工业中作为抗氧化剂；2016 年 11 月 17 日国家卫计委根据《食品安全法》规定，扩大了茶多酚作为食品添加剂的食用范围，在原有允许用于基本不含水的脂肪和油、油炸面制品、即食谷物、方便米面制品、糕点、酱卤肉制品类、发酵肉制品类、预制水产品、复合调味料、植物蛋白饮料等食品类别基础上，其使用范围扩大到果酱和水果调味糖浆。

由于茶氨酸具有特殊鲜爽味，1964 年日本政府批准茶氨酸作为食品添加剂。1985年美国食品药品管理局（FDA）认可了茶氨酸的安全性，并确认合成茶氨酸属于一般公认为安全（GRAS）的物质，在使用过程中不作限制用量的规定。根据《中华人民共和国食品安全法》和《新食品原料安全性审查管理办法》的规定，我国国家卫计委于2014 年 7 月 18 日发布了关于批准茶叶茶氨酸为新食品原料等的公告（2014 年第 15号），但使用范围不包括婴幼儿食品。将茶氨酸添加于食品中，在国外特别是日本用得较多，如日本麒麟公司将茶氨酸作为品质改良剂加入到其"生茶"饮料中；将茶氨酸作为风味改良剂添加到可可饮料、麦茶等产品中，改善产品独特的苦味或辣味等风味。

三、茶食品的分类

茶食品主要是利用茶叶的营养与功效成分加工而成的含茶食品。茶食品的分类方法很多，根据茶叶加入到食品中的方法不同，可将茶食品分为原茶型食品、茶汁型食品、茶粉型食品、茶成分型食品。按照食品分类系统，市面上常见的茶食品主要可分为以下几类。

（一）茶饮料类

茶饮料类是指一类以茶叶为主要原料加工而成的不含酒精或酒精含量小于0.5%的新型饮料，如速溶茶、罐装茶等。

（二）茶粮食制品

茶粮食制品是指各种以茶、米、面粉等为主要原料制成的食品，如茶饭、茶馒头、茶面条、茶饺子等。

（三）茶冷冻饮品

茶冷冻饮品是指以茶叶、饮用水、乳品、糖等为主要原料，加入适量食品添加剂，经配料杀菌凝冻而制成的冷冻固态饮品，如茶冰淇淋、茶雪糕、茶冰棒等。

（四）茶酒

茶酒是指各种以茶叶为主要原料酿制或配制而成的酒类，如信阳毛尖茶酒、陆羽茶酒等。

（五）茶乳制品

茶乳制品是指各种以茶、牛羊奶等为主要原料加工制成的食品，如奶茶、茶酸奶等。

（六）茶焙烤食品

茶焙烤食品是指以茶、小麦等谷物粉料为基本原料，通过发面、高温焙烤工艺而熟化的一大类食品，又称烘烤食品，如茶饼干、茶面包、茶蛋糕等。

（七）茶水果、 蔬菜、 豆类、 坚果及籽类等

此类食品如茶蜜饯、茶菜、抹茶豆腐、茶瓜子等。

（八）茶巧克力及糖果

茶巧克力及糖果是指以茶、可可豆制品及白砂糖、麦芽糖等为主要原料制成的一类食品，如茶巧克力、茶糖果等。

（九）茶调味品

茶调味品是指茶醋、抹茶酱等产品。

（十）茶保健食品

茶保健食品主要指茶爽口香糖、抹茶含片等。

（十一）其他

茶还可用于加工各种肉及其制品、蛋及蛋制品、水产品等，如茶叶火腿、茶叶皮蛋等。

第二节　茶膳

茶叶入膳，古已有之。《柴与茶博录》说"茶叶可食，去苦味二三次，淘净，油盐酱醋调食。"古代医书《本草拾遗》记载，用茶水煮饭"久食令人瘦"。我国的传统茶

菜"猴魁焖饭""龙井虾仁""鸡丝碧螺春""毛峰熏鸭"等更是闻名国内外。进入20世纪80年代，特别是90年代以来，随着生产和茶文化事业的发展，茶膳开始进入了新的发展阶段，出现了许多新的茶食，如茶叶面条、茶叶馒头、茶叶饺子、茶叶盖浇饭、茶末海鲜汤等。

茶叶具有独特的色、香、味、形，用茶来料理美食，使茶与食物完美结合，为茶膳增香、调味、着色，使茶膳色泽鲜艳、茶香萦口、风味独特、增进食欲；同时，还能增加茶膳的营养、保健等功效。代表性的茶膳主要有：北京的特色茶宴如玉露凝雪、茗缘贡菜、龙井竹荪汤、银针庆有余等；上海的碧螺腰果、红茶凤爪、旗枪琼脂、太极碧螺羹等；台湾的茶宴全席、茶果冻、乌龙茶烧鸡等；香港的武夷岩茶扣鲍鱼角、茉莉香片清炒海米；日本的茶拌杂鱼、茶末紫菜汤等。这些茶食不仅风味新鲜独特，且具有一定文化内涵，备受消费者的青睐。

一、茶膳制作原理

（一）增强茶膳的营养与保健功效

茶叶含有丰富的蛋白质、氨基酸、人体需要的多种维生素及矿质元素等营养成分和茶多酚、咖啡碱、膳食纤维等功能成分，将茶叶与膳食有机结合，既可增进食欲、解除饥饿、提供许多人体必需的营养，又能防治某些疾病和增强人体健康，具有营养与保健的双重功效。

（二）茶叶的色、香、味、形与茶膳的协调作用

茶叶含有多种芳香物质，有特殊的芳香，可增加茶膳的香味，诱人食欲；在茶膳中引入茶叶，茶叶特殊的滋味可使茶膳更加美味、可口；不同茶叶的色泽、形状与茶膳搭配，点缀茶膳，可增加茶膳的艺术性、观赏性，使茶膳更有美感、更加诱人。因此，在制作茶膳时，要考虑到茶叶的色泽与茶膳的有机结合，讲究茶叶香气、茶汤滋味与茶膳的协调，注意茶叶的形状与菜肴的搭配。总之，茶入膳食，既要保持食品原有的特色和营养价值，又要使其具有独特的茶味，真正起到良好的保健作用。

制作茶膳的茶叶原料主要是茶鲜叶与成品茶。以鲜叶为原料时，要考虑如何保持茶叶的绿色，如何使低沸点的青草气去掉，使茶叶的清香显露，增加茶膳的芳香。以成品茶为原料时，则要根据不同的菜式选用香味、色泽能较好协调的茶类，要显现茶的香味。

二、茶菜类

茶菜是指以茶叶或茶提取物作为主料或辅料烹制菜肴。以茶做菜自古有之，我国云南基诺族至今还保留着吃凉拌茶的习惯。现今以茶制作的茶菜肴已琳琅满目，如龙井虾仁、鸡丝碧螺春、五香茶蛋、毛峰熏鲫鱼等。

（一）龙井虾仁

龙井虾仁是配以龙井茶的嫩芽烹制而成的虾仁，是富有杭州地方特

部分茶菜照片

217

色的名菜。"龙井虾仁"中虾仁玉白、鲜嫩；龙井茶芽叶碧绿，清香，色泽雅丽，滋味独特，食后清口开胃，回味无穷，在杭菜中堪称一绝，成为杭州最著名的传统名菜。

1. 原料

龙井茶 5g、新鲜大河虾 500g 及淀粉 10g、熟猪油、盐、绍兴黄酒等调料。

2. 制法

（1）将新鲜大河虾脱壳出仁，用水洗至雪白，装入碗中，加入盐、湿淀粉拌匀，放置 0.5h，使虾仁入味。

（2）将适量龙井茶用沸水冲泡，1min 后倒出部分茶汤，茶叶及剩余茶汤待用。

（3）将炒锅用中火烧热，先用猪油滑锅，再下猪油烧到四成热时，倒入虾仁，迅速用筷划散，待虾仁呈玉白色时起锅，倒入漏勺中沥去猪油。

（4）再将虾仁入油锅，迅速加入泡好的龙井茶和茶汁，烹入绍兴黄酒，翻炒后即可出锅装盘。

3. 菜品特色

菜品选材精细，茶叶用清明前后的龙井新茶，味道清香甘美，口感鲜嫩，不涩不苦；虾仁来自河虾，细嫩爽滑，鲜香适口；用猪油滑炒，荤而不腻。成菜后，菜品虾白茶碧、色泽雅丽、入口鲜美、酥软适中。

（二）鸡丝碧螺春

1. 原料

熟鸡脯肉 100g、碧螺春茶 15g、鸡蛋 2 个、白面粉 100g、细盐、味精、熟植物油 15mL、花生油或色拉及其他佐料。

2. 制法

（1）将熟鸡脯肉用手撕成细丝，碧螺春茶用少量沸水泡开，取出茶叶。

（2）将鸡蛋、面粉、熟植物油、发酵粉拌成糊状，然后放入泡好的茶叶、鸡丝、细盐和味精，拌匀。

（3）用色拉油或花生油滑油锅，烧到四五成热，将茶叶鸡丝糊用调羹剜成圆丸投入油锅中炸，中火加热，待成熟定型后捞出。

（4）将油温升到六成热，投入丸子复炸至金黄酥脆为止，绿茶镶于金黄色球丸之中。

3. 特点

金色球丸，黄中镶绿，色泽雅丽，外脆里软，清香鲜嫩，茶味盈颊，色、香、味、形皆佳。

（三）五香茶蛋

五香茶蛋，又称茶蛋，是我国的传统食物之一。因其加工时使用了茶叶、茴香、桂皮、八角、花椒等五香调味香料，故称其为"五香茶叶蛋"，不过各地的用料有一定差异。

1. 原料

鸡蛋 400g、茶叶 10g（红茶为好）、茴香 5g、花椒 5g、桂皮 5g、八角 3 枚、香叶 3 片、食盐等。

2. 制法

（1）鲜鸡蛋数个，洗净后煮熟，打破蛋壳。

（2）将茶叶用沸水冲泡后过滤，茶汁宜浓。

（3）将茶汁放入锅中，再将蛋放入茶汁中，加入茴香、花椒等香料，再加入适量食盐，放文火上炖煮。待茶汁放出浓郁的香味，蛋皮呈琥珀色为止。

3. 特点

蛋茶香扑鼻，色泽红褐，细嫩滑爽。

（四）毛峰熏鲥鱼

毛峰熏鲥鱼是安徽沿江一带的特色传统风味名菜，以黄山毛峰茶为熏料，将经过调味、腌渍的鲥鱼置锅中熏制。黄山毛峰是茶叶之上品，香味浓郁，味甘若饴，用它熏制的鲥鱼金鳞玉脂，油光发亮，茶香四溢，鲜嫩味美，诱人食欲。

1. 原料

鲥鱼750g、锅巴（小米）15g、毛峰茶25g、盐3g、白砂糖25g、小葱25g、醋50g、姜50g、香油15g。

2. 制法

（1）将新鲜鲥鱼按常法宰杀后，去除内脏清洗干净。鲥鱼不打鳞，因含有丰富的鳞下脂肪，味道鲜美，如把鳞片打掉，则鳞下脂肪遭到破坏，鲜味损失。

（2）将鲥鱼里外撒上盐、糖，抹匀，将姜末、葱末撒在鱼身上，腌渍20min左右。

（3）将小米饭的锅巴取下，放于暖气上烘干，或入烤箱烤干，后者次之。

（4）将饭锅巴放入洗净的锅中，撒上毛峰茶叶，盖上锅盖，用旺火烧至冒浓烟时，在锅内茶叶上放一个蒸架，将已腌渍过的鲥鱼放于锅中的蒸架上，盖上锅盖用小火熏5min，再用旺火熏3min左右取出。

（5）将熏制后的鱼剁成5cm长、2cm宽的长条状，按鱼原形摆在盘内，在鱼身上淋香油。

（6）随带醋和姜末各一小碟佐食。

3. 特点

该菜肴金鳞玉脂，油光发亮，茶香四溢，鲜嫩味美，诱人食欲。

（五）油炸雀舌

1. 原料

黄山雀舌茶80g、鸡蛋1个、精盐0.5g、干淀粉15g、花椒盐5g、芝麻油500g等。

2. 制法

（1）将黄山雀舌茶置于碗中，用150mL热水泡开，倒入漏网沥去茶汁。

（2）将鸡蛋磕入碗中，加入食盐，搅打至蛋液起发，加入干淀粉搅拌均匀，倒入泡开的茶叶拌匀。

（3）在锅内加入芝麻油，加热至150℃（五六成热），用筷子夹起裹上蛋糊的茶叶，投入油锅油炸，用筷子轻轻划动避免粘连。油炸至金黄色，捞出沥油，撒上花椒盐，即可食用。

3. 特点

采用黄山毛峰之上品"雀舌"制作，制品色泽金黄，细嚼此菜倍感茶香浓郁。

（六）清蒸茶鲫鱼

1. 原料

活鲫鱼 250～350g，绿茶 3g，盐、料酒、葱、姜等适量。

2. 制法

将活鲫鱼去鳞、鳃及内脏，洗净，沥去水分，鱼腹中塞入绿茶，放于盘中，加葱、姜、适量盐、酒等调料，上锅蒸熟为止。

3. 特点

该菜肴滋味清香鲜美，能补虚生津，适宜热病和糖尿病人食用。

三、茶主食类

部分茶主食照片

茶主食类是指将茶叶与原有的主食混合加工而成的食品，主要有茶饭、茶粥、茶面条、茶馒头、茶饺子等。用茶汤煮饭，茶叶的清香融入米饭的香甜，煮好的米饭不仅色、香、味俱佳，而且具有诸多保健功能。我国云南茶叶之乡临沧流传着"好吃不过茶煮饭，好玩不过踩花山"的山歌民谣。历史学家徐连达所著《唐代文化史》中提到，"茗粥是以茶叶汁煮粥，其味清香，为江南吴地的食俗。"

（一）猴魁焖饭

1. 原料

上等糯米 500g、猪肉、春笋、香菇、精盐、熟猪油、味精、太平猴魁茶等。

2. 制法

（1）取新鲜猴魁茶一小撮，于杯中用 80℃ 水泡开，5min 后取茶汁入锅中。

（2）将糯米淘洗干净后放入锅中，补足水煮饭。

（3）另取干净锅于火上，将猪油烧热后加入切成小丁状的瘦猪肉、春笋、香菇，再加入精盐、味精适量，翻炒均匀，至八九成熟时起锅待用。

（4）待饭烧至刚熟时，把炒好的三丁、猴魁茶叶倒入锅中，与米饭一起翻炒均匀，再加盖焖 5min 即可。

3. 特点

本品系选用安徽名茶"太平猴魁"制成。此茶香高持久，味浓鲜醇，回味甘美，品质超群。用它制作茶饭茶香弥室，沁心入脾，脍炙人口，美不胜收。素有"猴魁入饭，美味佳肴，别具风情，引人入胜"之说。

（二）绿茶粥

1. 原料

上等绿茶 10g、上等糯米 50g、白糖适量。

2. 制法

将绿茶先煮成 100mL 去渣的浓茶汁，将糯米淘洗干净后，加入茶汁、白糖和400mL 左右的清水，用文火熬成稠粥。

3. 特点

该茶粥汤清色绿，茶香显著，具有化痰消食，利尿消肿，益气提神等功效。常用不仅充饥解饿，对肠胃炎、慢性痢疾、肠炎等有一定效果。《保生集要》有"茗粥，化痰消食，浓煎入粥。"

（三）抹茶包子

1. 原料

抹茶、面粉及各种辅料。

2. 制法

将面粉与抹茶按比例用水和匀发酵，按一般包子备用包馅。待发酵成熟后，按常规操作进行造型，然后入笼蒸熟，即可食用。

3. 特点

抹茶包子外观碧绿、清香扑鼻，色、香、味俱佳。

（四）茶馒头

1. 原料

新茶、面粉及各种辅料。

2. 制法

新茶100g用沸水500mL泡制成浓茶汁，将茶汁放凉至20~30℃；将面粉、酵母、茶汁及适量水按比例和匀发酵；待发酵成熟后，按常法蒸制馒头。

（五）茶面条

1. 原料

绿茶、面粉以及各种辅料。

2. 制法

制法一：取过200目筛网的茶粉，按1∶50与面粉和匀后，按常规制作面条工序制作面条。

制法二：取上等茶叶100g（推荐以绿茶为主），加沸水500~600mL泡成浓茶汁；以此茶汁和面，按常规制作面条工序制作面条。

3. 特点

此面条色绿、味鲜、茶香，且下锅不糊。

第三节　茶焙烤食品

焙烤食品是以小麦等谷物粉料为基本原料，通过发面、高温焙烤过程而熟化的一大类食品，又称烘烤食品。虽然焙烤食品范围广泛，品种繁多，形态不一，风味各异，但主要包括面包、饼干、糕点等三大类产品。茶焙烤食品是一类含茶的焙烤食品，既有焙烤食品的特色，可作食充饥；又有茶叶本色，帮助消化提神。已上市的茶焙烤食品主要有茶面包、茶饼干、茶蛋糕等。

一、茶面包

茶面包是以小麦面粉为主要原料，以茶粉或茶汁、酵母、糖、盐等为辅料，加水调制成面团，经过发酵、整形、成型、烘烤、冷却等工序而制成的一种焙烤食品。

（一）原辅材料

茶面包的主要原料有高筋面粉、酵母、茶粉或茶提取液，辅料有油脂、乳与乳制品、白砂糖、食盐、水等。茶叶原料常用绿茶或红茶，也可用乌龙茶或普洱茶等。

（二）工艺流程

茶面包生产基本工艺流程为：原辅材料的处理 → 面团调制 → 面团发酵 → 整形 →

成型 → 烘烤 → 冷却 → 包装。

（三）操作要点

1. 原辅材料的处理

（1）面粉的处理　面粉是制作面包的重要原料，使用前必须过筛，以清除杂质；同时，过筛可使面粉松散，混入一定量的空气，有利于酵母的生长与繁殖，促进面团的发酵与成熟。

（2）酵母的处理　无论是鲜酵母还是普通干酵母，在调粉前都要进行活化处理。鲜酵母中应加入酵母质量 5 倍量的水，水温 28 ~ 30℃；干酵母则应加入酵母质量 10 倍量的水，水温 40 ~ 44℃为宜，当表面出现大量气泡即可投入生产。采用即发活性干酵母则不需要活化，可直接使用。

（3）茶叶的处理　如果配方中用茶粉或抹茶，使用前可加温水调制成乳状液后加入，或者直接与面粉混合均匀后加入；如果配方中用茶汁，则先将茶叶提取获得茶汁，直接用茶汁和面。

（4）水的处理　硬度过大或极软的水都不适合生产面包。水的硬度过大会增强面筋的韧性，延长发酵时间，使面包口感粗糙；极软的水会使面包过于柔软发黏，缩短发酵时间，使面团塌陷不起发。酵母生长最适 pH 为 5.0 ~ 5.8，因此，酸性水或碱性水均不利于面包加工。碱性水不利于酵母生长，抑制酶的活性，延缓面团的发酵；酸性水会提高面团的酸度。

（5）其他　砂糖要先用温水化开，经过滤后使用；糖浆可直接过滤后使用。食盐用水溶化过滤后使用；如果用到奶粉，使用前应加温水调制成乳状液后加入，或者与面粉混合均匀后加入。

2. 面团调制

面团调制俗称和面，就是将原辅材料配合好，在调粉机中混合搅拌形成面团。面团调制是影响面包质量的决定性因素。面团调制的目的，一方面是使各种原料均匀地混合在一起，形成质量均一的整体；另一方面是使面粉中的蛋白质充分吸水形成面筋，使面团具有良好的弹性和延展性，改善面团的加工性能。

根据面团发酵方法的不同，面团调制分为一次发酵法调制面团与二次发酵法调制面团。一次发酵法调制面团是将所有的原料一次混合调制成面团。二次发酵法调制面团，即采用二次调粉和二次发酵，是目前使用最广的调制面团方法。第一次调制的面团称为种子面团，第二次调制的面团为主面团。调制种子面团时，按投料顺序将已处理好的部分面粉（全部面粉的 50% ~ 80%）、全部酵母溶液和适量水倒入和面机中进行搅拌；调制主面团时，将剩余的原料充分混合均匀，加入发酵好的种子面团，继续搅拌形成均匀且有弹性的面团。

为了得到工艺性能良好的面团，面团调制时要搅拌均匀，防止面团发生粉粒现象及酵母在面团中分布不均。面团调制时还要注意加水量，一般为面粉量的45%～55%（其中包括液体辅料中的水分）。加水量过多，面团过软；反之，则面团制品内部粗糙。适宜的温度是面团发酵所要求的重要条件。调制后种子面团温度最好控制在26～27℃，主面团温度在28℃左右为宜。为达此目的，一般可采取提高或降低水温来调节。

3. 面团发酵

面团发酵是面包加工过程中的关键工序。

（1）面团发酵原理　面团发酵是由酵母的生命活动来完成的。酵母利用面团中的营养物质，在氧气的参与下进行正常生长与繁殖，产生大量的二氧化碳气体和其他物质，使面团膨松富有弹性，并赋予成品特有的色、香、味、形。

酵母在发酵过程中只能利用单糖，面粉中除含有少量单糖和蔗糖外，其余大部分都是淀粉，还含有淀粉酶。酵母在生长过程中可分泌蔗糖转化酶和麦芽糖酶。从面团调制开始，面粉所含的淀粉在淀粉酶作用下分解为麦芽糖，麦芽糖在麦芽糖酶作用下转化为葡萄糖。面粉中含有的少量蔗糖及调粉时加入的蔗糖在蔗糖转化酶作用下，分解为葡萄糖和果糖。

发酵初期，酵母利用葡萄糖、果糖在氧气的参与下进行旺盛的有氧呼吸，并迅速将面团中的单糖分解为 CO_2 和水；随着呼吸进行，CO_2 积累增加，面团中氧气稀薄，酵母的有氧呼吸减弱，逐渐被无氧呼吸取代，即酒精发酵开始，使面团内的单糖产生酒精和 CO_2。

随着面团发酵作用的进行，也发生一些其他的发酵过程，如乳酸发酵、醋酸发酵和铬酸发酵等，使面包的酸度增高。面团中的酸度约70%来源于乳酸，25%是醋酸。乳酸的积累虽然会增加面团的酸度，但它给面包带来良好的风味。乳酸与发酵所产生的酒精发生酯化作用，形成面包的芳香物质，改善面包的风味。醋酸给面包带来刺激性酸味，铬酸带来臭味。因此，在面包生产中应尽量防止醋酸、铬酸等的形成。

面团发酵的目的是使面团充分起发膨松并产生面包特有风味，因此，面包发酵应以有氧呼吸为主；无氧呼吸时可伴随产生少量乙醇、乳酸等，提高面包特有风味，因此也是面团发酵不可缺少的。

（2）面团发酵技术　面团发酵技术分为一次发酵法与二次发酵法。

一次发酵法也称直接发酵法，是将所有的原料一次混合调制成面团，再进入发酵制作程序的方法。发酵时面团温度控制在27～29℃，发酵室理想温度28～30℃，相对湿度75%～80%，发酵时间2～3h。其原理是通过适当增加酵母添加量和提高发酵温度，以提高面团发酵速率，缩短发酵时间。一次发酵法因操作简单、生产周期短、效率高，且可以节约设备、人力和空间而被普遍采用。但由于一次发酵法是在短时间内发酵完成，面包产品有发酵风味差，香气不足，面包老化较快，贮藏期短，不易保鲜等缺点。

二次发酵法是将配方中的原辅料经过两次面团调制和两次发酵来完成。第一次发酵是将第一次调制完毕的面团在发酵室温度 27～29℃、相对湿度 75%～80% 发酵 2～4h，发酵终点温度 29～29.5℃，目的是使酵母扩大培养，以利于面团进一步发酵。第二次发酵是将第二次调粉后的面团在 28～31℃ 发酵成熟，一般 1～3h。二次发酵法的优点是酵母用量少，可协调风味，改善组织结构，面包软且老化慢。

面团发酵过程中一般要进行撤粉。撤粉就是将已起发的面团中部压下去，除去面团内部的大部分 CO_2，再把发酵槽四周及上部的面团拉向中心，并翻压下去，把发酵槽底部的面团翻到槽的上面来。面团发酵成熟时即可开始撤粉，一般撤粉 1～3 次。面团经过撤粉，可以驱除二氧化碳，补充新鲜空气，使发酵重新旺盛地进行；同时，防止产酸，使组织结构良好，并产生特有风味。

4. 整形

发酵成熟的面团应立即进入整形工序。整形包括面团的切块、称量、搓圆、静置、整形和入盘等工序。目前，整形可采用手工、半手工或机械整形。在整形过程中，面团仍然在继续进行发酵。因此，整形室温度 25～28℃、相对湿度 65%～70% 为宜。

（1）切块和称量　切块是通过称量或定量把大面团分切成所需质量的小面团。因面包坯在烘烤后有 10% 左右的质量损失，因此，切块时要将这部分质量损耗计算在内。切块有手工切块或机械切块两种，尽量在短时间内完成。

（2）搓圆　是将定量切块后不规则的面团通过手工或搓圆机搓成圆形，使面团外表有一层薄的表皮，以保留新产生的气体，使面团膨胀。搓圆时要注意表面光滑，不能有裂缝，撒粉不要太多，以防面团分离。

（3）静置　静置也称中间醒发，是指从搓圆后到整形前的这段时间，目的是使面团重新产生新的气体，恢复其柔软性，便于整形的顺利进行。

（4）整形　经切块后的面坯，按照需要可整成多种形状，如圆形、长方形、听形等。整形是一种技巧性工作，决定面包成品的形状。

5. 成型

成型就是将整形后的面包坯在较高温度下经最后一次发酵，使面包坯迅速起发到一定的体积，形成松软的海绵状组织和面包的基本形状，再进入烘烤阶段，因此，成型又叫醒发或末次发酵。面包的醒发一般是在醒发室内进行。醒发室内要求温度一般为 36～38℃，最高不超过 40℃，相对湿度为 80%～90%，醒发时间为 45～90min。

6. 烘烤

烘烤是面包制作的最后一道工序。成型后的面包坯应立即入炉烘烤，在高温作用下面包坯发生一系列的物理、生物化学和微生物学的变化，使生坯变成色、香、味俱佳的面包成品。

当发酵好的冷面包坯入炉高温烘烤时，面包坯中的水分会大量蒸发而导致面包的重量降低；同时，由于温度变化，积累在面团中的二氧化碳或其他气体遇热膨胀而导致其体积增加。面团中的酵母在入炉初期由于温度升高而具有旺盛的生命力，使面团继续发酵并产生大量气体。当面包温度达 35℃ 时，酵母的生命活动达到最高峰；当温度达 45℃ 时，它的产气能力迅速下降；50℃ 时酵母开始死亡。当面包温度达 60℃ 时，面包中的酸化微生物也全部死亡。

淀粉和蛋白质是面包坯的两大主要成分，蛋白质以面筋形式存在。在烘烤初期，部分蛋白质在蛋白酶作用下发生水解；当面包坯温度升至 70～80℃ 时，蛋白质变性凝固，即面包定型。烘烤过程中，淀粉遇热糊化，使面包坯由生变熟。由于淀粉酶耐热性较高（α – 淀粉酶失活温度为 82～84℃，β – 淀粉酶失活温度为 97～98℃），在前期烘烤过程中，面包坯中的淀粉酶活力增强，部分淀粉被水解成糊精和麦芽糖，使淀粉含量下降。在烘烤过程中，面包会发生褐变而使其产生漂亮的色泽及诱人的香味。这种褐变是由美拉德反应和焦糖化作用引起的，以美拉德反应为主。

面包烘烤要根据面包的种类来确定烘烤的温度和时间。烘烤过程一般可分为以下三个阶段。

第一阶段，即面包烘烤初期，应在低温高湿条件下烘烤，使面包坯继续膨大到适当体积。此时，面火一般控制在 120℃ 左右，底火控制在 200～220℃，不要超过 260℃，相对湿度保持在 60%～70%。

第二阶段主要是使面包坯定型、熟透。面火可达 270℃，持续时间 2～5min，底火不超过 270℃。

第三阶段是给面包上色和提高面包风味的阶段。面火一般控制在 180～200℃，底火可降至 140～160℃。

7. 冷却与包装

烘烤后的面包温度很高，皮脆瓤软，没有弹性，经不起压力，如果立即进行包装或切片，必然会造成断裂、破碎或变形，必须经过冷却才能包装。刚出炉的面包，中心温度在 98℃ 左右，如不冷透，立即包装，热蒸汽不易散发，遇冷产生的冷凝水吸附在面包表面或包装纸上，给霉菌生长繁殖提供了条件，制品容易发霉变质。冷却至面包中心温度为 35～36℃ 或室温即可。

冷却方法分为自然冷却和吹风冷却。自然冷却在室温下进行，产品质量好，但所需时间长，如卫生条件不好，易造成微生物的污染；吹风冷却，冷却速度快且卫生，大部分工厂采用吹风冷却法。吹风冷却风力过大会使面包表面开裂。

面包保质期很短，冷却后的面包应及时包装。包装不仅可以避免水分大量丧失，防止面包变硬，保持面包的新鲜度；同时，可以防止微生物及灰尘等的侵染，保持面包清洁卫生，赋予产品良好的外观。面包包装的包装材料种类很多，一般常用的有耐油纸、蜡纸、聚乙烯等。不论使用何种包装，都应符合卫生要求，且需具有阻湿性、阻气性等特征。

（四）茶面包实例

1. 一种茶汁面包

宋欣华（2012）公布了一种茶汁面包的制作工艺。制作茶汁面包的基本原料有：面粉、酵母、白糖、食盐、奶油、发酵粉、脱脂乳、茶汁等。该工艺先将茶叶于 100～130℃ 高温干燥 10min 左右，以便让茶的"陈味"或其他异味充分散失和茶香显露；将热干燥后的茶叶摊晾 60～90min 后，以 1∶10 的质量比加入开水浸提，制备浓茶汁备用。将面粉、酵母加水 500g 搅拌 3min，静置 4h；再加入白糖、食盐、奶油、发酵粉、脱脂乳、茶汁以及水 350g，搅拌 10min；将面团分割、搓圆、整形后在 38℃ 发酵

40min，按常规方法烘烤，即成。

2. 一种茶粉面包

周宏林（2015）公布了一种茶粉面包及其制作方法。按质量份数计，其组分如下：茶叶 10 份、花生 1 份、水 10 份、面粉 35 份、酵母 2 份、白糖 0.5 份、奶油 50 份和脱脂乳 15 份。将花生粉碎至浆状，与水混合，将得到的混合物分为两份；向第一份混合物中加入粒径为 100 目的茶粉，搅拌均匀；再加入面粉和酵母制成面团，常温发酵 2h；向发酵后的面团中加入白糖、奶油和脱脂乳，搅拌；将拌匀后面团搓揉成型、入模，入烤箱 120℃烘烤 10min，取出，于面包表面涂覆第二份混合物，再入炉 200℃烘烤 8min 即可。

（五）茶面包特点

1. 营养价值高

茶面包含有丰富的碳水化合物、蛋白质、脂肪、矿质元素、维生素等营养成分，具有较高的营养价值。

2. 有一定的药理作用

茶面包含有茶叶所含的茶多酚、咖啡碱、茶氨酸、茶膳食纤维等药理成分，具有一定的药理功能。

3. 易于消化吸收

茶面包是经酵母发酵后的烘烤食品，很易消化吸收，对儿童、消化力弱或病弱者，是一种非常适宜的食品。

4. 易于携带

（六）茶面包质量标准

1. 感官指标

（1）表面　表面光滑、清洁，无明显粉粒，无气泡，无裂纹、无粘边、无变形等。

（2）形状　具有面包应具有的形状，如圆形面包必须是圆形的，听形两头大小应相同。

（3）色泽　面包表面应呈现茶的特征色，即红茶面包应具有亮红色，绿茶面包呈现黄绿色。表面色泽要均匀一致，有光泽，不能有烤焦或发白现象。

（4）内部组织　从面包组织纵断面观察，气孔细密均匀，呈海绵状，色洁白，无大的孔洞，富有弹性，不能有变色现象存在。

（5）口味　应具有茶叶的香味，无酸涩味及其他异味。

（6）其他　包装材料清洁卫生无杂质，图案完整，不能有破碎等。

2. 理化指标

（1）水分　茶面包含水量在 35%～40%，最高不得超过 46%。

（2）酸度　甜面包酸度在 6 度以下，咸面包在 5 度以下。

（3）灰分　一般不超过 2.5%。

（4）质量　每个面包的质量不得高于或低于规定质量的 ±3%。

抹茶面包照片

二、茶饼干

茶饼干是以小麦面粉、茶叶为主要原料，添加或不添加糖、油脂及其他辅料，经调粉、成型、烘烤制成的水分含量低于6%的松脆性食品。目前我国市场上的含茶饼干主要有红绿茶饼干、红绿茶奶油饼干、红绿茶夹心饼干、抹茶味棒状饼干等。与普通的饼干相比，含茶饼干甜而不腻、松脆爽口、茶香怡人，营养成分也更为丰富。

（一）原辅材料及处理

加工茶饼干的原辅材料主要有小麦面粉、茶、糖类、油脂、乳品、蛋品及一些食品添加剂。小麦面粉是茶饼干生产的主要原料，一般以蛋白质含量9.0%左右的面粉为宜。面粉使用前最好过筛，一方面清除杂质并形成细小的面粉颗粒；另一方面使面粉中混入一定量的空气，有利于饼干均匀气孔的形成。

茶饼干常用绿茶或红茶，也可用乌龙茶或普洱茶等其他茶，多以茶汁或茶粉的形式添加。糖类是茶饼干的重要配料，除提供受欢迎的甜味外，对产品的加工过程和产品质构也有重要影响。茶饼干生产中常用的糖类主要有蔗糖、淀粉糖浆等。蔗糖使用前要先熔化、过滤。乳品和蛋品可以使饼干具有良好的营养和风味。加工中常用的乳品主要有鲜牛奶、全脂奶粉等，常用的蛋品主要有鲜鸡蛋、冰鸡蛋和蛋粉。油脂可使饼干口感酥脆，在口中更易融化。饼干生产中常用油脂有人造奶油、精炼猪油、植物油等。在使用固体、半固体油脂时，要先以文火加热或搅拌软化，以加快面团调制速度，使面团更均匀。茶饼干生产中还常要加入一些食品添加剂，包括化学膨松剂、乳化剂、改良剂等。

（二）工艺流程

茶饼干生产基本工艺流程：原辅材料的处理 → 面团调制 → 成型 → 烘烤 → 冷却 → 包装。

面团调制是茶饼干生产的关键工序，目前多用调粉机来完成，包括将已处理好的各种原辅材料搅拌均匀，调制成既保证产品质量要求，又适合机械运转的面团。调制好的面团需要经过辊压（辊轧），使其形成厚薄均匀、表面光滑、质地细腻、延展性和可塑性适中的面片，再经切割成型制成各种形状的饼干坯。成型后的饼干坯即可入炉烘烤。在高温作用下，饼干内部所含水分蒸发，淀粉受热糊化，膨松剂分散使饼干体积增大，面筋蛋白受热变性凝固，形成多孔酥松饼干成品。刚出炉的饼干质地柔软，容易变形，需冷却后再进行二次加工和包装。

（三）茶饼干质量标准

1. 色泽

表面、底部、边缘均匀一致，具有茶应用的特征色。

2. 风味

具有饼干应有的独特香味，无异味，具有茶叶的风味为最佳。

3. 口感

口感酥松、松脆细腻，不黏牙。

（四）茶饼干实例

1. 红茶奶油饼干

俞素琴（1998）介绍了一种红茶奶油饼干的加工方法。

（1）原料组成　面粉 50%、油脂 15%、白砂糖 18%、鸡蛋 12%、奶粉 3%、鲜红茶汁、水等。

（2）工艺流程

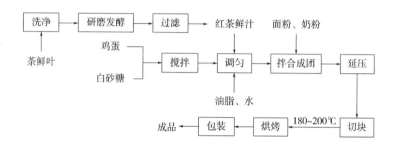

（3）产品特性　按此工艺加工而成的红茶奶油饼干茶香味突出，色泽鲜艳，松脆可口，具有红茶和奶油饼干的复合香气和美味。

2. 抹茶全麦饼干

郑丽娜等（2013）介绍了一种抹茶全麦饼干的加工方法。

（1）原料组成　全麦面粉 125g，大豆油 20g，食盐 0.5g，白砂糖 40g，抹茶粉 3g，小苏打 1.45g，水 55g。

（2）操作要点　向 125g 面粉中加入小苏打和抹茶粉，混匀，加入 20g 豆油、0.5g 食盐、40g 糖和水，搅拌均匀，20min 后将面粉调制成团，静置 15min 左右，辊轧面团，用圆形模具制成圆形饼坯，整齐摆放在涂好油的烤盘内，以面火 210℃、底火 180℃ 烘烤 3.5min，将烤好的饼干缓慢冷却至室温。

（3）产品特性　所制饼干呈绿色，色泽均匀，表面有光泽，有明显的茶香，口感松脆细腻，茶味浓郁，无苦涩味。

3. 绿茶曲奇饼干

李博等（2013）介绍了一种绿茶曲奇饼干的加工方法。

（1）原料　一级小麦粉、超微绿茶粉、壳聚糖、起酥油、绵白糖、鸡蛋等。

（2）工艺流程

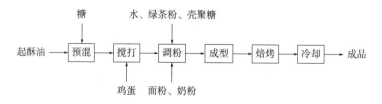

（3）操作要点　把起酥油和绵白糖倒入搅拌机中高速搅打 2min，混合物呈乳白色时调至慢速，将鸡蛋逐个加入并继续搅打。将绿茶粉溶于 35℃ 的温水中，待充分溶解

后缓慢加入搅拌机，高速搅匀。面粉过筛后加入搅拌机与上述原料拌匀。调粉完毕后将制好的面糊直接成型于烤盘上。将烤盘置于已预热的烤箱中，面火温度控制为170℃，底火温度控制160℃，时间25min，烘烤至产品表面为自然的黄绿色即可出炉。当绿茶粉的添加量为1%左右时，色泽自然，略带绿色，茶香味浓郁。

抹茶曲奇
饼干照片

第四节 茶冷冻饮品

冷冻饮品（frozen drinks）是指以饮用水、糖、乳制品、水果制品、豆制品、食用油等中的一种或多种为主要原料，添加或不添加食品添加剂，经配料、灭菌、凝冻、包装而制成的冷冻固态饮品，包括冰淇淋、雪糕、冰棍和食用冰等。茶冷冻饮品是指添加了茶汁、茶粉等原料加工而成的冷冻饮品，常见的茶冷冻饮品有茶冰淇淋、茶雪糕、茶冰棒等。

茶冷冻饮品因茶叶所含的茶多酚、果胶、氨基酸等成分能与口腔中的唾液发生化学反应，滋润口腔而产生清凉感觉；茶叶所含的咖啡碱可通过控制中枢神经而调节体温，且还具有利尿作用，能使体内热量从尿液大量排出，达到提神、止渴、解热的作用。另一方面，由于冷冻饮品特殊的低温储藏条件，大大减缓了茶内含成分氧化变质的速度，从而保持稳定的色泽、口味。由此可见，与普通冷冻饮品相比，茶冷冻饮品不仅有茶的独特风味以及清新自然的色泽，还含有茶叶丰富的营养和功效成分，使茶冷冻饮品具有普通冷冻饮品不可比拟的营养、保健功能。因此，将茶添加于冷冻饮品，不仅可使冷冻饮品香甜可口，营养丰富，色泽自然，增强降温、解渴等效果，且丰富了冷冻饮品的花色品种，提高了茶叶的经济效益，两者相得益彰，深受消费者的喜爱。

一、主要原辅材料

加工茶冷冻饮品所需的原辅材料主要有茶汁或茶粉、乳与乳制品、甜味剂、蛋与蛋制品、稳定剂、乳化剂等。

（一）茶叶

茶叶为茶冷冻饮品的主要原料，一般以茶汁或茶粉的形式添加。茶冷冻饮品中适量加入茶叶，不仅可改进冷冻饮品口感，赋予其鲜艳色泽，增加其独特风味；还可增加冷冻饮品营养成分（尤其是维生素类、矿质类成分）；除此之外，还可以预防疾病，充分发挥茶叶药理作用。

（二）乳与乳制品

这类原料主要是引进乳脂肪与非脂乳固体，赋予冷冻饮品良好的营养价值，增进滋味，使成品具有柔润细腻的口感。常用种类有全脂奶粉、浓缩乳（即炼乳）、奶油、鲜牛奶等。冰淇淋中非脂乳固体以鲜牛奶、炼乳为最佳，油脂最好是新鲜的稀奶油。

冰淇淋中若脂肪含量少，则成品口感不细腻；但用量过多，既增加成本，又阻碍起泡能力，且过高的热量使消费者难以接受。一般冰淇淋中乳脂肪用量为8%～12%，高的可达16%左右。

（三）甜味剂

冷冻饮品常用的甜味剂有蔗糖、淀粉糖浆、葡萄糖、糖精等。冰淇淋生产中最好以蔗糖为甜味剂。蔗糖除赋予冰淇淋甜味外，还能使成品的组织细腻，同时降低凝冻时的温度。一般蔗糖的使用量为12%～16%，若低于12%，则冰淇淋成品甜味不够；若过多，一方面在夏季会使成品出现缺乏清凉爽口的感觉，另一方面会使冰淇淋混合料的冰点降低太多，容易融化。

（四）蛋与蛋制品

蛋与蛋制品能提高冷冻饮品的营养价值，改善其组织结构与风味。鸡蛋中丰富的卵磷脂具有乳化剂和稳定剂的性能，能改善冰淇淋的组织形态。冰淇淋中含适当的蛋品，能使成品具有细腻的"质"和优良的"体"。

常用的蛋与蛋制品有鲜鸡蛋、全蛋粉和冰全蛋。一般鸡蛋粉用量为0.5%～2.5%，若用量过量，易出现蛋腥味。

（五）稳定剂

稳定剂具有强吸水性。为了保证冷冻制品的形体组织，必须在混合原料中添加适量的稳定剂，以改善组织形态，提高凝冻能力。冷冻饮品中使用稳定剂，可提高混合料的黏度和冰淇淋的膨胀率，防止冰晶的形成，减少粗糙感，使冰淇淋组织细腻、滑润、不易融化。

常用的稳定剂有明胶、果胶、瓜尔豆胶、卡拉胶、黄原胶、海藻酸钠等。无论哪一种稳定剂都有各自的优缺点，因此常将两种以上稳定剂复配使用，效果往往比单独使用要好。稳定剂用量取决于配料的成分或种类，尤其是总固形物含量，总固形物含量越高，稳定剂用量越少。稳定剂用量一般为0.1%～0.5%。

（六）乳化剂

冰淇淋脂肪含量高，特别是加入了硬化油、人造奶油、奶油等脂肪时，加入乳化剂可以改善脂肪亲水能力，提高均质效率，从而改善冰淇淋的组织形态。常用乳化剂有单甘酯、卵磷脂和蔗糖脂肪酸酯等，用量一般为0.1%～0.3%。

（七）着色剂

茶叶能赋予茶冷冻饮品天然的色泽，因此，茶冷冻饮品一般可以不加着色剂。当茶冷冻饮品色泽不鲜艳时，也可考虑添加少量着色剂。

（八）香味剂

香味剂能赋予冷冻饮品醇和的香味，增进其食用价值。茶冷冻饮品一般具有茶叶天然的茶香，可不添加香味剂。为了提高茶冷冻饮品清雅醇和的香味，也可适量添加适合的香味剂。茶冷冻饮品中添加香味剂时，不仅要考虑香味剂本身的香型与茶香是否匹配，还要考虑香味剂的用量及调配。香味剂用量过多，会使产品失去清雅醇和的天然茶香，用量过少，则达不到呈味效果。常用的香味剂有香兰素、可可粉、果仁和各种水果香料等，香味剂用量范围一般在0.075%～0.10%。

二、茶冰淇淋

（一）定义

以茶叶的制备液或茶粉、饮用水、奶与奶制品、蛋与蛋制品、甜味剂、食用油脂等为主要为原料，添加或不添加稳定剂、乳化剂、着色剂等食品添加剂，经混合、灭菌、均质、老化、凝冻等工艺制成的体积膨胀的冷冻饮品。茶冰淇淋是一种营养丰富且易于消化的食品，不仅是人们夏季的嗜好饮品，冬季也有很多人喜食。

（二）工艺流程

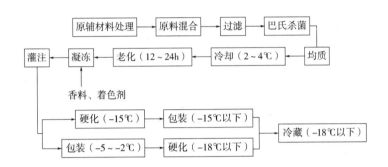

（三）操作要点

1. 原辅料处理及混合

原辅料处理包括茶叶的粉碎或茶汁的提取，砂糖、奶粉、乳化剂等固体原料要先加水溶解、过滤等处理后添加，冰牛奶、冰全蛋及奶油或氢化油等可先加热、熔化后使用。一般砂糖先用热水配成65%～70%的浓糖浆后备用；奶油或氢化油可先加热，融化后使用；明胶等稳定剂应先用水制成10%的溶液后再加入到50℃左右的混合料液中。

原辅料经计量、处理后泵入配料缸。配料温度为50℃左右。

2. 杀菌

冰淇淋混合料的杀菌一般在杀菌缸内完成，多采用巴氏杀菌，即68～70℃保持30min；也可采用高压灭菌。采用巴氏杀菌，既可杀死致病性细菌和绝大多数非致病性细菌，保障食用安全性，又可避免产生蒸煮味和造成蛋白质变性，还可通过杀菌工艺去掉一些不利于产品风味的蛋腥味。

3. 均质

为了使冰淇淋制品组织细腻，形体稳定持久，提高膨胀率及减少冰结晶等，将混合料液进行均质是十分必要的。混合料经低温杀菌后，应迅速通过均质机进行均质。一般在杀菌后料温60～65℃、压力15～18MPa的条件下进行均质。

均质温度和压力常随室温和料液含脂量多少而变化，均质时要控制好混合原料的温度和均质的压力。如果在低温下均质，料液黏度增大，均质效果差，需要延长凝冻时搅拌时间；如果在料温超过80℃的条件下均质，会促进脂肪聚集，使膨胀率降低。均质压力过低达不到均质效果；过高会增大料液的劲度，凝冻搅拌时空气不易混入。

4. 冷却与老化

均质后的混合原料应迅速冷却到 2 ~ 4℃，避免结冰（低于 0℃时）和脂肪分层（高于 5℃时），利于随后老化的进行。

老化又称物理成熟，是将冷却到 2 ~ 4℃ 的混合原料在此温度下保持一段时间，进行物料的成熟过程。目的在于使蛋白质、脂肪凝结物、稳定剂等物料充分溶胀水化，增加物料黏度，防止脂肪上浮或游离水析出，提高凝冻搅拌时的膨胀率，改善冰淇淋的组织结构状态。

老化时间长短与冷却温度高低及料液总干物量多少有关，一般温度越高，老化时间越长；干物量越多，黏度越高，老化时间越短。一般老化时间为 4 ~ 24h，现在由于乳化剂、稳定剂性能的提高，老化时间大为缩短，仅用 3 ~ 5h 即可完成成熟。

5. 凝冻

凝冻是冰淇淋加工中的一个重要工序。它是将混合原料在强烈搅拌下迅速冷冻，使空气以极细小的气泡均匀地分散于全部混合料中，且使物料中的游离水形成微细的冰结晶。凝冻一般是通过凝冻机来实现。

凝冻对冰淇淋的质量和产量有很大的影响。通过凝冻，物料混合得更加均匀，形成细小且均匀的冰晶，使冰淇淋产品组织更佳细腻；凝冻搅拌中混入的空气以极细微的气泡分布于冰淇淋中，导致体积膨胀。

冰淇淋混合原料的凝冻温度与含糖量有关，而与其他成分关系不大。一般混合原料蔗糖含量每增加 2%，其冰点相对降低 0.22℃。凝冻过程中混合原料中的水分冻结是逐渐形成的。冰淇淋的组织状态与所含冰结晶的大小有关，只有迅速冻结，冰结晶才会变得细小。但是，凝冻时温度过低，冻结过快，会导致空气混入的时间过短，混入的空气量过少，气泡不均匀，使冰淇淋的膨胀率低，产品组织坚硬。凝冻时温度过高，导致凝冻时间过长，不仅生产效率低，且会使混入的气泡消失，乳脂肪凝结成小颗粒，产品组织粗糙、口感差。凝冻一般在 -6 ~ -2℃ 的低温下进行。

冰淇淋的膨胀又称增容，是指由于凝冻时的强烈搅拌使空气以极微小的气泡均匀分布于全部混料中，使之容积增加的现象。凝冻时，混合原料中的部分水分形成冰晶也会导致体积增加。冰淇淋的膨胀率系指冰淇淋容积增加的百分率，即：

$$膨胀率/\% = \frac{1L\,混合料的质量 - 1L\,成品冰淇淋的质量}{1L\,成品冰淇淋的质量} \times 100\%$$

冰淇淋膨胀率是冰淇淋的一个重要质量指标，一般控制在 90% ~ 100% 为宜，即为混合原料中干物质含量的 2 ~ 2.5 倍较适中。

6. 成型与硬化

凝冻后的冰淇淋为了便于贮藏、运输以及销售，需要进行分装成型（即灌注）。冰淇淋的形状有冰砖、纸杯、蛋筒、浇模成型等多种，可分别采用冰砖灌装机、纸杯灌注机、连续回转式冰淇淋凝冻机等灌注。

凝冻后的冰淇淋在灌注和包装后，还需要进行一定时间的低温冷冻过程，以固定冰淇淋的组织形态，并进一步完成在冰淇淋中形成极细小的冰结晶过程，使其组织保持一定的松软度，此过程称为冰淇淋硬化。一般在硬化室（速冻室）进行硬化，在

$-25 \sim -23℃$ 温度下硬化 $12 \sim 24h$，这种冰淇淋称为硬质冰淇淋。凝冻后的冰淇淋直接装入容器中，不经硬化，称为软质冰淇淋。

7. 贮藏

硬化后的冰淇淋应贮藏在 $-20℃$ 的冷库中，保持库内相对湿度 $85\% \sim 90\%$，一般贮藏 $3 \sim 6$ 个月，冷库温度避免忽高忽低。

（四）茶冰淇淋质量标准

1. 感官要求

（1）色泽 色泽均匀，具有该品种应有的色泽，如红茶冰淇淋呈红褐色，绿茶冰淇淋为绿色。

（2）组织 细腻滑润，无明显粗糙的冰晶，无空洞。

（3）滋味与气味 滋味和顺、香气纯正，具有该品种应有的滋味与香气，无异味，有明显的茶味。

（4）形态 形态完整，大小一致，无变形，无软塌，无收缩。

（5）杂质 无肉眼可见杂质。

2. 理化指标

理化指标要求见表 8 - 1 所示。

表 8 - 1 　　　　　　　　　　　茶冰淇淋理化指标要求 　　　　　单位:%（质量分数）

项目	要求		
	高脂型	中脂型	低脂型
脂肪含量	≥10.0	≥8.0	≥6.0
总固形物含量	≥35.0	≥32.0	≥30.0
总糖含量（以蔗糖计）	≥15.0	≥15.0	≥15.0
膨胀率	≥95.0	≥90.0	≥80.0

3. 卫生指标

卫生指标应符合 GB 2759—2015《食品安全国家标准 冷冻饮品和制作料》的规定。

细菌总数（CFU/mL）≤30000；大肠菌群（CFU/mL）≤45；致病菌（指肠道致病菌、致病性球菌）不得检出。

（五）实例

1. 绿茶冰淇淋

朱俊玲（2006）介绍了一种绿茶冰淇淋的加工方法。

（1）原料组成 绿茶汁60%、奶粉15%、白砂糖15%、淀粉5%、奶油4%、明胶0.2%、羧甲基纤维素钠0.2%、蔗糖脂肪酸酯0.2%、绿茶香精适量、食用色素适量。

（2）工艺流程 原辅料处理 → 混合 → 加热 → 巴氏灭菌 → 均质 → 冷却 → 老化 →

凝冻 → 灌注包装 → 硬化与冷藏 → 成品。

（3）操作要点

①原辅料处理：4g 绿茶以 100mL 沸水煮 2min，再浸泡 10min 后，过滤取茶汁备用；明胶、羧甲基纤维素、蔗糖脂肪酸酯预先用水溶解，便于均匀分布在原料中；奶油加热软化后使用。

②灭菌：采用巴氏灭菌法，灭菌温度 70～77℃，灭菌时间 20～30min。

③混合料的均质：控制均质压力在 150～200kg/cm²，温度 65～70℃。

④混合料的冷却：经均质处理后的混合原料应迅速冷却到 2～4℃，以防止细菌在中温情况下迅速繁殖；但冷却温度不能低于 0℃ 以下，防止产生冰结晶而影响品质口感。

⑤混合料的老化：将冷却到 2～4℃ 的混合原料置于冷缸中，不断搅拌下放置一段时间，使其成熟，老化温度在 2～4℃，时间 8～24h。

⑥混合料的凝冻：混合料经过不断地凝冻和搅拌，45%～50% 的水分被凝结成微细的冰晶，凝冻后产品最终控制温度为 -5～-4℃，如果温度过低，则不易灌注。

⑦硬化：硬化是为了固定冰淇淋的形体，并完成在冰淇淋中极细的冰晶形成过程，使其保持适当的硬度。硬化后的冰淇淋应贮存在 -22℃ 以下、相对湿度 85%～90% 的冷库内。

（4）产品质量标准　按该方法制得的绿茶冰淇淋色泽淡绿，清新自然；具有茶和奶的香味，风味纯正，口感清爽，无其他异味；组织细腻，无明显冰晶，形体柔软轻滑。

2. 超微绿茶粉冰淇淋

金寿珍（1997）介绍了一种超微绿茶粉冰淇淋的加工方法。

（1）原料组成　超微绿茶粉 1.2%、白砂糖 18%～20%、脱脂奶粉 7%、奶油6%、单硬脂酸甘油酯 0.75%、海藻酸钠 0.2%、麦乳精 1.5%，柠檬酸液 6%，香精、水适量。

（2）工艺流程

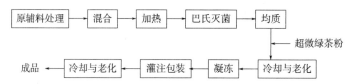

（3）产品质量标准　按此工艺生产的超微绿茶粉冰淇淋色泽翠绿鲜活，具有茶和奶的特殊香味，风味纯正，口感滑爽，组织细腻。

抹茶冰淇淋照片

三、茶雪糕

（一）定义

茶雪糕是以茶叶的制备液或茶粉、饮用水、乳与乳制品或豆制品、甜味剂、食用油脂等为主要原料，添加适量增稠剂、香料、着色剂等食品添加剂，经混合、灭菌、均质、注模、冻结（或轻度凝冻）等工艺制成的带棒或不带棒的冷冻饮品。一般雪糕的总固形物含量、脂肪含量较冰淇淋低。

（二）工艺流程

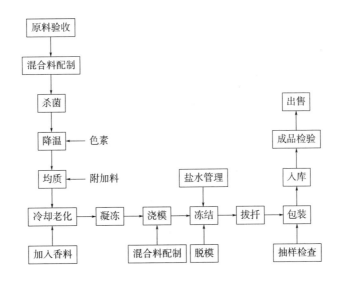

（三）操作要点

茶雪糕生产时，原料配制、杀菌、均质、冷却等操作技术与茶冰淇淋基本相同。

1. 凝冻

普通雪糕不需要经过凝冻工序，直接经浇模、冻结、脱模、包装而成，膨化雪糕要进行轻度凝冻，膨胀率一般为 30% ~ 50%，因此要控制好凝冻时间及凝冻程度，料液不能过于浓厚，否则会影响浇模质量。

2. 浇模

冷却好的混合料需要快速硬化，因此要将混合料灌装到一定模型的模具中，此过程称为浇模。浇模前必须对模盘、模盖和用于包装的扦子进行彻底清洗消毒。浇模时应将模盘前后左右晃动，使模型内混合料分布均匀后，盖上带有扦子的模盖，将模盘轻轻放入冻结缸（槽）内进行冻结。

3. 冻结

雪糕的冻结有直接冻结法和间接冻结法。直接冻结法是直接将模盘浸入盐水槽内进行冻结，间接冻结法即速冻库与隧道式冻结。直接冻结时，先将冷冻盐水放入冻结槽至规定高度，开启冷却系统；开启搅拌器搅动盐水，待盐水温度降至 −28 ~ −26℃ 时，即可放入模盘。待模盘内混合料全部冻结（10 ~ 12min）即可将模盘取出。

4. 脱模

脱模即使冻结硬化的雪糕由模盘内脱下。脱模的较好方法是将模盘进行瞬时间加热，使紧贴模盘的物料融化从而使雪糕易从模盘中脱出。加热模盘的设备可用烫盘槽，其由内通蒸汽的蛇形管加热。脱模时，在烫盘槽内注入加热用的盐水至规定高度后，开启蒸汽阀将蒸汽通入蛇形管，控制烫盘槽温度在 50～60℃。将模盘置于烫盘槽中轻轻晃动使其受热均匀，浸数秒钟后（以雪糕表面稍融为度），立即脱模。雪糕脱模后即可进行包装。

（四）茶雪糕质量标准

1. 感官指标

（1）色泽　色泽均匀，具有该品种应有的色泽。

（2）组织　细腻滑润，冻结坚实，无明显粗糙的冰晶，无空洞。

（3）滋味与气味　滋味和顺、香气纯正，具有该品种应有的滋味、香气，无异味，有明显的茶味。

（4）形态　形态完整，大小一致，表面起霜，插棒整齐，无断扦，无空头，涂层均匀无损。

（5）杂质　无肉眼可见杂质。

2. 理化指标

理化指标要求见表 8-2 所示。

表 8-2　　　　　　　　　　　　茶雪糕理化指标要求　　　　　　　　单位:%（质量分数）

项目	要求		
	高脂型	中脂型	低脂型
脂肪含量	≥3.0	≥2.0	≥1.0
总固形物含量	≥24.0	≥21.0	≥16.0
总糖含量（以蔗糖计）	≥16.0	≥14.0	≥14.0

3. 卫生指标

卫生指标与茶冰淇淋相同。

（五）实例

一种红茶奶油雪糕的加工。

1. 原料组成

炼乳 11～12kg、白砂糖 15kg、食用明胶 1kg、精制淀粉 1.5kg、净化水 100kg、红茶鲜汁适量。

2. 制作要点

（1）所用工具设备要严格清洗消毒。

（2）原料搅拌要均匀，采取间接加热法灭菌（85～90℃，15min），冷却，高压均质，冷却，冻结（-15℃）。

（3）待样品全部冻结后，取出模盘，置于 40～15℃ 温水中烫盘，当雪糕表面融化并与模盘脱离时，迅速取出，包装。

（4）成品立即贮藏于冷库，在 -22 ~ -18℃的低温条件下存放数日，再投放市场。

四、茶冰棒

（一）定义

茶冰棒是以茶叶的制备液或茶粉、饮用水、甜味剂等为主要原料，添加适量增稠剂、酸味剂、着色剂、香料等食品添加剂，经混合、灭菌、注模、插扦、冻结、脱膜（或轻度凝冻）等工艺制成的带扦的冷冻饮品。

（二）工艺流程

原辅料处理 ⟶ 混合 ⟶ 杀菌 ⟶ 冷却 ⟶ 注模 ⟶ 插扦 ⟶ 冻结 ⟶ 脱模 ⟶ 包装 ⟶ 入库

（三）操作要点

操作要点与茶雪糕基本相同。

（四）茶冰棒质量标准

1. 感官指标

（1）色泽　色泽均匀，具有该品种应有的色泽。

（2）组织　冻结坚实，无明显粗糙的冰晶，无空洞。

（3）滋味与气味　滋味和顺、香气纯正，具有该品种应有的滋味、香气，无异味，有明显的茶味。

（4）形态　形态完整，大小一致，表面起霜，插棒整齐，无断扦、无多扦，无空头，涂层均匀无损。

（5）杂质　无肉眼可见杂质。

2. 理化指标

理化指标要求见表 8 - 3 所示。

表 8 - 3　　　　　　　　　　茶冰棒理化指标要求　　　　　　　单位:%（质量分数）

项目	要求	项目	要求
总固形物含量	≥10.0	总糖含量（以蔗糖计）	≥8.0

3. 卫生指标

卫生指标与茶冰淇淋相同。

（五）实例

汪松能等（1996）介绍了一种鲜茶汁冰棒的加工方法。

1. 原料组成

（1）绿茶冰棒组成　白砂糖 65%、淀粉 18%、糖精 0.08%、香精 0.05%、奶粉 3%、绿茶鲜汁 2.3%。

（2）红茶冰棒组成　白砂糖 75%、淀粉 18%、糖精 0.08%、香精 0.23%、奶粉 5%、红茶鲜汁 2.6%。

抹茶冰棒照片

237

2. 加工工艺流程

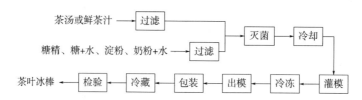

第五节 茶糖果

糖果是以白砂糖、淀粉糖浆（或其他食糖）、糖醇或允许使用的其他甜味剂为基本组成，添加不同营养素制成的具有不同物态、质构和香味、精美、耐保藏的甜味固体食品。

一、糖果的类别

根据工艺特点不同，糖果可以分为以下几类。

（一）熬煮糖果

熬煮糖果经高温熬煮而成，含有很高的干固物和较低的残留水分，质构坚脆，也称为硬性糖果，简称硬糖。

（二）焦香糖果

焦香糖果富含乳品和脂肪，经高温熬煮制成，工艺特性是物料在高温区产生一种具独特焦香风味的物质，故称焦香糖果，国内也称乳脂糖，如太妃糖。

（三）充气糖果

充气糖果经过机械的搅擦作用在糖体内冲入无数细密的气泡，也可以定向的机械拉伸作用形成气孔，经充气作业成充气质构的甜体，如牛轧糖。

（四）凝胶糖果

凝胶糖果是一类以不同凝胶剂为基本组成的糖果，性质柔嫩黏稠，也称软糖。凝胶糖果按采用凝胶剂的不同又可分为淀粉、琼脂、明胶、树胶等类型。

（五）巧克力及巧克力制品

巧克力是以可可制品（可可脂、可可液块或可可粉）、白砂糖和/或甜味剂为主要原料，添加或不添加乳制品、食品添加剂制成的一类固体食品。根据组成不同，巧克力可分为黑巧克力、牛奶巧克力（添加乳制品）和白巧克力（不添加非脂可可物质）。

巧克力制品是用可可制品（可可脂、可可液块或可可粉）与其他食品按一定配比加工而成的固体食品，如威化巧克力、巧克力豆等。

由于基本成分和生产工艺不同于一般糖果，品种花式又非常繁多，不少国家把巧克力及巧克力制品独立于糖果之外，自成体系。

（六）其他类别

其他类别主要有夹心糖果、涂衣糖果、胶基糖果、结晶糖果等。

二、茶糖果的类别

茶糖果是将糖果与茶叶有机融合在一起的一类糖果，不仅营养丰富，耐保藏，且增加了糖果花色品种。理论上说，茶叶可以加入到上述各类糖果中，目前市面上常见的茶糖果主要有茶巧克力、茶牛轧糖、茶硬糖、茶软糖、茶奶糖、茶口香糖等。

茶牛轧糖产品

三、茶糖果的加工

除添加茶叶外，茶糖果的原料和生产工艺与糖果的生产工艺基本一致。茶糖果加工中茶叶多以茶汁和超微茶粉的形式添加。

（一）茶巧克力

巧克力的加工工艺十分复杂，为了简化加工工艺，茶巧克力的加工大都直接选用加工好的可可脂、可可粉或者是用巧克力粉。

1. 抹茶巧克力

抹茶巧克力即一种添加了抹茶的巧克力。抹茶巧克力有生抹茶巧克力和熟抹茶巧克力两种做法。

生抹茶巧克力的做法是：按巧克力加工工艺（图8-1）加工巧克力，将刚做好的还没有干硬的巧克力放在盛有抹茶的容器里翻滚，让巧克力表面覆着抹茶。这种生抹茶巧克力，里面可以是各种不同的颜色，外面是绿色的。熟抹茶巧克力的做法是在做巧克力的同时，把抹茶溶解入巧克力原料中，这样做出来的巧克力整体是绿色的。

生抹茶
巧克力产品

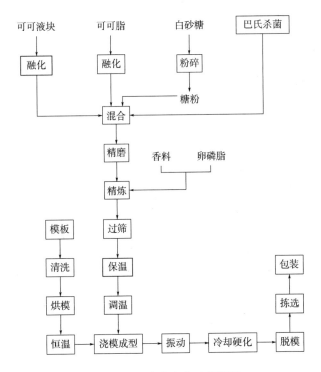

图8-1　巧克力生产工艺流程

239

2. 红茶白巧克力

黄赟赟（2016）介绍了一种红茶白巧克力的加工，在白巧克力中添加按总重计4%的、粒径为85～200目的红茶粉。具体步骤如下：首先将白巧克力在40～45℃范围内（即巧克力的熔化温度）融化，加入相应比例的红茶粉后，搅拌均匀（转速为12～18r/min，下同）；将该红茶巧克力浆一边搅拌一边冷却到25～26℃（即再结晶温度），再将冷却至25～26℃的巧克力浆升温到28～29℃（即调温温度），即可注模，常温放置5min后，放入0～4℃环境冷藏30min后脱模。按此工艺生产的红茶白巧克力产品感官评审呈浅棕红色，表面光亮，口感丝滑，口溶性好，甜腻度下降，品质较优，且红茶粉对白巧克力起霜有一定的抑制作用。

（二）茶软糖

陈蓓蕾（2000）介绍了一种柠檬乌龙茶软糖的加工。

1. 原料组成

配方Ⅰ：卡拉胶18g，山梨糖醇360g，麦芽糖醇600g，异麦芽低聚糖240g，乌龙茶25g，水900mL，茶多酚0.10g；

配方Ⅱ：果胶8.5g，异麦芽低聚糖100g，柠檬酸钠6.5g，山梨糖醇150g，麦芽糖醇150g，水170mL；

配方Ⅲ：柠檬1个。

2. 工艺流程

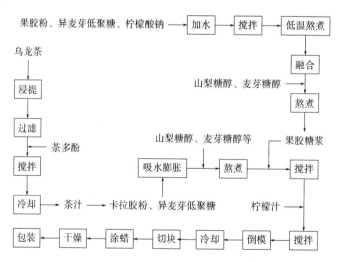

3. 操作要点

（1）茶汁的浸提　选用香气浓郁的乌龙茶置于不锈钢锅内，加入100℃沸水盖上锅盖浸泡6min，经筛网过滤除去茶叶，加入茶多酚搅拌均匀，冷却至常温待用。

（2）果胶糖浆的制作　按配方Ⅱ将果胶、异麦芽低聚糖、柠檬酸钠混合均匀后，缓慢倒入170mL水中并不断搅拌，使果胶粉均匀分散于水中。低温熬煮果胶，并不断搅拌直至沸腾，保持微沸1～2min，使果胶、异麦芽低聚糖、柠檬酸钠充分溶解并融合；再加入山梨糖醇、麦芽糖醇，继续熬煮至温度为108～109℃，称取60g果胶糖浆待用。

（3）熬糖　将配方Ⅰ中的卡拉胶粉与少量的异麦芽低聚糖干混均匀后，倒入上述冷却后的茶汁中，使其充分吸水膨胀；向该茶汁中再加入山梨糖醇、麦芽糖醇与剩余的异麦芽低聚糖，熬煮混合溶液至含糖量为68%，停止加热。

（4）向操作（3）的混合物料中加入称好的果胶糖浆，搅拌均匀，再加入榨好的柠檬汁，搅拌均匀。

（5）将操作（4）的混合物料倒入模盘，在室温状态下冷却24h；将冷却后的糖胚切块（30mm×15mm×10mm），涂上少量液体石蜡油防止糖块沾粘。

（6）将糖块放置网盘上，送烘房于50～55℃干燥30～36h，用糖果纸将糖块包裹，即为保健茶糖。

该软糖加工以柠檬汁与乌龙茶复配，使糖果的香味得到很好的提升；以功能性甜味剂替代传统蔗糖，引入乌龙茶提取液和柠檬汁，使该软糖具有较好保健功能。

（三）茶硬糖

一种绿茶硬糖的加工工艺如下。

1. 原料组成

绿茶20g、白砂糖100g、淀粉糖浆50g、奶粉15g、奶油4g、绿茶香精30mL等。

绿茶硬糖产品

2. 工艺流程

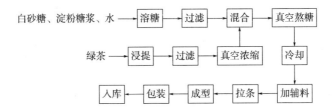

3. 操作要点

茶叶以100℃沸水抽提3～5min，过滤，适度真空浓缩；向按原料组成配好的白砂糖、淀粉糖浆等中加入30%左右的水加热溶化，将糖水混合液与浓茶汁一起经定量泵抽入真空熬糖锅内混匀，在86.66kPa（650mmHg）的真空度下熬3～5min，出锅，稍微冷却后加入其他辅料，保温在80～90℃进行拉条成型，成型后降至室温进行包装。

（四）红茶奶糖

一种红茶奶糖的加工工艺如下。

1. 原料组成

茶4%（干茶对成品糖重）、白砂糖90g、饴糖130g、起酥油7.5g、奶油7.5g、炼乳10g、奶粉10g、单甘酯0.6g、食盐0.8g、方登10g、明胶6g、香兰素0.2g、LJ4818 0.2g、LJ1811 0.4g。

2. 工艺流程

3. 操作要点

茶叶以 100℃ 沸水抽提 3~5min，过滤，适度真空浓缩；在红茶奶糖制作中，首先用部分水将砂糖和葡萄糖加热溶化，然后采用 4.5kg/cm² 左右蒸汽进行熬糖，使糖膏温度达 120℃ 左右即可。将糖膏放入搅打锅内，加入起泡剂和浓缩红茶汁进行搅打，搅打速度开始可放快些，经过 4~5min 搅打使糖膏晶莹透白即可，冷却、拉条、成型和包装。

（五）茶口香糖

李维杰等（2009）介绍了一种普洱茶风味口香糖的加工工艺。

1. 工艺流程

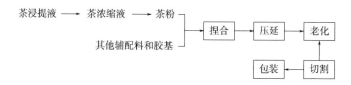

2. 操作要点

（1）普洱茶风味物质的浸提　优质普洱茶用去离子水浸提，浸提温度 85℃，浸提时间 20min，茶与水质量比 1:65。

（2）普洱茶茶汁的浓缩　向茶汁中加入 β - 环糊精至含量为 3.0%，搅拌均匀后用旋转蒸发仪在 55℃、0.08MPa 真空度下浓缩至原体积的 5% 左右。

（3）普洱茶茶粉的生产　加 3 倍原茶叶质量的白砂糖于浓缩后的普洱茶茶汁中搅拌溶解，在 55℃、0.09MPa 真空度下对普洱茶进行真空干燥 7h，用固体粉碎机粉碎至粉末，过 100 目筛。

（4）普洱茶口香糖的制作　取胶基 300g，放入 60℃ 恒温水浴锅中软化 0.5h。取砂糖 300g、木糖醇 300g、普洱茶干粉 50g，混合均匀，固体粉碎机粉碎，过 100 目筛，作为配料粉待用。将软化的胶基和一半的配料粉末放入捏合机混合捏合 0.5h，加入另一半配料粉末，同时加入甘油 3mL，继续捏合至颜色均一，即为毛坯。将毛坯置于室温下冷却至 35℃ 左右，压制成条带形。继续冷却至室温，修整成一定形状，用蜡纸包装。

按此工艺生产的普洱茶风味口香糖色泽为棕红色，且均匀一致，具有普洱茶特有的发酵气息，香气持久。入口微凉，回味带甜，口味纯正，无异味，形态完整，有韧性。

第六节　其他茶食品

一、茶果冻

果冻是由增稠剂（海藻酸钠、琼脂、食用明胶、卡拉胶等）加入各种人工合成香精、着色剂、甜味剂、酸味剂配制而成的一种半固体状甜食，外观晶莹，色泽鲜艳，口感软滑，备受人们尤其是少年儿童的喜爱。茶果冻是将茶添加到果冻中制成的具有茶风味的甜点，既可提高果冻的营养价值，又可利用茶的天然色泽和香味，使制成的果冻成色更真实，香味更自然。

（一）绿茶果冻的加工实例

程道梅等（2005）介绍了一种绿茶果冻的加工工艺。

1. 原料组成

果胶 0.40%、卡拉胶 0.325%、海藻酸钠 0.075%、白砂糖 11.5%、柠檬酸 0.325%、柠檬酸钾 0.05%、磷酸氢钙 0.02%、茶汁 30%。

2. 工艺流程

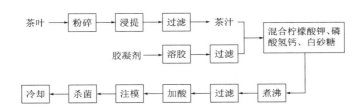

3. 操作要点

（1）茶汁的制备　将选好的普通绿茶进行粉碎，按 1∶100（质量/体积）的料液比先用 30～40℃ 热热水浸提，经纱布过滤后，茶渣再用 90～95℃ 热水浸提，合并两次提取液，立即加入维生素 C，添加量为茶汁的 0.1%。

（2）溶胶　取 50℃ 的温水，加入海藻酸钠，并不断搅拌使之溶解，继续搅拌的同时，再缓慢地加入果胶和卡拉胶，使之溶解，最终形成比较均匀的胶液。将胶液趁热过滤，以除去杂质及一些可能存在的胶粒。

（3）配料　将混合均匀的胶液与茶汁混合后，在加热的情况下边搅拌边加入白砂糖、柠檬酸钾、磷酸氢钙，使之混合均匀。

（4）加酸　将柠檬酸溶液缓慢加入上述溶胶中，边加边搅拌，使之混合均匀后，立即注模。

（5）杀菌、冷却　将上述样品封口后经 3～5min 微波杀菌后，迅速放入冰箱冷却成型。

4. 产品特性

按此生产的绿茶果冻色泽为黄绿色，有一定的茶香味；果冻呈凝胶状，组织柔软适中，富有弹性，口感细腻、均匀、无明显絮状物，透明性良好，无肉眼可见的外来杂质；脱离包装容器后，能基本保持原有的形状。

双色茶果冻产品

（二）红茶果冻的加工实例

董志铭等（2011）介绍了一种红茶果冻的加工工艺。

1. 原料组成

卡拉胶和魔芋胶（两者配比为 7∶3）的总添加量 0.8%，白砂糖 14%，速溶红茶粉 0.2%，柠檬酸 0.12%。

2. 工艺流程

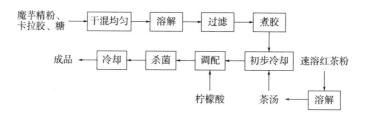

3. 操作要点

操作要点与绿茶果冻加工类似。将红茶添加到果冻里既可提高果冻的营养价值又可以利用红茶天然的色泽和香味，使制成的红茶果冻成色更真实，成香更自然。利用该工艺生产的红茶果冻色泽呈浅褐色，口感软滑爽脆，酸甜可口，且具有浓郁茶香味。

二、茶蜜饯

蜜饯也称果脯，是一种以果蔬等为原料，经用糖或蜂蜜腌制而成的食品，南方以湿态制品为主，称为蜜饯，北方以干态制品为主，称为果脯。茶蜜饯是将茶加入蜜饯中加工而成的一种食品。

蔡烈伟等（2014）介绍了一种红茶梅蜜饯的加工。以红茶和青梅为原料，研究了红茶梅蜜饯的加工工艺，以制品的形态、色泽、适口性和滋味为评价指标，研究糖渍浓度、红茶添加量、柠檬酸浓度、煮渍温度、煮渍时间等因素对制品品质的影响。结果表明，采用糖液浓度为60%、红茶添加量为2.5kg/100kg、柠檬酸浓度为1.5%、煮渍温度为100℃、煮渍时间90min时，制得红茶梅蜜饯较好。

（一）原料组成

糖液浓度60%、红茶2.5kg/100kg、柠檬酸1.5%。

（二）工艺流程

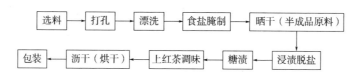

（三）操作要点

1. 选料及处理

选取七八成熟、无病虫害、无机械损伤的鲜青梅，采用专用的打孔刺孔机械在青梅表面刺上若干细微小孔；打孔后将青梅洗净。

2. 晒干

将经食盐腌制48~72h后的青梅于热泵风干，即为青梅盐坯半成品。该半成品可视后续加工需求按需取用，也可较长时间贮存。

3. 糖渍

按每 100kg 青梅加入白砂糖 15kg 的比例，将脱盐青梅浸入 60% 糖水中，水量以恰好淹没青梅为宜。静置 2d 后，随后 7d 每天翻动，且每天再加入 1~2kg 白砂糖；其后每隔 3~5d 翻动青梅，并加入白砂糖约 2kg，至 40d 时，将剩余白砂糖全部加入。整个腌制过程需时 2 个月。糖渍后将青梅与糖汁、1.5% 的柠檬酸溶液一并置于减压锅中 100℃煮渍 90min。

4. 红茶调味

煮制过程中，将 2.5kg 红茶调配的茶汤加入锅中，与青梅一起煮制。

5. 沥干（烘干）

煮制结束后将青梅取出沥去糖汁、茶汁，并置于专用烘箱中脱去部分水分。

按此工艺制作的红茶梅色泽橙黄晶亮完整，茶香显，滋味酸甜适度，风味明显。

三、茶瓜子

李家华等（2002）介绍了一种茶香瓜子的加工。以葵花籽、绿茶、甘草和食盐为主要原料，通过正交试验和感官评定确定了影响产品风味的绿茶、甘草和食盐的合理用量与加工工艺。

（一）原料组成

绿茶 120g、甘草 15g、食盐 15g、水 2000mL、葵花籽 1000g。

（二）工艺流程

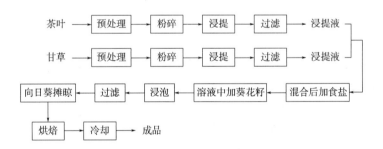

（三）操作要点

1. 葵花籽预处理

剔除市售葵花籽中含有的空瘪、变质籽粒和其他杂质，将其在烘箱中低温（60~70℃）慢烘，烘至含水量 7.0% 左右，以便在浸泡过程中能更好地吸收浸泡液中的有效成分。

2. 茶叶预处理

选用中、低档的云南大叶种炒青绿茶，经粉碎后，将 120g 茶粉用 1000mL 沸水浸提 30min，用 100 目尼龙网过滤除去茶渣后备用。

3. 甘草预处理

选择上好的甘草，先切成体积、厚薄大致均匀的薄片，再进行粉碎；将 15g 甘草粉用 1000mL 沸水浸提 30min，用 100 目尼龙网过滤除去甘草渣后备用。

4. 混合调配

将茶叶浸提液 1000mL 和甘草浸提液 1000mL 充分混合后，加入 15g 食盐均质，制得瓜子浸泡溶液 2000mL。

5. 瓜子浸泡

将 1000g 葵花籽加入上述浸泡溶液中浸泡 4～5h。浸泡前将浸泡溶液煮沸，以便经过热传递交流和形成水执差，使葵花籽内的分子与浸泡溶液中的分子相互渗透、融合而形成独特的风味。

6. 摊晾和烘干

红茶瓜子照片

滤除浸泡液，将向日葵薄摊在烤盘上晾干，1h 后送入烘箱，80℃烘至瓜子含水率 7.0% 左右为适度。烘时注意翻拌，防干燥不均匀和外焦里生的现象。

按此工艺生产的茶香瓜子外壳色泽呈浅红色，品质、风味均较佳。

思考题

1. 目前已开发了哪些茶食品？
2. 开发茶食品的注意事项有哪些？
3. 如何利用茶叶的特点开发有发展前景的特色茶食品？
4. 浅谈开发茶食品的优势与发展前景。

参考文献

[1]蔡烈伟，王春莲，杨双旭，等. 红茶梅蜜饯加工工艺研究[J]. 中国农学通报，2014，30(27)：309-314.

[2]陈蓓蕾. 保健茶糖的研制[J]. 食品工业，2000(6)：16.

[3]程道梅. 绿茶果冻的制作[J]. 农产品加工，2005(1)：53-55.

[4]董志铭，汤兴福，吴云辉，等. 红茶果冻的加工工艺研究[J]. 现代食品科技，2011，27(11)：1367-1371.

[5]黄赟赟，张士康，朱跃进，等. 红茶白巧克力产品开发及红茶抗白巧克力霜花研究[J]. 中国茶叶加工，2016(2)：16-20；37.

[6]金寿珍. 超微绿茶粉的制备及其在冰淇淋中的应用[J]. 中国茶叶加工，1997(1)：33-35.

[7]李博，刘明理，陈伯玮，等. 绿茶曲奇饼干的研制及配方优化[J]. 农产品加工：学刊，2013(4)：42-44.

[8]李家华，周红杰. 茶香瓜子的研制[J]. 食品科技，2002(1)：33-35.

[9]李维杰，陈春生. 普洱茶风味口香糖的研制[J]. 食品工业科技，2009，30(12)：245-267.

[10]宋欣华. 一种茶叶面包：102461588A[P]. 2012.

［11］汪松能，俞桂珍. 茶叶饮品的加工工艺［J］. 适用技术市场，1996（2）：21－22.

［12］俞素琴. 介绍两种茶叶食品的加工技术［J］. 中国茶叶加工，1998（1）：38.

［13］郑丽娜，刘龙. 抹茶全麦饼干的研制［J］. 现代食品科技，2013，29（6）：1362－1364.

［14］周宏林. 一种茶叶面包及其制作方法：104938579A［P］. 2015.

［15］朱俊玲. 绿茶冰淇淋的研制［J］. 食品工业，2006（1）：16－17.

第九章 茶日化用品

第一节 日化用品概述

一、日化用品的概念

日化用品（daily chemicals, household chemicals），即日用化学工业产品或日用化学品，简称日化，是以某些化学品或天然产品为原料加工制造的，与人们日常生活相关的，以清洁、美化人与人的家居生活为目的的化工产品。

二、日化用品分类

随着经济的发展、人们生活水平的提高及购买力的增强，日化用品迅速发展起来，不仅生产规模日益庞大，且产品逐步从基本的清洁需求向个性化需求转变，产品越来越多样化，分类越来越明显。按照日化用品的使用频率或范围，日化用品可分为生活必需品（或日常生活用品）、奢侈品；按照用途可分为洗漱用品、家居用品、厨卫用品、装饰用品、化妆用品等。

根据传统的产业习惯，我国将日化用品分为以下六大类：①化妆品类；②洗涤用品类，如皂类、洗衣粉、洗涤剂；③口腔用品类，如牙膏、漱口水等；④香味剂、除臭剂类；⑤驱虫灭害产品类；⑥其他日化用品类，如鞋油、地板蜡等（邓位，2006）。

其中，化妆品类种类繁多，根据功能又可分为：①护肤品类化妆品，如美白霜、防晒霜、护手霜、柔肤水、收敛水等；②美容类化妆品，如口红、胭脂、唇膏、睫毛膏、指甲油等；③清洁类化妆品，如洗面奶、面膜、香波、花露水、爽身粉等；④发用类化妆品，如护发素、摩丝、头油、发乳、发蜡等（邓位，2006）。

三、日化用品的行业特点

日化用品在人们的生活中占有很重要的地位，人类的生存、生活无时无刻不需要日化用品。日化用品产业有着非常典型的行业特点：从日化用品的耐用性来看，它属于快速消费品，在城市和农村广泛销售；从需求情况来看，个性化需求日益凸显，已经逐步从基本的清洁需求向个性化需求转变；从供给情况来看，为满足消费者的个性化需求，产品细分越趋明显，产品越来越多样化；从销售情况来看，日化用品已经从奢侈品转化为人们生活的必需品，城市日化市场已趋饱和，市场从城市转向农村。

四、日化用品的发展趋势

（一）科技创新引领行业发展

日化用品行业随着科学技术的不断进步而逐渐发展起来。20世纪50年代，石油化工与医疗科技的发展为日化行业提供了理论基础，促进了行业整体的发展，日化行业开始迅速成长起来。20世纪70年代，细胞生物学等基础学科与精细化工的发展为近代日化行业发展提供了基础，促进了日化用品行业的细分，开发出了具有高度针对性的产品，如抗皱、美白、防晒等，带动了整个日化行业的发展。近年来基因生物工程、植物萃取等高端科技的进步又将日化行业推向以天然原材料为主导的健康类产品市场。

（二）向有独特功效的日化用品方向发展

随着消费者个性化需求日益细化，独特功效日化用品，尤其是化妆品需求不断增长。消费者根据本身的体质、肤质、发质选择适用的日化用品，对日化用品的功效会有更高的要求；臭氧层的破坏导致到达地球表面的太阳紫外线增强，如何有效地防止皮肤老化、起皱、色素沉着、甚至癌变引起人们广泛关注；去痘、美白、控油、补水的护肤品及烫后、染后修复发质的洗发护发用品需求继续增长；随着社会的进步、青少年儿童化妆品市场的成长，对绿色化妆品需求增加，对过敏现象的预防日趋严格等。

（三）男士用日化用品需求日益增长

男士用日化用品市场起步比较晚，目前多数男性尤其是国内男性对日化用品还处于基础需求状态。随着世界日化用品市场关注男士以及男性时尚观念的转变、消费理念的提升，男士用日化用品市场迅速发展起来。

（四）天然有机类日化用品更受青睐

日化用品是人们常用的日用消费品，应具有安全、稳定、使用舒适和有效等基本特性，使用时不得有碍人体健康、不得有任何副作用。随着消费者环保、健康消费意识的增强，及日化用品重金属含量超标、违禁添加激素和抗生素等事件的频发，消费者越来越倾向于使用天然有机类日化用品。

五、茶在日化用品中的应用

随着日化用品行业向着崇尚绿色、回归自然的方向发展，植物活性成分因具有功效好、副作用小的特点，以植物活性成分为主的天然日化用品越来越受到消费者的青睐。茶是世界公认的健康饮料。随着科技的进步及茶医学研究的不断深入，茶的功能成分逐渐被分离鉴定及活性功能日益被揭示，尤其是茶的抗氧化、清除自由基、抑菌、抗辐射、抗过敏等功效，茶的应用范围越来越广泛，茶在日化用品中的应用也越来越受到重视。

日本较早开始研究将茶叶的提取物运用在日化用品中，如在防衰老化妆品中加入茶提取物制成含茶皮肤保护剂，可有效抑制皮肤胶质交联化作用产生的皮肤老化。英国的Revlon抗衰老剂中也加有绿茶提取物，将其用于眼部周围的皮肤，可减少皱纹的产生等。国内外许多日化用品公司已经生产并销售含茶系列产品，如美国的水之澳H_2O

绿茶抗氧化面霜和精华露、兰蔻公司的绿茶养颜系列产品、雅芳公司的白茶抗氧化系列护肤品等，这些产品均受到消费者的普遍好评（黎洪霞等，2017）。

茶日化用品种类繁多，根据用途不同，归纳起来主要有：①化妆品类，如含茶的润肤霜、防晒霜、乳液、香波等；②洗涤用品类，如含茶肥皂、含茶洗手液等；③口腔用品类，如含茶牙膏、含茶漱口水等；④香味剂、除臭剂类，如含茶香水、茗香露等。

中国是茶的故乡，茶叶资源十分丰富。随着植物活性成分在日化用品行业应用的发展、茶及其副产品中天然活性成分的提取工艺逐渐成熟和推广，茶资源在日化产品行业的应用将不断扩大与深入。

第二节　茶在日化用品中应用的化学基础

一、茶多酚类化合物

茶多酚类化合物是一类存在于茶树中、由多种酚类化合物组成的混合物，包括儿茶素类；黄酮、黄酮醇类；花青素、花白素类；酚酸及缩酚酸类，其中以儿茶素类化合物含量最高，约占茶多酚总量的80%。茶多酚类化合物既是构成茶叶品质的最重要物质成分，也是茶叶具有多种保健功能的第一重要物质。美国医学基金会主席 Weisbarger（魏斯贝格尔）指出茶多酚将是21世纪对人类健康产生巨大效果的化合物。

茶多酚作为日化用品的天然原料，具有许多特点和优势：安全性高，属无毒、无刺激性物质，符合日化用品质量标准；保健功能强，尤其是其抗氧化活性，优于维生素 C 及人工合成的抗氧化剂丁基羟基茴香醚（BHA）、二丁基羟基甲苯（BHT）等；茶多酚类化合物分子质量小，相对分子质量一般在500~3000，极易被人体皮肤吸收；我国茶叶资源丰富，茶多酚原料充足。

茶多酚在日化用品中的应用概括起来主要与以下几个方面的功能相关：

（一）抗氧化和预防衰老

皮肤衰老主要表现为皮肤弹性下降、松弛、粗糙、出现皱纹、形成色斑、干燥等现象。活性氧自由基是导致皮肤衰老的重要原因。机体活性氧自由基增多引起膜脂质过氧化作用，从而导致膜蛋白处于永久性缔合状态，膜的流动柔软性降低，膜的结构和功能被严重损害，使皮肤干燥、出现皱纹等老化现象；脂质过氧化作用还会形成丙二醛，丙二醛是一种强交联剂，它可与蛋白质、核酸等交联形成脂褐素，即出现老年色斑；活性氧自由基还可导致结缔组织中胶原蛋白的交联和降解，使皮肤弹性下降、松弛、无光泽等。因此，可通过抗氧化、清除活性氧自由基来延缓皮肤衰老。

茶多酚具有很强的抗氧化能力，其清除活性氧自由基的能力强于维生素 C。茶多酚可通过清除活性自由基，抑制皮肤脂质过氧化作用，预防皮肤衰老。茶多酚还可通过抑制胶原酶和弹性蛋白酶活力，阻止胶原蛋白和弹性蛋白的含量下降或变性，维持皮肤弹性及防皱。

（二）防止皮肤紫外损伤及减小色素沉着

酪氨酸酶是皮肤黑色素生物合成的关键酶，其生物活性与黑色素合成量呈正相关，皮肤内黑色素的含量是决定皮肤颜色的主要因素。黑色素是一种天然的紫外线吸收剂。当机体受到日光照射时，黑色素细胞内黑素体中的酪氨酸经酪氨酸酶催化形成黑色素。随着年龄的增长或受到强烈日光照射，皮肤常会变黑、产生斑痕或色素沉着。波长200～320nm的紫外线绝大部分能被皮肤吸收，可使血管扩张，出现红肿、水泡等症状，长期照射产生日晒皮肤，引起表皮部位黑色素沉着，促使光老化（杨贤强等，2003），甚至导致皮肤癌，因此，需要防晒来预防紫外线辐射、减小色素形成。

茶多酚对波长200～330nm的紫外线有较强的吸收，具有"紫外线过滤器"的美称，能降低紫外辐射的致突变作用，抑制紫外线辐射引起的红疹、皮炎等皮肤损伤。茶多酚对酪氨酸酶活性具有强烈的抑制作用，可减少黑色素细胞的代谢强度，从而减少黑色素的形成，具有皮肤美白作用。茶多酚还可通过清除自由基活性、预防脂质过氧化，有效抑制雀斑、褐斑等斑痕，减轻色素沉着目的。由此可见，茶多酚具有较好的防晒防辐射作用，可在防晒日用品上添加。

（三）杀菌和消炎作用

茶多酚对微生物（包括真菌、酵母、细菌、病毒）具有广谱抗性，对动物、植物和其他环境中多种微生物的生长都有明显抑制作用。茶多酚对引起人体皮肤病的多种病原真菌（如须发癣菌、红色发癣菌、白癣菌等）有很强的抑制作用，可用于沐浴露、洗手液等清洁用品，预防某些皮肤病的发生。茶多酚对白色链球菌、金黄色葡萄球菌和厌氧菌等阴道致病菌有较强的抗菌活性，且其抗菌效果优于洁尔阴，可用于开发女性阴道清洁剂。

粉刺是常发生于青年的慢性毛囊炎，由于激素分泌过多或者5-α还原酶活力过强，导致皮脂腺肥大、皮脂分泌过多而淤积于毛囊内形成脂栓，从而影响皮脂腺分泌物排出而形成。在脂栓的厌氧条件下毛囊内的棒状杆菌大量繁殖，分泌脂肪酶，分解皮脂而游离出脂肪酸、刺激毛囊，引起炎症而发生痤疮（杨贤强等，2003）。茶多酚的主要成分儿茶素不仅可抑制5-α还原酶活力，抑制皮脂产生，且还是抑菌剂和抗炎因子，可有效预防和治疗粉刺、痤疮等。

口腔细菌感染常引起口腔蛀牙等口腔疾病。茶多酚对口腔细菌有很强的抑制效果，不仅可抑制各种口腔细菌的黏附、生长和繁殖，且还可直接杀灭口腔细菌，显示出较好的防龋固齿效果。甲硫醇是口臭的主要成分，是由口腔微生物代谢所致。茶多酚的抑菌作用还可抑制这种不愉快气味的产生，且茶多酚还具有很强的吸附能力，有除臭作用。因此，可将茶多酚用于牙膏、漱口水等日化用品中。

（四）收敛作用

茶多酚可与蛋白质发生络合反应，这种作用使人产生收敛的感觉而称为收敛性。茶多酚的这种收敛作用在日化用品中有重要作用，可使含茶多酚的化妆品在防水条件下对皮肤有很好的附着能力，并且可使粗大的毛孔收缩，使松弛的皮肤收敛、绷紧而减少皱纹，从而使皮肤显得光滑细腻。茶多酚的收敛作用还可减少油性皮肤油脂的过度分泌，使汗腺收敛抑制排汗，从而起到抑脂防汗的作用。

（五）保湿作用

皮肤外观健康与否取决于角质层的含水量。角质层长期缺水将导致皮肤干燥、粗糙和形成皱纹。为了保持皮肤的娇嫩润滑，需要在皮肤表面使用能与水结合的保水物质，使角质层保湿，延缓和阻止皮肤内水分的挥发，这种物质称为保湿剂。

茶多酚是一种具有保湿作用的天然产物，其分子结构中含有大量亲水性的酚羟基和多元醇结构，可吸收空气中的水分。透明质酸酶是一种水解透明质酸的酶。透明质酸是皮肤中的一种黏多糖，具有极好地保湿作用，其含量减少会使皮肤水分保持量急剧减少。茶多酚对透明质酸酶具有明显的抑制活性，可通过抑制透明质酸酶活性来降低透明质酸的降解，从而达到护肤品中真正生理意义上的深层保湿作用。

（六）解除重金属的毒害作用

重金属是日化用品中的主要有害物质之一，尤其是化妆品，一些重金属是为了达到某些特定的功效而刻意添加的，如汞具有非常明显的美白作用，化妆品中添入汞，可以破坏肌肤表皮层中酪氨酸酶的活力，使黑色素难以形成；硫化汞，又名朱砂，因其色彩鲜艳持久而被添加于胭脂、口红等化妆品中；砷对蛋白质及多种氨基酸都具有很强的亲和力，极易被机体吸收，能增加化妆品祛斑美白的功效；铅具有很强的附着和遮瑕能力，常被添加于很多美白化妆品中；铅也常被添加到染发剂中用来促进染料的溶解等（黄义峰等，2017）。

重金属会通过皮肤的透皮吸收作用，富集于人体的体表并进入体内，使皮肤和肌体受到慢性伤害。在洗面奶、卸妆液等清洁用品中添加茶多酚，茶多酚通过与金属离子的螯合和沉淀作用，可有效地防止皮肤对重金属的透皮吸收作用，解除和缓解重金属对皮肤和肌体的伤害作用。

（七）抗过敏作用

组胺是一种活性胺化合物，可以影响许多细胞的反应，是过敏的诱因之一。研究表明茶多酚可以有效抑制肥大细胞释放组胺，从而抑制皮肤过敏。茶多酚还能抑制活性因子如抗体、肾上腺素、酶等引起的过敏反应。Uehara研究报道绿茶、红茶、乌龙茶中的多酚对顽固性特应性皮炎中的过敏反应有良好的抑制作用。由此可见，茶多酚可添加于一些日化用品中起到抗过敏效果。

二、茶皂素

茶皂素是一类齐墩果烷型五环三萜类皂苷的混合物，由糖体、皂苷元及有机酸三部分组成。它是一种性能优良的天然非离子表面活性剂，不仅具有良好的乳化、发泡、分散、渗透、湿润等作用，且还具有消炎、镇痛、杀菌、止痒等功能，可广泛应用于工业、农业及医药等多个领域，具有广阔的发展前景。

茶皂素在日化用品中的应用功效概括起来主要有以下几个方面。

（一）良好的表面活性

茶皂素的分子结构上有典型的亲水基团和亲油基团，这种亲水亲油的双亲结构使得茶皂素成为一种性能良好的天然非离子表面活性剂，具有较强的乳化、发泡、稳泡、分散、湿润等多种表面活性。茶皂素能显著地降低水溶液的表面张力，具有较好的亲水亲油平衡值。茶皂素不仅起泡能力强，泡沫稳定性高，且其起泡性不受水质硬度、无机盐和溶液酸碱性的影响。因此，茶皂素可用于制造清洁、洗涤等日化用品。

（二）杀菌、消炎、抗渗

茶皂素有较好的抑菌活性，对多种细菌、真菌都有较好抑制作用，尤其是对各种皮肤致病真菌表现出良好的抑菌活性。茶皂素还具有明显的消炎抗渗活性，表现在炎症产生初期，将遭阻碍的毛细血管透过性恢复正常，从而达到消炎抗渗作用。

三、茶多糖

茶多糖是一类与蛋白质结合在一起的酸性多糖或酸性糖蛋白，约占茶叶干物质的2%。药理研究表明茶多糖有降血糖、血脂、抗炎、抗凝血、抗血栓、抗辐射、增强机体免疫力等功能，是茶叶另一个非常重要的活性成分。目前，茶多糖主要应用于医药品、保健品和日化品，是一项很有前景的天然活性成分。

茶多糖应用在日化用品中，主要与以下功能相关：

（一）具有较强的抗氧化作用

研究表明茶多糖能显著提高机体血清抗氧化酶活性，如超氧化物歧化酶（SOD）、谷胱甘肽过氧化物酶（GSH-P$_x$）、过氧化氢酶（CAT）等，显著降低血清脂质过氧化产物丙二醛（MDA）含量，与茶多酚一样，显示出较强的抗氧化活性。因此，茶多糖可应用在美白、祛斑等日化护肤品上，防止皮肤由于过氧化而引起的黑化、雀斑、褐斑、老年斑的形成，起到美白、祛斑效果。

（二）抗辐射

早在20世纪70年代，中国农业科学院茶叶研究所与天津市卫生防疫站就开展了用茶多糖粗制品防御小鼠急性放射性伤害的试验，小鼠皮下注射茶多糖后照射^{60}Co，结果表明茶多糖抗辐射效果显著，可提高成活率30%；小鼠照射γ射线后服用茶多糖，可保持血色素平稳，红血球下降较少，血小板波动也较正常。这表明茶多糖有抗辐射作用，可保护机体造血功能，可将茶多糖添加到相关日化用品中预防辐射对人体造成的危害。

（三）保湿作用

多糖分子结构中含有大量的亲水性羟基，使得多糖表现出优良的理化性质，如强吸水性、乳化性、高黏度和良好的成膜性。多糖的强吸水性和良好的成膜性完美结合，使多糖具有很好的保湿效果，成为一种性能优良的化妆品保湿剂。

多糖的保湿作用在于：①多糖分子结构中大量的亲水性羟基、羧基和其他极性基团可与水分子形成氢键而结合大量的水分；同时，多糖分子链间相互交织成网状，与水的氢键结合，可起到很强的保水作用；②在胞外基质中，多糖与皮肤中的其他多糖组分及纤维状蛋白质共同组成含大量水分的胞外胶状基质，为皮肤提供水分；③多糖具有良好的成膜性能，可在皮肤表面形成一层均匀的薄膜，减少皮肤表面水分蒸发，使得水分从基底组织弥散到角质层，诱导角质层进一步水化，保存皮肤自身的水分，完成润肤作用（刘敏等，2010）。

茶多糖是一种由茶叶提取的酸性多糖，与普通多糖一样具有良好的保湿效果，可用于日化用品发挥保湿效果。

四、咖啡碱

茶叶所含的咖啡碱也具有一些保健功能，可用于相关日化用品的开发。如咖啡碱具有松弛平滑肌的功效，能舒张血管，促进血液循环，可用来开发紧肤、淡化黑眼圈、祛眼袋等系列产品。咖啡碱也具有一定的抗菌活性，且能抑制肥大细胞释放组胺，可用来开发抗过敏日化用品。咖啡碱还能促进体内脂肪燃烧，使其转化为热量以提高体温、促进出汗等，具有一定的减肥功能，可用于开发一些外涂的减肥日化用品。

五、其他

（一）茶色素

茶色素是指从茶叶中提取的一类水溶性酚性色素，主要由多酚类物质氧化聚合而形成的茶黄素（TF_s）、茶红素（TR_s）和茶褐素（TB_s）等组成。茶色素不仅是一种天然的色素，具有良好的生物降解性，且还具有与茶多酚类似的抗氧化、抗辐射、抑菌等功效，可作为着色剂、抗氧化剂、杀菌剂等用于日化用品中。

（二）氟

氟是人体必需的微量元素，与人体牙齿健康密切相关。缺氟，牙齿釉质不能形成抗酸性强的氟磷灰石保护层，导致牙釉质易被微生物、酸等侵蚀而发生蛀牙。茶树是一种富氟植物，氟含量比一般植物高十倍至几百倍，我国自古就有用茶水漱口的做法。可用茶水或茶提取物来开发含茶牙膏、漱口水等日化用品。

（三）维生素

茶叶含有丰富的维生素，如维生素 B、维生素 C、维生素 E 等。维生素 B_2 可以增进皮肤的弹性，维生素 C、维生素 E 有较好的抗氧化、消除自由基活性，可用于开发抗衰老、美容等含茶护肤品。

（四）茶籽油

由茶籽提取的茶籽油含有丰富的维生素 E、多种不饱和脂肪酸和甾醇等成分，具有较好的抗氧化活性和抗紫外线辐射效果，能防止皮肤损伤和衰老，使皮肤具有光泽；茶籽油与皮肤有很好的亲和性，可用于唇膏、护手霜、润肤露等日化用品，防止嘴唇、皮肤干裂；茶籽油还具有杀菌解毒作用，用来制备护发品，不仅能滋润养发，还有去屑止痒的功效等（王万绪等，2015）。

由此可见，茶资源在日化用品行业的应用已被广泛研究和认可。茶资源可以单一成分、若干成分按一定比例进行配比，或茶的直接提取物添加于相关日化用品中。随着绿色消费观念的日益增长和深入人心，茶日化用品必将具有更加广阔的市场前景。

第三节 茶日化用品加工

一、茶化妆品

化妆品是指以涂抹、喷洒或者其他类似方法，散布于人体表面的任何部位，如皮肤、毛发、指趾甲、唇齿等，以达到清洁、保养、美容、修饰和改变外观，或者修正人体气味，保持良好状态为目的的化学工业品或精细化工产品。茶叶含有多种功效成分，具有较好的健美皮肤、延缓肌肤衰老、清洁、杀菌等作用，在化妆品上的应用必将具有广阔的发展前景。

常见的茶化妆品主要有护肤品类化妆品与清洁类化妆品两大类。

（一）护肤品类化妆品

1. 茶护肤霜

龚盛昭等（2002）利用茶提取物研制了多种性能良好、性价比合理的含茶护肤霜。

（1）配方　配方见表9-1。

表9-1　　　　　　　　　　含茶提取液的护肤霜配方（按质量计）

护手霜		润肤晚霜		护肤营养霜	
组成	用量/%	组成	用量/%	组成	用量/%
白矿油	8	辛酸/癸酸甘油酯（GTCC）	4	辛酸/癸酸甘油酯（GTCC）	6
二甲基硅油DC-200	4	二甲基硅油DC-200	6	二甲基硅油DC-200	4
棕榈酸异丙酯（IPP）	5	棕榈酸异丙酯（IPP）	8	棕榈酸异丙酯（IPP）	8
硬脂酸	3	硬脂酸	3	挥发性硅油DC-345	3
十六十八醇	3	十六十八醇	3.5	十六十八醇	3.5
单甘酯	2	羊毛脂	2	羊毛脂	2
甘油	8	甘油	4	甘油	8
尿囊素	0.3	SS	1.5	338	1.5
		SSE	1.5	339	2
维生素K$_{12}$	0.3	维生素E	2	维生素E	2
				透明质酸	0.1
香精、防腐剂	适量	香精、防腐剂	适量	香精、防腐剂	适量
茶提取液	余量	茶提取液	余量	茶提取液	余量

（2）操作要点

①茶提取物制备：取茶粉200g，加水2000mL，在80℃恒温水浴中搅拌提取60min，过滤；滤液用活性炭或活性白土脱色处理30min，过滤，即得茶提取液。

②将水和水溶性物质混合、溶解、加热至85℃，为水相。

③将油和油溶性物质混合，加热至85℃，为油相。

④将油相和水相混合，高速剪切乳化5min，再搅拌冷却至50℃，加入防腐剂杰马 – BP、香精，搅拌混合均匀，即得产品。

（3）性能　该护肤霜具有良好的护肤、抗衰老效果，同时还有一定的防晒功能。

2. 茶多酚美白护肤乳液

王义金（2016）介绍了一种含有茶多酚的美白护肤乳液。

（1）配方（按质量份数）　聚二甲基硅氧烷42份、环五聚二甲基硅氧烷44份、苹果酸40份、羟基化卵磷脂38份、茶多酚44份、丙烯酰二甲基牛磺酸钠40份、季戊四醇四异硬脂酸酯38份、椰油酰胺丙基甜菜碱44份、维生素E醋酸酯40份、白术根提取物38份、聚谷氨酸44份、乙二醇二硬脂酸酯40份左右、神经酰胺40份、对羟基苯甲酸甲酯38份、羟乙基纤维素约44份、水10000份。

（2）操作要点

①按配方将所需的聚二甲基硅氧烷，环五聚二甲基硅氧烷、苹果酸、羟基化卵磷脂、茶多酚、丙烯酰二甲基牛磺酸钠、季戊四醇四异硬脂酸酯、椰油酰胺丙基甜菜碱、维生素E醋酸酯、白术根提取物、神经酰胺、对羟基苯甲酸甲酯、羟乙基纤维素加入水中，超声高速分散，超声波频率为20kHz，分散速度5400r/min，分散时间为60min。

②加入所需的乙二醇二硬脂酸酯，超声高速分散，超声波频率为20kHz，分散速度4800r/min，分散时间为50min。

③加入所需的聚谷氨酸，超声高速分散，超声波频率为20kHz，分散速度4800r/min，分散时间40min；混合均匀后制得本品。

（3）性能　该含茶多酚的美白护肤乳液制备工艺简单，具有较为优越的美白效果；该产品能有效地清除自由基，并能加快皮肤表层细胞更新，美白护肤功效显著。

3. 驱虫防晒油膏

宋国强（2007）研制开发了一种夏令驱虫防晒油膏。以茶油为润湿剂，茶皂素为驱虫、消炎剂，制成夏令驱虫防晒油膏。使用时，将该产品涂抹在人体需防晒部位，不仅具有防太阳紫外线暴晒的功能，同时还具有很好的驱虫、消炎、镇痛等功效。

该驱虫防晒油膏基本配方：白油12g、十八醇3g、凡士林35g、基邻氨基苯甲酸酯4g、硬脂酸钙12g、羊毛脂6g、甘油4g、滑石粉26g、茶油3g、苯甲酸0.1g、丁基羟基茴香醚0.1g、茶皂素3g、香精及色素适量。

将上述各原料按配方称量，按一定顺序经过一系列的加热、溶解、冷却等过程，将个原料混合并搅拌均匀，即可制成该驱虫防晒油膏。

4. 茶多酚皮肤防晒霜

刘慧刚等（2007）公布了一种茶多酚皮肤防晒霜的配方。

（1）原料组成　α – 羟酸1.0g/kg、茶多酚（含儿茶素75%）10.0g/kg、EDTA – 2Na0.4g/kg、甘油35.0g/kg、1,3 – 丁二醇55.0g/kg、肝素钠5.0g/kg、PBS缓冲溶液849mL。

（2）操作步骤　本发明利用最新植物成分提取技术，研制的一种从绿茶中提取的含儿茶素75%的提取液，该化妆品具有抗自由基和防晒作用。

①茶多酚的提取：以绿茶为原料提取茶多酚，将茶多酚溶液经分离、纯化使含儿茶素为75%。

茶护肤品类化妆品商品

②缓冲溶液的配制：先分别配制0.01mol/L磷酸氢二钠溶液820mL，0.01mol/L磷酸二氢钾溶液180mL，将这两种溶液混合，调pH至7.15左右。以后所用液体均为该PBS缓冲系统。

③皮肤防晒配方的配制：分别将α-羟酸、茶多酚、EDTA-2Na、甘油、1,3-丁二醇、肝素钠与PBS缓冲溶液混合、搅拌均匀。

（3）性能　该茶多酚皮肤防晒配方主要由茶多酚、α-羟酸等组成，具有良好的清除自由基和防晒效果，且以茶多酚为主原料减少了α-羟酸的应用，降低了产品成本。

（二）清洁类化妆品

1. 茶多酚面膜

倪志华等（2017）介绍了一种茶多酚功能性面膜的制备。

（1）原料组成　透明汉生胶0.3g、透明质酸0.05g、甘油3.0g、香精0.005g、RH-40 0.1g、杰马-BP 0.2g、去离子水96.35g及茶多酚。

（2）操作要点

①将去离子水加热至90℃，保持20min，取5g备用；

②将透明质酸、汉生胶加入去离子水中，搅拌溶解，降温至40℃；

③将香精、RH-40搅匀，加入步骤①中冷却的5g备用去离子水中，搅拌溶解，加入步骤②的体系中，搅拌均匀；

④再加入甘油、杰马-BP，搅拌均匀。

⑤每25mL基础面膜液配备0.075g茶多酚粉末，分别独立密封于铝膜袋中。使用前将茶多酚粉末倒入面膜液中，搅拌溶解。

（3）产品质量　该面膜感官、理化、卫生指标均符合国家推荐标准，配方稳定，且有较好的美容护肤功效。

2. 茶粉面膜

王彬等（2013）研制了一款以超绿活性茶粉（UGA-TP）为功能性添加物的剥离性面膜。

（1）原料组成（按质量计）　聚乙烯醇10%、钛白粉2%、羧甲基纤维素钠4%、甘油1%、乙醇10%、UGA-TP 4%、尼泊金甲酯0.1%、香精适量，余量为去离子水。

（2）操作要点

①A相制备：称取聚乙烯醇，加入少量乙醇润湿，静置10min，然后加入适量70～80℃热水，置于（80±5）℃水浴中充分搅拌，直至溶解；称取钛白粉、羧甲基纤维素钠和甘油，加入适量水中，置于（80±5）℃水浴中充分混匀，直至溶解；趁热将这两种溶液混合均匀，得到黏性溶液。

②B相制备：称取超绿活性茶粉，用少量冷水浸泡20min，然后适当超声得到均匀的悬浊液。

③C 相制备：称取尼泊金甲酯和香精，溶于余下的乙醇中。

④混合：待 A 相降温至 40～50℃时，加入 B 相和 C 相，充分搅拌均匀，得到超绿活性茶粉面膜。

（3）产品质量　该面膜色泽翠绿持久，茶粉分散均一，呈均匀膏体状，易涂展，肤感清爽、细腻，无明显颗粒感，色泽翠绿，有显著茶香。该面膜的干燥时间为（1008±12）s，pH 为6.38±0.07，不易发生分层、浮油现象，色泽变化较小，具有良好的耐热、耐寒及离心稳定性。

抹茶面膜的制作

3. 天然草本洗发露

胡木明（2007）研制了一种含茶皂素的去屑止痒、护发防脱的草本洗发露。该产品具有高效去屑止痒、促生发、止脱发、护发、美发等明显功效，无副作用。

（1）原料组成配方（按质量计）　草本提取液 10%～20%、烷基葡萄糖苷 15%～20%、活性肽调制剂 1%～2%、茶皂素 1%～5%、丝肽 1%～5%、芦荟提取液 1%～5%、硅油 4%～6%、聚季铵盐 2%～5%、香精 0.3%～0.5%、卡松 0.1%，余量为纯水。其中，草本提取液由仙鹤草 20～40g、旱莲草 20～40g、川芎 10～20g、白癣皮 10～20g、地肤子 20～40g、石榴皮 10～20g 的提取液组成。

（2）操作要点

①将上述中草药先用乙醇溶液浸泡，再经恒温回流提取、分离制得草本提取液。

②按原料组方依次将烷基葡萄糖苷、活性肽调制剂、茶皂素、丝肽、芦荟提取液等加入草本提取液中，按 QB/T 1645—2004《洗面奶（膏）》洗发露生产工艺制备成洗发露。

4. 绿茶洗发香波

罗孟君等（2012）研制了一种绿茶洗发香波的制备。

（1）原料组成　提取液 25%，珠光剂（乙二醇脂肪酸酯）1.6%，638（聚乙二醇600 双硬脂酸酯）6.2%，639（聚乙二醇 600 双硬脂酸酯）0.2%，K-12（脂肪醇聚氧乙烯醚硫酸钠）6.0%，NaCl 0.2%，柠檬酸 0.15%，AES（十二烷基聚氧乙烯醚硫酸钠）8.0%，BS-12（十二烷基甜菜碱）6.0%，柔软剂（氨基硅油）1.5%，6501（椰油酸二乙醇酰胺）1.2%，光亮剂（二乙醇胺）0.1%，凯松（2-甲基-4-异噻唑啉-3-酮）0.05%，潘婷香 0.4%。

（2）操作要点

①绿茶浸提液制备：绿茶→研碎（80～100 目）→按料液比 1∶25（质量比）加水→浸泡 30min→95℃水浴提取 30min→冷却至室温→过滤得绿茶浸提液。

②香波制备：按顺序依次加入各组分：在 98℃的水浴中，边搅拌边加入水（60%）→绿茶提取液→珠光剂（约 1min）→638（约 15min）→639（1min）→K-12（10min）→NaCl（1min）→柠檬酸（1min）→AES（30min）→关闭加热器后利用余温加热→BS-12（2min）→柔软剂 B（2min）→6501（2min）→加入光亮剂→潘婷香→凯松。每种原料溶解后再加另一种，每加入一种原料要充分搅拌，让各种原料充分混合，乳化后在加入另一种。

茶清洁类
化妆品商品

（3）产品质量与性能　该香波呈咖啡色，色泽均匀有珠光，手感均匀，无颗粒物。该洗发香波制备工艺简单、性价比高，具有清洗、去屑、调理、黑发等功效。

二、茶洗涤用品

茶皂素是一种性能优良的天然表面活性剂，具有性能柔和，水溶液呈微酸性、易清洗等特点。茶皂素直接用于洗涤毛纺织物，可保持织物的天然色泽，剥色能力小，色彩艳丽，且具有保护织物、防缩水的作用。茶皂素与化学合成的表面活性剂复配后，去污能力显著增强，洗涤效果良好。茶皂素多用于制备高档毛纺品、丝织品的洗涤用品。

（一）茶香皂

1. 洁肤、护肤茶皂

潘伯荣等（2012）公开了一种洁肤、护肤茶皂的发明专利。

（1）原料组成（按质量计）　皂基 74.5%~90%、茶多酚 0.2%~8%、茶叶细末 1%~2%、蜂蜜 1%~4%、麦饭石 0.5%~3%、玻尿酸 0.2%~2%、水解胶原蛋白 0.2%~2%、糖苷 1%~4%、柿子单宁 0.5%~1.5% 等。

（2）制备方法

①皂基制备：在常温下把橄榄油 250g、棕榈油 250g、椰子油 250g 在不锈钢锅搅拌均匀，再将 150g 纯水慢慢加入 150g 氢氧化钠中，搅拌让氢氧化钠溶解，待氢氧化钠溶液冷却到 25℃ 以下，将冷却后的氢氧化钠溶液慢慢加入不锈钢反应锅。氢氧化钠与油脂在不锈钢锅内充分搅拌均匀，并按每 5min 升 1℃ 至 70℃，保温 60min，皂化反应形成浓乳化液，加酸调整 pH 降至 6.5~8.0，此时完成皂基制作。

②茶皂制备：向皂基中加入乙二胺四乙酸（EDTA），降温至 50℃；依次加入茶多酚、茶叶细末、蜂蜜、麦饭石、玻尿酸、水解胶原蛋白、糖苷、柿子单宁、氧化铝、马油、角鲨烯、水解丝蛋白、活性炭、黄芩提取物、芦荟提取物。不断搅拌混合物制成洁肤、护肤固体茶皂的压模原料，再用机器压模成型，茶皂脱模后，堆放在室内阴干后在包装。

（3）功效　该茶皂不仅具有洁肤功能，且还具有抗菌消炎、收敛毛孔、活化细胞、高度保湿、抗氧化的功效。在去除皮肤污垢的同时，在皮肤上留下一层具有营养成分的透明保护层。

2. 茶油美白香皂

范雪萍（2017）发明公开了一种具有美白功能的香皂。

（1）原料组成（质量份数）　氢氧化钠 1.5 份、纯净水 4 份、鱼肝油 16 份、橄榄油 10 份、杏仁油 10 份、茶籽油 8 份、菊花精油提取物 0.8 份、蜂蜜 0.6 份、植物精油 1.0 份，其中菊花精油提取物为天竺葵提取物、芦荟提取物、茶树提取物、白芷提取物和甘草提取物，植物精油为柠檬酸精油和薰衣草精油。

（2）制备方法

①取组方量的氢氧化钠加入纯净水中，搅拌溶解，静置 15~30min 后备用；

②把组方量的鱼肝油、橄榄油、杏仁油、茶籽油依次加入不锈钢反应釜内，搅拌加热至65℃，静置15～30min后冷却备用；

③取组方量的蜂蜜、植物精油，搅拌均匀后备用；

④将上述三步所得的备用材料一起搅拌，加入菊花精油提取物，搅拌均匀，调节pH至7.1～7.3，倒入磨具成形，凝固后出模打印、包装、检验出厂。

（3）功效　该美白香皂具有滋润肌肤、防止黑色素沉淀的功效；该香皂天然无刺激，适合敏感性肌肤使用；制作简单，使用方便。

3、茶多酚美肤香皂

陈芝等（2016）公开了一种茶多酚美肤香皂发明专利。其原料组成（质量份数）为：脂肪酸钠100份、茶多酚10～30份、辛酸/癸酸三酸甘油酯1～5份、聚二甲基硅氧烷1～5份、二氧化钛1～3份、硬脂酸镁1～5份、丙二醇2～8份、甘油5～10份、三甲氧基癸酰硅烷1～5份、苯氧乙醇2～5份、香精1～5份。将这些原料按香皂常规制作方法制成茶多酚美肤香皂。该香皂凝聚茶多酚精华及多种美白精华成分，从肌肤直接进入人体细胞，有助于预防皮肤内的黑色素生长，达到美白肌肤的功效；且该香皂在抑制细菌的同时，还可以延缓皮肤氧化，延缓肌肤衰老作用。

绿茶皂商品

（二）茶洗涤剂

1. 茶皂素抗菌洗洁精

陈勇等（2015）公布了一种茶皂素抗菌洗洁精及其制备方法的发明专利。

（1）原料组成（质量份数）　茶皂素浓缩液10、黄芪提取液5、脂肪醇聚氧乙烯醚硫酸钠（AES）12、椰油酰胺丙基甜菜碱（CAB）6、净洗剂6501 2.5、NaOH 0.1、NaCl 0.4、卡松0.06、去离子水63.04。

（2）操作要点

①茶皂素浓缩液的制备：将茶粕100份置于索氏抽提器中，以石油醚60～70℃回流脱脂5～8h，得脱脂茶粕；按料液比1∶4～1∶6向脱脂茶粕中加入去离子水，于80～95℃恒温浸提2～4h，过滤，得浸提液和滤渣；按料液比1∶1～1∶3向滤渣中再次加入去离子水，于80～95℃恒温浸提1～2h，过滤，合并两次浸提液；向混合浸提液加入占其质量1%～5%的絮凝剂，静置2～4h，过滤，收集滤液，将滤液真空浓缩至滤液呈酒红色黏稠状液体；向该浓缩液中加入100份80%～90%的乙醇，静置、分层，取上清液；再分别用50份80%～90%的乙醇洗涤下层液体2次，合并三次上清液；将合并后的上清液经真空浓缩至原体积的一半，即得茶皂素浓缩液。

②黄芪提取液的制备：按料液比1∶4～1∶6向黄芪中加入去离子水，常温浸泡0.5～2h后，以3～6℃/min的速率加热至90～100℃，恒温浸提1～3h，过滤；再按料液比1∶10～1∶20向滤渣中加入去离子水，煮沸浸提0.5～1h，过滤，合并两次提取液；将提取液经真空浓缩至原体积的1/3，加入等体积无水乙醇，搅拌均匀，3000～5000r/min离心5～10min，取上清液经真空浓缩至原体积的一半，即得黄芪提取液。

③溶液A配制：将AES加入到占备用去离子水总量20%～50%的去离子水中，按3～5℃/min的速率升温至50～70℃，且边升温、边以20～50r/min速度搅拌，待AES

完全溶解；

④溶液 B 配制：将 CAB 和 6501 与同等质量的去离子水混合，按 3 ~ 5℃/min 的速率升温至 50 ~ 70℃，且边升温、边以 20 ~ 50r/min 速度搅拌，待 CAB 和 6501 完全溶解。

⑤混合：先将 NaCl 溶解于占其质量 2 ~ 5 倍的去离子水中。将茶皂素浓缩液与溶液 A、溶液 B 混合，在 20 ~ 50r/min 搅拌均匀，以 3 ~ 5℃/min 的降温速率降至 35 ~ 45℃后，用 NaOH 溶液调整 pH 至 6.5 ~ 7.5；向混合液中依次加入黄芪提取液、NaCl 溶液，在 20 ~ 50r/min 搅拌均匀，再加入卡松及剩余的去离子水，在 20 ~ 50r/min 搅拌均匀，经真空脱气去除气泡，即得茶皂素抗菌洗洁精。

（3）性能　该茶皂素抗菌洗洁精不仅具有较好的清洁效果、抗菌效果，且易漂洗、低刺激和环境友好等特点，适合于一般家庭清洁餐具时使用。

2. 茶皂素洗衣液

许虎君等（2012）公布了一种含有茶皂素的洗衣液及其制备方法的发明专利。

（1）原料组成（质量份数）　阴离子表面活性剂 6 ~ 31 份、非离子表面活性剂 12 ~ 43 份、茶皂素 0.5 ~ 6 份、荧光增白剂及助剂 0.06 ~ 1 份、去离子水 40 ~ 60 份等，其中，阴离子表面活性剂为烷基苯磺酸钠（4 ~ 15 份）、脂肪酸钾皂（1 ~ 12 份）和脂肪醇聚氧乙烯醚硫酸钠（5 ~ 15 份）的混合物；非离子表面活性剂为烷基糖苷（1 ~ 4 份）与脂肪醇聚氧乙烯醚（7 ~ 28 份）的混合物；荧光增白剂为荧光增白剂 CBS - X（0.01 ~ 0.05 份），荧光增白剂助剂为聚丙烯酸盐增稠剂（0 ~ 1 份）、EDTA（0.05 ~ 0.1 份）和香精（0 ~ 0.1 份）的混合物。

（2）操作要点　将阴离子表面活性剂及去离子水加入到搅拌釜中，加热到 80 ~ 95℃使其溶解，再加入非离子表面活性剂和茶皂素，搅拌直至其全部溶解，冷却，最后添加荧光增白剂及助剂，全部溶解后即制备得到含有茶皂素的洗衣液。

（3）性能　该含有茶皂素的洗衣液与现有洗衣液相比，配方合理，去污效果显著，具有良好的杀菌和消毒功能，所获产品绿色生态环保安全无污染，所使用的制备方法简单易操作，便于推广应用。

3. 儿茶素洗涤剂

王也（2014）公布了一种儿茶素洗涤剂的发明专利。该洗涤剂通过儿茶素颗粒与皮肤的直接摩擦去掉皮肤表层上的死皮老皮、角质和污渍，且不会磨伤皮肤，达到减肥、洁肤、护肤、美容等多种功效。

固状洗涤剂的组成与含量（按质量计）为：颗粒大小在 150 ~ 180 目的儿茶素 1% ~ 5%、固状洗涤剂基体 85% ~ 95%、苹果香精 0.5% ~ 0.8%，将各组分混合配制处理后形成固状洗涤用品。其中，固状洗涤剂基体组成为：高级乙醇硫酸酯化盐 25%、酪酸脱水素酵素 . 烃基磺酸 15%、醇酰胺 8%、肥皂 40%、脂肪酸 8%、食盐 5%、水 6%、其他 3%。

液状洗涤剂的组成与含量（按质量计）为：颗粒大小在 150 ~ 180 目的儿茶素 1% ~ 5%、液状洗涤剂基体 85% ~ 95%、香蕉香精 0.5% ~ 0.8%，将各组分混合配制处理后形成液状洗涤用品。其中，液状洗涤剂基体由油相与水相组成。油相为：硬脂酸 7000 份、十六醇 2500 份、甲基葡萄糖苷硬脂酸酯 2500 份、尼泊金丙酯 90 份；水相为：甘油 2500 份、十二烷基苯 1500 份、尼泊金甲酯 90 份、氢氧化钾 400 份、蒸馏水 4500 份。水相、油相分别加热至 85℃，将水相倒入油相高速搅拌乳化后，冷却至 50℃，加杀菌剂 40 份。

三、茶口腔清洁用品

（一）含茶牙膏

牙膏是一种日用必需品，与牙刷一起用于清洁牙齿，保护口腔卫生。牙膏品种较多，可分为普通牙膏、含氟牙膏、药物牙膏 3 类。药物牙膏是指在普通牙膏中加入某些药物成分，使牙膏具有药物的治疗作用。含茶牙膏就是一类含有茶叶提取物或茶叶功能成分的牙膏，属于药物牙膏范畴。如日本的日化商社研制开发了一种茶多酚牙膏，该牙膏具有很强的杀菌、洁齿、去口臭作用。

1. 普洱茶牙膏

南占东等（2012）研究开发了一种普洱茶牙膏。

（1）原料组成（按质量计） 甘油 8%、山梨醇 20%、聚二乙醇（PEG）2%、糖精钠 0.3%、焦磷酸四钠 0.2%、磷酸二氢钠 0.1%、羧甲基纤维素钠 0.8%、苯甲酸钠 0.2%、月桂醇硫酸酯钠 2.2%、二水合磷酸氢钙 21%、水合硅石 10%、香精 1.2%、普洱茶提取物 3%、水余量。

（2）操作要点

①按原料组成要求将羧甲基纤维素、甘油、山梨醇、糖精钠、苯甲酸钠、水依次投入煮沸锅中，加热至 75～100℃，加热搅拌形成胶体状，冷却待用。

②在搅拌作用下，把普洱茶提取物、水合硅石、磷酸氢钙二水合物、焦磷酸四钠、磷酸二氢钠、月桂醇硫酸酯钠、薄荷等原料逐一缓缓投入，继续搅拌 1～2h，使各种物料混合均匀，温度缓慢下降、冷却。

③将上述物料冷却至 40～50℃，经真空均质乳化机和灭菌机进行均质、乳化和灭菌。

④待产品冷却至 35～40℃，经全自动真空装填机填装入牙膏软管中，用封口机进行封口制成成品。

2. 茶盐牙膏

焦家良等（2011）公布了一种茶盐牙膏及其制备方法。

（1）组成（按质量计） 茶盐 0.1%～25%、茶多酚 0.01%～1%、摩擦剂 20%～50%、保湿剂 10%～35%、表面活性剂 1.0%～2.0%、增稠剂 0.5%～1.5%、甜味剂 0.01%～1%、防腐剂 0.15%～0.75%、香精 0.3%～1.5%、水 20%～40%，其中，需注意添加剂的种类与选择。

①摩擦剂：碳酸钙、磷酸氢钙、水合二氧化硅、二氧化硅、氢氧化铝、方解石、磷酸二钙、水合磷酸二氢钙、焦磷酸钙、水合硅酸中的一种或几种。

②保湿剂：甘油、山梨醇、木糖醇、聚乙二醇、丙二醇中的一种或几种。

③表面活性剂：十二醇硫酸钠、月桂醇硫酸钠、2－酰氧基键磺酸钠、聚氧乙烯－

聚氧丙烯缩聚物中的一种或几种。

④增稠剂：羧甲基纤维素、鹿角果胶、羟乙基纤维素、黄原胶、瓜尔胶、角叉菜胶、汉生胶中的一种或几种。

⑤甜味剂：环己胺磺酸钠、糖精钠、天冬甜精中的一种或几种。

⑥防腐剂：山梨酸钾盐、苯甲酸钠、对羟基苯甲酸酯类、苯甲酸、丙酸、山梨酸中的一种或几种。

（2）操作要点

①茶盐的制备：将茶与盐按比例1∶10~1∶20混合，在900~1100℃煅烧22~26h，其间的煅烧过程共反复8次，第9次煅烧时将温度提高到1500~1600℃，使盐熔化，将熔化冷却后的盐块粉碎，过150目筛得茶盐。

②将甜味剂、茶盐、茶多酚溶解于适量水中。

③将增稠剂在高速搅拌下分散在保湿剂中。

④将步骤②得到的水溶液加入到真空制膏机中，加入步骤③中分散好的增稠剂，再加入其余的水，经快速搅拌器搅拌10~15min。

⑤加入摩擦剂、表面活性剂，在真空状态下快速搅拌。

茶牙膏商品

⑥加入防腐剂、香精，在真空状态下调整搅拌15~20min，出膏前真空度不低于0.085MPa。

⑦脱气、灌装、包装。

（3）功效　该茶盐牙膏对牙齿和牙周组织具有预防龋齿，治疗牙龈炎、牙周炎疾病，去除口腔异味、美白牙齿等功效，且该牙膏对人体无任何毒副作用。

（二）含茶漱口水

漱口水作为一种口腔保健用品，分为美容性（清洁性）和治疗性（功能性）两大类，美容性漱口水的主要作用是去除口腔异味，治疗性漱口水是对口腔常见病进行辅助治疗。含茶漱口水因含茶的茶多酚、茶皂素、氟等成分，多具有清热解毒、消肿止血的功效，可预防牙龈炎、牙周炎、牙周肿瘤等。如巴西圣保罗大学口腔医学院研究人员开发出一种以绿茶为原料的可吞食漱口水，这种漱口水的主要有效成分是儿茶素，吞食后不会对人体有任何副作用，且具有消炎、抗菌、抗腐蚀等保健牙齿作用，对牙齿手术复原方面也有作用（赵焱等，2017）。

1. 红茶含漱液

任卫东等（2017）公布了一种红茶含漱液及其制备方法。

（1）原料组成（按质量计）　红茶液65%、蜂胶提取液7%、五倍子提取液9%、甘草根提取液1.5%、葡萄籽提取液4%、绿茶提取液4%、鲜榨柠檬汁3%、薄荷油0.2%、山梨酸钾0.4%、水余量。

（2）操作要点

①红茶液的制备：选用市购红茶，按红茶与水的质量比1∶100混合，在沸水中浸提30~35min，冷却至20~25℃后，经600目以上滤网过滤得红茶液。

②鲜榨柠檬汁的制备：选用岭南地区成熟的柠檬，压榨后经200目以上滤网过滤

得鲜榨柠檬汁。

③红茶含漱液的制备：将红茶液加入混合器中，加入纯水后，依次加入经 600 目以上滤网过滤后的蜂胶提取液、五倍子提取液、甘草根提取液、葡萄籽提取液、绿茶提取液，再分别加入薄荷油和山梨酸钾溶液，用鲜榨柠檬汁来调节溶液 pH 至 3.0 ~ 5.0，最后通过孔径小于等于 1 μm 的滤网过滤后，即得红茶含漱液。

（3）功效　该产品主要采用纯天然植物成分，不添加化学杀菌剂、酒精等化学成分。该原料组成中的红茶有消炎杀菌、解毒、防龋齿、延缓老化等功效；蜂胶有较强的补血止血、滋阴润燥、抑菌、抗炎镇痛等功效；柠檬汁中的柠檬酸令皮肤柔软、清新、纯净，也有很强的杀菌作用和一定的止血作用。

将该含漱液在口腔中含漱半分钟，可以清理口腔中牙刷无法清理到的卫生死角，对口腔的清洁效果显著，口气清新持久，同时可有效减少牙菌斑。

2. 花茶漱口水

都凤珍（2017）介绍了一种花茶漱口水的制备。花茶漱口水组分（按质量计）：茉莉花茶 20 ~ 30 份、绿茶 40 ~ 60 份、桂花 10 ~ 20 份、洋槐花 10 ~ 20 份、金银花 10 ~ 20 份、荷花 6 ~ 10 份、柠檬 6 ~ 10 份、甘草 6 ~ 10 份、桂皮 4 ~ 6 份、茶多酚 3 ~ 5 份、薄荷油 8 ~ 12 份、山梨醇 0.8 ~ 1.2 份、食盐 2 ~ 4 份、酒精 3 ~ 5 份、蒸馏水 80 ~ 120 份。该花茶漱口水利用花和绿茶自身的活性物质来达到抗菌消炎、消肿止痛、清热解毒、清新口气的功效。与传统漱口水相比，本发明成分天然、安全可靠、制作方法简单、味道清香凉爽，能长久保持口腔清洁、维持清新口气、防止蛀牙产生。

绿茶漱口水商品

四、茶香味剂与茶除臭剂

香味剂是人为的添加到某些饮食品、化妆品、洗涤剂及香烟等中，以及施洒在一些空气氛围或环境中起到产生特定香味或感觉的物质，是一些具有挥发性的含香物质。香味剂给人带来愉悦的感觉，不仅可提高人们生活的享受度，且起到刺激精神、提高劳动生产效率的效果。此外，有些香味还有一定的治病防病功能。

（一）茶香味剂

1. 茶味香水

四川达文西科技有限公司（2016）公布了一种茶味香水的制备方法。

（1）原料组成（按质量计）　由 1 ~ 3 份薄荷油、0.6 ~ 1.2 份茶叶提取物（3 - 己烯 - 2 - 丁酸酯）、2 ~ 6 份精油乳化剂、0.5 ~ 1.5 份挥发控制剂、70 ~ 90 份无水乙醇、5 ~ 7 份蒸馏水组成，其中挥发控制剂为聚乙烯醇，相对分子质量为 8000 ~ 15000。

（2）操作要点

①将薄荷油、精油乳化剂加入 65 ~ 80 份无水乙醇中，混合均匀；

②将聚乙烯醇、茶叶提取物 3 - 己烯 2 - 丁酸酯加入 5 ~ 20 份无水乙醇中，混合均匀，10 ~ 15℃超声分散 10 ~ 20min；

③将步骤①与步骤②分别产生的混合物混合均匀，加入蒸馏水再次混合均匀，即得所述茶味香水。

（3）功效　该茶味香水挥发速率适中，呈现新鲜茶叶的香味，且具有一定的抗疲劳功能。

2. 茶香空气清新剂

空气清新剂是由乙醇、香精、去离子水等成分组成，通过散发香味来掩盖异味，减轻人们对异味不舒服感觉的一种气雾或喷雾。目前市场上销售的空气清新剂种类很多，大多数空气清新剂是通过喷发弥散的香气来掩盖异味，而不是真正清除异味来改善空气的质量。人体吸入带有某种馨香气体的挥发性溶剂后，很快被吸收并侵入神经系统，使人产生"镇静"感。如果长期吸入，则会引起人体慢性中毒。

陈友望（2014）公布了一种茶香空气清新剂的配方。该配方按质量计为，绿茶香精8.2%、避光稳定剂0.7%、酒精17%，其余为蒸馏水，其中绿茶香精为纯绿茶香气提取物。将绿茶香精溶入酒精中，再将避光稳定剂溶入蒸馏水中，搅拌混合均匀，最后将酒精与蒸馏水搅拌均匀即得。该茶香空气清新剂有绿茶的天然香味，且对人体没有害处。

绿茶香水商品

（二）茶除臭剂

除臭剂是一类能减少或消除恶臭和浊气的物质，通过强的吸附作用或对氨、硫化氢等恶臭物质良好的分解效果等来达到消除臭气的目的。目前已有多种除臭剂面市，如冰箱去味剂、厕所除臭剂等。日本早在20世纪50年代就已广泛地使用除臭剂。随着研究证实茶叶及茶叶提取物有消臭作用，目前已有多家公司生产和销售茶叶提取物用作消臭剂，如日本矿业株式会社、日进香料株式会社生产的茶乙醇提取物（商品名德奥孔13189 - B），供食品、化妆品上消臭用（徐向前，1993）。

1. 生物吸毒除臭剂

单永波（2007）公布了一种生物吸毒除臭剂及其制备方法。

（1）原料组成（按质量计）　以茶和环糊精为原料制成吸毒除臭剂，其中茶58% ~95%、环糊精5% ~42%，再用包装材料包装成所需形状。

（2）操作要点

①环糊精为药用或食用级的 α - 环糊精、β - 环糊精、γ - 环糊精中的一种或几种混合物。

②包装材料为纯布料、混纺布、扎染布、丝绸、植物纤维、动物皮革、化纤中的一种或几种。

③茶为茶叶、二茬茶、茶修剪枝、茶根、茶桩中的一种或几种。

④将茶粉碎成5 ~15目的粗粉，加入环糊精，混匀，紫外线消毒15 ~30min，装入外包装中，制成所需形状。

（3）功效　该生物吸毒除臭剂既可吸收并清除醛类、苯环类、卤化物、氨、胺、硫化物等有害、有味物质，从根本上消除上述物质给人类造成的危害，又能与家具及装修风格或者汽车内的装饰协调一致，使人们能够处在舒适、环保、安全的居家或汽车环境中；同时，该吸毒除臭剂使用一段时间后，经日晒1 ~3h便可恢复产品的吸毒除臭功能。

该吸毒除臭剂全部用绿色、环保的茶和环糊精制成，无毒无害，且可重复使用，为一种理想、实用的全天然吸毒除臭剂。

2. 含茶多酚的空气净化剂

梁绮明等（2017）公布了一种含有茶多酚的空气净化剂及其制备方法。茶多酚的酚羟基可与臭气中的甲醛、氨基、硫醇键、羧基等反应，促使其分解，从而具有净味、除甲醛等功效；且本发明所述的含茶多酚增效茶片含水率较低，茶多酚等功效物质被包裹于其中，使用前不会因与空气接触而失效。该空气净化剂方便在车内、办公室、卧室、客厅等空气不流通的环境中使用。

（1）原料（按质量计）　含茶多酚的空气净化剂包括含茶多酚的增效茶片和空气净化凝胶，含有茶多酚的增效茶片为水速溶型茶片，空气净化凝胶为含有精油的固体空气净化凝胶。

茶多酚的增效茶片组分：10%的成膜剂壳聚糖，10%的充填剂高岭土，含茶多酚的除臭添加物为0.01%的绿茶提取液与艾叶提取液的混合物（1∶1，质量比），精油为8%的佛手柑精油和茉莉精油（1∶1，质量比），1%色素，15%的表面活性剂硬脂酸钠，余量为水。

空气净化凝胶组分：凝胶粉为0.5%卡拉胶，精油为0.01%姜精油、8%香精、增溶剂为1%氢化蓖麻油CO-40、水余量。

（2）操作要点

①制备含茶多酚的增效茶片：将称量好的成膜剂溶于水，依次加入充填剂、表面活性剂、含茶多酚的除臭添加物、精油、色素，搅拌均匀，经压片成型、高温干燥，即得。

②制备空气净化凝胶：将称量好的凝胶粉溶于80～100℃水中，依次加入香精、精油和增溶剂，搅拌均匀，然后注入容器，冷却成型，即得。

③分别将步骤①所得含茶多酚的增效茶片与步骤②所得的空气净化凝胶进行包装，即为含茶多酚的空气净化剂。

（3）用法　使用时，将含茶多酚的增效茶片放于空气净化凝胶表面，茶片与凝胶接触后，保护层缓慢与凝胶溶为一体，释放出茶多酚等功效除臭成分，增加空气净化凝胶的空气净化能力。

（4）功效　该含茶多酚的空气净化剂制备方法简单，容易操作，所制得的含茶多酚空气净化剂能有效净化空气中的甲醛、苯等有害气体，且具有良好的杀菌作用。

五、茶日化用品加工注意事项

尽管目前茶资源在日化用品行业应用比较普遍，但茶及其活性成分在日化领域的应用也存在一定的问题，比如茶多酚和茶黄素极易变色，直接添加到日化产品中会导致产品质量不稳定，且茶多酚和茶黄素的功效易丧失；提制茶叶活性成分时所用到的有机溶剂的残留等问题等。因此，茶资源在日化用品中应用时应注意以下几个方面。

（1）如果用茶资源的活性成分，尽量用纯度高的活性成分，避免因引入杂质而降低产品质量或带来安全隐患。

（2）在茶日化用品加工过程中，尽量避免体系中金属离子的存在，如Fe^{3+}，避免茶功效成分含量降低及产生沉淀、变色等现象。

（3）直接添加茶多酚的日化产品，尽量选择中性环境条件，避免碱性环境或酸度过高。

（4）含茶的日化产品建议在阴凉环境条件下贮藏。

（5）直接添加超微绿茶粉的日化用品色泽稳定性相对不好，且相较于直接添加茶多酚，随着时间的推移，超微绿茶粉可能会产生某些不愉快的气味。

（6）为提高茶日化产品的功效，建议将茶的活性成分进行衍生或与其他天然成分复配以提高疗效。

思考题

1. 茶资源在日化用品中的应用主要与哪些活性成分有关？
2. 简述茶资源在日化用品中应用的优势。
3. 简述茶多酚在日化用品中应用的机理。
4. 如何提高茶日化用品的利用效率和价值？
5. 设想茶日化用品的创新发展趋势。

参考文献

［1］邓位. 市场经济条件下我国日化品牌经营战略研究［D］. 西安：西北工业大学，2006.

［2］杨贤强，王岳飞，陈留记，等. 茶多酚化学［M］. 上海：上海科学技术出版社，2003.

［3］黄义峰，张艳. 化妆品中重金属元素的危害及对策［J］. 广州化工，2017（12）：17 - 19.

［4］刘敏，张云，崔岩. 多糖——一种新型的化妆品保湿剂［J］. 中国洗涤用品工业，2010（1）：69 - 71.

［5］王义金. 一种含有茶多酚的美白护肤乳液：105816372A［P］. 2016.

［6］宋国强. 夏令驱虫防晒油膏：1927157A［P］. 2007.

［7］刘慧刚，徐立红. 一种茶多酚皮肤防晒配方：1973813A［P］. 2007.

［8］王彬，刘婧，蒋玉兰，等. 超绿活性茶粉面膜的研制［J］. 农产品加工，2013（12）：16 - 19.

［9］胡木明. 一种去屑止痒、护发防脱的草本洗发露：1939256A［P］. 2007.

［10］罗孟君，陈宗高，熊远福. 绿茶洗发香波的制备及性能研究［J］. 化学工程师，2012（3）：57 - 59.

［11］潘伯荣，庄司修三. 一种洁肤、护肤茶皂：102643726A［P］. 2012.

［12］范雪萍. 一种美白香皂：107142163A［P］. 2017.

［13］陈芝，代显富. 一种茶多酚美肤香皂：105623930A［P］. 2016.

［14］陈勇，张鹏，黄卉芬. 一种茶皂素抗菌洗洁精及其制备方法：104531384A

［P］. 2015.

　　［15］许虎君，康鹏. 一种含有茶皂素的洗衣液及其制备方法：102643724A［P］. 2012.

　　［16］王也. 一种儿茶素的洗衣剂：103845229A［P］. 2014.

　　［17］焦家良，宋普球，刘作艳，等. 一种茶盐牙膏及其制备方法：102106802A［P］. 2011.

　　［18］赵焱，陈戍华. 巴西研制出以绿茶为原料的可吞咽漱口水［J］. 科技前沿，2017（6）：76.

　　［19］任卫东，汤丹丹，杨晨捷. 一种红茶含漱液及其制备方法：107157837A［P］. 2017.

　　［20］都风珍. 一种花茶漱口水：106924095A［P］. 2017.

　　［21］四川达文西科技有限公司. 一种茶味香水的制备方法：106214587A［P］. 2016.

　　［22］陈友望. 一种茶香空气清新剂配方：103566408A［P］. 2014.

　　［23］徐向前. 茶叶提取物在化妆品上的应用［J］. 中国茶叶，1993（3）：31 - 32.

　　［24］单永波. 生物吸毒除臭剂及其制备方法：1899625A［P］. 2007.

　　［25］梁绮明，张六平. 一种含有茶多酚的空气净化剂及其制备方法：106729870A［P］. 2017.

　　［26］黎洪霞，张灵枝. 茶日化产品综述［J］. 广东茶业，2017（4）：2 - 5.

　　［27］王万绪，谭蓉，谢丽娜. 茶制品在日化领域的应用进展［J］. 中国茶叶加工，2015（4）：5 - 10.

　　［28］南占东，农国富. 普洱茶牙膏的研究开发［J］. 口腔护理用品工业，2012，22（4）：6 - 7.

　　［29］倪志华，李云凤，徐陞梅，等. 茶多酚功能性面膜的制备及其稳定性研究［J］. 山东化工，2017，46（20）：12 - 13.

　　［30］龚盛昭，叶孝兆，骆雪萍. 利用废茶制备护肤霜的研究［J］. 广西化工，2002，31（1）：12 - 14.

第十章　茶医药

第一节　茶医药概述

从传说神农氏发现了茶的解毒作用以来，茶的药用性一直为人类所利用。随着现代科学技术的发展，特别是化学和医药科学的进步，茶的医药保健功能不断被现代科技所证实，茶医药功效的作用机理逐渐被揭示，为茶医药的发展奠定了理论基础，促进现代茶医药迅速蓬勃发展起来。

一、茶医药的概念

茶医药是用茶及相关中草药或食物等制备的、以养生和治疗疾病为目的的物质或制剂。茶医药既保持了茶叶应有的功能和作用，又有茶叶本身所不具备的效用；同时，由于茶与中药配伍，有助于发挥综合作用，加强疗效。

随着现代科技的发展，茶叶所含茶多酚、咖啡碱、茶多糖、茶氨酸、茶黄素、茶红素等药用成分被分离鉴定及其功能被验证，在传统茶医药基础上，现代茶及茶功能成分在医药上的应用迅速发展起来，茶及其提取物已临床运用或实验性应用于许多疾病的治疗或辅助治疗，如各类肿瘤、糖尿病、肾病、高脂血症、心血管疾病、辐射伤害、肝病、龋齿、皮肤病等。

二、茶医药的起源与发展

中国不仅是茶树的原产地，也是茶医药及茶文化的发祥地。从目前的文字记载及考古发现推论，最早发现茶的药用价值是在五千年前的"神农"时代。东汉的《神农本草经》载有："神农尝百草，日遇七十二毒，得荼乃解。"这里的"荼"指的就是茶。唐代茶圣陆羽的《茶经·六之饮》中载有："茶之为饮，发乎神农氏，闻于鲁周公。"随着茶医药知识的不断积累和普及，茶的医药功效逐渐被揭示，茶作为一种保健饮料被普遍饮用及广泛传播，茶医药在中国蓬勃发展起来。

中国茶医药的发展可分为三个阶段：茶医药的起源与初步探索阶段、中医对茶医药的研究与应用阶段、现代科技对茶医学的系统研究与开发阶段（朱永兴等，2006）。

（一）茶医药的起源与初步探索

从神农氏发现茶的解毒功能以来，人类对茶药用功能的认识经历了一个漫长的历史时期。人们在长期的实践过程中慢慢领悟到茶有解毒、清火、提神、消食等保健功效。尽管人类在此阶段的探索是零星的、随机的、很不系统的，但是积累了大量有关以茶治病的感性认识。在此基础上，人类的这种探索开始逐步由偶然走向自觉，直到中医对茶进行系统的研究并创造出大量含茶中医药方。从此，茶医药的发展进入到系统研究发展阶段。

茶医药在此发展阶段的主要成就可归纳为以下几点。

（1）发现了茶的药用价值，并积累了大量以茶治病的感性经验。

（2）从吃茶治病发展到以治病、防病及保健为目的的经常性饮茶。如随着茶医药知识的积累和普及，至唐代时，饮茶已成为上流社会普遍接受的嗜好，并逐渐发展成为一种被视为"养生珍品，不可一日无之"的"国饮"。

（3）茶的利用方式从直接食用鲜叶发展到将鲜叶加工成干茶贮藏。茶叶的加工干藏，使其更容易被广泛用于医药和制作保健饮料。

（二）中医对茶医药的研究与应用

茶医药在此阶段的发展基本上与中医的发展是同步的，历经从唐、宋时期起到二十世纪六七十年代止。这一时期人们开始采用中医的方法和临床实践的经验对茶的医药保健功效进行系统的研究，并注重整体的观点和遵循阴阳五行的世界观；对茶医药价值的开发利用已从单方应用发展到单方、复方并用，且以复方为主，并在实践中创造了数以千计的含茶中药方剂；服用方法由单一的煮饮法发展到煮饮、外敷、熏灸、药枕等多种方式，并创造了茶疗、茶膳等茶医药文化；在茶医药理论上，总结出了如唐代陆羽的《茶经》、唐代陈藏器的《本草拾遗》、元代忽思慧的《饮膳正要》、明代李时珍的《本草纲目》等系列传世经典。经过此阶段的发展，茶的医药应用已十分普及。

茶医药在此发展阶段的主要成就可归纳为以下几点。

（1）茶具有少睡、消食、祛风解表、安神、醒酒、坚齿、明目、去肥腻、清头目、下气、止渴生津、利水、清热、通便、消暑、治痢、益寿、解毒、去痰、其他20种医疗保健功效。

（2）积累了数以千计的中药方剂和保健茶配方，如"枸杞茶""天中茶""八仙茶""川芎茶调散""珍珠茶"等；此阶段所创的含茶方剂多是复方，有以治病为主的，也有以保健为主的；在剂型上，在以前汤剂的基础上，又发展出了散剂、丸剂、冲剂、外敷剂型等；在服用方法上，发展出了饮服、调服、含漱、调敷、熏蒸、搽、涂、滴入、嚼服等多种方式。

（3）提出了饮茶养生的概念，倡导健康饮茶文明的发展，使茶成为世界上最为普及的保健饮料。各种健康饮茶方式、饮茶礼仪、茶菜肴、茶食品、茶文艺作品等的出现，不仅大大丰富了我国的茶文化，也标志着茶在中医领域的研究与应用已趋于成熟。

（4）茶作为医药及保健饮料开始向世界各国传播。公元1191年，日本高僧荣西禅师在我国学成回国后写了《吃茶养生记》，茶的医学应用开始在日本逐渐发展起来，以至形成如今举世闻名的日本茶道。18世纪以后，饮茶习俗随同茶的医疗保健知识一起传入欧洲，备受西方人的关注。明、清时期，随着中国沿海通商口岸的开放，特别是郑和七次下西洋，茶医药文化随同中国的茶树传播到了东南亚、阿拉伯半岛和非洲。茶医学在世界上的传播和发展也是这一发展时期的重要贡献。

（三）现代科技对茶医药的系统研究与开发

现阶段的发展主要是在现代科学理论指导下的研究与开发。此阶段的大多数研究成果都依赖于西医的研究方法，研究过程中运用化学、生物学、人体生理学、仪器分析等学科的理论知识和技术，从生化成分、酶、分子等层次来分析茶的医学和保健功能，从而使我们对茶医药功能的认识推进到了化合物或分子的水平。

茶医药的现代研究虽然只有短短几十年，但其发展十分迅速。茶医药在此发展阶段的主要成就可归纳为以下几点。

（1）利用先进的仪器和新的分离、分析方法从茶叶中分离、鉴定出儿茶素、咖啡碱、茶多糖、茶氨酸、茶黄素、茶红素、β-胡萝卜素、叶绿素、茶皂素、γ-氨基丁酸及氟和硒等无机元素、多种维生素等功效成分。

（2）利用现代科技证实了茶及其提取物具有抗氧化、清除自由基、抗癌、降脂、降血压、降血糖、抑菌等功效，茶及其提取物已临床运用或实验性应用于各类肿瘤、糖尿病、肾病、高脂血症、心血管疾病、辐射伤害、龋齿、皮肤病等疾病的治疗或辅助治疗。

（3）揭示了茶多酚及其氧化产物、茶氨酸、茶多糖等功能成分的一些重要作用机理，促进了茶医学基础理论研究的快速发展和提升，为茶医药和保健品的开发奠定了坚实的基础。

（4）开发了系列茶医药产品，如以茶多酚、茶色素为主要原料的心脑健胶囊、以茶多酚制成的抗感冒药、以茶叶加上其他药材或成分制成的各种药茶与保健茶等。

（5）举办了系列重要学术活动，如1987年在中国杭州召开了"茶-品质-人类健康"国际学术讨论会，这是在中国内地召开的第一次茶国际学术研讨会；1991年，"茶与健康"第2届国际学术讨论会（ISTS）在日本静冈举行；1999年在华盛顿召开了第2届"茶与人类健康"国际学术研讨会等，这一系列的学术研讨会，不仅显示了这一研究领域的繁荣景象，也促进了茶医学研究的广度和深度加强。

三、传统茶医药

中国对茶的养生保健、医疗作用的研究有着悠久的历史。据现存最早的药物学专著《神农本草经》记载，我国5000年前就发现了茶的药用价值；历代记载茶叶药用文献有近百种，如《茶经》《本草拾遗》《饮膳正要》《本草纲目》等；除此之外，一些散见于宫廷、民间的茶谱、食谱及其他医书中也有记载。

从治病方式来看，应用传统茶医药治病通常有三种：第一，用茶养生保健治病，如"枸杞茶"；第二，以茶入药保健治病，如"乌龙戏珠枣茶"；第三，以某种或数种中草药为主加入茶叶进行治病，如"天中茶""午时茶"。应用传统茶医药治病可以是单方的，也可以是复方的。

从传统茶医药种类来看，剂型、品种繁多，主要有汤剂、散剂、丸剂、锭剂、膏剂等。

从治病特点来看，传统茶医药具有鲜明的优势。第一，集保健和医疗于一身，传统茶医药治病包括防与治两个方面，防就是喝茶养生保健，治就是用茶药治病；第二，实施方便，费用低廉，成品易购，制作简单；第三，饮服方便，效果良好、无副作用；第四，适用面广，开发潜力大。

四、现代茶医药

在传统茶医药的基础上，随着茶医药成分被分离鉴定及其药理功能被揭示，现代茶医药欣欣向荣地发展起来。在茶类方面，从绿茶发展到六大类茶；在剂型方面，从传统剂型发展到袋泡型、速溶型、液体型、口服液型、茶含片、茶胶囊；在茶的利用形式上，从直接利用发展到茶提取物、全茶粉；在茶成分方面，从利用全茶提取物发展到茶组分，从利用茶多酚类物质发展到利用儿茶素单体，从利用茶多酚发展到利用茶多糖、茶色素、茶皂素、茶氨酸等组分。

在茶的众多功能成分中，研究最多也最深入的是茶多酚及其氧化产物，如儿茶素单体及其衍生物。自1987年Fujiki等报道表没食子儿茶素没食子酸酯有抑制人体癌细胞作用以来，世界各国数以千计研究者都投入到这一热点研究领域，不但证实了茶多酚的各种抗癌活性，揭示了其抗癌机理，且还发现茶多酚具有抗氧化、清除自由基、降血脂、降血压、抗辐射、抑菌等多种功能。这些基础研究奠定了茶多酚类化合物制药的理论依据，导致其成为目前与茶相关的药品和保健品开发的主要药理成分。目前，已通过临床试验、并已获准使用的以茶多酚为主要原料的药品有中国的心脑健胶囊、美国的茶多酚软膏、日本的茶多酚抗感冒药、匈牙利的茶多酚保肝药物等，以茶多酚氧化产物——茶色素为主要原料的药品有茶色素胶囊。有关儿茶素单体作为抗癌药物的研究已日趋成熟，以绿茶及其儿茶素单体为主要成分研制治疗癌症的药物已为期不远。

自1987年日本学者清水岑夫研究报道茶多糖是茶叶治疗糖尿病的药理成分后，有关茶多糖及其药理作用的研究报道逐渐增多。茶多糖具有抗氧化、降血糖、降血脂、防辐射、抗凝血及血栓、增强机体免疫功能等功能逐渐被揭示，茶多糖的制备工艺、理化性质及组成成分等方面也得到长足进展。这些研究为茶多糖药物开发奠定了一定的基础。目前，利用茶多糖开发治疗糖尿病药物的可行性在理论上已被确定，利用茶多糖制降血糖和抗糖尿病药物的专利技术也已问世。茶多糖的医药开发已初露端倪，前景光明。

茶氨酸医药功效的研究历史相对较短。1995年Yokogoshi等研究表明茶氨酸具有降血压、改善睡眠功效；随后研究报道茶氨酸具有降血压、保护神经细胞、调节脑内神经传达物质的变化、镇静安神、抗肿瘤等功效。目前茶氨酸已被制成口服液和注射液，用于抵抗咖啡碱对中枢神经系统的刺激；茶氨酸也可用于预防帕金森症、老年痴呆症等疾病；茶氨酸还被成功用于保健食品中以增强记忆力和学习功能。

第二节 药茶加工

茶叶作为药用，有史可稽已有3000多年的历史了。相传"神农尝百草，日遇七十二毒，得茶而解之"；唐代医学家陈藏器在《本草拾遗》一书中写到"诸药为各病之药，茶为万病之药"。这说明我们的先人对于茶叶药用进行过深入的研究。

关于药茶合用起于何时，至今尚未有确凿证据；但"药茶"自古有之，只是概念不十分明确。药茶最早的含义是指含茶的药方和治疗用的仿茶的药，但并不限于方中含有茶叶的制剂，中草药（单方或复方）经过冲泡、煎煮后像日常喝茶样饮用也是药茶。现代新型药茶多是将组方后的原料经提取加工制成颗粒装入滤纸袋中冲泡饮用。

药茶是祖国传统医学宝库中的一颗璀璨明珠，从起源到发展经历了漫长的历史，历代医书中均有记载。最早记载药茶方剂的是三国时期张揖所著的《广雅》："荆巴间采茶作饼，成以米膏出之。若饮先炙令色赤，捣末置瓷器中，以汤浇覆之，用葱姜芼之。其饮醒酒，令人不眠。"方中具有配伍、服法与功效，当属于药茶方剂无疑（龚佳，2014）。宋代太医局成药处方配本《太平惠民和剂局方》中载有的"川芎茶调散"一方，为较早出现的成品药茶。该药茶由川芎、白芷、羌活、防风、荆芥、薄荷、细辛、甘草八药组成，先将它们粉碎为细末，再用清茶调服，主治风邪头痛，或有恶寒，发热，鼻塞等。

一、药茶的概念、特点与分类

（一）概念

药茶是指以中药材、中草药或食品与茶叶组方后加工而成的一种具有药用功效的茶剂。国家药典委员会（2010）规定茶剂是指含有茶叶或不含茶叶的药材或药材提取物制成的用沸水冲服、泡服或煎服的制剂，分为茶块茶剂、袋装茶剂和煎煮茶剂。广义的药茶还包括不含茶叶、仅由食物和药物经提取加工而成的代茶饮品，如汤饮、鲜汁、露剂、乳剂等。

（二）药茶的特点

药茶是中医临床防病治病、强身益寿的特殊中药剂型，它在选方、配伍、用法、制备、疗效等方面均有特色。

1. 组方取长补短、配伍精简

药茶的每一处方配伍，一般精选一二味主药或采用药对、古方、验方，具有方简效验、应用方便实用之优，如柿叶茶、荷叶茶、杞菊茶等。

2. 药力专一

茶剂选药配伍在注重方简的前提下强调药力专一，如李玉新等（2009）采用黄芪、百合、党参、麦冬各15g，五味子10g配伍而成"冠心茶"有较好治疗冠心病心绞痛作用。

3. 饮用方便

随着现代生活节奏的加快，中草药传统的服用方法面临新的挑战；而成品药茶因具有携带方便、饮用简单等优点，适应现代人快节奏的生活，受到消费者的青睐，如碧生源减肥茶。

4. 疗效稳定

药茶原料在组方时都经过了粉碎，不仅配伍更均匀，且使其在水中的溶出率大为提高，保持了药用有效成分，使其临床疗效稳定，作用持久。

（三）药茶的分类

药茶的分类方式有多种。按照饮用方式不同，药茶可分为液体剂型与固体剂型。液体剂型药茶是以组方原料提取液为主料加工而成的饮品，可直接饮用，如冬虫夏草保健茶。固体剂型药茶需加开水冲饮，如八宝茶袋泡茶、健胃茶冲剂等（谢楠，2000）。

按原料组方来分，药茶可分为单味茶、茶加药、代茶三种。单味茶，只一味成方，故又称"茶疗单方"。茶的种类很多，除绿茶、黄茶、白茶、青茶、红茶、黑茶6大类茶外，还有再加工茶，包括花茶（茉莉花茶、玫瑰花茶等）、紧压茶（沱茶、砖茶、饼茶等）、萃取茶（浓缩茶、速溶茶等）等，每种茶都有各自不同的茶疗功效，如可通过饮黑茶来减肥。茶加药，以几味中草药与茶混合加工而成，如清音茶。代茶，实际上组方中并没有茶，只是采用饮茶形式而已，故又称之为"非茶之茶"。

按是否限制饮用剂量来分，药茶可分为单纯保健类和治疗类两类。单纯保健类药茶为安全无副作用的保健饮料，属于保健茶行列，适合所有人群饮用，且饮用时无剂量限制，可随饮用者的意愿随意饮用，如四季爽茶。治疗类药茶一般是针对某一方面的病症，只适合某一类人群使用，且饮用时有剂量限制，病人须按说明书上建议的剂量服用或遵医嘱，如宁红减肥茶（谢楠，2000）。

按照功效来分，药茶可分为：发汗解表类，如紫苏叶茶；清热解毒类，如金银花茶；滋补强壮类，如虫草茶；养心安神类，如丹参茶；止咳化痰类，如桔梗甘草茶；明目降压类，如菊花茶；健脾消食类，如橘皮茶；利尿渗湿类，如车前草茶等。

按照加工的剂型来分，药茶传统剂型有汤剂、散剂、丸剂、锭剂、膏剂等。汤剂是将含茶或不含茶的原料加沸水冲泡或加水煎汤，取汁代茶频饮。散剂，即粉末状的制剂，是将含茶或不含茶的原料粉碎成粗末，以水煎煮或冲泡，代茶饮用。丸剂是在汤剂应用的基础上发展起来的剂型，是将药茶方中多味原材料粉碎成细粉，经黏合制为小丸粒，可直接服用，也可经冲泡、崩解、溶化后饮服。锭剂系指药茶原料经粉碎、黏合后制成固体条块状的制剂。服用时，用沸水冲泡，待崩解出汁后，取汁饮用。膏剂系将药茶原料反复水煎、合并煎液，用文火慢慢熬煎浓缩，加入适量蜜或糖、饴糖之类收膏的制剂。膏剂一般呈半流质状。

随着现代科技的发展，药茶的制备工艺及剂型不断得到改进和发展，速溶茶型、袋泡茶型、液体茶饮料型、片剂、口服液型等现代剂型应运而生，如王老吉凉茶、天碎早去火袋泡茶等。由于袋泡茶具有冲泡快速、饮用方便、用量标准、携带方便、清洁卫生等优点，现代药茶多以袋泡茶形式出现。

二、药茶汤剂加工

药茶汤剂是一种古老的制剂类型，与饮茶的方法相同。药茶汤剂加工系指组方后的加工方法。一般来讲，药茶汤剂加工主要有冲泡法和煎煮法两种（严鸿德等，1998）。

（一）冲泡法

冲泡法系指将药茶组方后的原料盛于杯中，冲入沸水，加盖 5~10min 后，趁热取汁饮用。

1. 五神茶

（1）原料　茶叶 5g，紫苏叶、荆芥、生姜各 3g，红砂糖 15g。

（2）制法　先将生姜洗净切成丝状，紫苏叶及荆芥洗去尘后，同茶叶共装于杯内，以沸水 200~300mL 冲泡，加盖 5~10min 后，加入红砂糖拌匀，取汁趁热饮用。

（3）功效　发汗解表，温中和胃。主治风寒感冒、恶寒发热、头痛、咳嗽、无汗、恶心呕吐、腹胀、胃痛等。

（4）来源　来自《惠直堂经验方》。

2. 清宫仙药茶

（1）原料　优质茶叶 3g，紫苏叶、石菖蒲、泽泻、山楂各 12g。

（2）制法　先将泽泻、山楂切成细丝，紫苏叶、石菖蒲捣碎，加入茶叶备用。每次取 20g，沸水冲泡，加盖稍闷，当茶饮。每日 1 剂。

（3）功效　具有降脂减肥、消食化积、降压延年的作用。

（4）来源　来自《太医院秘藏丸散丹膏方剂》。

（二）煎熬法

煎熬法系将组方后的药茶原料盛于有盖容器中，加水入炉煎熬，先后 3 次。第一次沸腾后保持 20min，过滤，将药渣加水再次煎熬，第二次 15min，第三次 10min。将 3 次滤汁合并混匀，于早、晚各一次饮服。

1. 返老还童茶

（1）原料　乌龙茶 10g，槐角 18g，何首乌 30g，冬瓜片 18g，山楂肉 15g。

（2）制法　先将后四味原料去杂后，共同用清水煎沸去渣，再将乌龙茶用药汁煎沸后作茶饮用。

（3）功效　增强血管弹性，降低胆固醇含量，可用于防治动脉硬化。

（4）来源　来自《万病仙药茶疗方剂》。

2. 绿茶天冬汤

（1）原料　绿茶 1~2g，天冬 10~15g，甘草 3g。

（2）制法　先将天冬、甘草加水 600mL，煮沸 5min 后，再按配方加入绿茶，再煮 3min，过滤去渣。分 3 次温服，一日一剂。

（3）功效　养阴清热，生津润肺，抗癌。适用于乳房肿瘤、肺癌等症。

（4）来源　来自《中国茶与健康》。

三、药茶粉剂加工

中药粉剂，也就是中药散剂，其实就是粉末状的中药制剂。中药的粉剂可以内服，也可以外用。内服粉剂，又可分为直接内服与"煮散"两种，煮散大约与汤剂相同，即加水煮后取汁饮用。直接内服后的粉剂生物利用度虽然不及汤剂快，但因为不需要丸剂的崩解过程，较之易于吸收与发挥疗效。

药茶粉剂加工系将组方后的茶与中药原料共研为粉状或末状后，加水煎饮或泡饮（严鸿德等，1998）。

1. 天中茶

（1）原料　川朴、制半夏、杏仁（去皮）、炒莱菔子、陈皮各90g，荆芥、槟榔、香薷、干姜、炒车前子、羌活、薄荷、炒枳实、柴胡、炒白芍、独活、炒黑苏子、土藿香、桔梗、藁本、木瓜、紫苏、泽泻、炒苍术、炒白术各60g，炒麦芽、炒六神曲、炒山楂、茯苓各120g，白芷、甘草、炒苹果仁、大腹皮、秦艽、川芎各30g，红茶3000g。

（2）制法　除大腹皮外，将上述原料共研磨为粗粉；再将大腹皮加水煎汁，过滤去渣取汁；将大腹皮汁拌入粗粉内，烘干，装入干燥的纸袋内，每袋9g。用时开水泡饮或略煎煮，每日2次，每次1袋。

（3）功效　疏散风寒，健脾和胃。适用于四时感冒、寒热头痛、胸闷恶吐、咳嗽鼻塞、腹痛便泻等症。

（4）来源　来自《上海市中药成药制剂规范》。

2. 八仙茶

（1）原料　粳米、麦面、黄粟米、黄豆、绿豆、赤小豆各750g，净芝麻375g，净花椒75g，净小茴香150g，泡干白姜、炒白术各30g，细茶500g。

（2）制法　将上述原料研磨为细末，和合一处；将麦面炒黄熟，与以上原料等分拌匀，瓷罐收贮。每次服3匙，还可加入胡桃仁、南枣、松子仁、白砂糖等，白开水冲服。

（3）功效　益精悦颜，保元固肾，适用于中老年人，可延缓衰老。

（4）来源　来自《韩氏医通》。

四、药茶块剂加工

药茶块剂是指将组方后的原料加工成小粒块状，用时用开水冲饮或泡饮（严鸿德等，1998）。

1. 午时茶

（1）原料　苍术、陈皮、柴胡、连翘、白芷、枳实、山楂肉、羌活、前胡、防风、藿香、甘草、神曲、川芎各300g，厚朴、桔梗、麦芽、苏叶各450g，红茶1000g，生姜2500g，面粉3250g。

（2）制法　先将生姜刨丝备用，原料研磨为粗末，再将姜汁、面粉打浆，合药拌匀制块，每块干重15g，每次用1～2块，开水冲泡热饮。

（3）功效　发散风寒，和胃消食。适用于风寒感冒、寒湿阻滞、食积内停、发热恶寒、寒重热轻、胸闷恶心、不思饮食、身困乏力、头痛体痛等症。

（4）来源　来自《中国医药大辞典》。

2. 万应茶

（1）原料　大黄、木香、豆蔻、陈皮、檀香、厚朴、藿香、紫苏叶、香薷、薄荷、木瓜、枳壳、羌活、前胡、泽泻、白术、明党参、肉桂、丁香、山楂、小茴香、茯苓、砂仁、槟榔、甘草、白扁豆、桔梗、猪苓、香附、白芷、姜半夏、苍术、茶叶。

（2）制法　将上述原料及茶研磨为粉末、拌匀，加淀粉调和制成小块，干燥后每块重 3g，每次 6～12g。水煎代茶或开水冲泡饮服，每日 1 次。

（3）功效　疏风解表，健脾和胃，祛痰利湿。适用于外感风寒、食积腹痛、呕吐泄泻、胸满腹胀。

（4）来源　来自《实用中成药手册》。

五、药茶冲剂加工

药茶冲剂系指组方后的茶叶与中药原料经萃取、浓缩、调料、造型、干燥等工艺加工成颗粒状或粉末状，用沸水冲泡后饮服（严鸿德等，1998）。

（一）粉末型冲剂

粉末型冲剂是以茶、药或植物性原料组方后，经粉碎、萃取、过滤、浓缩、干燥等工艺加工而成，如抗衰宝。

（1）原料　茶叶、黄芪、人参、枸杞子、五味子、大枣。

（2）工艺流程

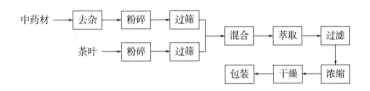

（3）操作要点

①备料：将已备好的茶叶及中草药检验真伪后，准确称量。

②粉碎：分别将茶叶、中草药粉碎后通过同样大小的筛孔。

③混合：将组方后的中草药和茶叶按组方称量，进行混合。

④萃取：混合后的原料按一定比例加水萃取，一般以 1∶12 左右为宜。

⑤过滤：将萃取后的茶药汁过滤，去渣留汁。

⑥浓缩：将提取后的茶药汁盛入浓缩设备内，使水分蒸发到 2/3 左右。

⑦干燥：将浓缩后的汁液，进行真空干燥、喷雾干燥或冷冻干燥等。

⑧包装：粉剂冲剂一般宜用瓶装或罐装，以免吸水结块，按量称量装瓶。

（4）功效　该药加工后为物末状。可补气固表，补脾和胃，敛肺滋肾，聪耳明目。常用还可抗衰益寿、大补元气。

（二）颗粒型冲剂

颗粒型冲剂是将茶叶及中药材的萃取液辅以有关物料加工成颗粒状，如茶多酚冲剂。

（1）原料　茶多酚、糖粉、着色剂、香精、薄荷脑等。

（2）工艺流程

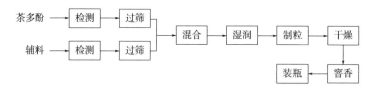

（3）操作要点

①备料：将所有主料及辅料一律通过60目筛孔，以达到原辅料大小均匀。

②混合：准确称取主料及辅料，进行混合，充分拌匀。

③湿润：称取液体物料，倾入混合料中，充分拌匀，备用。

④制粒：将湿润后的物料徐徐加入有关药液，制成软料。要求手捏成团，轻压即开。软料最后用14目筛子制粒。

⑤干燥：将制粒料投入恒温箱内，以60℃左右的热风烘干。干燥时要求勤翻，约10min左右翻一次，整个过程约2h，干至含水量为3%~5%。

⑥窖香：出箱后的晶粒，让其冷却、混入油液，密封48h，经检测后即为成品。

⑦装瓶：按量准确称取成品，装入已备好的容器或袋内，贴上标签入库。

（4）功效　主要用于治疗心血管病，还可降压、去脂、抑制动脉粥样硬化等。

六、药茶片剂加工

（一）茶粉型片剂

茶粉型片剂是将超微茶粉或速溶茶直接压片，或将茶粉与其他原料配伍后加工而成，如茶叶止痢片。茶叶止痢片是以茶末为主料，添加黄连等中药材加工而成的片剂，主治各种痢疾。

下面介绍一种硒茶含片的制备与功效（李翠红，2015）。

（1）原料　富硒绿茶、良旺茶、草莓叶茶、绞股蓝、富硒豆乳粉、乳糖、白砂糖、薄荷油、滑石粉、山梨糖醇等辅料。

（2）工艺流程

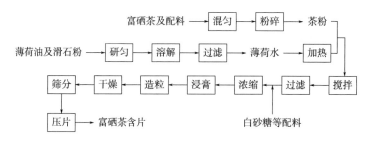

（3）操作要点

①茶粉的制备：称取富硒绿茶、良旺茶、草莓叶茶、绞股蓝，混合均匀后，放入超微粉碎机中进行超微粉碎，过 300~400 目筛，得茶粉。

②薄荷水的制备：取薄荷油和滑石粉研匀，加 10~15 倍量蒸馏水，振摇 10~15min 后用润湿的滤纸过滤，过滤 2~3 次，至滤液澄清即可。

③将上述薄荷水水浴加热至 80~90℃后，加入步骤①制得的茶粉，搅拌 20~30min，用纱布过滤，趁热向滤液中加入富硒豆乳粉、乳糖、白砂糖和山梨糖醇，搅拌混合 10~15min，使所加成分全部溶化，浓缩后制成浓浸膏。

④将所得浸膏放入造粒机中搅拌摇摆造粒成粒径为 1.0~1.5cm 的颗粒状，取出颗粒制品，投入干燥机进行干燥。

⑤取出干燥过的颗粒体，按照规定的网目进行筛分，采用旋转式压片机按设定的粒径大小，选用同规格的异型模具，循环投入压片机的粒斗中实施模压成片，进行定型，即得富硒茶含片。

（4）功效　该药茶具有清热解毒、生津止渴、消喉利咽、消肿止痛等功效。

（二）茶汁型片剂

茶汁型片剂系由茶的水提取物经干燥、组方后压片制成，如普洱茶三七含片（张慧等，2010）。

（1）原料　普洱茶、三七总皂苷、柠檬酸、玉米淀粉、糊精、β-环糊精、木糖醇等辅料。

（2）工艺流程

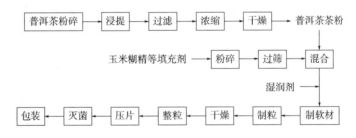

（3）操作要点

①普洱茶汁提取：普洱茶经粉碎、过 20 目筛后，按 1∶15 的料液比在 85℃热水中浸提 15min，浸提 2 次，过滤取汁，合并滤液。

②浓缩：将普洱茶汁经真空浓缩至相对密度为 1.2。

③干燥：普洱茶提取液经喷雾干燥得含水量为 7.8% 左右的普洱茶粉。

④混合：先将三七总皂苷、玉米淀粉、糊精、β-环糊精、木糖醇等辅料经粉碎机粉碎，过 80 目筛；再按照配方要求将原辅材料进行混合。

⑤制软材：待物料混合均匀后，缓慢加入配好的湿润剂，同时不断搅拌制成软材。软材应符合"手握成团、轻压即散"的标准。

⑥制粒：以 20 目筛作为造粒的工具，将软材紧握成团，压过 20 目筛，使软材变成颗粒状。

⑦干燥：将湿粒置于干燥箱中干燥，每隔 0.5h 翻动一次，以加快干燥速度，颗粒控制水分含量在 5% 以下。

⑧压片与灭菌：按物料总质量的 0.25%（质量比）加入硬脂酸镁，与物料充分混合均匀后送入压片机压片，将压好的片剂进行辐照灭菌。灭菌后检验，达到卫生标准即可包装。

（4）功效　该药茶具有减肥、降血脂、降血糖等功效，适用于高血脂、高血糖、肥胖人群食用。

（三）成分型片剂

成分型片剂系将茶叶的功效成分提取出来，经组方、配料后加工而成，如茶多糖含片（张艳，2014）。

（1）原料　茶多糖粉末、可溶性淀粉、糊精、甘露醇、阿斯巴甜、薄荷脑、聚乙烯比咯烷酮等。

（2）工艺流程

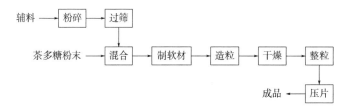

（3）操作要点

①原辅料的处理：各辅料充分粉碎，过 80 目筛；按配方将辅料与茶多糖粉末混匀，备用。

②润湿剂的制备：将聚乙烯比咯烷酮溶于 95% 的乙醇溶液中，制成 3% 的聚乙烯比咯烷酮乙醇溶液。

③制软材：向处理①的配料中缓慢加入湿润剂，调整物料的湿度与黏性制成软材。软材应符合"手握成团、轻压即散"的标准。

④造粒与干燥：将制好的软材过 20 目筛，制成湿颗粒，将湿粒置于 40℃鼓风干燥箱中，干燥至含水量为 3% ~5%。

⑤整粒与压片：将干粒过 14 目筛，加入润滑剂，充分混匀，压片。

（4）功效　该含片具有降血糖、降血脂、抗氧化、增强免疫力等功效，适用于高血糖、高血脂、免疫力低下人群食用。

第三节　保健茶加工

随着人类社会文明与经济、科学技术的发展，人们对食品的需求已从温饱朝色香味、向有益健康和改善健康的方向发展。保健茶的研究开发与应用受到世界各国、特别是发达国家的广泛关注。

一、保健茶的定义

保健茶（health tea）是指应用茶剂的形式，加入既是药品又是食品的规定成分，加工成具有良好口感、安全、卫生、快速、方便的剂型，且对人体有保健功能的健康饮料（张若梅，1995）。保健茶不但要满足人体对水分的需求，而且还要提供对人体有用的营养物质，起到对人体的保健作用。

保健茶是具有保健功能的一类食品，而不是治病的药品（沈培和，1988）。GB 16740—2014《食品安全国家标准　保健食品》中规定适用于特定人群食用，具有调节机体功能，不以治疗疾病为目的，并且对人体不产生任何急性、亚急性或慢性危害的食品。

受传统的影响，目前市场上已有的保健茶实际上有两类：一类是将某一种或数种保健（功能）食品的原料与茶叶按一定比例拼和而成；另一类是单纯地将某一种或数种保健（功能）食品的原料进行加工，不与茶叶拼和，但通常也称"××（主要原料名）茶"，此时的"茶"字，其含意乃是"饮料"一词的代称。

作为一种饮料，保健茶面对的是各种不同年龄、不同性别、不同工种、不同体质的人群群体，其饮用量的多少是无法框定的。因此，生产保健茶必须遵循一个原则：保健茶中所加入的成分必须是国家规定的既是药品又是食品的品种范围之内。

二、药食同源目录

1987 年版的《食品卫生法（试行）》规定了食品中不得加入药物，但是按照传统既是食品又是药品的作为原料、调料的除外。2002 年，卫生部公布了《既是食品又是药品的物品名单》，共列入 87 种物质，分别为丁香、八角茴香、刀豆、小茴香、小蓟、山药、山楂、马齿苋、乌梢蛇、乌梅、木瓜、火麻仁、代代花、玉竹、甘草、白芷、白果、白扁豆、白扁豆花、龙眼肉（桂圆）、决明子、百合、肉豆蔻、肉桂、余甘子、佛手、杏仁、沙棘、牡蛎、芡实、花椒、赤小豆、阿胶、鸡内金、麦芽、昆布、枣（大枣、黑枣、酸枣）、罗汉果、郁李仁、金银花、青果、鱼腥草、姜（生姜、干姜）、枳椇子、枸杞子、栀子、砂仁、胖大海、茯苓、香橼、香薷、桃仁、桑叶、桑葚、橘红、桔梗、益智仁、荷叶、莱菔子、莲子、高良姜、淡竹叶、淡豆豉、菊花、菊苣、黄芥子、黄精、紫苏、紫苏籽、葛根、黑芝麻、黑胡椒、槐米、槐花、蒲公英、蜂蜜、榧子、酸枣仁、鲜白茅根、鲜芦根、蝮蛇、橘皮、薄荷、薏苡仁、薤白、覆盆子、藿香。

2014 年，国家卫计委发布《按照传统既是食品又是中药材物质目录管理办法》（征求意见稿），对之前发布的名单进行了整合和补充，公布了《按照传统既是食品又是中药材物质目录》，原来 87 种物质合并为 86 种（槐花、槐米合并为一种），在此基础上又增加了 15 种物质：人参、山银花、芫荽、玫瑰花、松花粉、油松、粉葛、布渣叶、夏枯草、当归、山奈、西红花、草果、姜黄、荜茇。

三、保健茶开发必须遵循的原则

保健茶在研制开发过程中必须严格遵守《食品卫生法》，且还应遵循以下原则。

（1）保健茶是介于饮料与中药之间并具有一定保健、养生作用的茶制品。它的组成以茶为主，配以某些既是食品又是药品的天然植物，借以起到强化茶叶功能。

（2）保健茶要尽量使其在较大程度上保持茶的色、香、味，与添加的既是食品又是药品的天然植物有效地拼为一体。

（3）保健茶中选用的天然植物，必须符合国家卫生部发布的既是食品又是药品的规定，历史和现代有与茶叶配伍的记载和应用，有明确对人体作用或者在药理及临床疗效上研究较多的无副作用的天然植物。

（4）保健茶采用配制的方法力求符合中医理论指导进行配制，根据各原料相须、相使及其性味达到适合于各种体质的人饮用。

（5）保健茶的原料用量应该参考《中华人民共和国药典》规定的最低用量作为最高使用量。

（6）保健茶的原料来源应该相对稳定，如产地、采收季节及初加工方法，以保证产品质量相对稳定、一致。

（7）保健茶中各组分需有成熟的提取方法以便于加工成不同剂型。

（8）保持每种保健茶相对固有特性，符合饮料从止渴解暑向营养保健和特殊需求方向发展的规律（张若梅，1995）。

当然，对于在民间已形成饮用习惯，经饮用三年以上时间是安全的，且具有保健效果的"保健茶"也不一定强制禁饮。如银杏保健茶，因银杏叶所含的黄酮类化合物，对人体心脑血管有保健作用，目前有单独用银杏叶加工以及与茶叶拼和的制品；柿叶茶的原料也含有黄酮类化合物，具有与银杏茶相似的保健效果；杜仲叶所含成分与杜仲皮相似，其制品经高血脂、高血压患者服用具有良好的降血脂、降血压作用，可做治疗这两种病的辅助保健品；金银花茶，有清凉解毒的作用，也是一种民间常用的保健茶；在西北地区还有用罗布麻叶制成的"罗布麻茶"，在市场上已行销了30余年，被部分高血压患者视为日常饮品，也称为降低血压的辅助保健品（沈培和，1988）。

四、保健茶的分类

据统计，我国目前生产的保健茶已达300种以上。保健茶的分类方法有多种，按照加工工艺来分，见图10-1。

按照对人体的功能，保健茶可分为：健美减肥类，如沈阳的飞燕减肥茶；降脂降压类，如杜仲茶；健胃消食类，如观音健胃茶；驻颜益寿类，如天龙美容茶；清咽润喉类，如清音润喉茶；益智安神类，如河北的乌龙戏珠枣茶；健脑益智类，如健脑银杏叶茶；除湿利尿类，

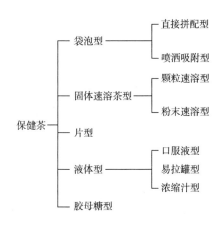

图10-1　保健茶的分类

如薏苡茶；醒酒戒烟类，如天龙解酒茶；滋阴壮阳类，如大宁绅士茶、大宁仕女茶；抑菌消炎类；清热解毒类；防癌抗癌类；抗辐射类；健齿防龋类；降血糖类；舒肝保肝类；止咳平喘类；明目益思类；防治感冒类等，共计20多种，其中以健美减肥类保健茶最为普遍。

五、保健茶的加工

（一）袋泡型保健茶的加工

1. 直接拼配型

"嗓音宝"是浙江中医学院喉科副教授朱祥成依据清代宫廷保健茶"代茶饮"方，结合多年临床经验，以优质绿茶为主，配以杭白菊、金银花等多种地道中药，精心配制加工而成的一种袋泡茶型保健茶。该茶饮汤色橙而微黄，馨香可口；具有生津润喉、止渴清嗓、保护咽喉等功效，适用于广大教师、演员、播音等嗓音工作者（王永华，1987）。

（1）工艺流程

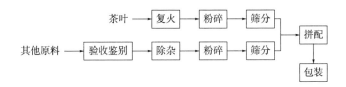

（2）操作要点

①茶叶要经过复火处理，以保证茶叶含水量小于6.5%。

②复火后的干燥茶叶经粉碎后过10～15目筛，再用60目空筛割末。

③配料需鉴别真伪，剔除杂质，经粉碎后过10～15目筛，再用60目空筛割末。

④茶粉与配料粉按配方拼配匀堆后，用袋泡茶包装机制袋。

2. 喷洒吸附法

杭州胡庆余堂制药厂生产的"健身降脂茶"，系泽泻、何首乌、丹参、绿茶各10g，将前三味加水煎煮，取汁冲泡绿茶即可饮用。每天一次，代茶饮。

（1）工艺流程

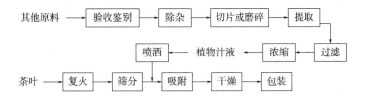

（2）操作要点

①茶叶要经过复火处理，以保证茶叶含水量小于6.5%。

②复火后的干燥茶叶经粉碎后过60目筛，再用80目空筛割末。

③配料鉴别真伪后，经切片或磨碎后，提取，浓缩，得浓汁。

④向茶粉均匀喷洒配料浓汁，让茶粉充分吸收，干燥后经袋泡茶包装机制袋。

（二）速溶型保健茶的加工

1. 速溶海带保健茶（姚晓玲等，1997）

（1）原料　绿茶、海带、蔗糖、柠檬酸、β-环糊精等。

（2）工艺流程

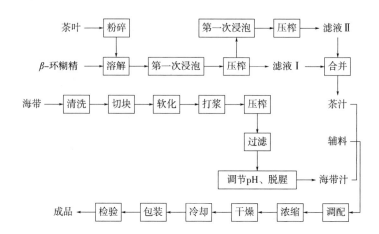

（3）操作要点

①茶汁提取：

a. 茶叶粉碎。将茶叶粉碎，过60目筛。

b. 茶叶的第一次浸泡、过滤。将β-环糊精溶解于50℃温水中，加入茶粉50℃恒温浸泡10min，压榨过滤，得滤液Ⅰ，其中β-环糊精加入量为茶叶质量的6%，水的加入量为茶叶质量的5倍。

c. 茶叶的第二次浸泡、过滤。将第一次过滤后的茶渣浸入80~90℃水中（加水量与第一次相同）恒温浸泡10min，压榨过滤，得滤液Ⅱ并冷却至40℃。

d. 合并滤液Ⅰ、Ⅱ。得茶提取汁，备用。

②海带汁提取：

a. 原杆预处理。将经拣选的海带原料在淡盐水中浸泡20min，然后在流动水中清洗，除掉原料表面的泥沙和污物，最后切成小块。

b. 软化。将海带浸入浓度为3%的碳酸钠溶液中，煮沸20min，其目的是软化组织，有利于打浆。溶液添加量为海带质量的2倍。

c. 打浆过滤。软化的海带放入打浆机中打成泥状，再加入海带重量8倍的水，采用压榨的方法提取海带汁。

d. 调节pH、脱腥。用4%的柠檬酸液调节海带汁的pH至中性，再加入2% β-环糊精，放置30min达到脱腥的目的，制得海带汁，备用。

③海带速溶茶的制作：

a. 调配。按配方为茶汁100mL，蔗糖80g，海带汁120mL，柠檬酸2g混匀，加热至45℃，使蔗糖、柠檬酸溶解并搅拌均匀。

b. 浓缩。将调配好的汁液进行真空浓缩，最终固形物含量35%~40%。

c. 喷雾干燥。经离心喷雾干操，进风温度 200℃，排风温度 80℃。

d. 冷却、包装。将干燥后的粉末冷却至室温，立即包装，因海带速溶茶易吸潮。

e. 检验。按产品质量指标内容进行检验，检验合格即为成品。

2. 红景天速溶保健茶（山永凯等，2004）

（1）原料　红景天 1000g，沙棘汁 200g，枸杞 100g，速溶红茶粉 500g，葡萄糖 500g。

（2）工艺流程

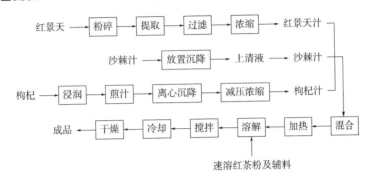

（3）操作要点

①红景天提取：红景天粉碎后，先用 80% 乙醇 85℃ 提取 3h，过滤，将残渣再用 60% 的乙醇 85℃ 提取 2h，过滤，合并滤液、回收乙醇；将残渣用热水提取 2 次，将提取液合并，浓缩至固形物含量 30% 左右备用。

②沙棘汁制备：将沙棘汁放置沉降，取上清液备用。

③枸杞汁制备：枸杞汁按"原料→浸润→煎汁→离心沉降→减压浓缩→浓汁"的工艺流程来制备。

④配料：调配时先将红景天浓汁、沙棘汁和枸杞浓汁混合均匀，加热至 60℃ 左右后加入速溶红茶粉、葡萄糖，搅拌使其溶解，调整固形物含量至 30% 左右，冷却放置过夜。

⑤干燥：取处理④的上清液经喷雾干燥成粉。

第四节　现代茶药品加工

随着茶及茶多酚、茶色素等药理功能的发现，现代茶药品、茶保健品的开发引起人们广泛的关注。近年来，各种以茶多酚（或儿茶素）为主要活性成分研制开发的茶药品已相继问世。

部分茶药商品

一、茶多酚软膏

茶多酚软膏（Veregen）是目前唯一一个同时在美国和欧盟注册的植物药，是根据中国医学科学院肿瘤医院程书均院士儿茶素治疗尖锐湿疣的临床经验，由日本三井农林在我国湖南金农生物资源公司绿茶提取物基础上精制所得，以茶多酚

（polyphenon E，含 80% 以上没食子儿茶素类成分）为活性成分与加拿大 Epitome 公司和德国 Medigene 公司合作开发成功的。2006 年 10 月美国 FDA 批准茶多酚作为新的处方药，用于局部（外部）治疗由人乳头瘤病毒感染所致的生殖器疣（又称尖锐湿疣）。这是美国 FDA 根据 1962 年药品修正案条例首个批准上市的植物（草本）药（朱友平，2007）。

茶多酚软膏由 10% 的绿茶儿茶素及 90% 的赋形剂组成，利用绿茶儿茶素本身抗氧化及增加免疫力的特性，达到刺激患部局部免疫力，抑制病毒复制感染正常细胞，使病变的皮肤回到正常状况。茶多酚软膏为尖锐湿疣提供了新的治疗手段，疗效与其他外用药相似但复发率比其他外用药低，并可能扩大应用到其他皮肤病治疗领域。

二、心脑健制剂

茶多酚具有降血脂、降血压、抗血栓、抗动脉粥样硬化等多种药理作用，可用于防治高脂血症、高血压病、冠心病、脑动脉硬化及其他伴有高凝状态的疾病。心脑健制剂是在中医理论指导下，由绿茶提取物经合理加工制得的一种中药制剂，其主要有效成分是茶多酚，已有国家标准的剂型有心脑健胶囊和心脑健片两种。心脑健制剂目前已广泛应用于临床，疗效显著。该药具有清利头目、醒神健脑、化浊降脂等功效，主要用于头晕目眩、胸闷气短、倦怠乏力、精神不振、记忆力减退等症，即具有抗凝、促进纤维蛋白原溶解、防止血小板黏附、降低血浆纤维蛋白原的作用，对心血管病伴高纤维蛋白原症及动脉粥样硬化、高脂血症、脑血栓、脑栓塞、急慢性脑供血不全及肿瘤放化疗所致的白细胞减少症等有防治作用。由浙江大学（原浙江农业大学与浙江医科大学）研制开发、浙江省天台制药厂生产的"亿福林"心脑健胶囊是我国以茶多酚为主要原料研制开发的第一个茶叶医药产品。

心脑健片的基本配方组成为绿茶提取物 100g、淀粉 94g、微晶纤维素 100g、硬脂酸镁 1.5g 等，其基本加工工艺流程为先将前三味原料混合均匀，用 40% 乙醇制粒，再低温干燥，加入硬脂酸镁，混匀，压制成 1000 片，即得。

三、茶色素胶囊

茶色素具有抗脂质过氧化、增强免疫功能、降血脂、双向调节血压血脂、抗动脉粥样硬化、降低血黏度、改善微循环、抑制实验性肿瘤等药理作用，可有效防治心脑血管等疾病。茶色素胶囊最早由江西绿色制药有限公司研制开发，于 1998 年荣获国家中药保护品种证书。其主要成分为茶色素干浸膏，具有清利头目，化痰消脂功效，主要用于心血管疾病、脑血管疾病、高脂血症、高纤维蛋白原血症、高黏血症、高凝状态、动脉粥样硬化症等的治疗和预防。

四、复方茶多酚漱口液

复方茶多酚漱口液是以茶多酚为主要原料研制而成的口腔护理类药品，对口腔病菌有较好的抑菌、杀菌作用，具有独特的预防和治疗性能，并能清新口腔气味。

五、其他

近年来开发的现代茶药品还有美国 New shikin 公司的 Teagreen、日本的茶多酚抗感冒药物——"克菌清"、匈牙利的茶多酚保肝药物及国内相关产品，如减肥降脂胶囊、茶多酚降脂胶囊、妇科用药——复方茶多酚洗液等。

思考题

1. 什么是药茶？什么是保健茶？两者有何异同？
2. 开发保健茶的注意事项是什么？
3. 浅谈开发现代茶药品的发展前景。
4. 如何开发新型保健茶？

参考文献

[1]龚佳,韩坤,王斌,等. 中国药茶的历史沿革及现代研究进展[J]. 中国茶叶, 2014(8)：19 - 20.

[2]国家药典委员会. 中华人民共和国药典(一部)[M]. 北京：中国医药科技出版社, 2010.

[3]李翠红. 一种硒茶含片的制备方法研究[J]. 农产品加工, 2015(10)：38 - 39.

[4]李玉新, 梁毅, 王静杰. 中药茶饮治疗冠心病临床观察[J]. 中国医药导报, 2009, 6(27)：70 - 73.

[5]山永凯, 崔贵平. 红景天速溶保健茶的研制[J]. 中国食物与营养, 2004(3)：33 - 34.

[6]沈培和, 刘栩. 保健茶的要求与审评[J]. 中国茶叶, 1988(1)：40 - 41.

[7]王永华. 茶苑新秀——"嗓音宝"[J]. 茶叶, 1987(3)：10.

[8]谢楠, 王漩, 蔡少青. 我国药茶的研究使用现状[J]. 中药材, 2000, 23(1)：51 - 54.

[9]严鸿德, 汪东风, 王泽农, 等. 茶叶深加工技术[M]. 北京：中国轻工业出版社, 1998.

[10]姚晓玲, 宋卫江. 速溶海带保健茶的研制[J]. 实用技术市场, 1997(10)：26 - 27.

[11]张慧, 张云龙, 田洋, 等. 普洱茶三七含片的研制[J]. 食品科学, 2010, 31(22)：516 - 520.

[12]张若梅, 施海根. 保健茶专题讲座[J]. 茶叶, 1995, 21(1)：50 - 52.

[13]张艳. 茶多糖的分离纯化及其含片制备工艺的研究[D]. 合肥：安徽农业大学, 2014.

[14]周志彬. 谈药茶的构成形式与制作工艺[J]. 时珍国医国药, 2005, 16(9)：885 - 886.

[15]朱永兴,张友炯.中华茶医学研究进展[R]//第四届海峡两岸茶业学术研讨会论文集,2006:471-478.

[16]朱友平.欧盟植物药注册法规和质量技术要求和中药国际化新药开发[J].中国中药杂志,2017,42(11):2187-2192.

第十一章　茶资源在养殖业中的应用

我国茶资源丰富，茶产业中茶渣、茶饼粕等副产品不仅价格价廉、安全无毒，且还含有丰富的营养成分和功效成分，将这些副产品应用到畜、禽、水产等养殖业中，不仅能提高饲料品质，进而提高饲料利用率，促进畜、禽、水产动物的生长，提高产品品质，增强抗病力，且还可充分利用茶资源，变废为宝，减少抗生素的使用，改善生态环境，符合新世纪大众的消费心理和环保意识。尽管目前茶资源在养殖业中的研究应用才刚刚起步，但是随着科技的进步及绿色添加剂研究的深入，茶资源必将会在养殖业的可持续发展中发挥重要作用。

第 一 节　茶资源在养殖业中的应用概述

一、养殖业简介

养殖业包括畜禽养殖和水产养殖等，主要指利用猪、牛、羊、鸡、鸭等家畜家禽或者鹿、狐、貂、水獭、鹌鹑等野生经济动物及鱼、虾、蟹等水产动物的生理机能，通过人工饲养、繁殖使其将牧草和饲料等植物能转变为动物能，以取得肉、蛋、奶、毛、绒、皮和药材等产品。养殖业不但为纺织、油脂、食品、制药等工业提供原料，也为人民生活提供肉、奶、蛋、禽、鱼、虾等食品，是人类与自然界进行物质交换的极重要环节，是农业的重要组成部分。搞好养殖业生产对于促进经济发展，改善人民生活，增加出口物资，增强民族团结都具有十分重要的意义。

在经济发展的早期阶段，养殖业常常表现为农作物生产的副业；随着经济的发展，养殖业逐渐成为农业的主要组成部分之一，与种植业并列为农业生产的两大支柱。世界上的许多发达国家，无论国土面积大小和人口密度如何，养殖业都很发达，除日本外，养殖业产值均占农业总产值的 50% 以上，如美国为 60%、英国为 70%。自 20 世纪 80 年代以来，我国养殖业发展迅速，增长速度超过世界平均水平，但养殖业的人均产量或产值仍低于世界平均水平。

发展养殖业的途径主要有因地制宜地调整养殖业结构，改良品种，扩大养殖规模，开辟饲料来源，加强饲养管理技术，防止疾病，提高单位养殖的生产力等。其中饲料是养殖业的基础，只有不断解决好饲料问题，才能加快养殖业发展。

二、茶资源在养殖业中应用的优势

（一）茶资源是养殖业良好的饲料来源

1. 营养丰富、保健功能良好

茶叶富含蛋白质、茶氨酸、类胡萝卜素、多种维生素、多种微量元素等营养成分，还含茶多酚、咖啡碱、茶皂素、膳食纤维等功效成分，是养殖业不可多得的优质饲料原料。如茶多酚具有抑菌、抗氧化、改善肠道微生物菌群、增强免疫力、调节脂肪代谢等作用；咖啡碱具有强心解痉、松弛平滑肌、利尿作用等作用；茶多糖具有降血糖、增强机体免疫等作用；茶氨酸有静心安神、降血压等作用。将茶资源作为动物饲料，这些功效成分可以有效地增强动物免疫力，提升它们的抗病力与生产性能。

2. 来源广泛、价格低廉

我国是茶的故乡，茶资源十分丰富。除大量低档茶叶及茶园修剪枝叶外，茶多酚等功能成分提取及茶饮料、速溶茶等生产后的茶渣，茶籽油及茶皂素提取后的茶籽饼粕等均可用于加工茶饲料。目前它们大部分被弃用或用作肥料。

作为一种饮品，茶叶在被饮用及深加工过程中利用的可溶性成分仅占茶叶干重的30%左右，在被废弃的茶渣中还含有大量动物可消化的营养物质。茶渣中含有18%～20%的粗蛋白、11%～20%粗纤维、0.5%～1%粗脂肪、8%～9%矿物质，还有一些残留的茶多酚、咖啡碱等物质。这些物质经过处理分解后可为畜禽等所利用，完全可用作动物饲料再利用。

茶籽作为茶叶生产过程中的一种主要副产品一直未能得到充分利用。目前茶籽主要用于提取茶皂素和茶籽油，茶皂素约占茶籽干重的15%，茶籽油约占茶籽干重的25%。提取茶皂素和茶籽油后的茶籽饼中含有11%～16%的蛋白质、5%～7%的粗脂肪、约6%的矿物质等成分。由此可见，茶籽饼具有较高的营养价值，具有将其进一步开发成动物饲料的潜能。

3. 提高饲料品质、促进饲料保藏

茶叶营养成分丰富、全面，在饲料中添加一定量的茶叶或其产品，可丰富饲料营养成分，提高饲料营养价值；茶叶具有较强的吸附性及杀菌活性，在饲料中添加茶，还可用于饲料除霉、改善饲料品质、延长饲料贮藏期等。

4. 降低畜禽粪便的臭味

动物体内消化不良或细菌危害时会产生臭气物质，茶饲料可降低畜禽粪便的臭味。茶饲料中的茶多酚进入动物机体后，一方面可与臭气物质和致臭物质发生化学反应，起到直接消臭的作用；另一方面它通过抗菌、降低相关酶的活性，对臭气物质进行间接预防。茶多酚能够抑制有害菌增殖，促进有益菌的生长，改善微生物结构，保护肠道微生态环境，从而降低畜禽粪便的臭味。Hara（1996）给30日龄猪饲喂含0.2%茶多酚的饲料时发现，两周后猪粪中乳酸杆菌的数量显著增加，细菌和类菌体数量递减，梭状杆菌磷酸酯酶的检出率下降，粪便中氨的浓度、酚类、对甲酚和粪酚的含量显著减少，短链脂肪酸和乳酸菌数显著增加，pH略有下降，粪臭味显著降低。

（二）满足消费者的消费需求

抗生素、生长激素、类激素等物质的发现、化学合成及使用极大地促进了养殖业的迅速发展。如将抗生素添加到饲料中，可有效控制细菌性疾病的发生，促进畜禽生长、发育，提高饲养效益。然而，在经济利益的驱动下，为了提高产量，抗生素等化学合成物质被广泛、甚至不合理地使用。这不仅破坏了动物体内原有的微生态平衡，也给人类的生存环境和健康带来了巨大的安全隐患。随着人们生活水平的提高、消费观念的改变及居民健康消费理念的不断增强，绿色动物性食品受到人们的青睐。养殖业要向着不使用抗生素、生长激素、饲料添加剂的绿色养殖方向发展，这给现代养殖业提出了严峻的考验。茶是一种天然健康饮品，将茶这种天然植物应用于养殖业，利用茶的营养和保健功能来增强畜禽等动物的抗病力，减少抗生素的使用，提高畜禽等产品的品质，符合人们健康的消费心理和环保意识。

（三）满足养殖业发展的需求

全球养殖业的快速发展导致饲料原料供应日益紧张、价格不断上涨，给养殖业的发展提出了严峻的挑战，尤其是我国养殖业。随着我国经济的高速发展，动物性食物需求正在急速增加；而居民用地与城市用地的快速扩展，又极大地限制了我国粮食植物用地的发展，导致我国饲料资源短缺日益严重，我国目前每年要进口大量蛋白质饲料（如大豆）与能量饲料（如玉米）。为了缓解饲料资源的短缺，降低畜禽水产饲养成本，全球都在努力寻求新的优质资源。

我国茶资源丰富，每年有大部分低档茶滞销，茶渣、茶饼粕等被丢弃或渥肥。利用它们开发营养丰富，价格低廉的绿色饲料或饲料添加剂，不仅可缓解我国饲料资源的短缺，还可充分利用茶资源，增加茶产业经济效益，促进茶产业的发展。

三、茶资源在养殖业中应用分类

根据茶叶、茶渣及茶饼粕等茶资源在养殖业中应用目的不同，可将茶资源在养殖业中的应用分为以下几类：①茶饲料及饲料添加剂：如茶渣蛋白饲料、茶多酚饲料添加剂；②茶饲料贮藏剂：利用茶多酚等物质的抗氧化、抑菌作用及茶皂素的抑菌、驱虫作用开发茶饲料贮藏剂，用于饲料的贮藏；③茶兽药：如利用茶多酚、茶皂素的抑菌活性开发杀菌剂，替代抗生素在养殖业中的使用；④环境改良剂：如利用茶叶的强吸附性和去臭作用来去除养殖业环境中的臭味；⑤清塘剂：茶皂素有溶血鱼毒作用及杀虫驱虫作用，利用茶籽饼不仅可杀死塘中的鱼类，还可杀死蛙卵、蝌蚪、蚂蟥、蛭类等，而对虾、蟹影响小，因此在虾、蟹养殖业中可利用茶皂素及茶籽饼粕作清塘剂。目前，茶资源在养殖业中的应用主要以茶饲料及饲料添加剂为主。

四、茶资源在养殖业中的应用发展前景

我国茶资源丰富。茶资源中富含茶多酚、茶皂素等多种功能成分以及维生素、矿物质等营养成分，对于防治畜、禽、水产动物疾病，提升产品质量有很好的效果。茶产业生产过程中的修剪枝叶、茶末、茶渣、茶饼粕等副产品产量逐年增加，且价格低廉，利用茶资源作为畜禽水生等动物的饲料及饲料添加剂具有其他资源不可比拟的优

势;同时,茶末、茶渣的重复利用,可以解决直接焚烧带来的污染问题。随着人们对生活品质要求的提高,对绿色无公害畜禽等产品的需求不断加大,茶资源作为一种很好的绿色饲料添加剂,在养殖业中具有广阔的应用前景和市场潜力。

虽然学者们研究发现茶资源作为畜、禽、水产动物饲料与饲料添加剂确实可以起到增重、抗病、改善肉质的功效,但大多还是停留在研究阶段,养殖业进行批量化生产试验还很少。因此,还有必要进一步宣传与推广茶资源作为畜禽水产动物饲料及饲料添加剂。

茶资源作为饲料添加剂在养殖业中的应用刚刚起步,如何充分有效地利用茶资源还有待加强。如茶渣、茶末的添加量过大,可能会影响饲料的适口性,导致畜禽等动物的采食量减少,但添加量过低则效果不明显,因此,有必要深入研究茶资源最合适、最有效的添加量与添加形式。

茶资源作为饲料及饲料添加剂在养殖业中应用既能提高茶叶附加值,又能够缓解饲料资源缺乏,改善畜禽产品品质,发展低脂、绿色、无残留的健康畜禽产品。随着当今社会绿色可持续性发展理念的深入人心,广大人民群众不断提高的食品安全要求和持续增强的绿色环保意识,茶资源不管是作为添加剂还是饲料成分的替代品都具有较广阔的应用前景。

第 二 节　茶饲料及饲料添加剂在养殖业中的应用效果

一、作为猪饲料及饲料添加剂的应用效果

茶资源在猪饲料中的应用以茶渣和茶末这两种形式比较广泛。茶渣和茶末作为饲料添加剂,能够增加猪运动量,加速血液循环,增加体内的废物排泄,促进肌肉增加和加快生长速度,降低料重比,且对猪的生理功能无明显不良影响。

(一)对猪生长性能的影响

晁娅梅等(2016)研究报道育肥猪饲粮中添加400mg/kg茶多酚饲喂6周,与对照组相比,茶多酚显著提高了育肥猪的净增重和平均日增重。周绍迁等(2011)研究报道在小猪基础日粮中添加0.5%~1%茶渣蛋白酶解物,可显著提高猪的日采食、日增重,降低猪料重比。

(二)对猪繁殖性能的影响

茶资源对猪繁殖性能的影响主要表现在能够增加窝产仔数、出生窝重以及活仔数,对断奶窝重和断奶成活率也有提高。

张幸彦(2015)研究表明在1~2胎次妊娠母猪日粮中添加100mg/kg茶多酚,窝产仔数、出生窝重、21日龄断奶重以及断奶成活率均较对照组有提高趋势,且对母猪断奶-发情间隔和发情率有明显改善。

肖勇(2013)研究发现妊娠前期日粮中添加儿茶素能够有效改善母猪繁殖性能。与对照组相比,200mg/kg和300mg/kg儿茶素组母猪窝产活仔数和健仔数显著提高($P<0.05$),窝死胎数显著降低($P<0.05$),但对仔猪初生重影响不显著;母猪妊娠

40d 时血清孕酮（PROG）含量及血清抗氧化指标 CAT、SOD、谷胱甘肽过氧化物酶（GSH－P$_x$）有提高趋势，丙二醛（MDA）含量有降低趋势，但差异均不明显（$P >$ 0.05）；母猪分娩期血清 SOD、CAT 活力显著提高，MDA 含量显著降低（$P < 0.05$）。研究还表明母猪妊娠前期添加儿茶素可显著提高母猪分娩后初乳中的免疫球蛋白 IgG 和 IgM 含量，增强新生仔猪被动免疫，提高成活率。

（三）对猪肉品质的影响

据日本农业新闻社报道，以生长肥育猪为试验对象，在饲料中添加适量的茶叶进行长期饲喂，待出栏屠宰后分析猪肉品质，结果发现饲喂茶叶的猪肉中原有的独特腥味大幅度降低，维生素 E 的含量是一般猪肉的 3 倍，次黄嘌呤核苷酸（又称肌苷酸）含量显著增多，而次黄嘌呤核苷酸的多寡是决定猪肉口感的重要因素。徐坤等（2009）研究也报道仔猪基础日粮中添加 0.1%～0.3% 茶多酚复合添加剂，显著降低了猪肉失水率，提高猪肉 pH，延缓猪肉变色；显著增强猪肉维生素 E 和肌苷酸（MP，猪肉最强的鲜味物质）的含量，使肉质更鲜美。

（四）对猪抗病性能的影响

茶渣、茶末等所含的茶多酚等物质可增强猪机体免疫力，提高机体抗病性。蔡海莹等（2006）研究表明在猪饲粮中添加 400mg/kg 茶多酚，有利于提高猪的机体免疫力，且对降低生长猪的腹泻率有一定的作用。茶渣、茶末中的茶多酚、多糖类物质可以降低有害细菌生长，增加猪体内乳酸杆菌含量，减少抗生素使用。

茶渣、茶末中的茶多酚还具有抗应激效应。李永义（2011）研究报道 20、40、80μg/mL 的 EGCG 均可通过提高氧化应激仔猪淋巴细胞抗氧化物酶的活力，促进淋巴细胞的转化和细胞因子的分泌，从而缓解氧化应激对淋巴细胞的损伤；饲粮中添加 500mg/kg 茶多酚可以缓解氧化应激导致的仔猪生长性能下降，增加机体的抗氧化能力，提高循环血液中免疫球蛋白水平，改善血液中淋巴细胞亚群的分化比例，促进细胞因子的分泌，从而减轻氧化应激的危害。

二、作为禽饲料及饲料添加剂的应用效果

（一）对禽生长性能的影响

目前已报道的许多研究表明在鸡、鸭等禽日粮中添加适量茶多酚、茶粉、茶渣等对禽的采食量、日增重等无显著影响，但如果添加量过大，则会影响禽的生长。如刘晓华等（2004）研究报道在肉鸡日粮中加入适量的茶多酚对肉仔鸡生长没有显著影响，但当茶多酚的添加量大于 210mg/kg 时，会降低肉仔鸡的采食量，从而影响肉仔鸡的日增重。

（二）对禽生产性能的影响

在蛋鸡饲料中添加茶可提高蛋鸡的产蛋率。韩国顺天大学动物自然系教授杨哲洙在蛋鸡饲料中添加 0.5% 的制作绿茶饮料后废弃的茶渣，饲喂 6 周后蛋鸡产蛋率达 90.4%，高于普通饲料喂的鸡。吴慧敏（2016）研究报道在尤溪麻油鸡的日粮中分别添加 1.0% 和 2.0% 的茶渣，可显著提高蛋鸡的产蛋率和平均蛋重，降低料蛋比，添加 2.0% 茶渣还可显著降低破损蛋数；添加 2.0% 的茶末，可显著提高蛋鸡的产蛋个数、

产蛋率和平均蛋重，降低破损蛋数和料蛋比。

（三）对禽蛋、肉品质的影响

茶叶富含茶多酚、类胡萝卜素、维生素等功能物质，将茶添加于禽日粮可明显改善禽蛋、肉的品质。据日本佐野满昭（1996）报道肉仔鸡饲料中添加3%茶渣，喂养35d后发现试验组仔鸡与对照组仔鸡生长速度没有差异，但试验组肉质更鲜，风味更好。1997年日本株式会社永田农业研究所发明了绿茶蛋及其生产方法的专利，表明在母鸡饲料中添加1.0%~1.5%的绿茶粉，喂养30d后，发现鸡蛋蛋白无鱼腥味，蛋清无色透明，蛋黄亮黄色，富有弹性，且比普通鸡蛋耐贮藏，经卫生检验，鸡蛋中未发现有大肠杆菌和沙门菌等有害微生物。

日本静冈县中小家畜试验场研究报道添加3%的绿茶粉或废茶粉对肉用鸡的采食量和体重无任何影响，但显著增加了鸡脯肉中维生素A和维生素E的含量，且增强了肌肉的鲜美滋味；添加1%的绿茶粉可增加蛋黄中维生素A和维生素E的含量。韩国顺天大学动物自然系教授杨哲洙研究表明，在鸡饲料中添加0.5%的茶渣可降低鸡体内胆固醇含量。

我国研究人员也研究发现茶饲料可明显改善禽蛋、肉的品质。吴慧敏（2016）报道，在日粮中添加0.5%和1%的茶渣和茶末，饲喂8周后，与对照组相比，茶渣使鸡蛋的胆固醇含量显著降低，降幅分别达32.48%和13.37%；维生素A含量显著提高，增幅分别达11.60%和17.13%；显著提高了鸡蛋黄的弹性，但对鸡蛋黄的咀嚼性、黏聚性及硬度无影响。在日粮中添加0.5%和1%的茶末，饲喂8周后，与对照组相比，茶末使鸡蛋的胆固醇含量显著降低，降幅分别达15.95%和5.90%；维生素A含量显著提高，增幅分别达21.55%和24.86%；且茶末还显著提高鸡蛋黄的黏聚性、咀嚼性、恢复性及弹性。闫天龙等（2015）报道蛋鸡日粮中添加1.0%的茶粉可使鸡蛋蛋黄中胆固醇含量降低9.8%、维生素A含量增加22%、维生素E含量增加50.59%；蛋鸡日粮中添加1.0%~1.5%的茶粉能显著改善蛋黄颜色、降低蛋黄中胆固醇含量、增加蛋黄中维生素A和维生素E含量，明显改善鸡蛋黄质构和鸡蛋黄口感。

（四）对禽抗病性能的影响

茶叶中的多酚类化合物对多种有害病毒、细菌、真菌及酵母菌都有明显的抑制活性，禽日粮中添加茶可提高禽的抗病力。研究表明在雏鸡育雏阶段，给雏鸡饮服含1%的茶叶水，比饮普通自来水存活率提高36.3%，雏鸡白痢病、消化不良病都有所下降；在蛋鸡产蛋高峰期，鸡日粮中添加茶叶末，死亡率显著降低。曹兵海等（2003）报道在肉鸡日粮中添加0.4%的茶多酚，显著降低了肉鸡盲肠菌群的总数、各菌群的数量及细菌代谢产物的总量，显著降低了肉鸡的死亡率。

夏季高温季节，鸡容易出现应激反应，导致生长缓慢、生产性能下降、甚至死亡。鸡饮茶叶水可以有效抵抗或缓解热应激危害。在鸡饲料中添加3%茶叶末和适量的维生素D，与对照组比，鸡群在高温环境中表现安静、产蛋率提高23.7%、发病率降低了37.3%、死亡率降低了61.6%。

茶饲料还可提高禽的免疫力、预防疾病。詹勇等（1992）在14日龄健康肉用仔鸡饲料中添加0.25%茶多酚，结果发现茶多酚能够保证脾脏的正常免疫功能，且显著提高自然法氏囊病鸡血液中红细胞 C3b 受体和免疫复合物的含量。还有试验表明给鸡饲喂茶叶可预防维生素 A、维生素 E 营养性缺乏症、高产鸡贫血症、鸡异食癖症。

三、作为反刍动物饲料及饲料添加剂的应用效果

反刍动物指有反刍现象的动物，通常是一些食草动物，如牛、羊等，因为植物的纤维比较难消化，所以需要反刍。

（一）对反刍动物生长性能的影响

在湖羊日粮中添加 0.75～3.0g/d 的茶皂素饲喂 30d，茶皂素对湖羊的采食量无影响，但可提高湖羊的日增重和饲料转化率，且这种影响随茶皂素浓度的增加而增强，说明茶皂素能改善湖羊的生长性能。茶皂素提高反刍动物生产性能的作用机理可能是通过控制瘤胃原虫数量，增强瘤胃中底物的发酵活动，提高微生物蛋白产量，最终改善瘤胃发酵（苑文珠，2002）。

（二）对反刍动物生产性能的影响

赖建辉等（1994）研究报道，将乌龙茶作为饲料添加剂添加于奶牛日粮中，饲喂 50d，奶牛产奶量提高 1 倍。Ishihara 等（1998）报道，从 7 日龄小奶牛开始添加绿茶提取物 35g/d，至分娩前食喂 1 年，奶牛育成期缩短 51d，产奶量由 20.3kg 提高到 21.7kg；Sayama 等报道，儿茶素类化合物对生长奶牛的乳腺发育生长有促进作用。这些报道表明茶资源有助于反刍动物的生产性能。

（三）对反刍动物抗病性能的影响

茶饲料可有效增强反刍动物的抗病性。Ishihara 等（1998）报道每天用 1.5g 茶多酚与牛奶一起喂饲 10～30 日龄的生长小奶牛，连续 4 周，可以明显减轻奶牛腹泻，并且能促进双歧杆菌、乳酸菌和肠杆菌等有益菌的生长，抑制产气荚膜梭菌的生长。

反刍动物氧化应激的出现，会引发腹水症、乳房症等多种疾病。王振云（2011）研究表明在奶牛日粮中加入适量的茶多酚，可抑制乳酸脱氢酶的活性，降低奶牛乳腺上皮细胞中的丙二醛含量，提高超氧化物酶活力，有效缓解氧化应激反应对反刍动物机体造成的损伤，提高机体的抗氧化能力，从而提高了机体的免疫力。

四、作为水产动物饲料及饲料添加剂的应用效果

水产养殖动物以鱼、虾、蟹为主，兼顾其他水生动物。茶资源在水产养殖中最主要的应用就是利用茶籽饼中的茶皂素作养虾业中的清塘剂，且茶皂素还能在一定程度上促进虾的生长；茶资源还可作为茶饲料及饲料添加剂用于水产养殖业。

（一）对水生动物生长性能的影响

适量使用茶饲料及饲料添加剂可促进水生动物的生长。李金龙（2013）研究报道当青鱼基础饲料中添加一定浓度茶多酚时，可显著提高青鱼的特定生长率和肥满度，但当添加高浓度茶多酚（＞500mg/kg）时，则对青鱼的生长表现出一定的抑制作用。

（二）对水产品品质的影响

茶饲料及饲料添加剂可改善水产品品质。巫丽云等（2017）通过分别在草鱼、斑

点叉尾鮰基础饲料中添加一定量茶叶（红茶、普洱茶、绿茶、黄茶），研究表明这几种茶叶能不同程度提高这两种鱼类干物质与粗蛋白含量，降低粗脂肪含量，对灰分含量无影响。

（三）对水生动物抗病性能的影响

茶饲料及饲料添加剂可一定程度提高水生动物的抗病能力。用茶籽饼做鱼精料，不仅因茶籽饼蛋白质含量高，能保鱼膘，茶籽饼所含的茶皂素还可防鱼的肠炎、烂鳃、出血等疾病。茶籽饼中的茶皂素在冷水中溶出速度慢，短时间内达不到致死鱼类的浓度，但对鱼类致病体却起到毒杀作用；鱼类游动、呼吸等活动有很大可能接触茶皂素，杀死体表、鳃部的病原体，从而达到预防疾病的目的。使用茶籽饼最好是新鲜的，且要坚持使用，就能有效预防鱼病，尤其对控制草鱼疾病效果最显著。

第三节　茶饲料加工

一、用茶叶或茶渣加工茶饲料

速溶茶制取与茶叶沏泡，只利用了占茶叶干重30%～40%的可溶性成分，这些成分主要是茶多酚、咖啡碱、糖类、水溶性灰分、氨基酸和维生素等。在占茶叶干重60%～70%的废茶渣中还含有18%～20%粗蛋白、11%～13%粗纤维、0.5%～1%粗脂肪、8%～9%矿物质等成分。废茶或茶渣中的含氮化合物、粗纤维不能直接为家畜、家禽所利用。Mosses（1987）用茶叶废料加麦麸（40∶60）喂雄性杂交小牛，发现其干物质消化率和消化粗蛋白能力减弱，但饲喂乙醚提取物则无影响。说明茶叶经过处理后应用效果更好。

一般废茶或茶渣用作饲料前，最好经过发酵处理，以使其中的粗蛋白和多糖降解。研究表明废茶或茶渣经过发酵处理可使有效氮增加2倍。

（一）普通茶渣饲料

废茶或茶渣经简单发酵处理后直接用做茶饲料，其加工工艺流程主要有以下两种。

工艺流程一：废茶或茶渣→ 烘干至含水率为6%～8% → 机械粉碎 → 20% NaOH 溶液100℃下处理1h以除去木质素 → 果胶酶或木霉菌在40℃下发酵3～4d → 70℃下 烘干至含水率为4%～5% → 粉碎 → 装袋 。

工艺流程二：废茶或茶渣 → 烘干至含水率为6%～8% → 机械粉碎 → 灭菌 （热处理） → 反应堆搅拌（加接种培养物和无机添加剂） → 发酵4d → 过滤除水 → 70℃烘干至含水率4%～5% → 粉碎 → 装袋 。

（二）茶渣蛋白饲料

胡桂萍等（2017）报道了一种由提取了茶多酚后的茶渣制备茶渣蛋白饲料的加工工艺。

1. 原料

茶渣为提取茶多酚后的废弃茶渣、发酵辅料（麸皮、稻壳粉、玉米粉、豆粕、花生秸秆、燕麦草、高粱糠、红薯渣）及菌种（乳杆菌、枯草芽孢杆菌和酵母菌）。

2. 工艺流程

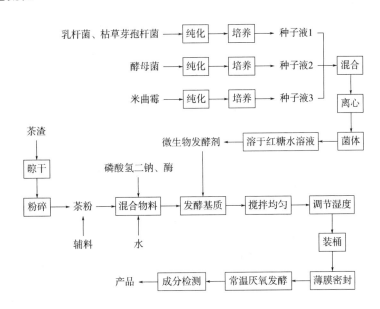

3. 操作要点

（1）微生物发酵剂的制备 将乳杆菌和枯草芽孢杆菌用牛肉膏蛋白胨培养基纯化后，取单菌落置于液体牛肉膏蛋白胨培养液中室温培养 1d 制成种子液 1；酵母菌通过萨市琼脂培养基纯化后通过摇瓶培养制得种子液 2；米曲霉通过马铃薯葡萄糖培养基进行纯化并进一步扩繁制得种子液 3。分别取这三种种子液 5L，离心，将菌体全部溶解在 2kg 10% 的红糖水溶液中，制得微生物发酵剂。

（2）茶渣前处理 将茶渣晾干后进行机械粉碎。

（3）茶渣固体发酵 将茶渣和 8 种辅料分别按质量比 7∶3 组成发酵基质，再向不同发酵基质中按质量比添加 3% 磷酸氢二钠和 1% 的纤维素酶；向混合物料中加水（35L/100kg）进行搅拌混匀，随后向发酵基质中喷洒微生物发酵剂，充分搅拌混匀并调节相关的湿度，保证基质手捏成团、一触即散，但不滴水为最佳；然后将混合好的基质装入塑料桶内，用塑料薄膜密封 2 层，常温（25~35℃）厌氧发酵 5~7d，直至有酸甜的浓郁酒曲香味，表明发酵完成且充分。

（4）成分检测及成本分析 茶渣分别添加 8 种辅料经固体发酵后，发酵产物中蛋白质含量均显著升高，以豆粕为辅料的茶渣发酵产物中粗蛋白含量最高，达到29.49%；除添加花生秸秆外，添加其余辅料发酵后的茶渣发酵产物中纤维素含量均降低，以添加豆粕为辅料的茶渣发酵产物中纤维素含量最低；成本分析以麸皮为辅料成本比重最低，为 48.65%，以豆粕为辅料成本比重较适宜，为 55.81%。结果表明豆粕最适合作为茶渣饲料固体发酵辅料，其发酵产品质量最高。

由此可见，茶渣通过多菌种联合固态发酵生产茶渣饲料，蛋白质含量明显提高，营养更加丰富合理，饲料的适口性好，既能作为全价饲料，也可以作为饲料添加剂。

二、用茶籽饼粕加工茶饲料

研究表明经过茶籽油和茶皂素提取后的茶籽饼粕中仍含有11%～16%的蛋白质、5%～7%的粗脂肪和40%的可消化糖，具有较高的营养价值，是极好的饲料来源，特别是经固态发酵加工工艺生产的茶粕发酵产品，蛋白质含量进一步提高，氨基酸配比更加平衡，是营养价值较高的饲料原料。但由于茶籽饼内含有的茶皂素具有溶血鱼毒作用，需去毒后方可作饲料，且未脱毒处理的茶籽饼适口性差，畜禽不喜采食，因此，茶籽饼用作饲料之前需经脱毒处理。茶籽饼脱毒处理方法主要有水洗法、碱溶法、土坑发酵法等。

（一）水洗法

按常规用热水提取皂素后分离出滤渣，滤渣烘干后即可做饲料。

（二）碱液浸提脱毒法

将茶籽饼粉碎成块状，与0.5% Na_2CO_3 溶液1∶6混合，煮沸3h后，静置去上层碱液，再用10～15倍清水搅拌洗涤2次，将洗涤液滤干即可作喂猪的精饲料。

（三）土坑发酵法

将茶籽饼粉碎成块状，按1∶1的比例加入冷水浸泡，放入密封的土坑中发酵。气候干燥时，每隔2～3d向坑内加一次水，每次加水量约为茶饼质量的1/5，以保持茶饼湿润；雨天在土坑四周开沟排水，避免坑内积水。发酵时间与气温有关，30℃以上时需12d。待茶籽饼发酵至呈灰褐色、有气泡和香味后取少量喂鱼，鱼在5h至1d内不死，则说明已脱毒。

三、茶饲料添加剂加工

（一）茶多酚饲料添加剂

利用茶多酚的抗氧化、清除自由基、抑菌、抗癌、增强免疫力等多种功效，开发茶多酚饲料添加剂，用于替代抗生素、饲料保藏剂、品质改良剂等。

（二）茶皂素饲料添加剂

茶皂素有溶血作用、广谱的抑菌活性、杀虫驱虫作用及生物激素样作用等，可作为纯天然绿色饲料添加剂用于饲料中作为替代抗生素、饲料保藏剂、生长促进剂、驱虫保健剂、品质改良剂和除臭剂等。

（三）茶蛋白饲料添加剂

茶渣或茶饼粕中含有丰富的蛋白质，可提取其蛋白用于加工茶蛋白饲料添加剂。如周绍迁等（2011）介绍了一种碱溶酸沉法从茶渣中提取茶渣蛋白，并将茶渣蛋白酶解后作为饲料添加剂添加到猪的基础日粮中，有效提高了猪的生产性能，改善了猪的机体免疫能力以及提高胰脏和十二指肠中消化酶的活力。

1. 工艺流程

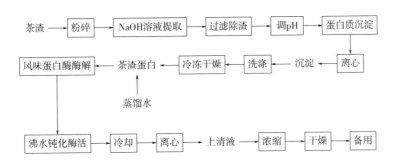

2. 操作要点

（1）茶渣蛋白提取　将茶渣粉碎，用0.12mol/L的NaOH溶液按料液比1∶30（质量/体积）于90℃恒温水浴中提取1.5h，过滤除渣；用盐酸将滤液pH调至3.5使蛋白质沉淀，4000r/min离心30min后，取沉淀，用蒸馏水洗至中性，最后经冷冻干燥得到茶渣蛋白。

（2）茶渣蛋白酶解　向茶渣蛋白中加入蒸馏水，使其浓度为3%，加入风味蛋白酶，使酶与底物之比为5000U/g，调节溶液pH、温度至酶的最适条件，酶解4h，沸水浴灭活15min，冷却、离心，取上清液直接备用或经浓缩、干燥后备用。

四、开发茶饲料及茶饲料添加剂注意事项

利用废弃茶叶、茶渣及茶饼粕等开发茶饲料时应注意以下几点：

（1）直接添加低档茶叶饲喂畜禽时，添加量应控制在2%～5%。用茶水饲喂时，先将茶叶用水浸泡0.5～1h，让茶叶中的大部分营养物质均匀释放在茶水中，然后按比例适量加入饮水中供动物饮用，且茶水中一般不宜加入酸性药品，以防发生药理上拮抗作用。

（2）长期用茶叶饲喂母鸡时，应补充维生素D和钙，以防止蛋壳厚度和强度下降。

（3）茶中的茶多酚可能会影响猪对微量元素的吸收，长期应用是否会对畜禽的生长产生不良影响，还需要进一步实验观察。

（4）不能直接饲喂未经脱毒的茶籽饼粕，脱毒之后饲喂奶牛时，饲喂量一般不超过10%，如果有棉籽饼等含有皂苷的原料时，饲喂量还应减少。

（5）开发茶饲料应选未被污染、未霉变的新鲜茶叶（渣）及茶饼粕。

第四节　茶兽药方

茶叶含有多酚类、生物碱类、多糖类及维生素类等多种活性成分，在抑菌、杀菌、增强机体抵抗力、消炎解毒、促进消化生长等方面有显著效果，将茶叶用作茶兽药的开发研究和应用，不仅能够充分发挥茶的营养和药理功效，增强畜禽抵抗力，有利于畜禽疾病的防治，且能减少抗生素和人工合成饲料添加剂的使用，适应养殖业绿色发展的需求。

研究表明将茶叶提取物片剂（含 20% 多酚类物质）按 1.5g/d 剂量与牛奶一起喂饲10~30d 龄小奶牛，连续 4 周，发现茶叶可减轻奶牛腹泻，促进双歧杆菌、乳酸菌、肠杆菌科等微生物的生长，抑制荚膜梭菌的产生，而不影响葡萄球菌、链球菌、真杆菌科等菌群。对猪添加 0.2% 茶多酚强化饲料，2 周试验后，发现其体内乳酸杆菌显著增加，细菌和类菌体数量剧减，说明茶叶提取物可增强猪的抗病力。

茶兽药的开发应用主要以茶叶及废茶等为其原料，茶籽及茶籽饼粕资源也有重要的开发利用价值。如将茶籽饼粕脱毒后再经发酵、干燥后制成鱼饲料，既可促进鱼长膘，又可防治鱼类肠炎、烂鳃、出血等；将茶籽饼粕用温水浸出药液，用于擦洗家禽、家畜皮毛，能防治体外寄生虫等；还可将茶叶及茶饼粕中功效成分提取分离出来，用于制备新型茶兽药。目前，茶兽药的应用主要还是中兽药茶方的形式。

在民间，将茶叶作为中兽药成分应用于畜禽病的防治已有悠久的历史，并且积累了丰富的经验。中兽医的茶方药常可作主药施用，有时也常作副药或与其他中草药或食物配合做辅助之用。

茶兽药按其功能可分为混饲调理类、清热类、泻下类、消导类、理气类、止咳平喘类、解表类、祛湿类、理血类、补益类、通关开窍类、驱虫外用类等。其中混饲调理类茶方药主要作为饲料添加剂使用，或用健脾增食、滋补强壮类的茶方药，对饲养动物起促进生长的作用，或用茶方药的调理及祛邪作用，使动物避免或减少疾病的发生（吴树良，2001）。

常用的茶药方介绍如下。

一、消化系统疾病茶药方

（一）消化不良方

砖茶 30~150g，研成细末，开水冲调，候温。大畜 1 日 1 次灌服，5 日为 1 疗程。粪稀溏时用。

（二）胃肠炎（肠黄）方

取紫皮蒜、牛粪炭各 250g，共同捣碎，调入鸡蛋清 10 个，用砖茶 170g，煎浓汁1.5~2.0L 冲调，候温。驼 1 日 1 次灌服，马牛服此量的 1/2，羊猪服 1/10，5 日为 1疗程。肚疼拉稀时用。

（三）治牛厌食方

取茶叶 50g、大枣 2kg，加水 3kg 煎熬，然后加入切碎的生姜 250g 和炒熟研碎的芝麻 300g，待温后一次灌服。对牛胃肠因冷泻而导致不食症有较好疗效。

（四）治牛腹胀方

牛因食草过多引起肚胀时，可将茶叶与皂角一起捣碎，塞入牛的肛门内，能引起急性排粪，消除肚胀；或用茶叶、去壳的萝卜籽各 250g，共煎浓汁灌服。

（五）痢疾方

仔猪白痢：取茶叶 500g，乌梅 500g。水煎 3 次，合并药液，浓缩成 500mL，备用。每头仔猪口服 2mL，每日 1 次，连服 2~3 次。

（六）猪传染性胃肠炎

茶叶、陈皮、葛根、炒六曲、炒山楂、酒赤芍各14g，水煎服（25kg体重猪的剂量），每天1剂，一般1~2剂即可治愈。

二、呼吸系统疾病茶药方

（一）牛感冒方

取茶叶120g用开水冲泡后，稍温时加入绿豆粉300g、白矾40g，1次灌服。

（二）牛鼻炎方

取茶叶200g，煎水去渣，再取鸡蛋清5个，白糖100g，蜂蜜200g，混合后用力搅拌，以起泡为度，灌服。

（三）喉炎方

取茶叶30g，生冬瓜子（捣碎）100g，胖大海50g，共煎汁2L，候温。大畜1次徐徐灌服，羊猪用此量的1/5。消肿毒，止疼咳。

（四）流行性感冒（流感）方

取茶叶30g，紫苏100g，生姜120g，葱白7根。将上药加水4L，煎沸取液3L，候温。牛1次灌服，每日1剂，连服2日。

三、其他茶药方

（一）耕牛乳房肿痛

茶叶100g煎汁内服，或茶叶60g煎汁灌服，1天1次，治乳房浮肿。

（二）维生素A缺乏症（夜盲症）方

取茶叶1份，南瓜30份，胡萝卜20份，共捣碎烂。羊猪每次200~300g，大畜每次500~1000g，混饲。

（三）治烫伤起泡流水

取泡过的各种茶叶，煎浓汁涂患部。

（四）牛外伤方

耕牛劳役过度或外伤而形成溃疡，用茶叶加艾叶、大蒜、薄荷煎水冲洗伤口，可起到消毒的功效；或用茶叶60g，红糖250g，加水适量煎汁服，每天1次，连服3~4d。在夏秋季，耕牛因外伤感染形成溃疡时，用茶叶、艾叶、薄荷各40g，大蒜秆100g，熬水降温后冲洗伤口，效果佳。

（五）治耕牛螨、虱方

用2年以上陈茶叶300g加水2000mL，煎煮浓缩成1500mL，去渣取汁，待温凉时一次灌服，2~3d后螨、虱皆自然脱落。

（六）治兔疥癣（螨病）方

取茶叶100g，食醋1L，共浸泡1周，取汁涂患部，每日数次，连用3~5d。

（七）浓茶灭蜱

取茶叶适量，加沸水冲泡（牛用茶叶50g，沸水1000mL；狗、猫用茶叶10g，沸水50mL），密封浸泡，存放72h，滤渣取汁一次灌服。

思考题

1. 茶资源在养殖业中应用的优势有哪些?
2. 简述茶饲料在畜牧业中的应用效果。
3. 开发茶饲料的注意事项有哪些?

参考文献

[1] HISOYOSHI HARA, 著, 李凯年, 摘译. 茶多酚对猪粪菌丛和粪代谢产物的影响[J]. 国外畜牧学:饲料, 1996(6): 8 - 9.

[2] ISHIHARA N, MAMIYA S. Effects of green tea hot water extract feeding on intestinal flora improvement and productivity of milks cow before and after delivery[J]. Chikusan on Kenkyu, 1998, 52(7): 803 - 807.

[3] 蔡海莹, 张伟力, 朱建和. 茶多酚对生长猪机体免疫力的影响[J]. 饲料研究, 2006(6): 55 - 56.

[4] 曹兵海, 张秀萍, 呙于明, 等. 半纯合日粮添加茶多酚和果寡糖对母肉鸡生产性能、盲肠菌丛数量及其代谢产物的影响[J]. 中国农业大学学报, 2003, 8(3): 85 - 90.

[5] 晁娅梅, 陈代文, 余冰, 等. 茶多酚对育肥猪生长性能、抗氧化能力、胴体品质和肉品质的影响[J]. 动物营养学报, 2016, 28(12): 3996 - 4005.

[6] 胡桂萍, 杨广, 欧阳雪灵, 等. 茶渣发酵蛋白饲料辅料优选及成本分析[J]. 重庆理工大学学报:自然科学版, 2017, 31(5): 86 - 91.

[7] 赖建辉, 刘中秋, 田超, 等. 乌龙茶用作奶牛饲料添加剂的初步效果[J]. 茶叶科学, 1994, 14(1): 79.

[8] 李金龙. 茶多酚对青鱼幼鱼生长、免疫及脂肪代谢的影响[D]. 长沙:湖南农业大学, 2013.

[9] 李永义. 茶多酚对氧化应激仔猪的保护作用及机制研究[D]. 雅安:四川农业大学, 2011.

[10] 刘晓华, 邰卫华, 夏瑜, 等. 茶多酚对肉仔鸡健产性憾、屠牢性憾众肉品质的影响[J]. 现代畜牧兽医, 2004(12): 9 - 11.

[11] 王振云. 茶多酚对奶牛乳腺上皮细胞氧化应激损伤的保护作用[D]. 南京:南京农业大学, 2011.

[12] 巫丽云, 杨严鸥, 黄亮. 饲料中茶叶种类及添加量对草鱼和斑点叉尾鲴鱼体生化成分的影响[J]. 长江大学学报:自科版, 2017, 14(14): 37 - 42.

[13] 吴慧敏. 茶渣、茶末对蛋鸡生产性能及鸡蛋品质的影响研究[D]. 福州:福建农林大学, 2016.

[14] 吴树良. 茶叶兽药的开发和应用[J]. 茶业通报, 2001, 23(3): 39 - 41.

[15] 肖勇. 儿茶素对妊娠母猪繁殖性能、抗氧化力和免疫功能的影响研究[D]. 长沙:湖南农业大学, 2013.

［16］徐坤，李明元，马媛. 茶多酚对生长育肥猪生长性能和肉质的影响研究［J］. 粮食与饲料工业，2009（4）：43 –44.

［17］闫天龙，邓维泽，古霞，等. 茶粉饲料添加剂对鸡蛋黄品质的影响［J］. 食品与发酵工艺，2015，41（3）：100 –104.

［18］苑文珠. 茶皂素对湖羊生产性能及瘤胃发酵的影响［D］. 杭州：浙江大学，2002.

［19］詹勇，李进昌，杨贤强. 茶多酚（TP）对家禽免疫功能的研究［J］. 浙江农业大学学报，1992，18（4）：74 –76.

［20］张幸彦. 甜菜碱、茶多酚及其复合物对母猪繁殖性能的影响［D］. 兰州：甘肃农业大学，2015.

［21］周绍迁，徐焱，郭洪涛，等. 茶渣蛋白的提取、酶解及其作为饲料添加剂的应用研究［J］. 饮料工业，2011，14（12）：11 –14.

［22］佐野满昭. 孙希琪译. 茶添加到家畜饲料中的利用效果［J］. 农业新技术新方法译丛，1996（2）：32 –33.

第十二章　茶树花的利用

第一节　茶树花概述

一、茶树花资源

茶树是木本多年生、多次开花结果的植物。茶树花是茶树的生殖器官，具有寿命短、花期长、开花量大、结实少且资源丰富等特点。茶树花属完全花，两性，主要依靠昆虫传播花粉。茶树花着生于茶树新梢叶腋间，单生或数朵丛生，由短花梗、花托、花萼、花瓣、雄蕊和雌蕊组成。花瓣多为白色，少数为浅黄和粉红。茶树于每年 6 ~ 7 月开始花芽分化，开花时间因茶树品种和种植地不同而异。一般于每年 10 ~ 12 月陆续开放，10 月中下旬至 11 月中旬为盛花期。我国南部茶区茶树花期更长，可延续至翌年 2 ~ 3 月份，个别地区甚至全年可见茶树花开放。茶树花的寿命一般为 2 ~ 7d，如果开放后 2d 没有受精便自动脱落。

茶树花照片

我国是产茶大国，茶树花资源非常丰富。据资料调查显示，我国成龄茶园每年每亩可采鲜花 100 ~ 200kg 以上，全国可采集鲜花量可达 500 万 ~ 600 万吨。然而，由于长期以来人们更多地注重于茶树嫩叶的开发利用，缺乏对茶树花的利用，造成茶树资源的较大浪费。

二、茶树花的主要成分

茶树花中所含化学成分与茶叶基本相同，主要含有蛋白质、糖、多酚、氨基酸、维生素及超氧化物歧化酶（SOD）和过氧化氢酶（CAT）等成分，干物质含量为 13% ~ 19%，其中蛋白质、可溶性糖含量较高。

茶花花瓣与花蕊所含化学成分的组成基本一致，含量大多以花瓣中略高（表 12 - 1）。每朵花中花瓣和花蕊的质量比为 14∶25 ~ 21∶25，花蕊稍重于花瓣，由此可见，各种化学成分含量在花瓣和花蕊中相差不大（翁蔚，2004）。

表 12 –1   茶树花瓣与花蕊中主要化学成分含量

成分含量	普通干燥		冷冻干燥	
	花瓣	花蕊	花瓣	花蕊
氨基酸/%	1.06	4.40	2.40	5.70
还原糖/%	36.48	13.35	47.85	36.25
蛋白质/%	35.31	31.95	43.72	49.41
咖啡碱/%	0.07	0.03	0	0.02
儿茶素/%	1.29	0.86	1.04	1.00
EGCG/%	0.06	0.05	0.07	0.03
果胶/%	1.34	0.61	1.25	0.67
超氧化物歧化酶活力/(U/g)	774.50	476.00	675.25	611.00
水分/%	3.54		13.71	
花瓣∶花蕊（质量比）	21∶25		14∶25	

注：原料采自宁波市林业局的白茶茶花（2003 – 08 – 15）。

与茶叶类似，茶树花生化成分的组成和含量受茶树生长环境、茶树品种、花期等因素的影响，不同茶树品种茶树花水浸出物、多酚、水溶性糖、氨基酸等含量均有很大差异（表 12 –2）。

表 12 –2   不同品种茶树花主要生化成分

品种	茶多酚/%	游离氨基酸/%	黄酮类化合物/%	水溶性糖/%	水浸出物/%
白毫早	10.64	1.43	0.85	31.92	55.72
福鼎大白茶	9.85	1.43	0.78	33.92	58.20
福安大白茶	10.25	0.83	0.56	33.18	52.35
上梅州种	8.49	1.44	0.88	40.92	60.11
广东水仙	12.12	1.70	0.36	32.76	52.52
梅占	12.74	1.23	0.55	33.95	55.09
迎霜	9.65	2.24	0.44	39.65	58.14
福云6号	10.02	2.42	0.41	38.33	55.53
福鼎大毫茶	9.78	3.22	0.51	41.39	59.32
浙农117	12.37	1.13	0.77	36.79	55.29
毛蟹	9.22	1.83	0.44	32.93	54.06
碧云	11.12	0.91	0.78	34.12	59.75
湄潭苔茶	10.37	0.99	0.73	31.10	53.38
平均	10.51	1.60	0.62	35.46	56.11

不同发育阶段茶树花主要生化成分含量也存在较大变化（表12－3）。茶树花从幼蕾期、露白期到开放期，含水量逐渐上升，茶多酚和咖啡碱含量呈下降趋势，而水浸出物和可溶性总糖含量呈上升趋势。茶树花发育过程中水浸出物含量增加与其可溶性总糖含量增加有关。

表12－3　　　　　　　　　不同发育阶段茶树花主要生化成分含量

项目		水浸出物含量/%	茶多酚含量/%	氨基酸含量/%	儿茶素含量/（mg/g）	咖啡碱含量/%	可溶性总糖含量/%
肉桂	幼蕾期	39.4	17.30	2.72	127.84	1.38	13.54
	露白期	48.0	12.60	2.41	97.07	1.24	25.59
	开放期	56.0	12.02	2.55	81.19	0.81	34.95
毛蟹	幼蕾期	47.2	10.90	2.03	63.01	1.48	16.50
	露白期	48.4	9.05	2.41	64.51	1.04	21.05
	开放期	61.1	8.95	1.80	57.53	0.81	31.75
黄旦	幼蕾期	45.5	16.30	1.78	97.38	1.40	12.74
	露白期	47.7	13.20	2.19	105.75	1.17	20.74
	开放期	58.8	13.17	2.57	89.93	0.86	32.80

三、茶树花资源利用的意义

茶树的生殖生长和营养生长是相互影响的。茶树的开花、结果会消耗次年新茶萌发所需要的营养，致使茶叶产量下降、质量降低；将茶花摘除后，限制了茶树的生殖生长，使养分充分积累，能提高次年茶叶的产量和质量。随着茶树无性繁殖技术的日益普及，工厂化育苗技术的提高，茶树花不再担负繁殖后代的职责，被认为是茶叶生产中的"废物"。因此，为了达到茶园增产增收的目的，茶农常采用喷洒生长调节剂的办法来抑制花芽分化或使用激素脱除茶花，这样不仅浪费了宝贵的茶树花资源，且对茶叶的品质有所影响。

茶树花含有丰富的营养成分和功效成分，有增强免疫力、解毒、抑菌、降脂、降糖、抗癌、养颜等多种功效，具有很好的开发利用前景。2013年卫生部发布第1号公告，根据《中华人民共和国食品安全法》和《新资源食品管理办法》有关规定，批准茶树花为新资源食品。我国是产茶大国，茶树花资源丰富。加强茶树花资源的开发利用，变废为宝，不仅可为社会提供有价值的深加工产品，为茶产业培植新的经济增长点，而且能够显著提高茶农收入。

第二节 茶树花深加工

与茶叶相似，茶树花含有茶多酚、茶多糖、氨基酸、蛋白质等多种成分，可以借鉴茶叶的深加工思路，开发出系列茶树花深加工产品。茶树花可直接加工成茶树花茶，也可将茶树花鲜花或干花制成原浆、复合粉或提取液，作为天然功能原料加入到食品、日用化妆品、妇女儿童卫生用品等产品中，还可利用分离纯化技术，提取茶树花的多酚、多糖、精油等活性物质，开发系列附加值高的深加工产品。

一、茶树花茶

茶树花不仅营养价值高、全面，且花香馥郁持久，富含多种活性成分。与茶叶类似，可直接将茶树花制成茶树花茶来饮用。茶树花茶兼有鲜花和茶叶的风味，同时又具有茶叶的多种保健功能。

按加工工艺的不同，以茶树花为原料加工的茶树花茶主要有直接干燥制茶、按绿茶加工工艺制茶及其他茶树花茶等。

（一）直接干燥制茶

将茶树鲜花直接干制成含水率不高于12%的干花供饮用。新鲜茶树花含水率相对较高，为保持其新鲜度和营养价值，必须在短时间内干制。茶树花干制方法较多，有自然阴干、自然晾晒、自然对流烘干、真空干燥、热风对流干燥等。自然阴干、自然晾晒干制方法简单、成本低，但干制时间长，花的内含成分变化大，且干制受环境因素影响大，产品质量难以保证。目前茶树花的干制多采用烘干，因热风对流干燥水蒸气排除快、干燥速率高而应用最普遍。

下面介绍一种日晒茶树花茶的制备方法（李翠红等，2017）。

1. 工艺流程

2. 操作要点

（1）采摘 选取每年10月份上午9:00后的茶树花，在采摘过程中选取茶花花朵上无露水珠的进行采摘。

（2）盛装 采用通风的篾篮或塑料筐来盛装花朵。

（3）摊晾 将采后的茶花放在清洁的篾垫或簸箕上进行摊晾处理，摊晾厚度4~7cm。

（4）一次风选 将摊晾好的茶花送入风选机中进行风选处理。

（5）晒干 将风选后的茶花薄摊在清洁的篾垫或簸箕上，将每朵花摊开不互相遮盖，晒干至手捻花瓣成末，含水率为5%~7%。

（6）二次风选 将晒干后的茶花送入风选机进行风选处理，除去其中灰尘、碎末。

（7）收集装袋 将二次风选后的茶花收集，按规格进行装袋处理。

（二）按绿茶加工工艺加工茶树花茶

为改善茶树花干花茶的色、香、味、形，茶树鲜花采摘后多采取摊放、杀青、干燥等工序来加工，类似于绿茶加工。按此工艺加工的茶树花茶色泽鲜艳明亮，香气优雅高长，滋味清醇。

1. 采摘

选择茶树花授粉前 2～3d 至授粉后 2～3d 的茶花采摘。茶树花最好在盛花期的晴天上午 9∶00 后开始采摘；在采摘过程中选取茶花花朵上无露水珠的进行采摘。采摘时采用竹制或塑料制空心篮盛放，采摘的茶树花要求立即分级后摊开。

2. 摊放

茶树花采摘后马上进行加工，会有一定的苦涩味，且有一定的青气，加工的茶树花茶品质相对较差。将茶树鲜花经过适当摊放后再加工，茶树花茶的香气、滋味及内含成分得以明显改善（表 12－4，表 12－5）。

表 12－4　　　　　　　　　　茶树花不同萎凋处理感官审评结果

处理	外形（满分10）		汤色（满分20）		香气（满分30）		滋味（满分40）		总分
	评价	得分	评价	得分	评价	得分	评价	得分	
自然萎凋 4h	花朵完整色泽明黄稍红边	9	浅黄明亮	18	清香带甜	28	醇甘爽带甜	38	93
自然萎凋 2h	花朵完整色泽鲜黄	9.5	金黄明亮	19	清香带甜	28	醇甘爽带甜	38	94.5
不萎凋	花朵完整色泽黄稍暗	8.5	深黄明亮	17.5	清香	27	醇带甜	37	90

注：冲泡条件 2g、150mL、2min。

表 12－5　　　　　　　　　　茶树花不同萎凋处理化学成分含量

处理	水浸出物含量/%	多酚含量/%	咖啡碱含量/%	氨基酸含量/%	黄酮类含量/(mg/g)	维生素 C 含量/(mg/100g)
自然萎凋 4h	46.18	6.14	0.98	1.80	7.37	23.70
自然萎凋 2h	48.62	6.07	0.92	1.78	7.83	30.19
不萎凋	49.46	6.50	0.95	1.40	6.62	20.29

注：冲泡条件 2g、150mL、2min。

3. 杀青

与茶叶类似，茶树鲜花杀青方法主要有蒸青、炒青、烘青等方式。杀青方式不同，茶树花茶的感官品质、内含成分的含量差异较大。目前茶树花大多采用蒸汽杀青，不但色泽鲜艳明亮，香气幽雅高长，且滋味清醇，能够较好地保留原花的外形、色泽和内含成分。

4. 干燥

杀青后茶树花应立即进行干燥。茶树花的干燥可采用热风烘干、微波干燥、远红外干燥等方式。干燥以低温、慢速为好；干燥过快，花很难保持完整；高温快速烘干会产生焦火味。

凌彩金等（2003）按照上述加工工艺对茶树花茶的制茶工艺进行研究。其相应技术参数为：采摘（当天开发的完整花），摊放（自然摊放 2h），杀青（蒸汽温度 150℃，时间 40s），脱水（脱水 40s），干燥（烘干温度 90℃，时间 2h），包装。按照此工序及技术参数加工的茶树花茶，花朵外形完整、色泽鲜黄，茶汤色金黄明亮，滋味鲜醇甘爽，清香显甜香。

（三）其他茶树花茶加工

1. 茶树花香红茶

茶花香气馥郁，可用来加工窨花茶，以提高茶叶品质。梁名志等（2002）采用连窨技术窨制了一款茶花香红茶，成茶花蜜香浓爽持久，能明显改善红茶香气。

（1）工艺流程

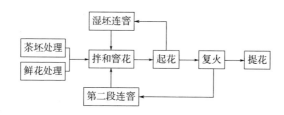

（2）技术要点

①茶坯处理：待窨茶坯含水率小于等于 7% 时，不需复火可直接窨制；若含水率大于 7% 或是有陈味的茶坯，则应先复火，复火后茶坯摊凉冷却后再窨制。

②采花与处理：茶树开花多在晨露未干之际。一般采摘初开的茶树花，以在晨露初干之后采摘最好。茶树花采后只需稍经散热就可与待窨茶坯拌和窨制。带晨露或雨水的茶树花，需经自然晾干或吹干后方可与待窨茶坯拌和；否则窨制后的成茶香气欠爽，往往有低闷气味。

③拌和窨花：茶树花茶配花比例按茉莉花茶加工标准，适当调高，以弥补茶树花香气稍低之不足。茶树花花瓣较厚实，持鲜能力较强，窨花历时应较茉莉花茶长，一般需 18～20h；在窨制 10h 左右时通花一次，通花要起底；通花收堆后再续窨 8～10h。

④起花、连窨与复火：一窨起花后的湿坯，不必复火，可直接连二窨。二窨历时约 15h，期间也应适时通花散热。连窨起花后的在制品，应及时烘干。如果是多次窨，茶坯复火后含水率控制在 10% 即可转入下阶段连窨。如果下一道工序为提花，则应将含水率控制在 6.5% 以下。

⑤提花：提花是以提高香气鲜灵度为主，宜选用晴天晨露干时采收的优质茶树花，下花量为 6%～8%，窨制 8h 左右，中途不必通花，提花后要求成品茶含水率在 8.5% 以下。

⑥包装：提花后的茶样立即进行包装，以免香气散失，水分增加。

2. 茶树花绿茶

张全义（2016）公布了一款采用拼配技术加工茶树花绿茶的制备方法。将蒙顶山绿茶与采自蒙顶山茶树鲜花制成的干花按 55%～65%∶35%～45% 的质量分数进行混合，装袋即可。该茶将茶树花与绿茶有机结合，不仅降低了绿茶特有的苦涩滋味，使茶汤更柔和，增加了茶汤的甘甜味，且还具有很好的解毒、降脂、抗衰老、抗癌、养颜美容等功效。

3. 茶树花普洱茶

王爱学（2005）公布了一款茶树花普洱茶的加工方法。其工艺流程：以晒青毛茶或由晒青毛茶经过渥堆制成的普洱熟茶与茶树花为原料，按晒青毛茶与茶树花 6∶4 或普洱熟茶与茶树花 4∶2 的比例进行拼合匀堆，压制成茶砖或茶饼，压制定型后送入烘房慢烘，干燥后得茶树花普洱生茶或茶树花普洱熟茶。

按照该方法加工成的茶树花普洱生茶可即时饮用，除具有晒青毛茶特有的茶味和清香外，还有茶树花所特有的花香。此茶外形美观，饮用后通窍生津、回甘上口、清凉解渴。由于茶树花（砖、饼）普洱生茶的通风透气性比普通砖、饼生茶好，如长期收藏茶树花（砖、饼）普洱生茶（在同等条件下），陈化速度更快，较易形成普洱熟茶，除具有普洱熟茶的独特陈香外，还带有茶树花的花香，具有普洱茶降压降脂的作用。

4. 茶树花菌类茶

邬龄盛等（2005）开发了一款茶树花菌类茶，即以茶树花为主要基质，配伍其他食药兼容的材料组合成培养基，接入功能性真菌，经过人工调控培养加工而成的生物菌体茶。该工艺选用茶树小花蕾、吐白花蕾及成熟茶树花为主要原料，与绿茶梗、葡萄糖等配成培养基，接种糖化菌、风味菌等组成的复合菌种，在人工调控条件下培养，并采用特殊的加工工艺试制成菌类保健茶产品（图 12－1）。该产品除具有茶树花本身固有的香气和滋味特征外，还融入了风味菌特有的菌香，口感尚好，是一种既有茶花韵又有菌香的保健茶。

图 12－1　茶树花菌类茶的加工工艺流程

二、茶树花食品

茶树花作为一种新兴的食品原料，可用来生产各类茶树花饮品、功能性食品。下面介绍几种茶树花食品。

（一）茶树鲜花饮料

史劲松等（2006）介绍了一种茶树鲜花饮料的加工。

1. 原料

茶树花、柠檬酸、蔗糖等。

2. 工艺流程及技术

（1）鲜花汁制备　茶树鲜花经辊式榨汁机榨汁；再用适量水润湿渣子，二次压榨；合并二次汁液，经高速冷冻离心机（12000r/min）离心去除沉淀，清液为鲜花原汁。

（2）茶花饮料的调配　为提高茶树鲜花饮料的适口性，需要调整原汁添加量，并加入一定量的甜味剂和酸味剂。经研究可知，茶花原汁添加量宜为4%~6%，蔗糖宜为2%，柠檬酸宜为0.1%。

（3）茶花汁的澄清　采用NUF型中空超滤纤维超滤装置对配制好的茶花汁液进行超滤，选用截留相对分子质量为10万的超滤膜。该超滤膜不仅对茶树鲜花饮料中的多酚含量影响较小，澄清效果好，操作简单，且不需要热灭菌即可装罐。

3. 产品质量

茶树鲜花饮料适口性好、风味独特；饮料澄清透明，茶花香明显。

（二）茶树花冰茶

赵旭等（2008）介绍了一种茶树花冰茶的加工。

1. 原料

茶树花、柠檬酸、绵白糖、维生素C、薄荷香精等。

2. 工艺流程

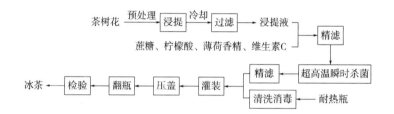

3. 技术要点

（1）预处理　将干燥的茶树花粉碎、过100目筛，将花粉密封于样品袋中干燥保存，防止吸潮。

（2）浸提　粉碎后茶树花粉按料液比1:60用水浸提，浸提温度80℃，浸提时间5min。浸提时轻微搅拌，防止花粉浮在水面上。

（3）过滤　将花粉浸提液过滤，弃去花渣，滤液迅速冷却；将滤液再进一步精滤，保证滤液澄清。

（4）调配　将精滤后的茶树花浸提液与蔗糖、柠檬酸、维生素C和薄荷香精等进行调配，调配后的物料在压力27MPa下进行均质。

（5）超高温瞬时杀菌　均质后物料采用超高温瞬时杀菌（UHT），杀菌温度137℃，杀菌时间15s。

（6）灌装　灭菌后物料趁热灌装，灌装温度88~92℃；灌装前，PET瓶、盖先用清水冲洗，再用无菌灌装系统紫外杀菌20~30min。灌装时启动系统吹风装置，保证操作台内的无菌状态。灌装后立即封盖，倒瓶1min，对瓶盖进行杀菌，然后立即冷却。

4. 产品质量

茶树花冰茶呈淡黄色，澄清，透明；形态汁液均匀，不分层，静置后允许有少许沉淀；滋味清凉爽口，有清香味，有茶香气。

（三）茶树花酸奶

于健等（2008）介绍了一种茶树花酸奶加工工艺。

1. 原料

茶树花、鲜牛奶、白砂糖、保加利亚乳杆菌、嗜热链球菌、辅料等。

2. 工艺流程

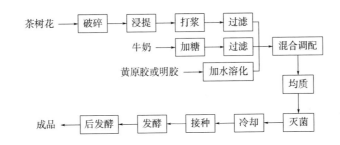

3. 技术要点

（1）茶树花汁的制备　选择新鲜茶树花，去除杂质，洗净，粉碎，加入5倍水、0.01%的柠檬酸和0.05%的抗坏血酸，95℃浸提30min，置胶体磨中磨浆。浆体过120～160目筛，滤去粗渣得茶树花汁。

（2）奶糖混合　在鲜牛奶中加入8%的白砂糖，搅拌混匀，过筛，滤去杂质。

（3）稳定剂的处理　将黄原胶用温水化开，备用。

（4）混合、调配、均质、杀菌　将茶树花汁、奶糖混合液（茶树花汁与牛奶按0.3∶1的体积比混合）、稳定剂（用量为0.2%）等混合均匀，经高压均质处理，压力为16～20MPa，温度为70℃左右，均质两次。然后在95℃杀菌10min。

（5）冷却接种　将混合液立即冷却至42～45℃，接种。菌种为保加利亚乳杆菌和嗜热链球菌混合菌种（比例1∶1.5），接种量为3%。

（6）发酵　接种后混合液于42℃发酵5h。

（7）后发酵　将发酵后物料于0～5℃冷藏12～14h进行后发酵。

4. 产品质量

该茶树花酸奶色泽乳白略带浅黄色，有光泽；质地均匀、细腻，稠度适中；酸甜适口，既有淡淡的茶树花清香，又有酸奶的奶香。该茶树花酸奶兼有茶树花和酸奶二者的保健功能，是一种良好的营养保健饮料。

三、茶树花酒

茶树花具有高糖、高多酚及香气馥郁等特点，可作为保健酒的原料。茶树花酒开发形式多样，可直接将茶树花泡制于酒中，也可直接用茶树花发酵。直接用茶树花发酵时要注意茶树花含有的茶多酚、茶皂素对酵母菌的生长有一定的抑制作用，茶树花的添加量以及添加方式会影响酵母的生长和酒精发酵速率。

（一）泡制型茶树花保健酒

杨清平等（2014）介绍了一种泡制型茶树花保健酒的制备。该泡制型茶树花保健酒制备工艺简单，可以直接用茶树鲜花泡制，也可以用干茶花泡制，以茶树鲜花泡制品质更佳。

1. 原料

福鼎大白茶鲜花、50°枝江大曲、蔗糖、纯净水。

2. 工艺流程

3. 操作要点

（1）茶花干制　可采取晒干和烘干两种方式进行。将采回的茶树鲜花先用水冲洗后，直接放太阳下晒干至含水率在7%以下；或将鲜花经冲洗、晾干、摊放3～5h、蒸汽杀青10～20s后摊凉，在60～120℃烘箱中烘至含水率在7%以下。

（2）基酒调制　用50°枝江大曲酒与纯净水调制30°的基酒。

（3）泡制　将调制好的基酒、干茶花、蔗糖按比例40：1：1配好，注入5000mL透明玻璃酒瓶中装满，于17～24℃的环境下静泡90～120d，期间适当摇动酒瓶2～3次，然后过滤、装瓶。

4. 品质指标

按照该工艺泡制的茶树花酒酒精含量28.2°，该酒色黄、明亮，醇香、花香浓，入口绵甘有花香和茶味。

（二）发酵型茶树花保健酒

邹龄盛等（2005）报道了一种发酵型茶树花保健酒的制备。

1. 原料

茶树干花、普通高度白酒、蔗糖、酵母、催酿棒（特制催陈调香材料）、纯净水。

2. 工艺流程

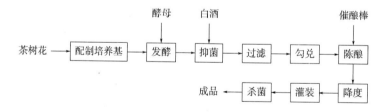

3. 操作要点

（1）选择新鲜、品质较好的茶树鲜花为原料制备干茶花。

（2）用茶树花、糖、纯净水等原料配制培养基，接菌发酵数天。

（3）发酵期满后，立即加入高度白酒进行抑菌，抑制酵母的生长。

（4）选用400目的滤布过滤。

（5）按照配方要求，将发酵后的茶树花汁与高度白酒进行勾兑。

（6）将催酿棒加入发酵酒液中，全封闭陈酿1个月以上。

（7）根据需求用纯净水进行降度处理后，采用酒厂常规杀菌方法杀菌。

4. 品质指标

按照该工艺所制的茶树花酒色橙、清亮透明，无沉淀，具有茶树花酒固有的香气，口感醇而有茶味，风格独特。

（三）茶树花复合酒

郜颖霞等（2013）报道了一种发酵型茶树花苹果酒的制备。

1. 原料

茶树花、苹果（红富士）、白砂糖、茶树花酵母（茶树花筛选酵母）、葡萄酒酵母LAL13、果胶酶、柠檬酸、纯净水等。

2. 工艺流程

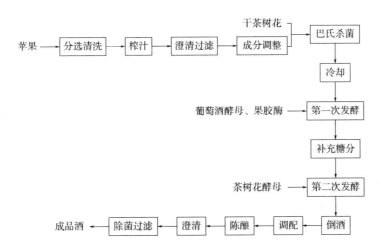

3. 操作要点

（1）原料的预处理　选择优质的苹果和茶树花。苹果清洗后榨汁，茶树花烘干后粉碎。

（2）种子液的制备　将活化后的葡萄酒酵母接种到苹果汁液体培养基中25～28℃活化2d。

（3）发酵液的配制　分别用白砂糖和柠檬酸调整苹果汁的糖度为200g/L、酸度为3.60后，加入1.0%（质量/体积）的茶树花，经巴氏杀菌、冷却至室温备用。

（4）前发酵　在发酵液中接入12.5%的种子液，同时向发酵液中添加0.08g/L果胶酶和100mg/L SO_2，于27℃恒温发酵12d；待主发酵完成后适当补充糖分，再接入10%（体积比）的茶树花酵母种子液（活化方法同葡萄酒酵母）进行二次发酵。

（5）后发酵　当前发酵结束后要及时进行倒酒；倒酒时要注意添加适量的亚硫酸防止酒液被氧化；倒酒后根据不同的口感、风味需要，对糖度和酸度等进行调配；之后将调配好的酒装满容器的95%，严密封口后放在15～22℃条件下进行陈酿。

（6）澄清　向陈酿后的酒体中加入皂土作澄清剂，添加量为0.8g/L，澄清时间为

20h，以保证茶树花苹果酒的澄清及稳定。

（7）灭菌与贮藏　采用巴氏杀菌法对茶树花苹果酒进行除菌，成品酒低温保存。

4. 品质指标

按照该工艺所制的茶树花苹果酒色泽金黄，澄清透明无沉淀，具有浓郁的茶花香、酒香和果香，口感柔和，酒体醇和协调；各理化指标为酒精度10.7%、可溶性固形物含量5.0%、还原糖含量2.32g/L、pH3.66、杂醇油含量397.89mg/L。该酒是一种既风味独特又健康养生的低度果酒。

四、茶树花日化产品

茶花面膜和
沐浴露商品

茶树花内含成分具有延缓衰老、保湿、去污、抑菌、解毒等功效，可用于日化产品中起到抗衰老、保湿、祛痘、清洁等作用。目前已研制开发的茶树花产品有茶花皂、茶花护肤霜、茶花面膜、茶花沐浴露、茶花洗面乳、茶花洗手液、茶花祛痘液、抗衰老乳液、茶花婴儿爽身粉等。

（一）茶花皂

香皂是人们普遍使用的洁肤品之一，除清洁洗涤功能外，美容护肤功效也成为现今社会人们挑选的重要参考指标，在香皂中添加植物提取成分研制的具有护肤和清洁双重性能的植物皂越来越受消费者喜爱。

茶花中含有丰富的多糖、皂素。茶花中的皂素是天然的非离子型表面活性剂，具有良好的乳化、发泡、去污等能力，表现出良好的去污、去油的效果；茶花中的多糖是"天然保湿因子"，可避免香皂清洗后皮肤脂质缺乏所致的水分流失，增加皮肤真皮、表皮水分渗透，保持皮肤弹性。

张丹等（2016）研制了一款具有保湿、控油、美白、抑菌和强发泡能力的天然茶花润肤皂。先将成朵的干茶花用研磨机磨碎成粉，过200目筛后备用；再将皂基80℃水浴融化，按配方加入2%的茶花粉，混匀，压制并脱模即得。该茶花皂产品颜色白中带黄、具有典型茶花香气；手背皮肤测试发现使用该产品后油分、色素含量分别减少49%和20%，皮肤真皮层水分增加51%、弹性和胶原蛋白纤维分别增加36%和9%；将茶花粉末改为添加0.3%的茶花提取物后，茶花皂的起泡性和护肤性得到明显改善。

（二）茶花护肤霜

屠幼英等（2006）公布了一种含茶树花的茶花护肤霜。茶花护肤霜主要由茶树花提取物、茶树花精油、甘油、蜂蜜、透明质酸、护肤霜基质和水等组成，其中茶树花提取物由茶树花用乙醇溶液提取，过滤后真空浓缩或干燥得到；茶树花精油由水蒸气蒸馏或者超临界法制备。制备工艺：先分别用茶树花提取物、甘油、透明质酸及水制成水相，十六醇、羊毛脂、丙二醇、硬脂酸甘油酯、山茶油、蒸馏水制成油相，再将加热至70℃的水相搅拌添加于70℃的油相中，搅拌成均匀乳化液，然后加热升温至100℃成糊状，再加入0.5%茶树花精油，冷却至45～50℃时即得护肤霜。该产品具有防辐射损伤和抗氧化的功效，同时具有杀菌、抗过敏、营养和活化面部细胞作用。

五、茶树花活性成分的提取

与茶叶类似，茶树花也含有多种活性成分，如茶多酚、茶多糖、茶皂素等，可采取与从茶叶中提取相似方法提取出来应用于食品、医药、化工等行业。第二章已详细讲解了茶叶中茶多酚、茶多糖、茶皂素等的提取，这里仅介绍茶树花精油的提取。

植物精油是植物体内的次生代谢物质，是一类分子质量较小、可随水蒸气馏出、具有一定芳香气味且能在常温下挥发的油状物质的总称。植物精油是植物特有芳香物质的提取物，因具有较好的抑菌、抗氧化、延缓衰老、消炎、镇痛、抗抑郁等作用而被广泛应用于医药、日化产品、保健品及饮食品等行业。

茶树花香气芬芳诱人，香精油含量丰富。游小清等（1990）研究报道茶树花精油主要由脂肪族醇、醛、酮，芳香族醇、醛、酮以及萜烯类化合物构成，主要挥发性成分为2-戊醇、2-庚醇、苯甲醛、芳樟醇及其氧化物、苯乙酮、橙花醇、香叶醇、2-苯乙醇等，其中苯甲醛、苯乙酮的相对含量特别高，橙花醇的含量也较高。提取茶树花精油可用于各种香精香料的调配或直接应用于日化产品、医药品以及食品等，如白晓莉等（2013）研究表明在卷烟混合丝中，加入一定量的茶树花精油可提升卷烟的香气量和香气质，各香韵间的协调性好，余味舒适。

茶树花精油的提取方法主要有蒸馏法、压榨法、溶剂提取法、超临界流体萃取法等。

（一）溶剂提取法（顾亚萍等，2008）

1. 茶树花浸膏的制备

按固液比1∶10向茶树花中加入石油醚，于65℃搅拌回流提取1h，收集石油醚浸提液；在同样条件下重复提取3次，合并石油醚浸提液，浸提液于40℃真空浓缩到近干后，置于40℃的真空烘箱中烘干得浸膏。

2. 茶树花精油的制备

按料液比7∶1向浸膏中加入无水乙醇，稍加温溶解，室温过滤，弃去残渣；将滤液4℃冷藏12h，趁冷真空抽滤，得到金黄色茶树花精油的乙醇溶液；将该溶液真空浓缩，回收乙醇，于40℃烘箱烘干得深绿色的茶树花精油。

利用β-环状糊精可将茶树花精油包埋制得茶树花粉末香精。茶树花香精不但使用方便，且扩大了茶树花精油的使用范围，可长期贮存供加工使用。

（二）超临界流体萃取法

超临界萃取工艺流程见图12-2。

将茶树花干花用粉碎机粉碎、过筛（20目），100℃电热鼓风干燥箱干燥，密封干燥贮藏。称取150g干燥茶树花粉样品置于萃取釜中，打开超临界萃取仪电源，并启动冷循环制冷，调节萃取釜（萃取温度50~60℃）、分离釜1、分离釜2的温度（分离温度40~50℃），待温度达到平衡后打开CO_2泵，待3个釜达到预定值，关闭萃取釜的进出口，其他不变，保持萃取釜压力19~22MPa，静态萃取；静态萃取30~50min后打开萃取釜进出口，保持萃取釜流通，开始动态萃取80~100min，从分离釜下收集茶树花精油（许静等，2015）。

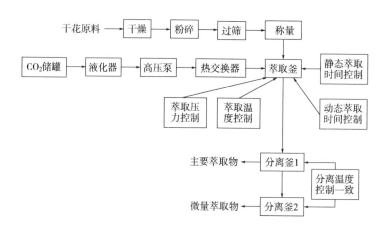

图12-2 超临界萃取茶树花精油工艺流程

第三节 茶树花粉的利用

花粉是裸子植物和被子植物的雄性生殖细胞，担负着植物遗传的任务，拥有植物发育所需的全部营养物质，是植物生命之源，有"完全营养素""微型营养库"的美称。花粉是目前国际公认的纯天然功能食品，被认为是新陈代谢的调节剂；强身健体、增强精力的滋补剂；青春永驻的养颜美容剂；健康长寿的抗衰老剂。早在2000多年前，我们的祖先就知道把花粉应用于食疗和美容，我国最早的一部药物学专著《神农本草经》就有花粉的药用疗效记载。茶树花粉和其他植物天然花粉一样，可以补充人体营养，增强人体新陈代谢，调节内分泌和提高免疫功能等。

一、茶树花粉的主要成分

茶树花粉中的营养成分丰富。茶树花粉蛋白质含量为29.18%，脂肪含量为2.34%，还原糖含量为27.72%，具有高蛋白、低脂肪的特点（苏松坤等，2000）。茶树花粉不仅蛋白质含量很高，且氨基酸种类齐全，其必需氨基酸配比均接近或超出1997年联合国粮农组织（FAO）/世界卫生组织（WHO）颁发的标准模式值，是一种优良的蛋白质营养源。茶树花粉还含有丰富的多酚、黄酮、维生素、矿物质等，尤其是锰、锌、铬等微量元素含量较高，如锰含量是普通花粉的30多倍，铬的含量是普通花粉的10倍，锌的含量也比普通花粉高（李长青，2006）。茶树蜂花粉中总黄酮含量为7.25mg/g，总多酚含量为12.56mg/g（黄新球等，2017）。茶树花粉中超氧化物歧化酶和过氧化氢酶的活力也较高，分别为203.80U/g和321.90U/g。

二、茶树花粉的功能

茶树花粉不仅营养丰富，且因含有黄酮类、多酚类、活性多糖、乙酰胆碱、甾醇类化合物等活性成分，具有抗衰老、抗氧化、抗疲劳、增强免疫、调节内分泌、调节肠胃功能、预防贫血等多种作用。曹炜等（2002）研究表明茶叶花粉黄酮对超氧阴离子自由基和羟基自由基引起的鼠红细胞膜的氧化损伤有保护作用，这为茶花粉具有抗衰老、保护机体免受外源自由基损伤作用提供了基本理论依据。酪氨酸酶是生物体内黑色素合成的关键酶。研究表明茶花粉提取物对酪氨酸酶有抑制活性，且这种抑制活性与茶树花粉多酚、黄酮类化合物的含量呈中度正相关关系（傅佳愈等，2015）。研究表明锰、锌、铬与肿瘤的发生及人体衰老关系密切，锌还与人的智力关系十分密切，铬的缺乏与动脉硬化有关，因此，茶花粉是防治动脉硬化、肿瘤和抗衰老的首选花粉。

三、茶树花粉的利用

茶树花粉可以直接食用，也可用于开发茶树花粉系列产品，如茶树花粉胶囊、茶树花粉冲剂、茶树花粉口服液等；茶树花粉可作为食品原辅料用于开发茶树花粉食品，如花粉酒、花粉糖等；茶树花粉及其提取物还可作为日化产品的配料用于开发茶树花粉日化产品，如爽身花粉、花粉养颜膏。与其他花粉类似，成熟的茶树花粉具有坚硬的外壁。该外壁不仅耐酸、耐碱、耐腐蚀，人的消化液也难以破坏，这样既影响花粉营养成分的吸收利用，也阻止了提取时营养物质的释放，大大限制了花粉的深层开发和利用，因此，茶树花粉大多需要破壁。

思考题

1. 简述茶树花的营养与保健功能。
2. 如何合理利用茶树花资源？
3. 浅谈利用茶树花资源的意义与发展前景。

参考文献

［1］白晓莉，孔留艳，龚荣岗，等. 茶树花精油的抗氧化性能及在卷烟中的应用研究［J］. 食品工业，2013，34（9）：110－113.

［2］曹炜，尉亚辉，郭斌. 用荧光探针法研究茶叶花粉黄酮对氧自由基致鼠红细胞膜氧化损伤的保护作用［J］. 光子学报，2002，31（4）：394－397.

［3］傅佳愈，杨远帆，倪辉，等. 茶花粉提取物对酪氨酸酶的抑制作用［J］. 中国食品学报，2015，15（7）：66－72.

［4］顾亚萍，钱和. 茶树花香气成分研究及其香精的制备［J］. 食品研究与开发，2008，29（1）：187－190.

［5］黄新球，杨有仙，梁铖，等. 十一种蜂花粉中总黄酮和总多酚含量分析［J］. 蜜蜂杂志，2017（11）：3－6.

［6］李翠红，钱文华，钟国花，等. 一种日晒茶树花茶的制备方法：106993693A［P］. 2017.

［7］李长青. 茶树花粉的营养与开发前景［J］. 茶叶科学技术，2006，20（4）：6－9.

[8]梁名志,浦绍柳,孙荣琴.茶花综合利用初探[J].中国茶叶,2002,24(5):16-17.

[9]凌彩金,庞式.茶茶制茶工艺技术研究报告[J].广东茶叶,2003(1):12-15.

[10]饶耿慧,叶乃兴,段慧.茶树花不同花期主要生化成分的变化[C]//福州市科协2009年学术年会论文集,2009:196-200.

[11]鄯颖霞,陈启文,白蕊,等.茶树花苹果酒的发酵工艺研究[J].食品工业科技,2013,34(16):207-11.

[12]鄯颖霞.一种发酵型茶树花苹果酒的研制[D].合肥:安徽农业大学,2013.

[13]史劲松,孙达峰,顾龚平,等.茶树鲜花饮料澄清技术研究[J].中国野生植物资源,2006,25(4):41-44.

[14]苏松坤,陈盛禄,林雪珍,等.茶(*Camellia sinensis*)蜂花粉与蜂粮中花粉形态和营养成分的比较[J].中国养蜂,2000,51(6):3-6.

[15]屠幼英,马致远,陈贞纯,等.一种含茶树花的茶花护肤霜:103251532A[P].2013.

[16]王爱学.一种茶花普洱茶:1729811A[P].2005.

[17]翁蔚.茶(*Camellia sinensis*)花主要活性成分研究及应用展望[D].杭州:浙江大学,2004.

[18]邹龄盛,王振康.茶树花菌类茶研究初报[J].福建茶叶,2005(4):10.

[19]许静,孙益民,邹莉,等.可视化优化超临界CO_2萃取茶树花精油工艺[J].食品科学,2015,36(12):65-69.

[20]杨普香,刘小仙,李文金.茶树花主要生化成分分析[J].中国茶叶,2009(7):24-25.

[21]杨清平,胡楠.茶花保健酒的研制[J].武汉工程大学学报,2014,36(1):22-25.

[22]游小清,王华夫,李名君.茶花的挥发性成分与萜烯指数[J].茶叶科学,1990,10(2):71-75.

[23]于健,张玲,麻汉林.茶树花酸奶的研制[J].食品工业,2008(4):42-44.

[24]张丹,陆颖,李博,等.茶花皂的研制及性能探究[J].浙江大学学报:农业与生命科学版,2016,42(3):333-339.

[25]张全义.一种茶树花绿茶及其制备方法:106212785A[P].2016.

[26]赵旭,顾亚萍,钱和.茶树花冰茶的研制[J].安徽农业科学,2008,36(7):2924-2925.

[27]邹龄盛,叶乃兴,杨江帆,等.茶树花酒的研制[J].中国茶叶,2005(6):40.